数学中的美

（第2版）

THE BEAUTY OF MATHEMATICS (SECOND EDITION)

● 吴振奎　吴旻　编著

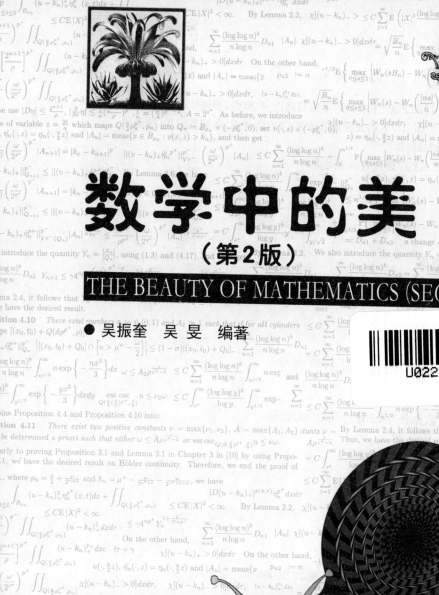

哈尔滨工业大学出版社
HARBIN INSTITUTE OF TECHNOLOGY PRESS

内 容 简 介

这是一本探讨"数学之美"的著述,书中从数学的简洁性、抽象性、和谐性、奇异性等方面出发,列举了数学中的美,试图引导人们去欣赏数学美,发现数学美,研究数学美,创造数学美,本书是《数学的创造》的姊妹篇.

本书适合大学、中学师生及数学爱好者参考阅读.

图书在版编目(CIP)数据

数学中的美/吴振奎,吴旻编著. —2 版. —哈尔滨:
哈尔滨工业大学出版社,2019.6
ISBN 978 - 7 - 5603 - 4267 - 2

Ⅰ.①数… Ⅱ.①吴…②吴… Ⅲ.①数学-美学-
普及读物 Ⅳ.①O1-05

中国版本图书馆 CIP 数据核字(2019)第 056828 号

策划编辑	刘培杰　张永芹	
责任编辑	张永芹　聂兆慈	
封面设计	孙因艾	
出版发行	哈尔滨工业大学出版社	
社　　址	哈尔滨市南岗区复华四道街 10 号　邮编150006	
传　　真	0451 - 86414749	
网　　址	http://hitpress. hit. edu. cn	
印　　刷	黑龙江艺德印刷有限责任公司	
开　　本	787mm×1092mm　1/16　印张 25.75　字数 504 千字	
版　　次	2011 年 1 月第 1 版　2019 年 6 月第 2 版	
	2019 年 6 月第 1 次印刷	
书　　号	ISBN 978 - 7 - 5603 - 4267 - 2	
定　　价	68.00 元	

(如因印装质量问题影响阅读,我社负责调换)

钱学森教授给本书作者的一封信

吴振奎教授：

12月5日来信敬悉。

历来有科学家、哲学家讲科学美。但我认为：首先必须区别科学研究中的"美"和产品设计中外型的美。后者是所谓"工业设计"，实是技术艺术中的美学。前者属思维中的"美"感，实是哲学；说透了，是科学思维中意识到马克思主义哲学，并感到与马克思主义哲学相和谐，从而得到"美"感。

因此说科学"美"是把事情简单化了。我以为正确的认识应从科学技术的体系、概念出发，即十大部门、十架到马克思主义哲学的桥梁（见附上复制件），把科学"美"深化到马克思主义哲学的最高概括。美即与宇宙真理相和谐。

这是我的想法，当否？请指教。

此致

敬礼！

钱学森
1992.12.10

又 记

时光荏苒,一晃又近十年.

眼下互联网的高速发展,手机、电脑十分普及,微信到处泛滥,……这已经且还将继续改变人们的生活,是喜? 是忧? 难加断言.至少读书的人少了.

常云:世事洞明皆学问,人情练达即文章.这本小书便是笔者洞察数学的体味、积累、凝思、集录所成.陶冶性灵存底物,文章改罢自长吟.

无聊去读书,寂寞方写作.对我而言,也许真的如此.

年逾七旬,体力、精力已不容我集中心思去读、去写,心中不禁怅然.老骥伏枥,只能想想而已,悲哉! 因而我特别珍惜每一次再版,我总觉得,这种机会不会太多了,故只能倾洪荒之力把书改好,俗称山不让尘,川不辞盈,滴水穿石,涓涓细流终汇成河.

少年叹时迟,老来悲年促.

生年不满百,常怀千岁忧.

无比怀念年轻的时光,可以去做事,可以去思索,可以有梦想……

作 者

2018 年夏初

再版小记

秉刘培杰工作室的抬爱,本书稍加修订后,由哈尔滨工业大学出版社再版印制发行.

此书出版已历经十余载,承蒙读者不弃,备感受宠.然因笔者功力所囿,不能尽美,心常愧之,惟祈盼读者不吝赐教,善哉!

作 者

2010 年春节

美是自然. 数学作为"书写宇宙的文字"(伽利略语),反映着自然,数学中当然存在着美.

美学是研究现实(包括艺术、科学)中的美,以及如何去创造美的科学.

数学美学研究的主要内容也包括探求数学中的现实美、美感和美的创造.

数学(特别是现代数学)作为自然科学的基础、工程技术的先导、国民经济的工具,其本身就具有许多美的特性,它们是形象、生动而具体的(这一点有别于其他科学).

数学的简洁性、抽象性、和谐性、奇异性等诸方面均展现着数学自身的美——这些一旦让人觉知,一旦被人认识,数学便有新的希望与未来,至少可以改变人们对数学固有的偏见:枯燥、乏味.

把数学,特别是现代数学中美的现象展示出来,再从美学角度重新认识,这不仅是对人们观念的一种启迪,同时还可以帮助人们去思维,去探索,去研究,去发掘.

宇宙应该是和谐的,世界应该是美丽的,数学研究也应如此.

美也是一种感受、一个结论(定理、公式、图形)、一种证明、一项计算、一份解答,如果看上去很美,差不多可以说它是正确的.

这就是说:从美学角度探索数学中的一些现象,揭示其中的某些规律,往往可以得到一些研究数学的方法.

简言之,数学中的美需要挖掘,而美学方法又可指导数学研究.

数学中的美的现象,很早就被一些大数学家(如毕达哥拉斯、高斯等)关注,他们提出过不少精辟、独到的见解.我国古代数学家也曾经从"趣味"角度,探讨过这类问题.但遗憾的是未能有专门文章或论著面世.

当今,科学美越来越被科学家们重视,钱学森、杨振宁教授等就此发表过一系列文章,提出过许多真知灼见.

正如一位哲人说:没有数学,我们无法看穿哲学的深度;而没有哲学,人们也无法看穿数学的深度;而若没有两者,人们就什么也看不透.

本书试图从哲学范畴出发,配以数学实例,去揭示数学潜在的规律,探索运用美学原理指导数学创造、发现的途径,这对数学的教、学、研究均有裨益;另外,数学美学的研究,也是对美学乃至哲学自身的一种丰富.因而全面系统地阐述此问题,或许是必要而有益的.

简言之,我们撰写本书的目的是:发现数学美,认识数学美,理解数学美,欣赏数学美,研究数学美,创造数学美.

书稿成于十几年前,阴差阳错未能及时与读者见面.承蒙天津教育出版社领导和编辑的鼎力支持,本书初版于 1995 年前后问世.

回想当年发稿前,我们几乎不愿再多看它一眼,彼时的心境宛如母亲对待即将出世的丑婴,这情感是复杂的:于是手头新资料不敢再添加(怕涨字数),新图片不愿再补充(且原图尽量做小些,以免成了"大部头"),结果成了那副模样.

我们曾寄希望于此书的再版,但这种机会不知何时能有.我们等待,我们期盼.

一方面我们仍不停地搜集资料,一方面不间断地修改文字.当机会来临之时,果然"水到渠成",有了现在的容貌,纵然它仍显不美(至少不是很美).

当今,数学美的著述不丰(特别是专论).尽管如此,由于笔者的功力与学识,本书至多只能是抛砖引玉式的一种尝试,祈望的是读者的理解与认同,指正与批评.

笔者感谢台湾九章出版社孙文先先生,是他又给了本书一次机会;同时也感谢上海教育出版社的叶中豪先生,由于他的努力与帮助,本书繁、简两种字体版本才能同时问世.

对于张鸿林先生的辛勤劳动,笔者也深表谢忱.

但愿此书的出版不会辜负他们的一片美意!

吴振奎　吴　旻

2010 年 11 月

目

录

数学与美学

社会的进步就是人类对美的追求的结晶.

—— 马克思(K. Marx)

数学,如果正确地看,不但拥有真理,而且也具有至高的美.

—— 罗素(B. Russell)

美是首要的标准,不美的数学在世界上是找不到永久容身之地的.

—— 哈代(G. H. Hardy)

引

言

人类社会历史的发展和自然界的演化告诉人们,一切事物生存和发展所共同遵守的法则是:美战胜丑.为此,美学家断言:美是一切事物生存和发展的本质特征.

什么是美?美是心借物的形象来表现情趣,是合规律性与合目的性的统一(朱光潜语).美又是自由的形式:完好、和谐、鲜明.真与善、规律性与目的性的统一,就是美的本质和根源(李泽厚语).古希腊哲学家柏拉图认为"美乃视觉和听觉所产生的快感."

在汉字中"美"字是由"羊""大"合体构成的会意字,既可以理解为"羊大为美",也可以理解为"人大健壮如羊".但两种释义都可以归结出"美好"这一基本概念.从文字学角度讲,便叫作"美"字的本义(图1).

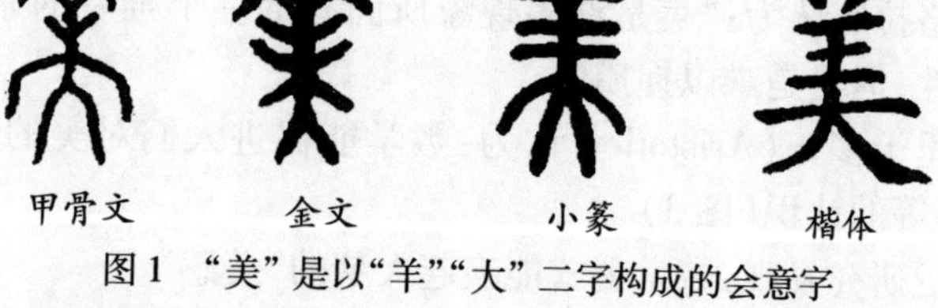

甲骨文　　　金文　　　小篆　　　楷体

图1 "美"是以"羊""大"二字构成的会意字

1

"美"字既有美丽、美好之意,又可以引申出赞美的意思.

然而人们认识美、探索美的秘密却是一个极为古老的课题.美的秘密世世代代搅扰着人类的思维.在历史上,关于美的谈论相当多,尽管有些是只言片语.最古老的文明留下的文物、遗迹中,无不烙上古代人们的世界观和审美观.

古希腊哲学家苏格拉底(Socrates)认为:最有益的即是最美的.因而古希腊的美学是知识不可分割的一部分,这恰恰是由于当时许多学科的幼芽尚未从人类知识大树上长成独立的枝干.当时的哲人们还认为:美和宇宙之美是统一的.

毕达哥拉斯(Pythagoras)学派(请注意这是一个数学团体)认为世界是完整的宇宙,整个天体就是和谐与数.正是这个学派,在研究音乐时最早使用了数学(他们试图提出一个声调对比关系的数学公式:八度音与基本音调之比为1:2,五度音为2:3,四度音为3:4等),这也是人们最早用数学方法研究美的实践.音乐、乐谱与数学同样美(图2).因为音乐家认为:美是感性的有序和丰富.

图2 音乐、乐谱与数学同样美

和谐即是美,虽然美不只是和谐.

古希腊哲人赫拉克利特(Helakritos)认为:和谐不是静止的平衡,而是运动着的活动状态.

恩培多克勒(Empedoeles)认为:生物的进化与世界之美的完善,与美,与和谐的形成是等过程的.

原子论者德谟克利特(Demokritos)认为:生活需要有美的享受.

苏格拉底认为:"美是许多现象所固有的一个唯一的东西,它具有最普遍的具体性,但美是难以捉摸的."

亚里士多德(Aristotle)认为:数学能促进人们对美的特性 —— 数值、比例、秩序等的认识(图3).

新近研究发现:数学公式能唤起大脑的"美感".

大脑扫描显示,数学公式中由数字和字母组成的复杂字符串可以唤起美感,就像出自大师之手的艺术作品和最伟大的作曲家谱写的名曲一样让人感到优美.

伦敦大学学院的研究人员向数学家出示"丑陋"和"优美"的方程式,然后对他们进行脑部扫描.

大脑扫描发现,"优美"的数学公式能激活用来欣赏艺术的那部分神经中枢.

研究人员认为,大脑对美的感受可能有神经生物学上的根据.

像欧拉恒等式或毕达哥拉斯恒等式之类的数学公式很少与莫扎特、莎士比亚和梵高的最好作品相提并论.

研究报告刊登在《人类神经科学前沿》杂志上. 研究人员给出60个数学公式,让15位数学家来评定其优美程度.

研究小组成员之一 Z. 泽基教授表示:"看方程式时会涉及大量的脑部区域,但当你看到一个堪称优美的数学公式时,它会激活大脑情绪处理区域即大脑眼窝前额皮层中区的部位,就像你在观看一幅伟大的绘画作品或聆听一段音乐时那样."

图3　亚里士多德的数学手稿

功能性磁共振成像扫描显示,他们看到的数学公式越优美. 检测到的大脑活动就越活跃. Z. 泽基说:

"神经科学不能告诉你什么是美,但如果你觉得它是美的,那么大脑眼窝前额皮层中区很可能参与其中,你能在任何东西中发现美."

科学家们对于欧拉公式

$$e^{-i\pi} + 1 = 0$$

体味、认知:它看上去一目了然,但却深奥的令人难以置信. 公式将 e,π,i 这三个看似极不相关的常数,能通过如此简洁的公式联系起来十分惊人. 它就像一首乐曲那样,当你了解了乐曲的全部内涵后,你方能感悟到它的美.

美是灵感的源泉,它会给你带来探索未知事物的热情和动力.

古希腊人对美探讨过追求过,在我国古代亦如此. 我国甲骨文中就已经有了"美"字,这说明当时人类对美已开始有了认识与体验. 春秋战国时代的杰出思想家孔子、孟子、老子等均从各自不同的哲学观点涉猎过美学问题. 尔后各种文艺评论,以及小说、戏曲、绘画、雕塑、建筑艺术中皆有美的意识与踪影.

德国哲学家黑格尔（G. W. F. Hegel）在《哲学史稿》中说："美包含在体积和秩序中."

18 世纪法国启蒙主义者伏尔泰（Voltaire）、狄德罗（D. Diderot）等人认为"美是大自然本身的自然属性".

黑格尔把美看作是精神的（绝对观念的）整个世界运动的阶段之一，观念得到完善的、相同的表现形式，这就是美.

俄国文学家车尔尼雪夫斯基（Н. Г. Чернышевский）认为：美就是生活.

从以上的叙述中我们可以看到，人们对于美的认识是一个古老而又漫长的过程. 人们也提出了各种观念，大体上可总结为下面几种模式：

（1）美是绝对观念在具体事物和现象中的表现或体现；

（2）美是有意向地从主观上认识事物的结果；

（3）美是生活的本质同作为美的尺度的人相比较，或者同他的实际需要、他的理想和关于美好生活的观念相比较的结果；

（4）美是自然现象的自然属性.

当代美学家们则认为，美应包含下列各项：

$$\text{美}\begin{cases}\text{审美对象}\\\uparrow\\\text{审美性质}\\\uparrow\\\text{美的本质}\end{cases}\begin{array}{l}\text{自然美}\\\text{社会美}\end{array}\Big\}\to\begin{array}{l}\text{科学美}\\\text{艺术美}\end{array}$$

说得具体点，美的基本类别（客观来源）有二：自然美和社会美. 自然事物或自然界中的美叫自然美；社会事物的美叫社会美.

美的社会形态也有二：艺术美和科学美（更确切地讲是科技美）. 艺术美是艺术家通过艺术形象再现的生活中的美；科学美主要指理论美（技术美还包括技术规律和创造的美），其内涵是指结构美和公式美. 艺术美和科学美都是自然美和社会美的客观反映，只不过方法与侧重点不同罢了. 艺术美侧重于表现社会，即使表示自然也是通过人的社会感情去实现. 而科学美则侧重于表示自然，且逐步向社会现象渗透. 正如法国哲学家韦伊所说：科学的真正主题是世界之美.

这正如著名物理学家海森伯（W. K. Heisenberg）说的那样：美的王国远远延伸到艺术领域之外，它无疑包括精神生活的其他领域，自然美也反映在自然科学的美之中. 物理学中包含了两种极端：实验与想象、逻辑与直觉、客观的真实与主观的美感.

数学家格塞（Goethe）说："数学家只有在他内心感到真实的美时，数学才是完美的."

顺便提一下:技术美是人类将技术规律纳入人的目的的轨道,在造物活动中把物的尺度与人的社会尺度结合在一起而创造的美,它使得技术产品不再是与人对立的异己力量,而是具有亲和力的人的有效工具.

在当今的科学分类研究中,许多学者称哲学和数学是普遍科学,且认为二者可应用于任何学科和任何领域,其差别在于刻画现实世界时使用的方法和语言不同:哲学使用的是自然语言,数学使用的是人工语言(数学符号);哲学使用的是辩证逻辑方法,而数学使用的是形式逻辑与数理逻辑方法.这样哲学家有时可以"感觉到"思维的和谐,而数学家则有时可以"感觉到"公式与定理的和谐,即美.

数学也是自然科学的语言,故它具有一般语言文学与艺术所共有的美的特点,即数学在其内容结构上、方法上也都具有自身的某种美,即所谓数学美.因而数学美是具体、形象、生动的.数学美的起源遥远,历史悠久.

古希腊著名的学者毕达哥拉斯对数学有很深的造诣,毕达哥拉斯定理(在我国称勾股定理)正是他的杰作(为此他的弟子们曾举行盛大的"百牛大祭"以表庆贺)(图4).

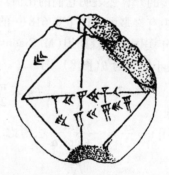

图4　刻有"毕达哥拉斯定理"的古巴比伦黏土片

他还在现今称为库洛的地方领导了一个数学学术团体,其成员经常聚在一起研究、讨论,交流各自的学习心得,他们的成果对外人是严格保密的.每个成员都守口如瓶,否则会遭惩罚.团体成员都有一个用五角星作图案的徽章,并在角顶上分别注上希腊字母 $\nu, \gamma, \iota, \varepsilon l$ 和 α,按顺序(逆时针方向)把它们读下来即 $\nu\gamma\iota\varepsilon l\alpha$,意思为"健康"(图5).

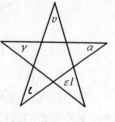

图5

五角星是他们经过仔细筛选、认真研究,并十分喜欢的图形.他们为何对五角星情有独钟?因为五角星除了具有形象美之外,它里面还包含着许多有趣的比例.

几何上,我们学过"黄金分割",即把线段 l 分成 x 和 $l-x$ 两段(图 6),使其比满足

$$x : l = (l-x) : x$$

即

$$x^2 + lx - l^2 = 0$$

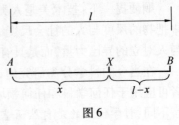

图 6

这样解得 $x = \dfrac{\sqrt{5}-1}{2}l$,这种分割史称"中外比分割",其中 $\dfrac{\sqrt{5}-1}{2} \approx 0.618\cdots$ 称为黄金数,常用希腊字母 τ 表示.

我们可以证明在五角星里(图 7)

$$BC : AB = AB : AC = AC : AD = \frac{x}{l}$$

显然,毕达哥拉斯学派的学者们发现了这些比例,并认为这是一种幽藏于神明的天机(在科学并不发达的当时,五角星的上述奇妙性质,似乎让人不得不这样认为).

进一步的计算还表明它们的比值均为 $0.618\cdots$.

数学中有许多可以产生 $0.618\cdots$ 的例子.

1990 年美国人爱森斯坦(M. Eisenstein)发现:在勾三股四弦五的直角三角形中,若最小锐角为 θ(图 8),则

$$\tan\left[\frac{1}{4}\left(\theta + \frac{\pi}{2}\right)\right] = 0.618\cdots$$

这一点可用 $\tan\dfrac{\alpha}{2} = \dfrac{\sin\alpha}{1+\cos\alpha}$ 去考虑.

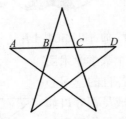

图 7 五角星的黄金分割

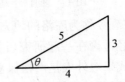

图 8

其中,可以产生 $0.618\cdots$ 的几何事实还有很多. 比如我们知道,在一个高为 a、底面半径为 R 的圆柱内接一圆锥,它的体积恰好为该圆柱体积的三分之一,即

$$V_{圆锥} = \frac{1}{3}\pi R^2 a$$

若在圆柱内求一内接圆台,使其体积恰为圆柱体积的三分之二(图 9),此时圆台上下底圆半径之比是 $0.618\cdots$

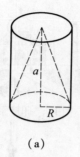 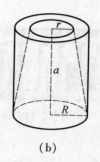

(a) (b)

图 9

设圆内接圆台上底半径为 r(下底半径为 R),由圆台体积

$$V_{圆台} = \frac{1}{3}\pi(R^2 + Rr + r^2)a$$

且圆柱体积

$$V_{圆柱} = \pi R^2 a$$

则

$$\frac{1}{3}\pi(R^2 + Rr + r^2)a = \frac{2}{3}\pi R^2 a$$

即

$$R^2 - Rr - r^2 = 0$$

或

$$\left(\frac{r}{R}\right)^2 + \left(\frac{r}{R}\right) - 1 = 0$$

解得

$$\frac{r}{R} = \frac{\sqrt{5} - 1}{2} = 0.618\cdots$$

0.618… 是被中世纪学者、艺术家达·芬奇(da Vinci)誉为"黄金数"的重要数值(因而中外比分割亦被誉为"黄金分割"),它也曾被德国天文学家、物理学家、数学家开普勒(J. Kepler)赞为几何学中两大"瑰宝"之一(另一即为"勾股定理").

顾名思义,黄金数应当有黄金一样的价值,人们喜欢它.

(顺便讲一句,对于不同的整数 n,方程 $x^2 - nx - 1 = 0$ 产生一族金属平均数,当 $n = 1$ 时得黄金平均数 $\mu = 1.618\cdots$;当 $n = 2$ 时得白银平均数 $\mathfrak{z}_{Ag} = 1 + \sqrt{2}$;当 $n = 3$ 时得青铜平均数 $\mathfrak{z}_{Cu} = (3 + \sqrt{13})/2$,等等.)

事实上,黄金比值一直贯穿着古代中东和中世纪西方的建筑艺术. 无论是古埃及的金字塔,还是古雅典的巴特农神庙(图 10);无论是印度的泰姬陵(图 11),还是巴黎圣母院(图 12)以及埃菲尔铁塔(图 13),这些世人瞩目的建筑中都蕴藏着 0.618… 这一黄金比值(它显然展示着数学美感).

图 10 雅典巴特农神殿

图 11 印度泰姬陵

图 12 巴黎圣母院

图 13 巴黎埃菲尔铁塔

一些珍贵的名画佳作、艺术珍品中也处处体现了黄金比值 —— 它们的主题大多在作品的黄金分割点处(对于绘画、雕塑、建筑等艺术来讲,这里主题中的 0.618… 有时表现在横向,有时表现在纵向,只要你肯仔细寻觅,便不难发现这个事实(图 14)),对于某些音乐、电影、文学作品,其中乐章、故事、情节的高潮往往在全曲、全剧、全书的 0.618… 前后.

图 14 在米勒(J. F. Millet)的名画《拾穗》中,你是否找到了黄金分割

著名的苹果商标设计中(图 15),除了利用圆、弧之外,还处处使用了黄金数分割($a,b,c,\cdots$ 表示图中圆弧尺寸)

$$\frac{a}{b} = \frac{c}{d} = \frac{e}{d} = 0.618\cdots$$

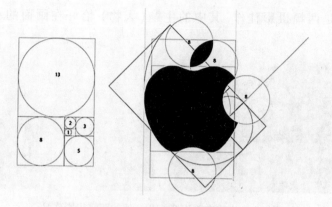

图 15　苹果商标的设计

一些绘画大师的名作中也处处蕴含黄金分割的影子(图 16,17,18).

图 16　陈逸飞名作《浔阳遗韵》中亦可找到 0.618… 的踪迹

图 17　齐白石画作　　　　　图 18　唐寅画作

下面是两幅摄影佳作,其中的主题(人物)恰好在画面的 0.618… 处(图19).

图19　人物在画面0.618…处的两幅摄影作品

更有趣的是,人体中有着许多黄金分割的例子,比如:人的肚脐是人体长的黄金分割点,而膝盖又是人体肚脐以下部分体长的黄金分割点(图20).

达·芬奇为数学家帕西欧里(L. Pacioli)的书《神奇的比例》所作的插画,他把人体与几何中最完美而又简单的图形圆和正方形联系到了一起,图中蕴含着黄金比

图20

(有人竟以此为标准去衡量一个人的体形是否标准或健美,这未免过于机械,但标准应该是普适的.)

人的身材也符合 0.618… 分割的规律(从医学上看,肚脐是婴儿与母体连接的通道,从生理学上讲,这似乎也合乎择优原理,比如说该点是将养分或信息输到婴儿全身各处的最佳点).

在口腔比较解剖学领域内,符合 0.618… 这个比值的六龄牙(六岁时萌出的第一颗大磨牙),牙冠大、牙尖多、咀嚼面积广、牙根分叉结实,显出了它的"与众不同".它不仅在咀嚼食物时发挥作用最集中、担负压力最大,同时在维持颜面下三分之一部位的端正(面容),和保持上、下牙弓间的咬合关系方面,均起着重要的作用.

开普勒研究植物叶序问题(即叶子在茎上的排列方式)时发现:叶子在茎上的排列也遵循黄金比.

我们知道,植物叶子在茎上的排布是呈螺旋状的.若细心观察一下,你会发现,不少植物叶状虽然不同,但其排布却有相似之处,比如相邻两张叶片在与茎垂直的平面上的投影夹角是137°28′,科学家们经计算表明:这个角度对植物叶子通风、采光来讲,都是最佳的(正因为此,建筑学家们仿照植物叶子在茎上的排列方式设计、建造的新式仿生房屋,不仅外形新颖、别致、美观、大方,同时还有优良的通风、采光性能)(图21).

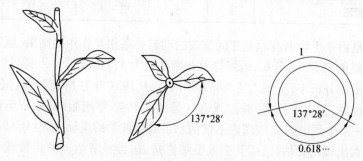

图 21 植物茎叶及其俯视投影图

也许你不曾想到:这个角度正是把圆周分为 1:0.618… 的两条半径的夹角,人们也常称之为"黄金分割角".

开普勒还发现:叶子在茎上环绕的圈数和它绕一个周期时茎上叶数之比 ω 随植物不同而异.他观察后发现了许多种树的 ω 值,比如榆树为 1/2,山毛榉树为 1/3,樱桃树为 2/5,梨树为 3/8,柳树为 5/13,……

请注意它们的分子和分母分别是

$$1,\ 1,\ 2,\ 3,\ 5,\cdots$$
$$2,\ 3,\ 5,\ 8,\ 13,\cdots$$

这恰恰是两列斐波那契(Fibonacci)数列①(这个数列的特点是从第三项

---

① 所谓斐波那契数列是 13 世纪意大利学者罗纳德(Leonard),绰号称斐波那契的人在其著述《算盘书》中,以生小兔问题而引出的一列数 $f_1,f_2,\cdots,f_n,\cdots$. 它的特点是 $f_{n+1}=f_n+f_{n-1}(n\geqslant 2)$,由于这列数有许多奇妙性质和用途,因而引起人们的关注,且称之为斐波那契数列(关于它我们后文还要阐述).

起,每项均为其前面两项之和).

有人还从花的瓣数中(图22),找到了这个数列:花瓣数通常只是3,5,8,13,21,…(表1).

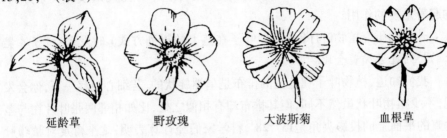

延龄草　　　　野玫瑰　　　大波斯菊　　　血根草

图22

表1

花　名	百合、延龄草	野玫瑰	大波斯菊	金盏草	紫宛	雏菊	……
花瓣数	3	5	8	13	21	34	…

这是由于生物所有原基之间复杂的动态关系相互作用的结果,原基间借助黄金分割角137°28′分布,恰好导致花瓣数目为3,5,8,13,…①,详见后文.

在股市分析中,美国人艾略特(Elliott)于1934年在研究股指(股票指数)变化规律时,提出了所谓"波浪理论"(是他在1942年出版的《宇宙奥秘之自然规律》一书中提出的),该理论不仅揭示了股指波动的奥秘,而且还可对许多经济活动做出预测和估计,而其中重要结论是:这类经济活动的指数波动中蕴含着斐波那契数列的规律(图23).

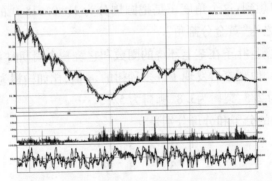

图23　股票价格波动(上升或下降的波浪数)也蕴含斐波那契数列

---

① 我国公元前3世纪的《韩诗外传》中有"草木花多五出"的记载,即说花草多为五瓣五叶(高级动物多有5指),这与准晶研究中出现的5次对称晶格(见后文)是否有着某种联系?

此外,人们还在许多领域中发现了该数列的身影,比如在晶体结构研究中,人们发现在某些准晶体结构中晶格结点分布的规律里,也有与该数列有关的事实,即五次对称晶格的一维排列与斐波那契数列生成规律吻合(图24)(详见后文或文献[33]).

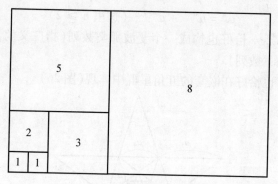

图24 在5阶拟完美矩形外不断依斐波那契数列
规则添加新的正方形,这种矩形宽长之比
的极限为0.618…

更令人赞叹和惊奇的是,这个数列前后两项之比,越来越接近黄金比值0.618…

$$\frac{1}{2} = 0.5, \qquad \frac{2}{3} = 0.666\cdots, \qquad \frac{3}{5} = 0.6, \qquad \frac{5}{8} = 0.628,$$

$$\frac{8}{13} = 0.615\cdots, \qquad \frac{13}{21} = 0.619\cdots, \qquad \frac{21}{34} = 0.617\cdots.$$

20世纪德国一位心理学家曾做过一次试验:他展出20种不同规格的(即长宽比例不一的)长方形(图25),让参观者从中选出自己认为最美的,结果多数人选择了"长:宽 = 1:0.618…"或接近这个比例的长方形.

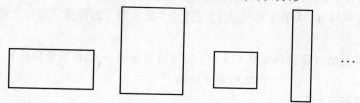

图25 各种比例的矩形

由于0.618…满足关系式 $x^2 + x - 1 = 0$,而它的倒数 μ 满足 $\mu^2 - \mu - 1 = 0$,即因为 $\mu = \frac{1}{2}(1 + \sqrt{5}) = 1.618\cdots$,故 $\mu^{-1} = \frac{1}{2}(\sqrt{5} - 1) = 0.618\cdots$.

考察数列 $1, \mu, \mu^2, \cdots, \mu^n, \cdots$,注意到

$$\mu^3 = \mu \cdot \mu^2 = \mu(1 + \mu) = \mu + \mu^2 = \mu + (1 + \mu) = 2\mu + 1$$

$$\mu^4 = \mu \cdot \mu^3 = \mu(2\mu + 1) = 2\mu^2 + \mu = 2(1 + \mu) + \mu = 3\mu + 2$$

$$\mu^5 = \mu \cdot \mu^4 = \mu(3\mu + 2) = 3(1 + \mu) + 2\mu = 5\mu + 3$$

一般地 $$\mu^n = n\mu + (n - 2)\mu$$

又 $$\mu^n = \mu^{n-1} + \mu^{n-2} \quad (这里\ n \geqslant 2)$$

故 $\mu^2, \mu^3, \mu^4, \cdots$ 恰好也构成一个斐波那契数列(指广义的,确切地讲应称为卢卡斯(Lucas)数列).

$1, \mu, \mu^2, \cdots$ 也恰好在嵌套的五角星群中体现(图26).

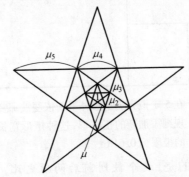

图26　五角星中的黄金数

这些除了"黄金分割"自身直觉的美感外,还有一种奇异美(即它的许多美妙而奇特的性质),比如,人们还发现这个数与其他一些数有密切联系:除了前面提到的斐波那契数列中前后两项比的极限是 0.618… 外,它还和"杨辉三角"有关系(详见后文).

近年来,人们又在最优化方法中找到了这个数的应用,像一维搜索中的"0.618 法",就是利用了黄金数去选优(它显然应视为数学美的一个应用).

笔者还曾以 0.618 为尺度,提出过一个"小康型购物公式",它先后被国内十几家报刊转载,从中亦可见人们对这个"黄金数"的偏爱. 这个公式是这样的:

小康型消费价格 = 0.618 × (高档消费价格 − 低档消费价格) +

低档消费价格

它的图示如下:

0.618

低档价　　　　　　小康消费价　　　　高档价

这就是说:你在选购商品时,你根据自己的财力状况若认为高档价格过于昂贵,而低档价格的商品款式、性能等又不尽如人意,那么你可以选购价格为上面公式所给的档次的商品 —— 它的价格中等偏上,堪称"小康"水准.

当然,这里的高、低档概念与界限是依个人财力(经济状况)、爱好(包括习惯)、市场现状等诸多因素决定的,它们会因人而异,也会因时而别(曾经彩电是高档商品,如今已相当普及),特别是高档的含义是对你自己而言,而非市场的约定或者你不切实际的奢望.

就拿液晶彩电来讲,商店中的高、低档价格相差数万元,那里的高档非一般家庭所必需.你在选购前先确定你打算购买的基本档次(包括规格),比如你打算买台32英寸(1英寸 = 2.54 cm)国产机,这类彩电中高档的(IPS硬屏、LED背光、3E节能、3G酷影……)价格在4 000元左右,而低档的(软屏、LCD背光)价格在1 800元左右,那么你的小康消费水准(几年前的水平)为

$$(4\ 000 - 1\ 800) \times 0.618 + 1\ 800 = 3\ 159.6(元)$$

换言之,在32英寸的液晶电视中,价格为3 100元左右的较为适宜. 这正是大多数家庭喜欢,且能够接受的档次(市场调查发现,此档次彩电销量最大).

上述公式对指导商品生产也有实际价值.

简明的数学式子或数值,对警示、指导人们的生活、工作、学习意义非凡.

犹太民族是个善于经营的民族,也是个聪明且富有智慧的民族. 他们的经济学家巴特莱(Pateler)在总结事物主次时提出:正方形内切圆面积与正方形除去其内切圆后剩下的部分(四个角)面积比为

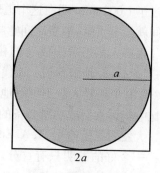

$$\pi a^2 : \left[(2a)^2 - \pi a^2 \right] \approx 78 : 22$$

称为"宇宙大法则",又称78:22法则(图27).

细细想来,空气中的氮与氧之比为78:22;人的十个指头中利用率最高的只有两个——拇指和食指;人的身体成分中水分与其他物质比(包括地球表面的水陆之比)也约为78:22.

图27

1897年意大利经济学家帕雷托(V. Pareto)据此法则曾提出一个近似原理:事物琐碎的多数与重要的少数比适合80:20.

其意义即:在任何特定的群体中,重要的因子(个体)通常只占少数,而不重要的因子(个体)则往往占多数.

类比到经济领域,事物价值(世界财富)的80%却集中于20%的组成部分(人群)中.

有人做过统计:商店里20%的顾客占据了商店80%的销售额;字(词)典中有20%的单词最常用.

还有人曾断言:80:20法则是社会进步和生活提高的秘密武器,它影响着整个世界.

据说曾有人问科学大师爱因斯坦(A. Einstein):何谓世界第八大奇迹①?爱因斯坦答道:复合成长.

这个概念在经济活动中体现为"72 法则". 它是一种利用利(股)息再投资的模式,在衡量其收益速度的公式中,常数 72 是一个奇妙数字:

$$资本增加一倍所需年数 = 72 \div 预期投资报酬率$$

或

$$投资报酬率 = 72 \div 资本增加一倍所需年数$$

它不仅是最佳投资回报公式,也是一个十分奇妙的数学公式.

另外你从下面两等式中看到了什么? $1.01^{365} \approx 37.8, 0.99^{365} \approx 0.03$. 细思极恐.

数学自身的美,还体现在许许多多方面.

哲理是抽象的,常常使人感到枯燥无味,难以理解,但是用数学知识来做比喻却能使许多哲理富有形象,生动感人,发人深省.

时间是生命、是财富,但有些人却不知不觉地白白浪费. 德国诗人歌德(J. W. Von Goethe)稍作计算,就使人们大吃一惊:"一个钟头等于 60 min,一天就超过了 1 000 min. 明白这个道理后就可知道人能对世界做出多少贡献!"没有时间就没有贡献,浪费时间意味着什么,岂不令人深思?

很多人都想掌握成功的秘诀,于是爱因斯坦就用一道公式来回答众人:$X + Y + Z = A$. 他解释说:"X代表艰苦的劳动,Y代表正确的方法". "Z代表什么呢?"有个年轻人急不可耐地问道,爱因斯坦严肃地回答说:"少说空话!"这个比喻告诉人们成功所必备的三个条件.

大发明家爱迪生(T. A. Edison)曾用百分比来比喻灵感和劳动的关系. 他说:"一个好的发明只有百分之一取决于发明者的天才和灵感,其余百分之九十九取决于他的劳动和汗水."这正是"天才出于勤奋"的生动说明.

古希腊哲学家芝诺(Zeno)用几何图形中的圆圈来比喻人们掌握的知识,讲了一段颇富哲理的话:"大圆圈比小圆圈掌握的知识当然多一点,但因为大圆圈比小圆圈的圆周长,所以它与外界空间的接触面就比小圆圈大,因此更感到知识不足,需要努力地学习才能弥补."在当今"知识爆炸"的时代,这个比喻尤有其现实意义:学习学习再学习,知识不断更新,这是永恒的真理.

有些人不能正确认识自己,稍有成绩就骄傲自满. 托尔斯泰(Л. Н. Толстой)用分数做比喻告诫道:"一个人就好像是一个分数,他的实际才能好比分子,而他对自己的估价好比分母. 分母愈大则分数的值就愈小."看来人要有点自知之明是多么重要.

---

① 世界七大奇迹包括古代巴比伦的空中花园、奥林匹亚的宙斯神庙、罗得岛的太阳神铜像、亚历山大的大灯塔、埃弗兹的月亮女神庙、小亚细亚的摩索拉斯陵墓和埃及的金字塔.

这几年社会上曾流行这样一道算式:8 - 1 > 8. 这在数学上是不成立的,但在生活中却饱含着辩证法. 它告诉人们:每天 8 小时中拿出 1 小时锻炼身体,其效果要比 8 个小时全用来学习、工作还好.

下面的数据告诉人们,每天坚持一点点,你的人生与众大不相同

$$1.01^{365} \doteq 37.8, 0.99^{365} \doteq 0.03$$
$$1.02^{365} \doteq 1\ 377.4, 0.98^{365} \doteq 0.000\ 6$$

"积跬以致千里,积怠以致深渊",正是这个道理.

(这个结果看上去似乎让你惊讶,但它是千真万确经计量所得).

艺术家常常借助于"数学"喻义创作许多耐人寻味的画作(图 28).

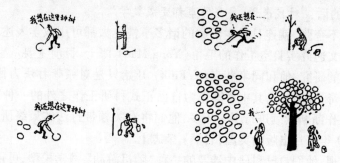

图 28　一万个 0 抵不上一个 1

几年前日本学者中川一郎提出的"寿命三角形"概念,既形象,又颇有见地.

他将每个人的寿命比作一个等腰三角形的面积,底边代表遗传,两腰分别代表食物营养和身心保健. 一个人即使无遗传方面的优势(等腰三角形底边不够长),但他只需从小重视摄入均衡且合理的营养,加强体育锻炼,保持情绪乐观,衡定心理平衡,有意识地促进"寿命三角形"的两腰的延长,其寿命三角形面积,即他的寿命仍令人乐观(图 29).

图 29　寿命三角形

上述比喻除了证明人们对于数学的偏爱之外,也说明数学本身内涵的美 —— 有了数学,比喻才更富哲理,更加形象,更为生动.

数学与美学还有更特殊、更密切的关系.

当一门学说可以用精确的数学形式表达时,它才成为科学的. 由于数学还未进入美学(如果美学是一种科学,它应当可由数学语言来描述),因而美学仍处于前科学状态. 美学家李泽厚先生说:

审美,研究美的规律包括结构以及美所表现的具体形式,将来可以用某些数学方程和数学结构来做出精确的表述.

美感是尚待发现和解答的某种未知的数学方程式. 这方程式的变数很多,不同比例的配合可以变成不同种类的美感.

寻找审美心理的数学方程式是使美学进入科学王国的重要途径. 数学自身的美也可借此找到依托,得到发挥.

英国学者波兰尼(G. Polani)提到"意会知识"时认为:"数学是概念的音乐,音乐是感觉的数学." 这是将数学与艺术糅合到了一起.

数学家伯克霍夫(G. D. Birkhoff)说:"大多数数学家早就预料到哲学思想的三个基本方面不断地数学化的趋势,这三个方面分别是逻辑学、美学和伦理学. 这是因为数学家可能都同意法国伟大的哲学家兼数学家笛卡儿(R. Descartes)的话:'对我来说,每一件事都变成数学'."

这话并不夸张,就连日常生活中的诸多事情也大都可用数学表述. 在英国剑桥大学卡文迪许实验室工作的毛甬(Yong Mao)博士,目前主要从事聚合物和胶体方面的研究. 他和同事芬克(T. Fink)开始只是对领带打法为什么如此之少感到好奇,并把找出其中答案作为自己正式科研工作之外的一种"趣味活动",研究工作断断续续进行了一年多. 他们将有关领带打法的最终研究结果,发表在1999年3月出版的英国《自然》杂志上.

两人发现,他们自己科研中涉及的一种"随机游动"数学模型,可用来作为研究打领带问题的工具. 毛甬进一步解释说:

开始打领带的第一步,往往是拿稍长、较宽的一端搭上较窄的一端,从二维角度看,这时两段领带交叉,将二维平面分成了左、中、右三部分. 随后的各个打领带步骤,可看作是领带宽的一端在这各个平面部分之间反复穿越. 而这一系列步骤,则可用在二维的三角晶格中做"随机游动"来描述.

他们采用"随机游动"模型数学公式分析后发现,普通质地的领带,其打法最多可达85种,但其中很多打法根本不实用. 为此,他们又从领带结的大小等美学角度,为数学公式设置了一些参数约束条件,最终获得10种实用性打法. 这10种打法包括目前常用的4种,因此还"预言"了另外6种新款. 试验结果发现效果相当不错.

美学的数学化问题,人们正在探索中.

爱因斯坦说过:"这个世界可以由音乐的音符组成,也可由数学的公式组成." 美学研究的本身当然也不例外.

"美"只有数学化以后才有标准. 不久前美国心理学家克尼根(M. Knege)对"选美"活动入选者的照片做了统计分析,且给出美女(仅仅从面部考虑)的"数量化"标准:

(1)眼睛的宽度占眼睛所在面部位置的3/10;

(2)下巴长度占脸长的1/5;

（3）从眼珠到眼眉的距离是脸长的 1/10；

（4）从正面端详，眼珠竖长占脸长的 1/14；

（5）鼻部面积占脸整个面积的 5% 以下；

（6）嘴占嘴所在脸部宽度的 50%.

日前英国一位 18 岁的女大学生弗洛伦丝·科尔盖特的"黄金比例脸蛋"被一档电视选秀节目评为"英国最美的脸"（图30）.

 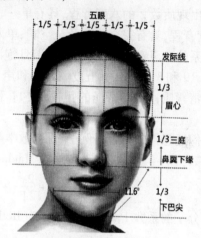

弗洛伦丝·科尔盖特　　　　　　美的脸形标准

图 30

人们通常认为，美丽女性的脸庞应符合以下比例：两个瞳孔间的距离应该是左耳到右耳距离宽度的一半以下；而眼睛和嘴之间的距离则最好是额头发际线到下颌距离长度的三分之一左右. 在这两点上，弗洛伦丝的数据分别是 44% 和 32.8%，她的五官分布已经接近完美.

当然，仅有上面的数字是不够的（因为选美还有其他方面要求，再者不同地区、不同种族对美的标准也不尽相同），但这确实说明数学在美学研究中的作用（人美与否居然可以数学化）.

古希腊学者柏拉图（Plato）就认为：我们在艺术中也可以像在逻辑和更高级的数学中那样，学习到抽象的秩序和关系.

数学家中有这样一个广泛的看法：莫扎特（W. A. Mozart）、巴赫（J. S. Bach）等人其实都是"隐蔽"的数学天才.

音符与数字对应着，乐章看上去是一些数字的语言或组合（这里系指简谱），音乐可以像文字那样描写自然，甚至可以（比文字）更形象地表现感情. 巧妙地运用数字的组合（这一点人们已用计算机做了尝试），或许可写出更生动、更优美的旋律.

日本京都立贺茂中学的数学教师长谷川干认为圆周率 π 的无限不循环数

字中,就有一种韵律,当他将 π 的数字转换成音符,利用计算机对音符节拍长短、曲调抑扬进行加工后,π 的前 113 位数字竟组成一支优美的乐曲.

令人惊奇的是,该乐曲加上和弦以后,节拍十分悦耳.

又,π 的前 365 位数字,可以谱成五支曲子.由此可见,π 的数字中潜藏着一种神奇的韵律与美感.

质(素)数与音乐表情素质有着神秘的对应关系,这是数学家的一大发现.

仅出现质数 2 的八度音程,具有单一、相像的表情素质;出现质数 2 和 3 的四、五度音程,具有完全协和乃至空旷、单薄的表情素质;出现质数 5 的大小三、六度关系的和声音程,具有相当和谐且饱满丰富的表情素质;出现质数 7 和 5,17 和 3,19 和 3 的增四减五度关系的和声音程,具有不协和、不稳定、充满紧张度的表情素质,等等(奇怪的是,质数 11 和 13 的艺术表现力尚未被总结或发现).

我们还想再举一个小例子,说明数学与艺术的千丝万缕的联系.

函数 $f(x) = e^{e^x}$ 的麦克劳林(C. Maclaurin)展开式为

$$e^{e^x} = \left(1 + \frac{x}{1!} + \frac{2x^2}{2!} + \frac{5x^3}{3!} + \frac{15x^4}{4!} + \cdots\right)$$

其每项分子的系数 1,2,5,15,… 称为 Bell 数(记作 B_n),它在"组合分析"中甚为有用.

如何计算 Bell 数,多宾斯基(G. Dobinski)给出公式

$$B_n = \frac{1}{e} \sum_{k=0}^{\infty} \frac{(k+1)^n}{k!}$$

当然真的算起来并不容易,一个较为简便的方法是用递推而得到 Bell 三角形,它遵循规则:

(1) 首行从 1 开始,以后每行的最后一个数字是下一行的第一个数字;

(2) 表中从第二行起,"每个数字 = 该数左面的数字 + 该数左上方的数字".

这样(从上至下、从左到右推算)可以得到:

```
1
1    2
2    3    5
5    7    10   15
15   20   27   37   52
52   67   87   114  151  203
203  255  322  409  523  674  877
…    …    …    …    …    …    …
```

表中数字
推算模式

表中的第一列数字 1,2,5,15,52,203,… 即为 Bell 数.

奇妙的是,人们通过研究发现:应用 Bell 数可算出诗词的各种韵律.

比如 $B_5 = 52$,国外艺术家们判断五行诗有 52 种不同的押韵方式,他们在雪莱(P. B. Shelley)的《云雀》及其他著名诗人的诗篇中找到了佐证. 日本学者也在他们的古诗中发微探幽,得出相同的结果. 这说明即令在与数学似乎风马牛不相及的文艺领域,也潜含着某种数学模式.

有人对我国古律诗中平仄问题曾采用数学方法进行研究,得到十分有趣的结果.

律诗中讲究"一三五不论,二四六分明". 将诗中"平"用"0""仄"用"1"去对应,律诗中的一种韵律便可与 4×5 矩阵对应

$$
\begin{matrix}
平平仄仄平 \\
仄仄仄平平 \\
仄仄平平仄 \\
平平仄仄平
\end{matrix}
\quad
\begin{bmatrix}
0 & 0 & 1 & 1 & 0 \\
1 & 1 & 1 & 0 & 0 \\
1 & 1 & 0 & 0 & 1 \\
0 & 0 & 1 & 1 & 0
\end{bmatrix} = A
$$

如果再规定下面的运算:

(1)取补:即 $T(1) = \bar{1} = 0, T(0) = \bar{0} = 1$;

(2)对换:比如 $T_{35}(\varepsilon_1, \varepsilon_2, \varepsilon_3, \varepsilon_4, \varepsilon_5) = (\varepsilon_1, \varepsilon_2, \varepsilon_5, \varepsilon_4, \varepsilon_3)$,这里 $\varepsilon_1, \varepsilon_2, \cdots, \varepsilon_5$ 表示 A 的某行元素.

那么 16 种平仄规则可用下面方式给出

$$
a_1 = \begin{cases} \bar{a}_2, & \text{当 } a_1 \text{ 不入韵时} \\ T_{ij}(\bar{a}_2), & \text{当 } a_1 \text{ 入韵时}(1 \leqslant i, j \leqslant 5) \end{cases}
$$

且 $a_{2k+1} = T(a_{2k}), a_{2k+2} = a_{2k+1}(k = 1, 2, 3)$,这里 a_k 表示矩阵 A 的第 k 行.

应该指出一点,这里的公式须先确定 a_2,再从 a_2 推出 a_1, a_3, a_4 来.

俄罗斯数学家柯尔莫哥洛夫(А. Н. Колмогоров)及其助手曾研究俄文语义学和诗歌中的数学问题(从概率论角度),他们发表了《俄文诗歌韵律的分析和概率论》一文,这也是用数学研究文学的范例,或者说是用数学美揭示文学美的尝试.

数学中蕴含着无穷的魅力,有着使人入魔的趣味(当然需要你细细品鉴)—— 这是由于它的美. 人们对于数学的探索,正是人们对于数学中美的发掘;而数学的发展,也正是人们对于数学美追求的结晶. 正如数学家莫尔斯(M. Morse)所说的那样:

数学中的发现与其说是一个逻辑问题,倒不如说它是神功所使,没有人懂得这种力量,但那种对美的不知不觉的认识必定起着重要的作用.

看看那些数学家们,他们生前献身于数学,死后他们的墓碑上刻着他们在数学上的丰功伟绩,也刻着他们对于数学美的执著追求与眷恋.

古希腊学者阿基米德(Archimedes)死于攻下西西里岛的罗马乱兵之手后

(当时他正在地上演习几何题,对于突然闯入的乱兵并未在意,并且对他们疾声喝道:"不要弄坏我的圆!"随即遭杀害)(图31),人们在其墓碑上刻上"球内切于圆柱"的图形,以纪念他发现"球的体积和表面积均为其外切圆柱体积和表面积的三分之二"的著名定理.

图31　阿基米德之死,1924 年由温特尔(F. Winter) 所绘

　　生活在公元 200 至 400 年间的古希腊数学家丢番图(Diophantus),尽管人们对其生平知之甚少,但为了表彰他对于数学,特别是对不定方程研究的贡献,有人为他的生平编造了一个数学谜语,刻在他的墓碑上(图32).

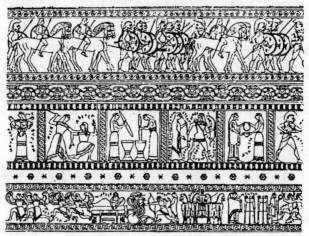

丢番图生命的六分之一是他的童年,再过了生命的十二分之一他长出了胡须.又过了生命的七分之一丢番图结了婚.5 年后他得到了一个儿子.但儿子只活了他父亲所活年岁的一半,而在儿子死后 4 年丢番图也离开了人世.试问,丢番图总共活了多少岁?

图32

德国数学家高斯(C. F. Gauss),在他研究发现了正十七边形的"尺规"作法后,便放弃原来立志学文的打算而投身于数学,后来在数学上做出诸多重大贡献. 在他出生地不伦瑞克有一座他的纪念碑,那底座就是促成他人生道路转变的有关图形 —— 正十七边形形状的棱柱.

16 世纪德国数学家鲁道夫(van C. Ludolph)花了毕生精力,把圆周率算到小数点后23 位,后人称之为"鲁道夫数",他死后人们便把这个数刻到他的墓碑上以示纪念(也是对计算者的一种褒奖).

瑞士数学家雅谷·伯努利(Jacob Bernoulli),生前对螺线(被誉为生命之线)颇有研究,他死之后,墓碑上就刻着一条对数螺线,碑文上还写着:"虽然改变了,我还是和原来一样."(图33)这是一句既刻画螺线性质,又象征他对数学热爱的双关语.

图 33　虽然改变了,我还是和原来一样

1873 年,英国人尚克斯(W. Shanks)奋斗一生,把 π 算至小数点后707 位(后发现该数的第 528 位有误). 人们绘出了下面的美丽图形(图 34).

$$\frac{22}{7} = 3.\dot{1}4285\dot{7}$$

$$\frac{355}{113} = 3.\dot{1}41592920353983\dot{9}$$

$$\pi = 3.14159265358979...$$

图 34　1873 年英国人尚克斯算得的 π 值(至小数点后 707 位)

数学家能从数学中得到与绘画、音乐给予人们的同样的乐趣,他们欣赏数学中数与形的精美结合,感叹某些发现的神妙,用数学演绎宇宙及自然的定律.

我们还想说一点,数学美其实也是宇宙智慧生物都能领悟和体会的. 比如外星人似乎也能识别到素数的不寻常性质. 或许他们已经将其推广,且进一步发展了数论,或许他们甚至证明了在地球人类目前尚未解决的数学难题,比如哥德巴赫猜想、黎曼假设等. 我们宇宙科学家们当然是这么想的,他们把电波从地球发送出去,希望这些无线电讯号能够被银河系中某种文明拦截并破译.

1974 年 11 月 16 日,阿列希博口径 305 m 的射天望远望向球状星云 M13(距地 24 万光年,它有几十万颗恒星)发射二进制无线电讯号 3 min(它由 1 679 个电码构成). 向那里介绍太阳系、地球和人类. 1999 年至 2003 年,俄罗斯、加拿大又做了 3 次发射.

人们假设,任何与人类一样聪明的外星人都能认识到,这个数字只能用一种方式分解因子,即 73 乘 23,因而知道必须将其排列成方格,才能产生下图所示的图像,从而他们也能从中悟到数学的美感,以及从中看到地球中的许许多多、方方面面.

图 35 被编成有 1 679 个 0 和 1 组成的数串,通过无线电波发射到宇宙空间中. 人们希望任何截获这则信息的外星人能认识到 1 679 等于两个素数 73 和 23 的乘积,然后将数串排列到一个 23 × 73 格栅之中(1 涂黑色,0 涂白色). 这样他们就会看到许多对地球人来说十分重要的概念被简化的图形,这些概念包括原子结构、DNA、地球人口、我们在太阳系中的位置等.

数学美是那么神奇,那么迷人,那么令人神往,那么使人陶醉.

数学美的特征是什么?

概括起来讲,有简洁性、和谐性和奇异性. 具体地有:

图 35

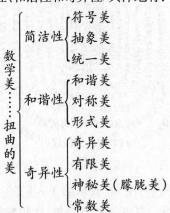

科学中存在着美,数学美是科学美的一种,但数学美又有其独特的个性,因而,它也一直是科学美研究的重要课题.

有人说数学是科学的皇后,数学美正是体现了这一点,因为不仅数学家、物理学家追求数学美,连天文学家、工程师也醉心于数学美.

艺术追求美,科学也追求美,二者都崇尚纯真,崇尚创造,崇尚对束缚的解脱,崇尚人和自然,崇尚对自然和人的超越.

任何领域都有美存在,只要你能用心挖掘到它的美,你就有可能攀登科学的顶峰(杨振宁语).

正是由于这些追求,艺术发展了,数学发展了,科学发展了,人类社会也进步了.

数学美的简洁性

第 一 章

大道至简.

—— 老子

数学简化了思维过程并使之更可靠.

—— 弗赖伊(T. C. Fry)

算学中所谓美的问题,是指一个难以解决的问题;而所谓美的解答,则是指对于困难和复杂问题的简单回答.

—— 狄德罗

国人历来追求语言文字的简洁,下笔时惜字如金,以下两则故事使人爱不忍释,过目难忘.

1923 年,刘半农先生写过一篇游记《柏林》:"大战过去了,我看见的是不出烟的烟囱,我看见的是赤脚的孩子满街走!"他在后记中说,《柏林》虽只有 29 个字,我却以为抵得上一篇游记了.

清代著名书法家、诗人何绍基在女儿出嫁时,特从北京寄回一只箱子. 家人打开一看,只见箱底的红纸上写着一个"勤"字,其他什么也没有,大感不解,唯有女儿和女婿明白其意,将这"勤"字铭记在心.

这里面的关键在于简、洁. 语言、文字如此,语言如此,绘画亦然. 吴冠中先生的山水如此简练,让人刮目相看(图 1). 毕加索、徐悲鸿等大师的画作也是精妙(图 2). 数学亦然.

华罗庚教授说过:宇宙之大、粒子之微、火箭之速、化工之巧、地球之变、生物之谜、日用之繁 …… 无不可用数学表述.

图1　吴冠中山水画

和平的面容
毕加索（P. Picasso）的画作《和平的面容》
从简洁的素描中透出美感

奔马（徐悲鸿）
中国国画可谓是简练至极，仅凭水墨
深浅，将世间万物表现得活灵活现

图2

著名科学家伽利略（G. Galileo）也说过："数学是上帝用来书写宇宙的文字."

真理愈是普适，它就愈加简洁. 简洁本身就是一种美，数学之所以用途如此之广，大概因为数学的首要特点在于它的简洁.

再来看看领袖们的杰作：俄罗斯总统普京在视察克麦罗沃一所中学时，在黑板上画了一只奇怪的动物给学生们"做纪念"（图3）. 当总统走出教室时，被问道，他画的是什么，普京转身揭晓答案："这是猫，猫的背影."

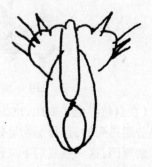

这个图看上去十分简洁，但心理学家却从中对普京的性格进行了解读

图3

数学家莫德尔(L. J. Mordell)说:"在数学里美的各个属性中,首先要推崇的大概是简单性了."

自然界原本就是简洁的:现实世界中光沿直线方向传播 —— 这是光传播的最捷路线;植物的叶序排布(比如我们介绍过的某些植物相邻两叶片在茎上排布的夹角为137°28′)是植物叶子通风、采光最佳的布局;某些攀缘植物如藤类,它们绕着攀依物螺旋式地向上延长,它们所选的螺线形状对于植物上攀路径来讲是最节省的.

大雁迁徙时排成的人字形,一边与其飞行方向的夹角是54°44′8″. 从空气动力学角度看,这个角度对于大雁队伍飞行是最佳的,即阻力最小(顺便一提:金刚石晶体中也蕴含这种角度).

在人体中,人的粗细血管直径之比总是$\sqrt[3]{2}$:1,经流体动力学研究表明,这种比值的分支导流系统在输导液体时能量消耗最少.

在五彩缤纷的生物世界里,许多奇妙而玄奥的事实,不仅引起生物学家关注,同样也深深吸引着数学家.

生物学家和数学家们(比如著名科学家开普勒、数学家列厄木(R. A. F. Réaumur)、柯尼希(J. S. Koenig)等)在研究蜂房构造时发现(图4)(我们后文还将详述这一事实):

在体积一定的条件下,蜂房的构造是最省材料的.

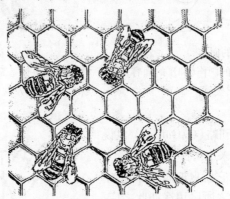

图4 蜜蜂是动物世界最高明的建筑师

(在自然界也是如此,比如形成雪花的水分子的冰晶格三维结构中,氧原子是分层排列的,且每层均呈蜂巢形态排布,这也多少可以解释雪花多呈六角形状的原因,这一点我们下文还将述及).

这些最佳、最好、最省 …… 的事实,来自生物的进化与自然选择,然而它们同时展现了自然界的简洁,而且也展现了自然界的和谐. 宇宙万物如此,作为描述宇宙的文字与工具的数学也应如此.

诗人但丁(A. Dente)曾赞美道:"圆是最美的图形."

太阳是圆的,满月是圆的,水珠看上去(投影)是圆的……,圆的线条明快、简练、均匀、对称.

近代数学研究还发现圆的等周极值性质:

在周长给定的封闭图形中,圆所围的面积最大.

无论是古人,还是今人,人们对圆有着特殊亲切的情感,都因为圆的简洁而美丽(图5).

图5 我国唐代的铜镜背面

我国古代将天空分为中央和东西南北,其中中央称为紫微垣,它的一圈称为"天际",其周围四星形象地勾勒出青龙星、玄武星、白虎星、朱雀星(图6).

白虎与青龙

玄武与朱雀

图6 砖刻上的四星神(这些星神砖刻(图腾)皆为圆形)

2020年东京夏季奥运会、残奥会会徽刚刚发布,却没想到旋即陷入一场"剽窃风波".比利时列日的设计师奥利维耶·德比近日在社交网站发帖,直指东京奥运会会徽与他设计的列日剧场标志"惊人相似".

两个图形无非说穿了就是圆和直线的摆布(图7)(请留心许多商标、会徽皆与圆有干系).

图7　东京奥运会会徽与列日剧场标志

当然,人们也用圆比喻人的圆通(滑)灵活,用方比喻方正不苟(唐代孟效有诗:万俗皆走圆,一生犹学方).无论如何,人们还是爱圆形(图8).

采桑图　　　　　　　　脚踏板织布机图

图8　古代砖刻中的圆与方

下面的事例中不失为圆的影子,除了新奇之外,它也是简单、明快的(图9,10,11).

图9　桥、倒影、圆、黄金分割点

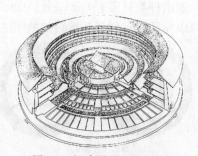

图10　我国福建省的圆形土楼　　　图11　福建圆形土楼剖面

数学中人们对于简洁的追求是永无止境的:建立公理体系时人们试图找出最少的几条(无论是欧几里得几何还是集合论,其公理体系都是力图摒弃任何多余的赘物);命题的证明人们力求严谨、简练(因而人们对某些命题证明不断地改进);计算的方法尽量便捷、明快(因而人们不断地在探索计算方法的创新);……数学拒绝繁冗.

正如 R. G. 牛顿(R. G. Newton) 所说:"数学家不但更容易接受漂亮的结果,不喜欢丑陋的结论,而且他们也非常推崇优美与雅致的证明,而不喜欢笨拙与繁复的推理."

近年来总是出现在英国麦田里的怪圈,人们怀疑是外星人的杰作(也有人认为是某些人的恶作剧)."怪圈"总是与"圆"分不开(图12).

图12　麦田的怪圈

前文我们说过:意大利经济学家帕雷托曾根据巴特莱发现的法则(从正方形与其内切圆以外部分的面积比为 78:22 而得到),提出一个琐碎多数与重要少数之比为 80:20 的宇宙大法则. 说穿了这也是一种简洁. 其意义为:群体中重要因子通常只占少数,不重要因子往往占大多数. 因而,只要控制重要的少数,即能控制全局.

数学的简洁性在人们生活中屡见不鲜(图13):

钱币种类只需有1分、2分、5分、1角、2角、5角、1元、2元、5元、10元、……，就可以简单地支付任何数目的款项.

清代生肖钱币　　　　中国农业银行行徽　　　中国摄影家协会会徽

图13　钱币、徽章中的圆

食堂餐券只需印上3分、5分两种便可支付任何8分或8分以上的菜款而无需找钱；倘若有3分、1角的两种餐券，便可支付1角8分及以上的菜款而无须找钱.

顺便讲一句：这类问题始于数学大师欧拉（L. Euler），他曾研究过天平砝码的最优（少）配置问题，并且证明了：

若有 $1,2,2^2,2^3,\cdots,2^n$ g 的砝码，只允许其放在天平的一端，则利用它们可称出 $1 \sim 2^{n+1}-1$ 之间任何整数克物体的质量.

这个问题其实与数的"二进制"有关. 进而，欧拉还证明了（它与数的"三进制"有关）：

若有 $1,3,3^2,3^3,\cdots,3^n$ g 的砝码，允许其放在天平两端，则利用它们可以称出 $1 \sim (3^{n+1}-1)/2$ 之间任何整数克物体的质量.

以上两个事实是"以少应付多"（省了还要再省）的典范，这也是数学简洁性使然. 下面所谓"省刻度尺问题"，尽管人们尚未对此得出一般结论，但就目前仅有的结果，足以使人倍感兴趣：

一根 6 cm 长的尺子（图14），只需刻上两个刻度（在 1 cm 和 4 cm 处）就可量出 $1 \sim 6$ 之间任何整数厘米的物体长度（下简称"完全度量"）.

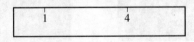

图14

若用 $a \to b$ 表示从 a 量到 b 的话，那么具体度量如下：

$1(0 \to 1)$，$2(4 \to 6)$，$3(1 \to 4)$，$4(0 \to 4)$，$5(1 \to 6)$，$6(0 \to 6)$

一根 13 cm 的尺子，只需在 1,4,5,11 cm 四处刻上刻度，便可完成 $1 \sim 13$ cm 的度量（整数度量）.

而 22 cm 的尺子，只需刻上六个刻度（英国游戏数学家杜登尼（H. E. Dudeney）发现），即在

　　　$1,2,3,8,13,18$ cm　　或者　　$1,4,5,12,14,20$ cm

处刻上刻度,便可完成 1 ~ 22 cm 的完全度量.

对于 23cm 的尺子来讲,也只需六个刻度(日本人藤村幸三郎发现)

$$1,4,10,16,18 \text{ 和 } 21 \text{ cm}$$

便可完成 1 ~ 23 cm 的完全度量.

一根 36 cm 的尺子只需在 1,3,6,13,20,27,31,35 cm 处刻上 8 个刻度(英国人李奇(J. Leeh)1956 年在《伦敦数学会杂志》上撰文给出)便可完成上述度量.

再如 40 cm 的尺子刻上 9 个刻度(苏联的拉巴沃克(Л. М. Лабавок)在《消遣数学》一书中给出)

$$1,2,3,4,10,17,24,29,35 \text{ cm}$$

可完成 1 ~ 40 cm 的完全度量.

表 1 给出了这个问题的最新研究成果,这里的拟(准)省刻度系指"几乎是"省刻度尺或至多差 1 ~ 2 个刻度.

表1　刻度数 $n \leq 9$ 的拟(准)省刻度尺刻度情况表

刻度数	1	2	3	4				5						6	7	8	9
尺长	3	6	11	17				25						34	44	55	72
刻度 度	1	1 4	1 4 9 或 2 7 8	1 4 10 15 或	1 4 10 12 或	1 8 11 13 或	1 8 12 14	1 4 10 18 23 或	1 7 11 10 23 或	2 11 16 19 23 或	2 3 10 16 21 或	2 7 13 21 22	1 4 9 15 22	1 5 12 25 27 35 41 53	1 6 10 23 26 34 41 53	1 70 4 或 13 28 33 47 54 64	1~69 9 19 24 31 52 56 58

这类问题与应用数学中所谓最优化方法有关,这门学科的核心是最省、最好(对效益讲是最大)——这也正是数学之所为(关于这一点,我们后文还将阐述).

用"少"去表现"多",或者求极大、极小等,均是数学简洁性的另类表现. 比如所谓"植树问题":

英国数学家、物理学家牛顿是一位沉迷于科学研究的人,他在科学的诸多领域均有划时代的贡献. 他每天伏案工作十几个小时,然而在艰辛的研究之余,也常阅读和撰写一些较轻松的东西作为休息. 比如,他曾经很喜欢下面一类题目(1821 年杰克逊(J. Jackson)在《冬天傍晚的推理娱乐》的书中也给出了这个名题):

9 棵树栽 9 行,每行栽 3 棵. 如何栽?

乍看此题似乎无解,其实不然,看了图 15(a)(图中黑点表示树的位置,下同），你也许会恍然大悟.

牛顿还发现：9 棵树每行栽 3 棵，可栽行数的最大值不是 9，而是 10，见图 15(b). 图 15(c) 给出 10 棵树栽 10 行每行 3 棵的栽法.

其实，10 棵树每行栽 3 棵可栽的最多行数也不是 10，而是 12，见图 15(d).

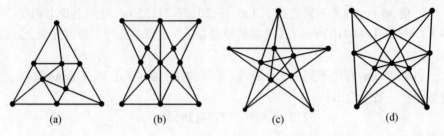

图 15

英国数学家、逻辑学家道奇生（C. L. Dodgson）在其童话（也是智力游戏）名著《爱丽丝漫游仙境》中也提出下面一道植树问题：

10 棵树栽成 5 行，每行栽 4 棵. 如何栽？

此题答案据称有 300 之众（从数学的同构或等价观点看，也许就没那么多），图 16 给出了其中的几种.

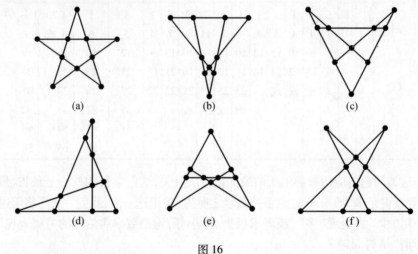

图 16

19 世纪末，英国的数学游戏大师杜登尼在其所著《520 个趣味数学难题》中也提出了下面的问题：

16 棵树栽成 15 行，每行栽 4 棵. 如何栽？

杜登尼的答案见图 17.

美国趣味数学大师山姆·洛伊德（Sam Loyd）曾花费大量精力研究"20 棵树每行栽 4 棵，至多可栽多少行"的问题，他给出了可栽 18 行的答案，见图 18.

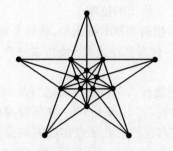 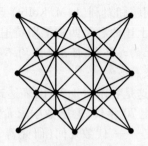

图 17　杜登尼栽 15 行的方案　　　图 18　洛伊德栽 18 行的方案

几年前人们借助于电子计算机给出了上述问题的可栽 20 行的最佳方案（又是五角星图案，我们至少已遇到过六次），见图 19.

稍后曾见报载，国内有人给出可栽 21 行的方案（然而严格的验证工作恐非易事——这些点是否真的共线？见图 20，即便结论无误，但它是否是可栽的最多行数，人们尚不得而知）.

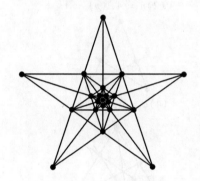 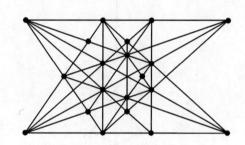

图 19　栽 20 行的方案　　　　　图 20　栽 21 行的方案

问题没有完结，当有人发现上述问题与现代数学的某些分支有关时，人们不得不重新审视这些问题的内涵. 首先，人们会考虑：

n 棵树每行栽 k 棵 $(0 < k \leqslant n)$，至多能栽多少行？

我们希望能够找到这个与 n, k 有关的、所栽最多行数的表达式 $l(n, k)$，然而问题竟是意想不到的艰难.

在方程、矩阵、行列式理论研究中都做过重要贡献的英国数学家西尔维斯特（J. J. Sylvester）对于几何研究也极有兴趣，他在临终前几年（1893 年）提出的貌似简单的问题：

平面上不全共线的任意 n 个点中，总可以找到一条直线使其仅过其中的两个点.

直到 1933 年才找到一个烦琐的证明. 尔后 1944 年、1948 年又先后有人给出证明. 1980 年前后，《美国科学新闻》杂志重提旧事时，又一次向人们介绍了西尔维斯特问题和凯利(L. M. Kelly)于1948年给出的证明.

其实,上述命题是西尔维斯特追踪前面植树问题时提出的,他曾考虑过:

平面上的 n 个点,任意4点均不共线,如何布置可使有3点同在一条直线上的直线条数最多?

显然,这是在求 $l(n,3)$ 的表达式,为方便计,将 $l(n,3)$ 简记为 $l(n)$.

20世纪70年代,德国数学家希策布鲁赫(F. Hirzebruch)在研究现代数学的一个分支——代数几何(研究若干代数方程的公共零点构成的集合的几何性质的学科)中的歧点理论时惊讶地发现:

这个理论与植树问题居然有关联,特别是与 $l(n)$ 的计数有联系. 其实,这类问题也属于组合数学、计算几何等数学分支.

然而,遗憾的是,至今人们未能给出 $l(n)$ 的表达式,不过对于 $3 \leqslant n \leqslant 12$ 和 $n = 16$ 的情形,人们已给出确切的答案(图21).

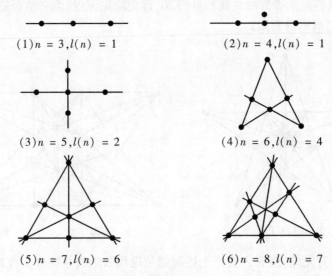

(1)$n = 3, l(n) = 1$
(2)$n = 4, l(n) = 1$
(3)$n = 5, l(n) = 2$
(4)$n = 6, l(n) = 4$
(5)$n = 7, l(n) = 6$
(6)$n = 8, l(n) = 7$

图21

$n = 9, 10$ 的情形,我们前面已经给出图样.

$n = 11$ 时,$l(n) = 16$;$n = 12$ 时,$l(n) = 19$;$n = 16$ 时,$l(n) = 37$.

至于其他的一些 n 值,人们仅仅知道它们的上、下界,比如(表2):

表2

n	13	14	15	17	18	19	20	21	22	23	24	25
$l(n)$ 的下界	22	26	31	40	46	52	57	64	70	77	85	92
$l(n)$ 的上界	24	27	32	42	48	54	60	67	73	81	88	96

一般地,人们仅证得下面的结果

$$\frac{1}{3}\left(\frac{n(n-1)}{2} - \left\lceil\frac{3n}{8}\right\rceil\right) \geq l(n) \geq \left\lfloor\frac{n(n-3)}{6}\right\rfloor + 1$$

这里 $\lfloor x \rfloor$ 表示不超过 x 的最大整数,而 $\lceil x \rceil$ 表示不小于 x 的最小整数. 上述不等式右端,是 1868 年由西尔维斯特给出的.

1974 年,布尔(S. A. Burr)等对 $l(n)$ 猜测,除 $n = 7,11,16,19$ 外

$$l(n) = \left\lfloor\frac{n(n-3)}{6}\right\rfloor + 1$$

然而,这一点至今尚未被人们证得.

至于 $l(n,k)$ 的问题,似乎更未取得像样的成果.

另外,我们很容易体会到:一个定理(或习题)证明(或解法)的改进(简化),将认为是做了一件漂亮的工作,即它是美妙的. 由于简洁,数学语言(包括图形)不仅能描述世上的万物,同时能为世界上所有文明社会所接受和理解,而且还将成为与其他星球上的居民(如果存在的话)交流思想的工具.

1972 年,美国在为寻觅地球外文明的"先驱者号飞船"(探测器)征集所携带的礼物时,我国已故著名数学家华罗庚曾建议带上数学中用以表示"勾股定理"(毕达哥拉斯定理)的简单、明快的数形图(图 22,23),它似乎应为宇宙所有文明生物所理解. 华罗庚说:"要沟通两个不同星球的信息交往,最好在太空飞船中带去两个图形 —— 表示数的'洛书'和表示数形关系的勾股定理图."

图 24 给出飞船携带的标牌.

最近在山洞里发现的人类早期石刻几何图形

图 22

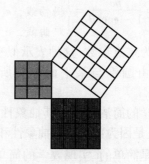

图 23　勾 3 股 4 弦 5

数学中的简洁性的例子是不胜枚举的.

比如三角形,尽管它有千姿万态,但人们却用

$$S = \frac{1}{2}ah,\ a\ \text{为底边长},h\ \text{为该边上高}$$

或　　　　　$$S = \sqrt{p(p-a)(p-b)(p-c)},\ p\ \text{为三角形半周长}$$

囊括了所有三角形的面积.

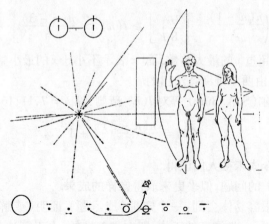

先驱者号宇宙飞船上携带的标牌(铝制镀金,
$13.5 \times 7.5 \ cm^2$,寿命达几十亿年,图上标有地球
在太阳系位置,人类的外形等)

图 24

正、余弦定理也概括了三角形边、角的一般关系.

无论多么复杂的二次曲线(圆锥曲线)均可用方程

$$Ax^2 + Bxy + Cy^2 + Dx + Ey + F = 0$$

表示. 在极坐标系下,它还有更简洁的形式

$$\rho = \frac{pe}{1 - e\cos\theta} = \begin{cases} \text{椭圆}, & 0 < e < 1 \\ \text{抛物线}, & e = 1 \\ \text{双曲线}, & e > 1 \end{cases}$$

其中 p 为焦点参数. 这种表示似乎恰与二次曲
线均可由圆锥与某平面相截所产生相呼应
(图25).

数学的简洁性是指其抽象性、概括性和统
一性. 正是因为数学具有抽象性和统一性,其形
式应当是简单的. 实现数学的简单性(抽象、统一) 的重要手段是使用数学符
号.

图 25   圆锥与截线

1. 数字的符号美

数学符号节省了人们的思维.

—— 莱布尼兹

数学是上帝用来书写宇宙的文字.

—— 伽利略

符号常常比发明它们的数学家更能推理.

—— 克莱茵(F. Klein)

数学也是一种语言, 且是现存的结构与内容方面最完美的语言 …… 可以说, 自然用这个语言讲话; 造世主已用它说过话, 而世界的保护者继续用它讲话.

—— 戴尔曼 (C. Dillmann)

人总想给客观事物赋予某种意义和价值, 利用符号认识新事物, 研究新问题, 从而使客观世界秩序化, 这便创造了科学、技术、文化、艺术 …… 符号就是某种事物的代号, 人们总是探索用简单的记号去表现复杂的事物, 符号也正是这样产生的. 文字是用声音和形象表达事物的符号, 一个语种就是一个"符号系统". 这些符号的组合便是语言. 人们试图用"精密"的方法研究艺术, 这在很大程度上依靠符号, "艺术符号学"这门新兴学科便应运而生, 它是美学的一个部分.

如前所述, 1961 年, 苏联数学家柯尔莫哥洛夫把统计学分析应用到诗歌语言研究中, 把语言中的转换同其他符号学系统中的转换相比较, 论述了符号学的一般意义.

符号对于数学的发展来讲更是极为重要的, 它可使人们摆脱数学自身的抽象与约束, 集中精力于主要环节, 这在事实上增加了人们的思维能力. 没有符号去表示数及其运算, 数学的发展是不可想象的.

数学语言是困难的, 但又是永恒的 (纽曼 (M. H. A. Newman) 语). 数是数学乃至科学的语言, 符号则是记录、表达这些语言的文字. 正如没有文字, 语言也难以发展一样, 几乎每一个数学分支都是靠一种符号语言而生存, 数学符号是贯穿于数学全部的支柱.

古代数学的漫长历程、今日数学的飞速发展, 17 世纪、18 世纪欧洲数学的兴起、我国几千年数学发展进程的缓慢, 这些在某种程度上也都归咎于数学符号的运用得当与否. 简练、方便的数学符号对于书写、运算、推理来讲, 都是何等重要! 反之, 没有符号或符号不恰当、不简练, 势必影响到数学的推理和演算. 然而, 数学符号的产生 (发明)、使用和流传 (传播) 却经历了一个十分漫长的过程. 这个过程始终贯穿着人们对于自然、和谐与美的追求 (图 1).

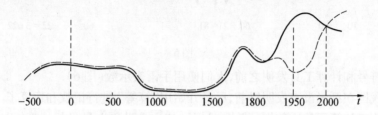

图 1 数学发展兴衰图 (实线为纯数学, 虚线为应用数学, 横坐标代表公元纪年)

古埃及和我国一样,是世界上四大文明古国之一.早在4 000多年以前,埃及人已懂得了数学,在数的计算方面还会使用分数,不过他们是用"单位分数"(分子是1的分数)进行运算的.此外,他们还能计算直线形和圆的面积,他们知道了圆周率约为3.16,同时也懂得了棱台和球的体积计算等.可是记数他们却是使用图2所示的符号(这里面多是写真,显然包含着自然美)进行的:

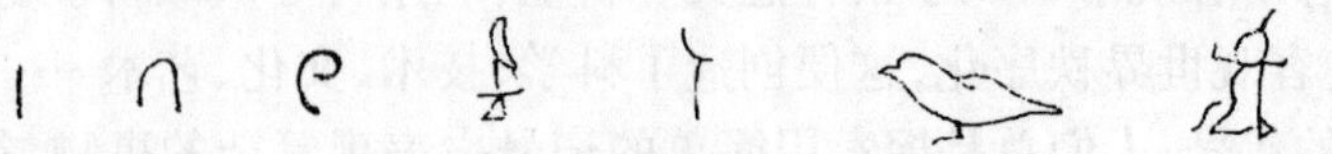

$$1 \quad 10 \quad 100 \quad 1\,000 \quad 10\,000 \quad 100\,000 \quad 1\,000\,000$$

图2

这样书写和运算起来都不方便,比如写数2 314,就要用图3所示符号表示.后来他们把符号作了简化,成为了图4.

图3

$$1 \quad 2 \quad 3 \quad 4 \quad 5 \quad 6 \quad 7 \quad 8 \quad 9 \quad 10 \quad 20 \quad 30$$

图4

古代巴比伦人(巴比伦即当今伊拉克巴格达一带地方)计数使用的是60进制,当然它也有其优点,因为60有约数1,2,3,4,5,6,10,12,15,20,30,60等,这样在计算分数时会带来某种方便(现在时间上的小时、分、秒制及角的度制,仍是60进制).巴比伦人已经研究了二次方程和某些三次方程的解法.他们在公元前2000年就开始将楔形线条组成符号(称为楔形文字),且将它们刻在泥板上,然后放到烈日下晒干以备保存.同样他们也是用楔形文字来表示数(看上去似乎很简洁、粗犷),无论是用来记录还是运算,都相对方便许多(图5).

$$1 \quad 10 \quad 0 \qquad 60 + 21 = 81 \qquad 60^2 + 0 + 22 = 3\,622$$

图5

符号和计算工具发明之前,人们使用手语表示数(图6).

我国在纸张没有发明以前,已经开始用"算筹"进行记数和运算了."算筹"是指用来计算用的小竹棍(或木、骨棍),这也是世界上最早的计算工具.用"算筹"表示数的方法如图7所示.

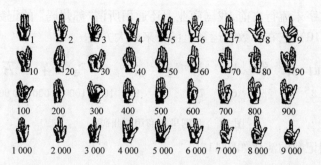

图6　数的手语

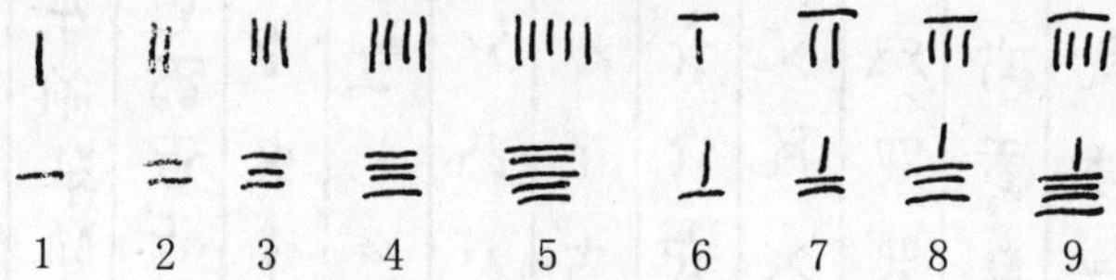

1	2	3	4	5	6	7	8	9

图7　算筹表示的数码

记数时个位用纵式,其余位纵横相间,故有"一纵十横,百立千僵"之说(图8).数字中有 0 时,将其位置空出,比如 86 021 可表示为:

图8

殷商时期甲骨文字中数字是用图 9 表示的(形象、自如).

1	2	3	4	5	6	7	8	9	10	100	1 000	10 000

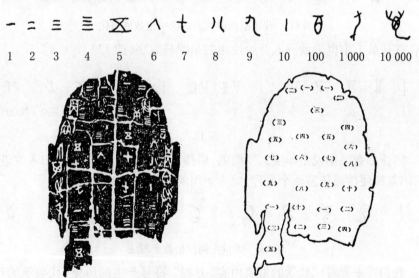

图9　甲骨文中的数字(右图为今译)

41

阿拉伯数字未流行之前,我国商业上还通用所谓"苏州码"的记数方法(方便、明快)(图 10),它在计数和运算上已带来较大方便.

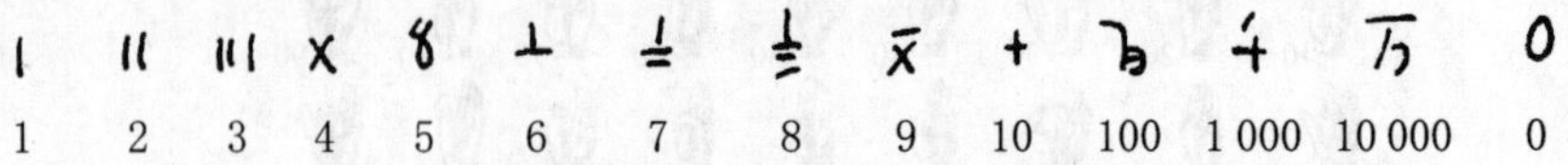

图 10　我国早年商用苏州码

战国时期记数的演化如图 11.

图 11　我国战国时代前后汉字记数的演化

在计数上中世纪欧洲人开始使用的是罗马数字(图 12).

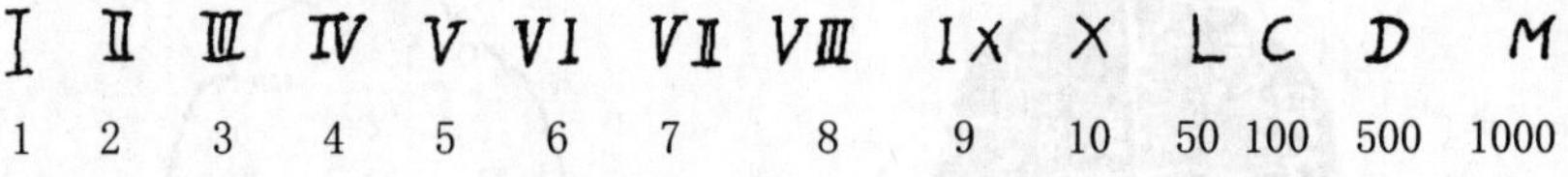

图 12

阿拉伯数字据说是印度人发明的,后传入阿拉伯国家,经阿拉伯人改进、使用,因其简便性而传遍整个世界,成为通用的记数符号(图 13).

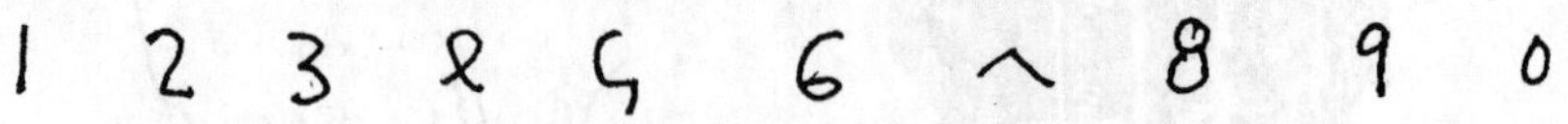

图 13　15 世纪阿拉伯数字写法

我们再来看看代数学的重要内容"方程"符号产生的历史(代数学的产生与方程研究关系甚密).

在埃及出土的 3 600 年前的莱因特纸草上有图 14 一串符号.

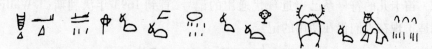

图 14　莱因特纸草上的算式

它既不是什么绘画艺术,也不是什么装饰图案,它表达的却是一个代数方程式,用今天的符号表示即

$$x\left(\frac{2}{3} + \frac{1}{2} + \frac{1}{7} + 1\right) = 37$$

宋、元时期我国也开始了相当于现在"方程论"的研究,当时记数使用的仍是"算筹". 在那时出现的数学著作中,就是用图 15 中的记号来表示二次三项式 $412x^2 - x + 136$ 的. 其中 x 系数旁边注以"元"字,常数项注以"太"字,筹上画斜线表示"负数".

到了 16 世纪,数学家卡尔达诺(J. Cardano)、韦达(F. Vièta)等人对方程符号做了改进.

直到笛卡儿才第一个倡用 x, y, z 表示未知数,他曾用

宋、元时期算书中的二次三项式

图 15

$$xxx -- 9xx + 26x -- 24 \propto 0$$

表示　　　　　　　　　$x^3 - 9x^2 + 26x - 24 = 0$

这与现在的方程写法几乎一致.

其实,数学表达式的演变正是人们追求数学和谐、简洁、方便、明晰的审美过程.

1545 年,卡尔达诺用

cubus p̄ 6 rebus aequalis 20

表示　　　　　　　　　$x^3 + 6x = 20$

1572 年,邦别利(R. Bombelli)用

I. P. 8̆ Equale â 20

表示　　　　　　　　　$x^6 + 8x^3 = 20$

1591 年韦达用

B 5 in · A quad C plano 2 in A + A cub aequatur D solido

表示　　　　　　　　　$5BA^2 - 2C \cdot A + A^3 = D$

43

即
$$5bx^2 - 2cx + x^3 = d$$

笛卡儿的符号系已接近现代通用的记号,直到 1693 年沃利斯(J. Wallis)创造了现在人们仍在使用的记号
$$x^4 + bx^3 + cx^2 + dx + e = 0$$

韦达是第一个引进字母系数的人,但他仍以希腊人的齐次原则、拉丁记号 plano 和 solido 分别表示平面数和立体数;用 aequatur 表示等于,in 表示乘号,quad 和 cub 分别表示平方和立方,这显然不简洁.

笛卡儿的符号已有较大程度的简化.

我们还想指出一点:数及其运算只有用符号去表示,才能更加确切和明了.随着数学的发展,随着人们对于数认识的深化,用原有符号去表示新的概念,有时竟会感到无能为力(没有根号如何表示某些无理数?),这需要创新.

圆周率(圆的周长与直径的比)是一个常数,但它又是无限不循环小数.1737 年欧拉首先倡导用希文 π 来表示它(早在 1600 年英国数学家奥特雷德(W. Oughtred)曾用 π 作为圆周长的符号),且通用于全世界.

用 e 表示特殊的无理常数(也是超越数)——欧拉常数
$$\lim_{n \to \infty}\left(1 + \frac{1}{n}\right)^n = 2.718\ 281\ 828\ 459\ 045\cdots$$

的也是欧拉. 我们知道,要具体写出圆周率或欧拉常数根本不可能(它们无限且不循环),然而用数学符号有时却可精确地表示它们(正像不能书尽 $\sqrt{2} = 1.414\ 213\ 56\cdots$ 却可用 $\sqrt{2}$ 表达一样,也许我们并不真的知道它到底是多少).

虚数单位 $\sqrt{-1}$ 用符号 i 表示,还是数学家欧拉于 1777 年首创的(这也使我们想到:欧拉的成就与他对数学符号的创造不无关系).

(你是否想到,奇妙的等式 $e^{i\pi} + 1 = 0$① 中的五个数中的三个书写符号,都是出自数学大师欧拉之手!)

代数学就其某种意义上说是符号形式的运算. 关于方程式符号的演变,我们在前面已经阐述,关于四则运算等数学符号的产生、演化过程可见表 1.

当然数学中还有许多符号,这些符号均有其独特含义,使用它们不仅方便而且简洁,比如"!"号表示阶乘,那么
$$n! = n \times (n - 1) \times \cdots \times 2 \times 1$$

这种符号的进一步延伸与推广便是"Π"

---

① 在这里若 1,0 代表算术,i 代表代数,π 代表几何,超越数 e 则代表分析学,那么此式又将许多数学分支融合到了一起.

$$\prod_{i=1}^{n} a_i = a_1 a_2 \cdots a_{n-1} a_n$$

与之相应的还有求和号"Σ",其含义是

$$\sum_{i=1}^{n} a_i = a_1 + a_2 + \cdots + a_{n-1} + a_n$$

在高等数学中,求和概念的推广 —— 函数求积中的积分符号"$\int$"似乎是"Σ"号或 sum(和)词头 S 符号的拉伸.

表1　一些运算符号的演化

运　算		加	减	乘	除	乘方	等号	未知量
现代符号		+	−	×·	÷ /	a^k	=	x, y, z ...
来　源	世　纪							
埃　及	公元前 17				$\dfrac{1}{3} = $ ⋔			𝄞 +
亚历山大			∧		$\dfrac{1}{3} = r''$			
印　度	11	梵语数字上 ya 加一点				$x^2 = \square$	……	
意大利	16	$\tilde{p}$	$\tilde{m}$					
德　国	16	+						
Stevin[比利时]	16	+	−			$x^2 = $ ②	Feraegale	0
Recorde[英]	16	+	−			$x^3 = $ ③	=	
F. Vieta[法]	17	+	−	in	$\dfrac{3}{4}$	$x^2 = $ 𝑥	Aequabantut	A, E, O
W. Oughtred[英]	17	+	−	×	$\dfrac{3}{4}$	$x^2 = $ ④		
Harriot[英]	17	+	−			a^2	=	a, b, d
Descarte[法]	17	+	−		$\dfrac{3}{4}$	x^2 或 xx	∝	x, y, z
G. Leibnitz[德]	18	+	−		$\dfrac{a}{b}$	$a^3 = $ ⬡ a		

人们也意识到:只有使用不曾为那些含糊观念(如时间、空间、连续性等)所侵占了的符号语言 —— 这些含糊观念起源于直觉,常会妨碍纯粹的推理 —— 我们才有希望把数学建筑在逻辑的稳固基石上.

数学符号除了简洁之外,还有另外的意义:自身形象美(无穷符号 ∞ 源于麦比乌斯带,详见后文).

哈密尔顿(W. R. Hamilton)算子是一种重要的微分算子

$$\nabla = \boldsymbol{i} \frac{\partial}{\partial x} + \boldsymbol{j} \frac{\partial}{\partial y} + \boldsymbol{k} \frac{\partial}{\partial z}$$

由它作为工具,可导出一系列美妙的结论:

当它作用于数量场函数 $u(x,y,z)$ 时,产生梯度 ∇u(也记作 grad u)

$$\nabla u = \frac{\partial u}{\partial x}\boldsymbol{i} + \frac{\partial u}{\partial y}\boldsymbol{j} + \frac{\partial u}{\partial z}\boldsymbol{k}$$

这是一个代表 u 在空间中最大变化率的大小和方向(它是一个向量)的符号.

当它作用于向量场函数

$$\boldsymbol{v} = v_1\boldsymbol{i} + v_2\boldsymbol{j} + v_3\boldsymbol{k} \quad (v_i \text{ 是 } x,y,z \text{ 的函数})$$

时有公式

$$\nabla\boldsymbol{v} = \left(\boldsymbol{i}\frac{\partial}{\partial x} + \boldsymbol{j}\frac{\partial}{\partial y} + \boldsymbol{k}\frac{\partial}{\partial z}\right)(v_1\boldsymbol{i} + v_2\boldsymbol{j} + v_3\boldsymbol{k}) =$$

$$-\left(\frac{\partial v_1}{\partial x} + \frac{\partial v_2}{\partial y} + \frac{\partial v_3}{\partial z}\right) + \begin{vmatrix} \boldsymbol{i} & \boldsymbol{j} & \boldsymbol{k} \\ \dfrac{\partial}{\partial x} & \dfrac{\partial}{\partial y} & \dfrac{\partial}{\partial z} \\ v_1 & v_2 & v_3 \end{vmatrix}$$

这是一个"四元数",其数量部分称为 $\boldsymbol{v}$ 的散度(记为 div $\boldsymbol{v}$),向量部分称为 $\boldsymbol{v}$ 的旋度(记为 rot $\boldsymbol{v}$).

若用哈密尔顿算子,$\boldsymbol{v}$ 的散度、旋度又分别可表示为

$$\text{div } \boldsymbol{v} = \nabla \cdot \boldsymbol{v}, \quad \text{rot } \boldsymbol{v} = \nabla \times \boldsymbol{v}$$

19 世纪末,麦克斯韦(J. C. Maxwell) 的电磁学方程组,其微分形式就是用哈密尔顿算子表示的,其简洁与美妙自不待言(这组方程简练、精美,揭示了电和磁之间奇妙的对称性,且它们均可以类似的方式影响对方. 由此而得到的波动方程,揭示电磁波的存在,且是以光速传播. 由此得出:光本身是电磁波).

拉普拉斯(Laplace) 方程

$$\Delta u = \frac{\partial^2 u}{\partial x^2} + \frac{\partial^2 u}{\partial y^2} + \frac{\partial^2 u}{\partial z^2} = 0$$

若用哈密尔顿算子表示,也是十分漂亮、利落

$$\Delta u = \nabla u \cdot \nabla u = 0$$

由上看来,数学符号对于表现数学的简洁性,是何等重要! 这就是说:数学符号不仅简化了复杂的数学公式,而且通过它可把看上去远离的数学理论巧妙地拉近且联系起来.

若说 $+$,$-$,$\times$,$\div$,$\cdots$ 在数学上不过是一个个符号,那么行列式和矩阵记号的出现,则是数学语言上的大胆创新,它们的绝妙之处已为它们在现代数学发展中的作用所显示.

行列式概念源于柯西(A. L. Cauchy),他是在讨论二次型 $ax^2 + 2bxy + cy^2$ 的判别式时而引入这个概念的. 拉普拉斯(P. S. M. de Laplace) 也讨论过某些三阶行列式.

拉普拉斯从理论上对行列式性质做了探讨,且给出了行列式的展开定理

（由柯西进行推广且给出证明）.

谢克（H. F. Scherk）在其《数学论文》中给出了行列式的一些性质.

西尔维斯特是行列式理论的始终不渝的推崇者和研究者,他改进了从两个关于 x 的 n 次和 m 次多项式中消去未知元 x 的方法 —— 析配法,且提出"结式"概念. 如他指出:方程组

$$\begin{cases} a_0x^3 + a_1x^2 + a_2x + a_3 = 0 \\ b_0x^2 + b_1x + b_2 = 0 \end{cases}$$

有公共根的充要条件是结式（行列式形式）

$$\begin{vmatrix} a_0 & a_1 & a_2 & a_3 & 0 \\ 0 & a_0 & a_1 & a_2 & a_3 \\ b_0 & b_1 & b_2 & 0 & 0 \\ 0 & b_0 & b_1 & b_2 & 0 \\ 0 & 0 & b_0 & b_1 & b_2 \end{vmatrix} = 0$$

（这个结论可以推广到两个 m, n 次方程的情形）

高斯在柯西、西尔维斯特等人研究基础上,讨论了二次型

$$a_{11}x_1^2 + a_{22}x_2^2 + a_{33}x_3^2 + 2a_{12}x_1x_2 + 2a_{13}x_1x_3 + 2a_{23}x_2x_3$$

的标准式问题,且提出了多项式的特征方程概念,它也是以行列式形式给出的

$$\begin{vmatrix} a_{11} - \lambda & a_{12} & a_{13} \\ a_{21} & a_{22} - \lambda & a_{23} \\ a_{31} & a_{32} & a_{33} - \lambda \end{vmatrix} = 0$$

魏尔斯特拉斯（K. T. W. Weierstrass）完成了二次型理论且将其推广到双线性型.

注记 行列式简洁、整齐、规则、便于记忆等这些特点往往使某些数学方程变得漂亮,比如:

平面上过点 $(x_1, y_1), (x_2, y_2)$ 的直线方程可用

$$\begin{vmatrix} x & y & 1 \\ x_1 & y_1 & 1 \\ x_2 & y_2 & 1 \end{vmatrix} = 0$$

表示（从行列式性质可发现:表达式是一次函数,且过给定两点）.

平面上过点 $(x_1, y_1), (x_2, y_2), (x_3, y_3)$ 的圆的方程可用

$$\begin{vmatrix} x^2 + y^2 & x & y & 1 \\ x_1^2 + y_1^2 & x_1 & y_1 & 1 \\ x_2^2 + y_2^2 & x_2 & y_2 & 1 \\ x_3^2 + y_3^2 & x_3 & y_3 & 1 \end{vmatrix} = 0$$

表示（注意到:平面上不共线的三点可确定一圆）.

类似地,我们还可给出过平面上五个点(x_i, y_i), $i = 1, 2, 3, 4, 5$ 的一般圆锥曲线方程的行列式表示式

$$\begin{vmatrix} x^2 & y^2 & xy & x & y & 1 \\ x_1^2 & y_1^2 & x_1 y_1 & x_1 & y_1 & 1 \\ x_2^2 & y_2^2 & x_2 y_2 & x_2 & y_2 & 1 \\ x_3^2 & y_3^2 & x_3 y_3 & x_3 & y_3 & 1 \\ x_4^2 & y_4^2 & x_4 y_4 & x_4 & y_4 & 1 \\ x_5^2 & y_5^2 & x_5 y_5 & x_5 & y_5 & 1 \end{vmatrix} = 0$$

此外,这种方法还可以推广到 n 维流形中去.

从上面的例子我们可以看到:数学符号的重要性,在于它有无限的力量和手段来协助直觉,把社会和自然乃至宇宙中的数学关系联系起来,去解答一些已知或未知的问题,去创造更深、更新的思维形式.

由行列式研究入手而产生的矩阵理论,在现代科学的许多领域得以广泛应用的事实也正好说明了这一点(开始人们研究的是单个数,随着人们思维的发达和科学技术进步的需要,人们开始研究一群数,矩阵正是 $m \times n$ 的数阵).

我们还想指出一点:数学符号的产生也与数学发展的背景有着密切的联系,同一概念开始往往运用不同的符号表示,人们在使用过程中不断对其进行鉴别以确定优劣(实用性、方便性、简洁性等)——— 这里面也蕴含一个审美过程.

牛顿和莱布尼兹各自独立地发明了微积分,由于两个人研究的出发点不同(牛顿从力学研究出发,以速度为模型;莱布尼兹从几何研究出发,以曲线的切线为模型),两人使用的符号也不一致:

牛顿用 $\dot{x}$ 表示 x 对于自变量的导数(牛顿称之为流数);

莱布尼兹则用 $\dfrac{\mathrm{d}y}{\mathrm{d}x}$ 表示 y 对 x 的导数.

莱布尼兹的符号(包括他用"$\int$"表示积分)至今被沿用(牛顿的符号 $\dot{x}$ 在某些微分方程的表示与求解中也常使用).

当然,莱布尼兹的记号也是经过不断改进的:

开始(1673 年)他用拉丁文 omnia 的头三个字母 omn 表示积分,用 l 表示今日的 dy,且经常用 a 表示 dx,比如

$$\text{omn} \cdot l = y \ \text{表示} \ \int \mathrm{d}y = y, \text{omn} \cdot yl = \frac{y^2}{2} \ \text{表示} \ \int y \mathrm{d}y = \frac{y^2}{2}$$

等. 1675 年他已开始用"$\int$"(前文已说过它是拉丁文"和"字 sum 的词头字母 S 的变形)代替 omn. 但他却用 $\dfrac{y}{d}$, $\dfrac{x}{d}$ 表示 dy, dx,不久他便改为后者.

表 2,3,4 给出某些现今通用数学符号的发明者及发明年份：

表 2　数学运算符号发明者及年份表

符　号	意　义	引入者	年　代
$+,-$	加法、减法	德国数学家	15 世纪末
$\times$	乘　法	W. Oughtred	1631
$\cdot$	乘　法	G. Leibniz	1698
$:\div$	除　法	G. Leibniz	1684
$a^2,\cdots,a^n$	幂	R. Descartes	1637
		I. Newton	1676
$\sqrt{\ },\sqrt[3]{\ },\cdots$	方　根	K. Rudolff	1525
		A. Girard	1629
Log	对　数	J. Kepler	1624
log	对　数	B. Cavalieri	1632
sin,cos,tan	正弦、余弦、正切	L. Euler	1748 ~ 1753
arcsin	反正弦	J. Lagrange	1772
sh,ch	双曲正弦、双曲余弦	V. Ricatti	1757
$dx,ddx,\cdots$ $d^2x,d^3x,\cdots$	微　分	G. Leibniz	1675
$\int ydx$	积　分	G. Leibniz	1675
d/dx	导　数		
$f',y',f'x$	导　数	J. Lagrange	1770 ~ 1779
Δx	差分,增量	L. Euler	1755
$\partial/\partial x$	偏导数	A. Legendre	1786
$\int_a^b f(x)dx$	定积分	J. Fourier	1819 ~ 1820
$\sum$	和	L. Euler	1755
$\prod$	积	C. F. Gauss	1812
$!$	阶　乘	Ch. Kramp	1808
$\mid x\mid$	绝对值	K. Weierstrass	1841
lim	极　限	S. I'Huilier	1786
$\lim_{n=\infty}$	极　限	W. Hamilton	1853
$\lim_{n\to\infty}$	极　限	多位数学家	20 世纪初
ζ	ζ 函数	B. Riemann	1857
Γ	Γ 函数	A. Legendre	1808
B	B 函数	J. Binet	1839
Δ	Laplace 算子	R. Murphy	1833
∇	Hamilton 算子	W. Hamiton	1853
φx	函　数	J. Bernoulli	1718
$f(x)$	函　数	L. Euler	1734

表 3 数学中的关系符号发明者及年份

符 号	意 义	引 入 者	年 代
=	相 等	R. Recorde	1557
>，<	大于，小于	T. Harriot	1631
≡	同余，全等	C. F. Gauss	1801
∥	平 行	W. Oughtred	1677
⊥	垂 直	P. Hérigone	1634

表 4 数学中的对象符号发明者及年份

符 号	意 义	引 入 者	年 代
∞	无穷大	J. Wallis	1655
e	自然对数的底	L. Euler	1763
π	圆周长与直径之比(圆周率)	H. Jones	1706
π	圆周长与直径之比(圆周率)	L. Euler	1736
i	−1 的平方根	L. Euler	1777
i,j,k	单 位 向 量	W. Hamilton	1853
$\prod(\alpha)$	平 行 角	Н. И. Лобачевский	1835
x,y,z	未知数或变量	R. Descartes	1637
r 或 $\vec{r}$	向 量	A. L. Cauchy	1853

有了数学符号,人们可以简单、扼要地表达某些数学思想,请看

改变世界面貌的十个数学公式

这是尼加拉瓜 1971 年发行的纪念邮票遴选出的,虽不尽完美,但也造福了人类,同时也展示了数学符号的强大魅(威)力.

(1) $1+1=2$,手指计数基本法则.

(2) 毕达哥拉斯定理(勾股定理): $a^2+b^2=c^2$,其中 a,b,c 分别为直角三角形两直角边和斜边.

(3) 阿基米德杠杆原理: $f_1x_1=f_2x_2$(f_1,f_2 代表力)(见图 16).

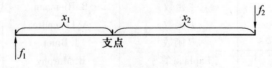

图 16

(4) 纳皮尔指数对数公式: $e^{\ln N}=N$.

（5）牛顿万有引力公式：$f = \frac{1}{r^2} G m_1 m_2$，其中 $G = 6.672\,041 \times 10^{-11}$ 为引力常数，m_1, m_2 为两物体质量，r 为两物体间距离.

（6）麦克斯韦电磁方程组：$\nabla^2 E = \frac{K\mu}{C^2} \cdot \frac{\partial^2 E}{\partial t^2}$，$C$ 为光速，它揭示了电荷、电流、电场和磁场之间的普遍联系，是电磁学的重要、基本方程，共包含 4 个方程.

（7）爱因斯坦质能关系式：$E = mC^2$，这里 C 为光速，m 为质量，E 为能量.

（8）德布罗意波粒二象性公式：$\lambda = \frac{h}{mv}$，其中 λ 为与粒子相伴的物质波波长，$h = 6.626\,176 \times 10^{-34}$ 为普朗克恒量，mv 为粒子动量.

（9）玻兹曼系统无序性大小的关系式：$s = k\ln w$，其中 $k = 1.380\,662\,44 \times 10^{-23}$ 为玻兹曼常数，s 为宏观系统熵值（表示分子运动或排列混乱程度），w 为可能的微观态数.

（10）齐奥尔科夫斯基火箭结构与飞行速度间关系式：$v = v_e \ln \frac{m_0}{m_1}$，其中 v 为火箭速度，v_0 为喷流相对于火箭的速度，m_0, m_1 分别代表火箭发动机开启、并闭时火箭的质量.

这也许只是从应用角度遴选的，其中拉掉了数学中许多重要公式，比如欧拉公式 $e^{-i\pi} + 1 = 0$ 等，毕竟时间已经过去近 50 年了.

说到数学符号我们当然还不应忘记图形：点、线、面、体的产生正是人们对客观事物的抽象和概括，欧几里得几何、非欧几何、解析几何正是研究这些图形的分支. 除此之外，还有许多精彩的例子，首先我们会想到"哥尼斯堡七桥问题"：

布勒格尔河流经哥尼斯堡市区，河中有两个河心岛，它们彼此以及它们与河岸共有七座桥连接（图 17）. 当地居民曾对一个问题百思不得其解，这个问题是：

你能否无遗漏又不重复地走遍七座桥而回到出发地？

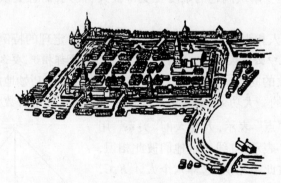

图 17　哥尼斯堡布勒格尔河上的七桥

人们在不停地走着、试着，却几乎无一人成功.

数学大师欧拉接触此问题后，巧妙地利用数学手段将问题抽象、概括、转换、化简，并成功地解决了这个难题. 他是这样做的：

51

首先他将问题抽象成图形(图18(a)):用点代表河岸和小岛,用线代表桥(注意图中A,B,C,D的对应),于是得到图18(b)这个简单的图形,同时问题相应地改为:能否一笔画出这个图形?

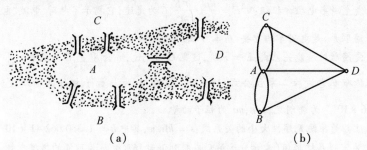

图18　哥尼斯堡七桥和问题的简化图

欧拉潜心研究,终于发现:

能够一笔画出的图形奇点(经过该点的线或边的条数为奇数的点)个数只能是0或2.

这篇论文于1736年在彼得堡科学院宣读,该项研究导致了"拓扑学"这门数学分支的诞生(在很大程度上讲也促使了"图论"这门学科的创立).

运用类似的方法欧拉还证明了著名的关于多面体顶点数V、棱数E、面数F之间的关系式——欧拉公式

$$V - E + F = 2$$

由此人们发现了正多面体仅有五种:正四面体、正六面体(立方体)、正八面体、正十二面体和正十六面体.

很难想象:如果欧拉不是运用图形符号而是用河、桥去探讨这个问题,结果将会是怎样? 至少解决问题的难度要变得很大、很大,而且更谈不上新的数学分支的诞生.

著名的"六人相识问题"(它是拉姆塞(Ramsey)定理的特例):

任何6个人中必可从中找出3个人,他们要么彼此都相识,要么彼此都不相识.

把这个抽象的问题演化成"点"与"染色直线",从而巧妙地解答它,这不能不说是"符号"的一大功劳(要知道6人相互关系的可能组合数为32 768).

把"人"用"点"表示,人与人的"关系"用"红、蓝两色线"表示:红线表示他们彼此相识,蓝线表示他们彼此不相识. 这样六个人$A,B,C,$ D,E,F中的某个人,比如A,他与其他5位的关系由于只用两种颜色表示,其中必有一种颜色的线不少于3条,不妨设AB,AC,AD三条,且它们为红色(图19中用实线表示).

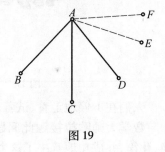

图19

接下去考虑 B,C,D 三点间的连线,若它们全为蓝色(图 20 中用虚线表示),那好,B,C,D 三点为所求(它们代表的三个人彼此都不相识);若三点间连线至少有一条为红色,设它为 BC,这时 A,B,C 三点为所求(它们代表的三个人彼此都相识)(图 21).

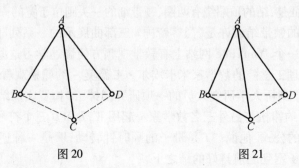

图 20   图 21

其实我们还可以有进一步的结论:上述(彼此都相识或都不相识的)"三人组"在六个人中至少存在两组.

顺便讲一句:若要求彼此相识或不相识的人数是 4,则总人数要增至 18;若前者人数是 5(这时有 10^{200} 种组合方式),而后者人数涨至 43 ~ 49 人之间(具体人数至今不详);若前者人数是 6,而后者人数将达 102 ~ 165 之间,确定它们是人们目前尚不可及的事.

上面的事实,再次证明了数学符号的威力,没有它至少问题的叙述会变得复杂而困难,或者根本无法表达清楚.

这个结论的其他推广这里不多谈了,有兴趣的读者可参见有关"图论"方面的专著.

用数学式(符号)表达抽象内容的另一个例子是关于"结"(或"纽结"或"扭结")的数学描述.结在生活中人们并不陌生,它也是拓扑学研究的一个课题(图 22).

中国结   绳结

图 22

53

其实与日常生活中纽结相关的还有领带打法.有研究显示,领带有 177 147 种打法,是过去人们认为的 1 000 倍.

但这项研究是科学家受到了好莱坞大片《黑客帝国2:重装上阵》中一个派头十足的超级恶棍所系领带的启发,在影片中,梅罗文加打了一个"伊迪蒂结".这种领带结的特征是,结的顶端绕有两圈,领带细的一头则位于宽的一头的上面.

梅罗文加的领带结或许是《黑客帝国》三部曲展示的一系列非常规领带结中最不寻常的一个.YouTube 网站上有教学视频方便影迷学习这些领带打法.

瑞典皇家理工学院的数学家米卡埃尔·韦德莫－约翰松观看了这些视频.他发现,2000 年剑桥大学研究人员的一项研究漏掉了"梅罗文加结".

韦德莫－约翰松与另外三名数学家一起用 W,T 和 U 三个符号创造了一个设计领带打法的公式.他说:"T 是带子的顺时针转动,W 是一种逆时针转动,U 则是把一条带子塞到之前打好的结之下."

这个团队的研究显示,世界上有 177 147 种可能的领带结.

一个化学家团队依据纽结理论创造出微观的三重螺旋,简言之它是科学家打造出最紧的纽结(图 23).

在拓扑学中结被定义为"处在三维空间里的任何简单封闭曲线".不具有自由端的结,可以像链条那样以复杂的方式连接起来(图 24).

科学家称,这个由相互连接的 192 个原子构成的、宽度仅为 20 nm 的扭结是有史以来最紧的

图 23

图 24　中国年画中的绳结

是高斯率先将"结"作为数学对象引入的,他认为纽结和连接的分析是"几何部位"的基本对象之一.

19世纪末,黎斯汀(I. B. Listing)给出最简非平凡纽结之一,8字结的群表达式为:

$$\{(x,y) \mid yx^{-1}yxy^{-1} = x^{-1}yxy^{-1}x\}$$ (图25).

图25　8字结

结的种类繁多,且千变万化,因而判断结的等价问题,是拓扑学中的一个深奥课题. 至少一个世纪以来,数学家们一直在努力寻找一种把不同的纽结区分开来的有效方法. 为方便计,人们将没有打结的圆圈称为平凡结.

最简单的打结曲线是三叶纽结. 图26给出全部不多于9个重点的三叶纽结在平面上的投影(它们至多有9个两重交点,且在重点处两线穿过时断开).

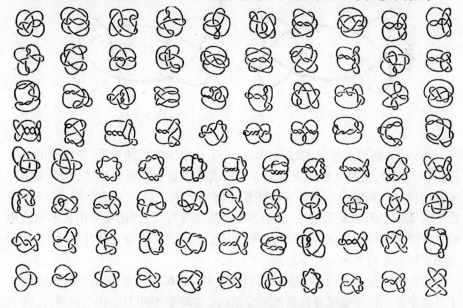

图26　9个以下重点的三叶纽结在平面上的投影

如果一个纽结能通过伸缩和扭曲等方法(但是不能把它剪断再粘起来)变形为另一个纽结,那这两个纽结在本质上就是相同的,数学上称它们是"拓扑等价"的.

20世纪20年代德国数学家瑞德迈斯特(K. W. F. Reidemeister)引入了纽结投影图上的三种变换,它们可通过纽结在空间里的变换来实现. 这样,对于拓扑等价的纽结直接可以从投影图上去判断,即投影图等价对应着纽结的等价,反之亦然. 如此一来,从投影图上观察纽结等价与否相对容易了,但是要证明两个纽结在本质上是不同的,即它们不是拓扑等价的,似乎就应该排除所有可能导致它们拓扑等价的上述(拓扑)变形方法. 显然,沿这个思路进行证明是比较困难的. 因此数学家一般从另一个角度考虑这个问题,即寻找所谓"拓扑不变量"——纽结的在任何上述变形下都不变的性质. 如果两个纽结的拓扑不变量不一样,则它们肯定不是拓扑等价的.

第一个拓扑不变量是 1928 年美国数学家亚历山大(J. W. Alexander) 给出的,他发现一种系统化步骤,用来寻找代表特定结的特征代数表式 —— 亚历山大多项式(它在拓扑学中称为"不变式").

两个结的亚历山大多项式若不相同,则这两个结肯定不等价;反过来,即使具有相同多项式的结,也不一定相同,因为这种多项式还不能区分"左旋"或"右旋"(其中有 84 个至多有 9 个交叉的纽结不能区分).

最简单的例子就是平结和老奶奶结. 它们的亚历山大多项式相同,但它们是本质上不同的两个纽结(图 27).

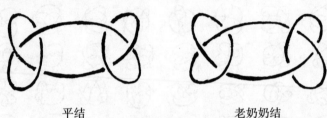

平结　　　　　　　　　　　　老奶奶结

图 27

1985 年,新西兰数学家琼斯(V. Jones)从数学物理的角度,提出结的另一种拓扑不变量,它是一种比亚历山大多项式性能更强的新多项式,在许多情况下它们很容易判定一个结跟它的镜像之间的区别. 这样一来,琼斯的"算子代数"同"结"的理论联系起来. 琼斯多项式的意义在于:当用亚历山大多项式不能区分两个本质上不同的纽结时,往往用琼斯多项式便能区分开来. 如平结和老奶奶结的琼斯多项式就不相同.

但是仍然存着亚历山大多项式和琼斯多项式都相同而非拓扑的等价纽结. 于是数学家不得不继续寻找新的不变量(比如霍姆夫勒(Homfly) 多项式,考夫曼(Kauffman) 多项式等).

美国新泽西州特杰尔大学的霍斯特(J. Hoste) 等五人稍后寻到能把琼斯多项式和亚历山大多项式包括在内的更一般表达式:只应用三个变量的几个幂和系数来表达结的多项式(图 28).

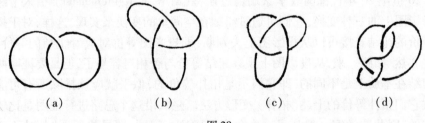

(a)　　　　　　(b)　　　　　　(c)　　　　　　(d)

图 28

它们的多项式分别为:

(1) $P_1 = YZ^{-1} + X^{-1}Y^2Z^{-1} - X^{-1}Z$

(2) $P_1 = X^{-2}Z^2 - 2X^{-1}Y - X^{-2}Y^2$

(3) $P_1 = Y^{-2}Z^2 - 2XY^{-1} - X^{-2}Y^2$

(4) $P_1 = X^{-1}Y^{-1}Z^2 - XY^{-1} - X^{-1}Y^{-1}$

20世纪末,这样的一个新不变量已经被找到,它不是一个多项式,而是一个数. 令人感兴趣的是,它竟源于经典物理学中的"能量"概念.

1987年,日本数学家福原提出了这样一种设想:假定一个纽结是由一条一定长度的柔软的线首尾相接而形成的,这条线上带有分布均匀的同种静电荷;根据同性电荷相斥的原理,纽结的任何一部分都会尽量远离其相邻部分,从而使得纽结的总静电势能达到最小(势能最小原理). 这个最小能量就是纽结的一个不变量.

1992年,美国数学家布莱森(S. Blason)等4人又取得如下一些成果:最简单的纽结,也就是说能量最小的纽结,确是人们所预期的普通圆圈,其能量为4,它根本就没有打结;能量小于 $6\pi + 4$ 的纽结只有一个,它就是没有打结的普通圆圈;如果一个纽结在某个2维平面上的投影有 c 个交点,则其能量至少为 $2\pi c + 4$,虽然这个下界大有改进的余地;能量为 E 的纽结至多有 $0.264 \times (1.658)^E$ 个.

显然,把能量作为纽结的拓扑不变量,开辟了纽结理论中一个前景无限广阔的研究方向.

令人不解的是:新的不变式如此简单而威力巨大,为何人们这么久竟未发现它!

世界原本是简洁的,数学也是.

我们还想指出:纽结的分类问题是一类意义和应用非常广泛的问题中的一个最简单、最自然的特例. 这类问题就是:如何表明将一个空间嵌入另一个空间的不同方法之间的区别. 这类问题遍及数学的许多领域,而纽结的分类问题则更是在从量子物理学中的费曼(Fineman)图到DNA分子的排列等诸多领域中有广泛应用.

没有数学语言(符号)的帮助,许多科学、技术的发展会变得迟缓,甚至停滞,这绝非耸人听闻.

我们说过:数、字母、代数式是符号,图同样也是符号,它们(数与形)之间的彼此借鉴与相互通融,使得数学符号被赋予新意且更具魅力和美感(有些时候图与数可以互补). 同时图的直观、形象也从另一角度对抽象的数学给予某些诠释. 我们看一个例子(图29).

对于正数 a,b,c 和 m,n,p 来讲,若 $a+m=b+n=c+p=k$,则必有 $an+bp+cm<k^2$.

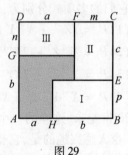

图 29

这是一个不等式问题,它的代数解法可由等式

$$k^3 = (a+m)(b+n)(c+p) =$$
$$abc + mnp + k(an+bp+cm)$$

证得.但是我们若利用另一种符号——"图"来解答,结论几乎是显然的:

构造边长为 k 的正方形 $ABCD$,且令 $DF=a,DG=AH=n,AG=BH=b$,$BE=p,CE=c,CF=m$,并作出相应的矩形 Ⅰ,Ⅱ,Ⅲ.

由 $S_{ABCD} > S_Ⅰ + S_Ⅱ + S_Ⅲ$,有 $k^2 > an + bp + cm$.

2 000 多年前,人们就知道了自然数前 n 项和公式

$$\sum_{k=1}^{n} k = \frac{1}{2}n(n+1)$$

公元前 2 世纪,古希腊的阿基米德等人已知道自然数二次方幂和公式

$$\sum_{k=1}^{n} k^2 = \frac{1}{6}n(n+1)(2n+1)$$

公元 1 世纪,尼科梅切斯(Nicomachus)给出了自然数的立方和公式

$$\sum_{k=1}^{n} k^3 = \left[\frac{1}{2}n(n+1)\right]^2 = \left(\sum_{k=1}^{n} k\right)^2 \qquad (*)$$

这个公式有其自身的美和内涵(它展示了"自然数和"与"自然数立方和"之间的关联),然而它的本身却无法展现这种关系的实质,若用另一种数学语言或符号 —— 图来表示,这种关系便清晰而显见了.

下面我们给两种"图"来诠释尼科梅切斯公式 $(*)$:

图 30 大正方形是由边长分别为 5,4,3,2,1 的(自外向里)小正方块组成,从图中易看出:

大正方形边长为 $5 \times 6 = 5 \times (5+1)$,同时它也等于
$$2 \times (5+4+3+2+1)$$

这样我们首先有 $2 \times (1+2+3+4+5) = 5 \times (5+1)$,即

$$1+2+3+4+5 = \frac{1}{2} \cdot 5 \cdot (5+1)$$

又大正方形面积为 $[5 \cdot (5+1)]^2$,同时它又可表示为诸小正方块面积和
$$4 \cdot 1^2 + 4 \cdot 2 \cdot 2^2 + 4 \cdot 3 \cdot 3^2 + 4 \cdot 4 \cdot 4^2 + 4 \cdot 5 \cdot 5^2 =$$
$$4(1^3 + 2^3 + 3^3 + 4^3 + 5^3)$$

从而 $1^3 + 2^3 + 3^3 + 4^3 + 5^3 = \left[\frac{5(5+1)}{2}\right]^2 = (1+2+3+4+5)^2$

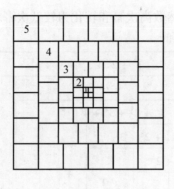

图 30

我们再来看另一种图示方法:

图 31 大正方形边长为

$$1 + 2 + 3 + 4 + 5 + 6 = \frac{1}{2} \cdot 6 \cdot (6 + 1)$$

它的面积显然是 $\left[\frac{1}{2} \cdot 6 \cdot (6 + 1)\right]^2$.

图 31

另一方面它又等于全部小正方块面积和. 但有一点须注意:边长为 2,4,6 的正方块在右上角处有重叠(图中涂网点者),凑巧它又被其右上方的小正方块(图中带阴影线者)所补偿了,这样一来,这些小正方块的面积和恰好等于大正方形面积.

由 $1 + 2 \cdot 2^2 + 3 \cdot 3^2 + 4 \cdot 4^2 + 5 \cdot 5^2 + 6 \cdot 6^2 = 1^3 + 2^3 + 3^3 + 4^3 + 5^3 + 6^3$,我们有

$$1^3 + 2^3 + 3^3 + 4^3 + 5^3 + 6^3 = \left[\frac{1}{2} \cdot 6 \cdot (6 + 1)\right]^2$$

图形有时还可辅助我们去计算或者推导某些不太直观的算式. 如 11 世纪波斯的数学家阿尔·海塞姆(AI-Haitham)发明了一种计算自然数方幂和降幂

59

方图(图32),它又将自然数高次幂和转化为较低次幂求和问题. 借助下图又递推地给出自然各次方幂和

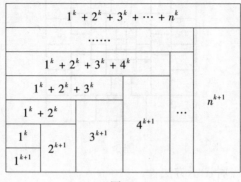

图 32

此图相当于公式

$$(n + 1) \sum_{r=1}^{n} r^k = \sum_{r=1}^{n} r^k + \sum_{r=1}^{n} \left(\sum_{r=1}^{k} r^k \right)$$

或

$$\sum_{r=1}^{k} r^{k+1} = (n + 1) \sum_{r=1}^{n} r^k - \sum_{r=1}^{n} \left(\sum_{r=1}^{k} r^k \right)$$

上式显然将 r 的 $k + 1$ 次幂和化为 r 的 k 次幂和.

图的语言有时还能帮助我们理解某些抽象数学式所表现的内容,若仅从式子上理解,无论如何是难以想得通的.

在级数求和问题中,欲求 $\sum_{i=1}^{m} a_i b_i$,有时我们先令 $B_1 = b$,$B_2 = b_1 + b_2$,$\cdots$,$B_m = b_1 + b_2 + \cdots + b_m$,则

$$\sum_{i=1}^{m} a_i b_i = a_m B_m + \sum_{i=1}^{m-1} (a_i - a_{i+1}) B_i \qquad (*)$$

此式称为阿贝尔(Abel)变换或公式. 它是高等数学中的一个重要而用途广泛的等式.

(其实,定积分计算中分部积分公式

$$\int_a^b f(x) g(x) \, \mathrm{d}x = f(b) g(b) - \int_a^b G(x) \, \mathrm{d}f(x)$$

形式上与之类同,其中 $G(x) = \int_a^x g(t) \, \mathrm{d}t$,只是那里的求和号换成了积分号而已).

公式($*$)乍看上去很不直观,甚至无法理解. 但它若用图33所示,结论几乎是显然的:

图 33(a) 表示边长分别为 $a_i,b_i(i = 1,2,3,4,5)$ 的矩形,其面积和为 $\sum_{i=1}^{5} a_i b_i$.

图 33(b) 表示图形按另一种方式剖分,这时该图形面积为

$$a_5 B_5 + \sum_{i=1}^{4} (a_i - a_{i+1}) B_i$$

其中 $B_k = \sum_{i=1}^{k} b_i (k = 1,2,3,4,5)$.

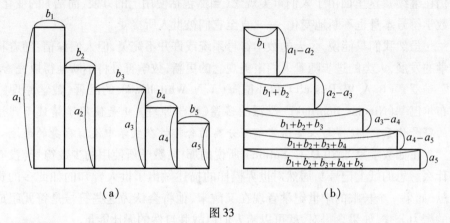

（a）   （b）

图 33

故 $\sum_{i=1}^{5} a_i b_i = a_5 B_5 + \sum_{i=1}^{4} (a_{i+1} - a_i)$,它恰好是阿贝尔公式.

符号是数学特有的美感,它有时比象形的汉字更具魅力与诱惑(图 34).

图 34   2008 年北京奥运会各种赛事图案亦字、亦画、亦形(符号)

61

恰当而巧妙地运用符号去简化所要考虑的问题,客观上也为数学符号的创立提出某些启示(甚至方向),为了更好地研究数学,人们必须创造且使用数学符号.

伽利略说:"是三角学把远在天边的东西,拉到近可测量的范围."中算家早在魏晋时期就曾利用几何知识或原理(尽管当时还不曾有此称谓)测量日地间的距离(利用所谓"景差原理",可见古算书《海岛算经》测望问题).

数学符号的发明和使用,确实经过了漫长的过程(而时至今日,这个过程仍在继续),这里面由于人们审美观念(当然包括使用上的方便、简洁)的变化,数学符号本身也不断地变化 —— 直至它们被世人所接受.

虽然我们只能说,今天的数学符号系统或许并不完美,但人们深信:随着科学的发展,人类的进步随着人们审美观念的更新,数学符号将不断地得以完善.

罗素(B. A. W. Russell)和怀德海(A. N. Whitehead)的巨著《数学原理》、布尔巴基(Nicolas Bourbaki)学派的多卷《数学原理》正是使用了精致而严谨的符号体系,才使得与人类语言不可分离的含糊性在数学中没有存身的余地.

正如数学家苏顿(O. G. Sutton)所说的那样:数学所使用的少数符号(没有什么意思的纸上记号),居然对世界模样的描述做出了世人皆知的如此多的贡献. 如果一个长眠的中世纪学者现在又醒来,他将会认为这些符号是符咒组成的魔力公式,如果念得对,就可以给人们以战胜自然的无比能量.

如今,我们简直难以想象:如果没有现今的数学符号,数学乃至整个科学的面貌将会是何种模样!

2. 数学中的抽象

就其本质而言,数学是抽象的;实际上它的抽象比逻辑的抽象更高一阶.

—— 克里斯塔尔(G. Chrystal)

数学家因为对发现的纯粹爱好和其对脑力劳动产品的美的欣赏,创造了抽象和理想化的真理.

—— 卡迈查尔(R. D. Carmicheal)

自然几乎不可能不对数学推理的美抱有偏爱.

——C. N. 杨格(C. N. Yang)

数学是研究现实中数量关系和空间形式的科学(恩格斯语).

数学虽不研究事物的质,但任一事物必有量和形,这样两种事物如有相同的量和形,便可用相同的数学方法,因而数学必然也必须抽象.

我们生活在受精确的数学定律制约的宇宙之中,而数学正是(上帝用来)书写宇宙的文字(伽利略语).

物理、化学、工程乃至许多科学技术领域中的基本原理,都是用数学语言表达的.万有引力的思想,历史上早就有之,但只有当牛顿用精确的数学公式表达时,才成为科学中最重要、最著名的万有引力定律.爱因斯坦的广义相对论的产生与表达,也得益于黎曼(Riemann)几何所提供的数学框架和手段.

在数学的创造性工作中,抽象分析是一种常用的重要方法,这是基于数学本身的特点 —— 抽象性.数学中不少新的概念、新的学科、新的分支的产生,是通过"抽象分析"得到的.

当数学家的思想变得更抽象时,他会发现越来越难于用物理世界检验他的直觉.为了证实直觉,就必须更详细地进行证明,更细心地下定义,以及为达到更高水平的精确性而进行更持续的努力,这样做也使数学本身得到了发展.

数学的简洁性在很大的程度上是源自数学的抽象性,换句话说:数学概念正是从众多事物共同属性中抽象出来的.而在对日益扩展的数学知识总体进行简化、廓清和统一化时,抽象更是必不可少的.

如前所述,微积分的创始人牛顿和莱布尼兹分别从力学(研究物体的速度、加速度)和几何学(讨论曲线的切线)的不同角度建立同一概念,创立同一学科 —— 微分学;而他们又分别从"反运算"和"微分求和"的不同角度建立另一门学科 —— 积分学.这也使微分、积分(微积分)成为一个不可分离的整体学科.

同一个拉普拉斯(Laplace)方程

$$\Delta u = \frac{\partial^2 u}{\partial x^2} + \frac{\partial^2 u}{\partial y^2} + \frac{\partial^2 u}{\partial z^2} = 0 \quad (\text{椭圆型偏微分方程})$$

既可用来表示稳定的热传导过程平衡态、溶质动态平衡、弹性薄膜的平衡,也可表示静态电磁场的位势、真空中的引力势(场)、不可压缩流体的定常运动等.

这个方程由于抽象性而成为普适的(当然,方程自身的形式也是很美的.除了符号美外,它还具形式美:对称、整齐),这显然也是数学本身的一大特点.

抽象是数学的美感中的一个重要部分,还因为数学的抽象可以把人们置于脱开周围事物纷扰的"纯洁"的氛围中,尽管这种氛围有时距离具体经验太遥远.

图1是网络上曾经风传的所谓"数学情书"(其实它是一条心形线):

"数学情书"的原文中写着,"我对你的思念就是一个循环小数,一遍一遍,执迷不悟.我们就是抛物线,你是焦点,我是准线,你想我有多深,我念你便有多真."情书接着写道"零向量可以有很多方向,却只有一个长度,就像我,可以有

63

很多朋友,却只有一个你,值得我来守护. 我对你的感情,就像以自然对数'e'为底的指数函数,不论经过多少求导的风雨,依然不改本色,真情永驻."

情书最后写到"情人就像数学,可以这么通俗,却又那般深奥."(图1)

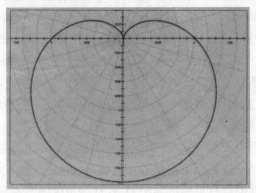

图1 数学情书号称"只有高中或高中以上水平才能看懂"

艺术抽象与数学抽象不同,对于艺术抽象不少人仍无法感悟或读懂它,但数学抽象不然,它多能为大众接受且加以应用(图2).

裸体、绿叶和半身像(毕加索作)
这幅创作于1932年的画作,于2010年5月伦敦佳士得拍卖行拍出 1.064 亿美元,是抽象绑架了艺术? 还是艺术绑架了抽象?

公牛(杜斯堡(T. van Doesburg)作)
自然主题的成功抽象,平直的线条,没有一丝力度的变化和感悟的起伏. 均匀的着色,没有一丝含混和写意,但真的让人读懂了? 未必.

图2

波兰数学大师斯坦因豪斯(H. D. Steinhans)在其名著《数学一瞥》中,有这样一句挑战性的话:七十八位数 $2^{257} - 1 =$
231584178474632390847141970017375815706539969331281128078915168015826259279871
是合数,可以证明它有因子,尽管这些因子还不知道.

大师是运用了"抽屉原理"得出这个"非构造性"结论的(证明某些东西存在,尽管还没找到它).数学家正是依据数学抽象的特点,巧运新思才得出这个"未卜先知"的断言的(这些因子在20世纪80年代人们利用了电子计算机的帮助而找到了).这也是数学区别于其他学科的标志之一,而且这功能是数学独具的.

"抽象"是指不能具体体验到的,这里我们所谈的抽象有两种含义:

(1)我们不容易想象(或意想不到)的;

(2)我们无法体验到(或与现实较脱节)的.

前者,说明数学是"证明"某些难以理解的事实的最好工具;后者,说明数学本身具有的特征与魅力.我们先来谈谈前者.

图3中有一个大的半圆,在其直径上又并列着三个小半圆,请问大的半圆周长与三个小半圆周长之和谁大?

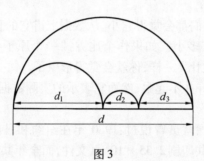

图3

乍看上去,似难判断,具体一推算便十分清楚了.

设大圆直径为 d,三个小半圆直径分别为 d_1,d_2,d_3.

因 $d_1+d_2+d_3=d$,有 $\pi(d_1+d_2+d_3)=\pi d$,即 $\pi d_1+\pi d_2+\pi d_3=\pi d$.此即说大半圆周长为三个小半圆周长之和.

再如有一条很长很长的绳子,恰好可绕地球赤道一周.如果把绳子再接长 15 m 后,绕着赤道一周悬在空中(如果能做到的话),你能想象得出:在赤道的任何地方,一个身高 2.39 m 以下的人,都可从绳子下自由穿过!

它的道理只需稍加计算便可明晓.

设地球半径为 R,则绳子原长为 $2\pi R$.当绳子长为 $2\pi R+15$ 时,绳子所围圆周的半径是

$$(2\pi R+15)/2\pi=R+15/(2\pi)=R+2.39\ (\text{m})$$

那么绳子可围成一个与地球相距(即绳子围成的圆圈半径与地球半径之差)2.39 m 的大圆圈(图4).

 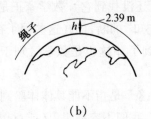

(a)   (b)

图 4

    这个事实单凭经验去想象，无论如何是想不通的：地球半径那么大，而绳子仅仅接长 15 m，绳子居然处处离地球 2 m 以上. 然而严谨的数学计算告诉我们：这是千真万确的(可谁又能亲手去试验一下？).

    话还得讲回来，正因为数的抽象，人们难以体会，因而有时也须将它形象化之后，才能为人们接受.

    比如提到原子，人们都会觉得它小，从数据上讲它的直径约为 10^{-10} m，这看上去很抽象，它到底有多小？ 如果作个比方："一个原子与一滴水之比"，就如"一滴水与整个地球之比"一样，你就会觉得形象了.

    有些数字看来也许并不起眼，然而它表示的实际数据之大几乎让人感到吃惊 …….

    一位卸任的联合国官员曾说过：1980 年在纽约和日内瓦举行联合国会议期间，仅 9 月至 12 月，共印刷 2.35×10^8 页文件，而全年共印刷大约 1.8×10^9 页文件. 如果把这些文件首尾粘起来，将长达 27×10^4 km.

    照此速度印发文件，两年内文件总长可铺至月球.

    多米诺骨牌是西方人喜欢玩、且列为竞技项目的游戏. 它是将一些骨牌立着排好，推倒第一张，其余的便会依次倒下. 据计算，一张多米诺骨牌倒下时能推倒下一张尺寸为其 1.5 倍(指长、宽、高三度)的骨牌.

    这样，如果按照 1：1.5 的尺寸作一套 13 张的骨牌，若最小者为 $9.53 \times 4.76 \times 1.19$ (mm³)，则第 13 张尺寸为 $61 \times 30.5 \times 7.6$ (cm³)，推倒第一张骨牌仅须 0.024 μJ 的能量，而第 13 张骨牌倒下时却放出 51 J 的能量，即它被放大 20 多亿倍.

    若按此比例，第 32 张多米诺骨牌将高达 415 m，它已是纽约帝国大厦高度的两倍，此时它倒下时，释放的能量已达 1.24×10^{15} J！

    苍蝇的繁殖速度是惊人的.

    苍蝇大约在每年四月中旬开始产卵，卵 20 天可成蝇，这样到每年九月一只苍蝇大约可繁殖八代. 如果一只苍蝇每次可产卵 120 个(若雌雄各半共 60 对)，一年中一只苍蝇可繁殖(如果它的后代都不死的话)

$$2 \times (60 + 60^2 + 60^3 + \cdots + 60^7) = 355\ 923\ 200\ 000\ 000(只)$$

这些苍蝇可排成大约 2.5×10^9 km 长,这等于地球到太阳距离的 18 倍.

相传古印度人达依尔(Sissa Ben Dahir)发明了(国际)象棋而使当朝的国王十分开心,便决定重赏他(图 5,6).

图 5 国王与达依尔 　　图 6 国际象棋

"我不要您的重赏,陛下." 达依尔接着说:"我只要您能在我的棋盘上赏些麦子:在第一格放 1 粒,第二格放 2 粒,第三格放 4 粒,以后每格放的麦粒都比它前面一格多一倍,我只求能放满 64 格就行."

"区区小数,几粒麦子,这有何难 ……" 国王未加思考立刻应允道.

然而一打算兑现,国王便惊呆了:这些麦粒总数为 $1 + 2 + 2^2 + 2^3 + \cdots + 2^{63} = 2^{64} - 1$,它们的体积有 12×10^{12} m^3,若把它们堆成高 4 m,宽 10 m 的"麦墙",将有 3×10^8 km 长(这大约是全球 2 000 年所产小麦的总和).

国王如何付得起?

印度北部的圣城贝拿勒斯的一座神庙里,佛像前面放着一块黄铜板,板上插着三根宝石针,其中的一根自上而下放着从小到大的 64 片圆形金片(它在当地称为"梵塔").按教规每天由值班僧侣把金片移到另一根宝石针上,每次只能移动一片,且小片必须放在大片上 —— 当所有金片都移到另一根宝石针上时,所谓的"世界末日"便到了(图 7).

看上去又似乎是耸人听闻,故弄玄虚!可是经计算发现,按照上面规定当把全部金片移到另一根宝石针上时,需移动 $2^{64} - 1$ 次. 倘若每秒移动一次,即使日夜不停地移动金片,仍大约要 585 亿年(每年按 3 155 800 s 计). 按现代科学推测:太阳系寿命约 200 亿年 —— 移完金片,地球乃至太阳系或许不复存在了!

图7　贝拿勒斯神庙里移动金片的僧侣

（这里又涉及 2 的方幂,关于它的故事不胜枚举,比如下面的事实就让人难以琢磨:对任何自然数 N,总有 n 存在使得 2^n 的开头一串数恰好为 N. 比如 $N = 1\ 992$,可找到 $n = 4\ 077$ 使 $2^{4\ 077} = 1\ 992\cdots$)

围棋在我国已有 4 000 余年的历史(图 8),宋代科学家沈括在其所著《梦溪笔谈》中谈到,唐代高僧一行曾计算过围棋中不同布局的总局数,方法是:

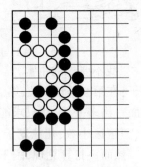

图8　中国的围棋

因棋盘有横、竖直线各 19 条,它们的交点有 361 个(放子处),每个交点处由于可放白子,也可放黑子,还可空着不放子,这样每个交点处均有三种不同布局,因而围棋的所有可能布局方式为

$$3^{361} \approx 10^{172}(种)$$

这些总布局即使让每秒可做 10 亿次运算的大型高速计算机去运作(姑且认为它每秒钟可完成 10 亿个布局),三台计算机每年可完成 10^{17} 种布局,那么它们完成全部布局约需 10^{155} 年,这个数比前面提到的太阳系寿命要大得多得多! 古语围棋中“千古无同局”是颇有道理的.

上面的这些例子,正是说明数的抽象,那些“貌不惊人”的数,竟会大得使人无法或难以想象. 如此看来,单凭直觉、单靠想象无论如何也难体会到这些数的“惊人”之处.

(一张薄纸不断对折,折 30 次后,纸叠得有多厚? 说来你也许不信,它比喜马拉雅山峰还高! 这是可以确切算得的.)

话再讲回来,数学甚至在最纯粹最抽象的状态下,也不与生活相分离.

“两人生日问题”也是一个令人难以捉摸、难以凭空想象的生活中的例子.

四个苹果放到三个抽屉里,至少有一个抽屉里放着两个以上的苹果,这在数学上叫“抽屉原理”. 这个简单的事实在数学上却有着意想不到的用途.

367 个人中间,肯定会有两个人的生日相同,因为一年至多有 366 天(闰年才如此).

人的头发据估计约为 15 万根左右,那么在一个 15 万人口的城市里,肯定至少有两人的头发根数一样,这当然也是须用抽屉原理去解释.然而话又讲回来,真的让你找出头发一样多的两个人来,这绝非轻而易举的事.

前文我们曾提到过的一个并不显然的事实,也是用抽屉原理去解释的:

全世界任意六个人当中,至少有三个人或者彼此都相识,或者彼此都不认识.

中国有十二种属相:鼠、牛、虎、兔、龙、蛇、马、羊、猴、鸡、狗、猪,这由某人生于何年(农历)而定(图 9).

运用抽屉原理可以断定:13 个人中至少有两人属相一样.说来也许令人困惑:任意四个人中,有两人属相一样的可能约有一半,而一个 6 口之家,几乎可以"断定"其中会有两人属相一样,这种问题是数学的另一个分支 —— 概率论研究的对象了.

图 9　12 属相图

至于生日问题,结论也更使人不解:

23 个人中有两人生日相同的可能约为一半,50 个人中有两人生日相同的可能居然有 97%.

表 1 中的数据是由"概率论"的公式精确计算出的:

表 1　n 个人中两人生日相同的概率 p_n

n	5	10	15	20	25	30	40	50	55
p_n	0.03	0.12	0.25	0.41	0.57	0.71	0.89	0.97	0.99

有人曾查阅资料发现:美国前 36 任总统中有两人(波尔克(J. K. Polk)和哈丁(W. G. Harding))生日一样,3 人(亚当斯(J. Adams)、门罗(J. Monroe)和杰斐逊(T. Jefferson))死在同一天(当然年份不同).这种"巧合"从概率角度去分析,似乎不值得大惊小怪了.

单凭想象想不出,用数学可具体算出,拿到生活里又会得到验证.这也说明数学有神功奇力.

顺便讲一句,n 个人中有两人生日相同的概率有个近似公式

$$P_n \approx 1 - e^{-0.489 n^2 / 365}$$

下面的事实听起来也许更"玄"了:你把信寄给你的朋友,让他再寄给他的熟人,然后再让这位熟人将信寄给他的朋友,…… 如此下去,在无事先约定的情况下,直到此信再寄到你认识的人手里为止,这期间的联系人个数你一定会以为很大很大,其实不然,这个数约为 5.

这些事也许使人想不通,但事实却正是如此,它们借助数学方法都可以严格去证明.

数学中的重要常数 e,π 本身是既具体又抽象,如果说它们与数学的某些分支有联系,你只凭借"想象"是难以应付的.

利用"概率论"中的乘法原理,我们可以证明:

将 n 个球随机地投入 n 个可装任意多个球的盒子中,指定一盒为空盒的概率 p_n,当 n 趋于无穷大时其极限为 $1/e$.

由此我们可以通过实验去计算 e(近似值).

又如:我们取一张大纸,再找一根针量出它的长短之后,在纸上画出一系列相距为两倍针长的平行线. 你随意把针投向纸上,针落到纸上后要么与这些平行线之一相交,要么与这些平行线都不相交(图 10).

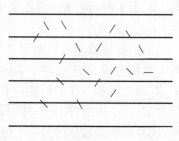

图 10

你记下投针的次数 m,以及针与平行线相交的次数 n,当投针次数 m 越来越多时,m 与 n 的比值越来越接近于 π.

换句话说,若记 p 为投针时针与直线相交的概率,则 $p = \dfrac{1}{\pi}$,或 $\pi = \dfrac{1}{p}$(这一点可用数学方法严格证明).

这是法国的数学家蒲丰(G. L. L. Buffon)在其论文"或然性算术尝试"中给出的,历史上不少人亲自做过试验,其部分结果见表 2.

表 2

试 验 者	年 份	投 针 次 数	π 值
沃尔夫(Wolf)	1850	5 000	3. 159 6
史密斯(Smith)	1855	3 204	3. 155 3
福克斯(Fox)	1894	1 120	3. 141 9
拉扎里尼(Lazzarini)	1901	3 408	3. 141 592 9

表 2 使我们想到另一问题(表 2 中可见 π 值的获得精度与投针次数无明显关系):投针何时停止所获 π 值最佳? 由此产生一门新的数学分支 —— 最优停止论.

此外,这种投针计算圆周率的思想,演化成计算数学中的一种独具风格的数值计算方法 —— 蒙特卡罗(Monte Carlo)法(又称统计试验法),它既能求解确定性的数学问题,又能求解随机性的问题. 随着电子计算机的进步,该方法在计算数学中的地位越来越重要.

数学宇宙从我们周围世界生成出来,就会像真的宇宙一样一直在扩张.

下面的结论也会使你感到抽象和"意外"(请注意它和 π 值有关):

随机地选取两个正整数,它们互质(素)的概率是$6/\pi^2$.

这一点大约在1904年已由查尔瑞斯(R. Chartres)用实验加以验证. 然而严格的数学推演却只是近几十年的事(这一点可参考有关的"数论"专著).

如果说上面的事实还不够"味道"的话,那么下面的事实更会令人咋舌!

1995年4月号的英国《自然》杂志上,发表了英国伯明翰城阿斯顿大学计算机科学和应用数学系的马修斯(R. Mathews)的文章,介绍了他是如何利用夜空中亮星的分布来计算圆周率的.

他说:"我的目标是从我们熟悉的事物中来推断数学上的一些趣事." 他利用的事实正是我们上面介绍的那个结论:任意两个自然数互质的概率为$6/\pi^2$.

马修斯从100个最亮的星中任选出一对对的星,然后计算每对星位置之间的角距.

他检查了100万对因子,从中算得π的值约为3.127 72,这与π值3.141 59的误差没超过0.005.

接下来的事实虽然不难用概率的方法证明,但它的结果(特别是又一次与π值有关)使人也感到抽象与惊讶:

任给两个正数x,y,使它们满足$0 < x < 1, 0 < y < 1$,则三个数组成的数组$(x,y,1)$正好组成钝角三角形三边的概率是$(\pi - 2)/4$(图11).

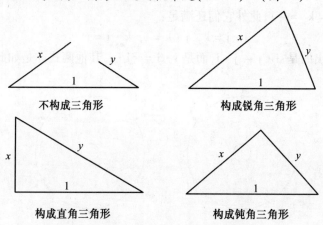

图11　数组$(x,y,1)$构成三角形情况

上面的诸多事实虽然都是抽象的,但它们却可经过数学的严格计算或证明给出,纵然你想象起来很困难,甚至无法去体验.

下面我们来谈谈数学的另一种抽象(当然在前面所谈的事实中也在某种程度上包含了这种抽象).

以数的拓展为例(数是人类社会中一种最独特、最神奇的语言),这里面就包含着概括、总结、抽象.

如果说自然数的产生是人们"数物"计数的结果,分数的产生源于人们在物少人多时"平均分配"中遇到的课题,这些人们都好理解. 但是无理数的产生(源自毕达哥拉斯学派的希伯斯)却经历了巨大的波折,甚至付出了昂贵的代价(数学史上称之为一次"危机")."虚数"从名称上就足以看出当初未被人们承认的事实 —— 然而它终究还是被"抽象"出来了,被人们认可了,被人们使用了.

我们将在后面"对称性"一节提到"群"概念的产生,除此之外,抽象代数还有另外两个分支:一是伽罗瓦开创的"域论"(1910 年由德国数学家施泰尼茨(E. Steinitz)系统阐述),一是诺特(A. E. Noether)创立的"环论",一般的"结合环"则可视为实数、复数、四元数的自然推广.

四元数是 1843 年英国数学家哈密尔顿(W. R. Hamilton)发现的,他自己曾写到:

1843 年 10 月 16 日,当我和我夫人步行去都柏林途中来到布鲁翰桥的时候,它们就来到了人世间 ……,此时我感到思想的电路通了,从中落下的火花就是 i, j, k 之间的基本方程. 我当场抽出了笔记本,就将这些做了记录 …….

四元数是一个形如下面的数

$$a + bi + cj + dk$$

这里 $i^2 = j^2 = k^2 = -1$,此外它们还满足:

$$i \cdot j = k, \quad j \cdot k = i, \quad k \cdot i = j$$

应该指出的是:$i \cdot j \neq j \cdot i$,而是 $i \cdot j = -j \cdot i$,其他两式亦是如此(图 12).

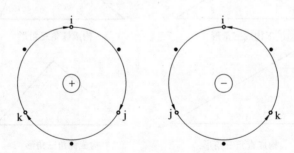

图 12   i,j,k 乘法结果示意图

现今都柏林的布鲁翰桥上立有一块小石碑,上面刻着:"这里在 1843 年 10 月 16 日当哈密尔顿爵士走过时,天才的闪光使他发现了四元数的乘法基本公式 $i^2 = j^2 = k^2 = ijk = -1$,他将此刻在这桥石上."

四元数虽然抽象,但它与我们的时空世界是非常协调的(一个物理点需要四个实数才能描述:其中的三个数描述空间位置,第四个数表示事件发生的时间),爱因斯坦的"相对论"也已证明:空间和时间是相互关联的,它们彼此不能分离而存在,这种统一的四维世界可用"四元数"很好地表示出来.

有人将四维超立方体在三维空间投影,得到如图 13 所示的八种投影图.

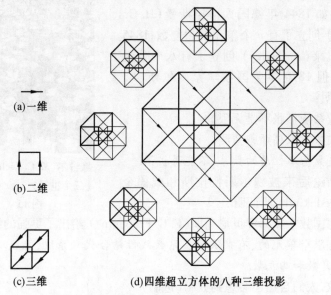

(a)一维

(b)二维

(c)三维 (d)四维超立方体的八种三维投影

图 13 四维超立方体及其投影

上述投影方法可启发我们去解读毕加索晚年作品的"怪异",对照一下你也许能读懂一点儿.正如艺术家们说的那样,毕加索的这些画是他将自然物象分解成几何块面,从而从根本上摆脱传统绘画的视觉规律和空间概念(图 14).也有人认为他是在三维以上空间思维和创作的结果(四维空间的影像在三维空间的投影,而用二维空间的点、线去表示),乍看上去我们当然无法感受.

(a) 玛丽·泰瑞勒的画像(毕加索) (b) 窗边的女子(毕加索)

图 14

下面思索一下埃舍尔(M. C. Escher) 的《三个世界》是在几维空间作画

的？（图15）.

四元数发现的事实引发了人们去寻找新的超复数，比如1844年德国人格拉斯曼（H. G. Grassmann）创立了有 n 个单元的超复数；1845年英国人凯莱（A. Cayley）创立了有八个分量的超复数. 但1870年美国数学家皮尔斯（B. Peirce）证明：

超复数系统扩张不是无限的.

此前大数学家高斯曾猜测：

保持复数基本性质的数系，不能再扩张.

这个结论后来被魏尔斯特拉斯和戴德金（J. W. R. Dedekind）所证明.

埃舍尔（M. C. Escher）的
《三个世界》
图15

尔后德国数学家弗罗贝尼乌斯（F. G. Frobenius）给出了更强的结论：

具有有限个单元的、有乘法的实系数线性结合代数系统，且服从结合律的只有实数、复数和四元数.

说到数，人们自然还会想到数制（进制）.

我们日常生活中通用的数制是十进制，此外还有别的进制，像二进制、三进制 …… 谈起"二进制"，人们马上会把它同现代电子计算机科学联系起来，因为二进制是电子计算机的运算基础. 孰知它的发明竟源于中国.

追溯到公元前1 000多年，相传商纣王暴虐无道，将周朝姬昌（即文王）无辜拘禁. 姬昌忍辱负重，壮心不已，潜心推演出著名的《易经》（图16）. 这部书中巧妙地使用符号"－"（称为阳爻）和"--"（称为阴爻，两爻合称为两仪）进行组合. 即每次取出两个符号排列，组成"四象"；再从中取出三个排列，组成"八卦"（即"两仪生四象，四象生八卦"）；当每次取出六种排列（有 $2^6 = 64$ 种排法）就组成了六十四个"卦爻辞"的题图.

图16　周公问数图

其实这种编排中蕴含着"二进制"的原理和"排列组合"等数学内容. 但多年来，《易经》的深奥一直困惑着人们，其中的数学内涵因少有人解读，最后竟作为占卜相术落入术士们的迷阵中.

17世纪，德国传教士鲍威特（J. Bouvet）从中国将《易经》和两幅术士们绘制的"易图"，带给了德国大数学家莱布尼兹，引起了莱布尼兹极大的兴趣. 他虽然对中文不甚通晓,但是那种神秘的"八卦"和由此推演出的"易图"已使他浮想联翩:多么巧妙,何等神奇! 仅用两种符号就排列出如此严谨的体系,这里似乎蕴含着一个"奇妙的幽境"?(图17)

图17　太极图(易图)　　　　图18　韩国国旗上的太极图

在苦思冥想中莱布尼兹蓦然省悟:若把太极图中的"－"记作1,"--"记作0,再按照"逢二进一"的法则,即可表示出《易经》中的四仪八卦. 例如,用上述的符号可对应写出000,001,010,011 为 ☷ ☶ ☵ ☴,即从0到3的"二进制数";这样八卦图中六十四爻(它用六个阴、阳爻组成)可对应写成从0到63(恰好64个数)的"二进制数".

由此,莱布尼兹开始了完善二进制体系的工作. 1703 年他发表了"谈二进制算术"一文,涉及二进制的加减乘除运算的法则,从此确立了二进制学说.

随着时光的推移,二进制已由数学家的"古玩",变成现代科学技术的重要工具,特别是在电子计算机出现、发展,且广泛应用的今天.

其实在"二进制"产生之前,就产生过其他数制,例如玛雅人的20 进制,巴比伦人的60 进制,以罗马数字为代表的5 进制等. 人们表面上似乎还不习惯这些进制,可事实上却在自觉、不自觉地使用它:计时中的小时、分、秒是六十制、一星期的天数是七进制、一年的月份数是十二进制 …… 这些计数制最终被人们从数学角度"抽象"出来.

下面我们来看看另外一种更抽象的数 —— 超限数,这是人们对"无穷大"除"阶"以外的另一种度量.

传说中,有人问智者:"自然数1,2,3,… 的个数到底有多少? 实数的个数又有多少?"智者答道:"你数一数天上的星星吧!"是啊,在一望无垠的空际,谁曾探索过无限远处的奥秘? 那是神话一样的世界,也是一片无人把守、无人涉足的地方.

但是,在数学思维活动的广袤领域,无限与有限之间只有一步之遥.

早在1874 年,年仅29 岁的德国青年康托(G. F. P. Cantor) 就勇敢地闯入了这个领域. 当然,康托也无力数出自然数或实数的个数. 但是,就像天文学家不知道星星的个数,却能够研究其特征,并把它们划分为恒星、行星和卫星一样,康托也发现了这些无穷集合的许多美妙特性,并创立"集合论"这门学科. 他曾通过一一对应(映射)关系证明了偶数和自然数"个数"(这是关于无穷大的另一种区划,它有别于数学分析中无穷大的阶,这里称为无穷集合的基数或势)一样多(此前伽利略也做过类似的工作,他将自然数与其平方建立起一对一关系,但他很快便以结论与"整体大于部分"的公理相悖而放弃):

$$2 \quad 4 \quad 6 \quad 8 \quad 10 \quad \cdots$$
$$\updownarrow \quad \updownarrow \quad \updownarrow \quad \updownarrow$$
$$1 \quad 2 \quad 3 \quad 4 \quad 5 \quad \cdots$$

康托还证明了大、小两个不等的圆周、长短不一的两条线段上的"点"数一样多(称它们等势或基数相等,见图19).

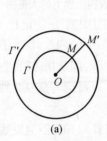 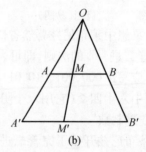

(a)　　　　　　　(b)

图19　从一一对应的观点看,大、小两圆,长短不一的两线段上的点个数一样多

他甚至还证明了:有理数(的个数)和自然数(的个数)一样多,任一线段上的点与全体实轴上的点数一样多,单位正方形内的点与单位线段上的点数一样多 …… 下面我们阐述一下后者.

若设直角坐标系中的单位正方形 $ABCD$(图20)里任一点 M 的坐标为(a, b),显然 $0 \leqslant a, b \leqslant 1$,将 a, b 均写成无限小数形式 $a = 0. a_1 a_2 a_3 \cdots$,且 $b = 0. b_1 b_2 b_3 \cdots$,则令 $0. a_1 b_1 a_2 b_2 a_3 b_3 \cdots$ 与 $(0, 1)$ 区间上的点对应,反之亦然. 这样单位正方形内的点与单位线段上的点一一对应,即它们个数一样多.

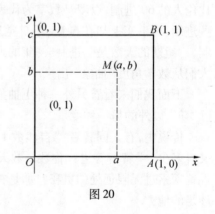

图20

此外,康托还宣称:假设自然数个数为 $\aleph_0$ 个(即基数或势为 $\aleph_0$,下同),实数个数为 $\aleph_1$ 个,则 $\aleph_1 = 2^{\aleph_0}$.

这个结论告诉我们,实数的个数比自然数多,即 $\aleph_0 < \aleph_1$. 当然,也有元素个数像自然数和实数这么多的别的无穷集合存在.

若把每一种无穷集合的元素个数按大小排成一列 $\aleph_0, \aleph_1, \aleph_2, \cdots$,它们称为超限数.

1878 年,康托猜想:在这个"递增超限数列"中,自然数的个数$\aleph_0$和实数的个数$\aleph_1$之间没有别的超限数,正如(正)整数 1 和 2 或 n 和 $n+1$ 之间不存在别的整数一样. 这个猜想便是著名的"连续统假设".

起初康托把这个问题看得过于简单. 他曾几次在文章中许愿不久将给出证明,却一直未见下文. 而他自己却因过度劳累加之世人的不解与嘲讽,使他患了精神忧郁症,在数学蓬勃发展的 20 世纪初,默默地谢世于精神病院中.

当"集合论"渐被人们接受时,人们才感到此项发明之伟大. 哲人罗素称康托的工作"可能是那个时代所能夸耀的最宏大的工作",尽管此前他也曾对集合论产生过怀疑.

1900 年世界数学家大会上,希尔伯特(D. Hilbert)称"集合论"的产生是"数学思想最惊人的产物,是纯粹理性范畴中人类活动的最美表现之一". 同时他也把"连续统假设"列为他提出著名的 23 个数学问题中的第一个,号召人们去攻克它.

1925 年希尔伯特本人在《论无限》一文中宣布找到了解决"康托猜想"(连续统假设)的方法. 但人们很快发现希尔伯特使用了一个错误的命题,因而证明无效.

两位大师的失败令人深思,但也从另一方面给了人们深刻的启示.

1938 年,哥德尔(K. Gödel)试图否定这个猜想,却意外地发现:在集合论的 ZFC 公理(类似于几何学中的欧几里得公理)中不能推出猜想的否定式.

1963 年科恩(P. T. Cohen)又得到令人震惊的结论:在 ZFC 公理中也不能推出猜想的肯定式.

这就是说:在现行的公理体系中,连续统假设是不可判定的,正如人们仅用圆规和直尺不能三等分任意角一样.

人们知道,要想三等分任意角,需要引用新的工具或放宽尺规作图的限制. 与之类似,要想解决"连续统假设"只有构造新的数学体系. 至今它仍是一大数学难题.

我们还想指出一点,"集合论"创立的初期,人们总以怀疑的态度审视这项发明,特别是关于集合的悖论出现,曾动摇了"集合论"的基础. 比如数学家、哲学家罗素 1902 年就给出这样一个例子(此前人们熟知的如"说谎者悖论""理发师悖论"等,它们的数学表达即下文):

把所有不属于自己的那些集合记为 T,试问 T 是否也是一种不属于自己的集合?

用数学符号表示即:若 $T=\{x\mid x\notin x\}$,试问 $T\in T$ 是否成立?

假定 $T\in T$,由 T 的定义将导致 $T\notin T$;反之,若假定 $T\notin T$,又由定义导致 $T\in T$.

人们在为消除集合悖论虽做了大量工作(如有人认为集合定义应加适当

77

限制,结果导致"公理集合论"诞生;有人提出分歧类型论,但它会影响实数理论),但至今数学家们仍未对此给出完善的解决方案(图21).

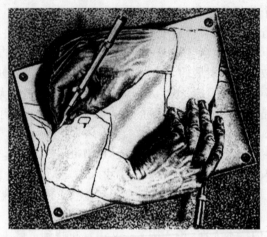

图21　埃舍尔的《手画手》是对集合悖论最形象的诠释

数学是人类的发明,因而它并非远离我们的头脑而存在(尽管它抽象),它依赖人类的思想,是人类世代努力的积累.

上面我们介绍了数与数系的抽象问题,下面我们想谈谈数学表现手法上的抽象 —— 推理的抽象.

我们在"微积分"中学过一些很"怪"的函数,它们即使是用数学语言叙述也不是很方便,但人们却可以找到它的函数表达式.

比如迪利克雷(Dirichlet)函数(图22):

$$D(x) = \begin{cases} 1, & \text{当 } x \text{ 为有理数时} \\ 0, & \text{当 } x \text{ 为无理数时} \end{cases}$$

它的函数表达式可用下面极限形式给出

$$\lim_{m \to \infty} \lim_{n \to \infty} \{\cos^n(m!\,\pi x)\}$$

(顺便讲一句,这个函数也是一个"处处不连续的函数",详见后文.)

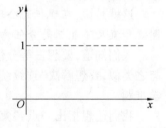

图22

寻找某些抽象函数的表达式绝非是件易事,寻求"数论"中的质数表达式也是如此,尽管人们花费了很多时间,但最后只是找到了表示(产生)的全都是质数(而非可以表示或产生全部质数)的式子,这一情况直到20世纪70年代才得以扭转.

我们先来回顾一下这段历史(质数作为一种特殊的数本身就很抽象,看上去其分布似乎没有什么规律可循,而它的表达式则更令人难以捉摸).(图23,24)二次三项式 $f(x) = x^2 + x + 41$,对 $x = 0,1,2,\cdots,39$ 这40个数的值都是质数(其实,这个多项式对当 $x = -1, -2, \cdots, -40$ 时,也产生同样的质数).这个现象是数学家欧拉在 1772 年发现的.

⑨⑦	96	95	94	93	92	91	90
98	⑦①	70	69	68	67	66	89
99	72	⑤③	52	51	50	65	88
100	73	54	④③	42	49	64	87
101	74	55	44	④①	48	63	86
102	75	56	45	46	④⑦	62	85
103	76	57	58	59	60	⑥①	84
104	77	78	79	80	81	82	⑧③

图 23　$x^2 + x + 41$ 产生质数的几何解释

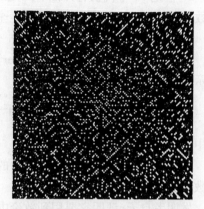

自然数按反螺旋方式从内向外排布
后质数分布情况(图中白点为质数)
图 24

相继 80 个整数(从 $-40 \sim 39$)都使多项式的值是质数,对于二次三项式来讲,也是一个很长的纪录.

如果我们考虑形如 $x^2 + x + m(m > 41)$ 的多项式,而使 $x = 0,1,2,3,\cdots,m-2$ 都产生质数,那么这个 m 有多大?

1933 年拉赫曼(D. H. Lehmer)证明,这个 m 若存在,须大于 $25 \times 10^7 + 1$. 转年有人指出,这种 m 若存在,至多只能有一个.

20 世纪 60 年代末,有人已宣布:这种 m 根本不存在.

同时,下面的事实人们已经证得:任何一元(代数)多项式,不可能代入每个非负整数所得的值都是质数.

但人们还证明了:对于任何自然数 n,均存在整系数 n 次多项式 $F(x)$,使当 $x = 0,1,2,\cdots,n$ 时均为质数.

1967 年斯达克(H. M. Stark)证明:对于多项式 $f(x) = x^2 + x + m$,当 $m > 41$ 时,不存在有 $m - 1$ 个相邻数(连续相继数)使 $f(x)$ 皆为质数的 $f(x)$ 存在.

问题退一步:有没有次数大于 1 的一元多项式,对于 x 取自然数值时可给出全部质数(不一定只给出质数)? 这个问题至今未获解决. 但是有人却给出了所产生的全部是质数的其他形式的函数表示式.

有人曾指出,若 $f(n)$ 表示 n 的最大质因子,则

$$f(n) = \lim_{r \to \infty} \lim_{s \to \infty} \lim_{t \to \infty} \sum_{k=0}^{s} [1 - \cos^2(k!\ )^r \pi/n]^{2t}$$

这只能说它仅仅是一个公式而已,因为它无助于实算.

又如米尔斯(W. H. Mills)曾证明:存在充分大的 k(但不知道它是几),使 $[k^{3^n}]$ 对每个自然数 n 都给出质数,这里 $[x]$ 表示不超过 x 的最大整数.

20 世纪 70 年代初有人证明二元二次函数 $f(x,y)=x^2+y^2+1$ 对无穷多对整数 (x,y) 都产生质数,但不是产生全部质数,也不是对每对 (x,y) 都产生质数.

尔后,洪斯贝格尔(R. Honsberger)给出了据称可以产生全部质数的函数表示式

$$f(x,y)=\frac{y-1}{2}\big[\mid A^2-1\mid-(A^2-1)\big]+2$$

其中 $A=x(y+1)-(y!+1)$.

当 (x,y) 都是自然数时,$f(x,y)$ 的值都是质数,且产生全部质数,同时每个质数值恰好仅取一次.

发明者自云,证明它要用到数论中的著名的威尔逊(J. Willson)定理,该定理是这样叙述的

$$自然数 p 是质数 \Longleftrightarrow p\mid\big[(p-1)!\ +1\big]$$

这里"$\mid$"表示整除的符号.

可是,华南师范大学的谢彦麟先生撰文指出,该公式是一则毫无意义的数学游戏. 他指出:

当 $B=0$ 时,$\mid B^2-1\mid-(B^2-1)=2$,$f(m,n)=n+1$;

当 $B\neq 0$ 时,整数 $B^2\geqslant 1$,$B^2-1\geqslant 0$,则

$\mid B^2-1\mid-(B^2-1)=(B^2-1)-(B^2-1)=0$,$f(m,n)=2$

由威尔逊定理:$(n+1)\mid(n!\ +1)\Longleftrightarrow n$ 为素数.

故 $n+1$ 为素数且正整数 $m=\dfrac{n!\ +1}{n+1}\Longleftrightarrow B=0$,$f(m,n)=n+1$.

这样 $f(m,n)=\begin{cases}n+1,当 n+1 为素数\\ 2,其余情形\end{cases}$,且 $m=\dfrac{n!\ +1}{n+1}$ 时.

前文已述,1796 年,年仅 19 岁的高斯用圆规和直尺作出了正十七边形(图 25)(而改变了他的一生志向),并证得:

以费马质数(即形如 $2^{2^n}+1$ 的质数)及它的 2^k 倍数($k\in \mathbf{Z}_+$)为边数的正多边形都可用尺规作出.

这段脍炙人口的故事久为后人传颂. 然而,在这个定理的证明中高斯使用了一种独特的论证方法,即"非构造性"的理论,它也使得本来就很抽象的数学变得更为抽象.

这类方法的大意是:对于某事物,即使无法直接找到它,只要利用间接推理确定它的存在,就是有效的证明. 高斯的证明正是这样.

人们至今只找到 5 个费马质数,即 3,5,17,257 和 65 537,尚不知是否有更大的费马质数. 请注意高斯并没有给出边数更多的此类正多边形的作法,却巧

妙地证明了费马质数为边数的正多边形的可作图性. 这正显示了非构造性方法
即抽象的数学方法的威力.

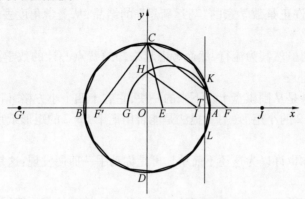

图 25　正十七边形的一种做法

正如数学家韦尔(H. Weil)所说:"非构造性方法的奥妙在于,它仅对人类
宣布有某一个珍宝存在,但没泄露它在什么地方."

非构造性的思维方法非常有用,许多著名定理的证明都是非构造性的. 例
如,欧几里得没有给出确定第 n 个质(素)数的方法,却证出"质数是无穷多
的";本节开头提到的 20 世纪初斯坦因豪斯(这个结论是数学家黎默(Lieme)
的工作)无力找出 $2^{257} - 1$ 的真因子,却肯定地证明了它是一个合数(它的因子
如今已借助于电子计算机找到了). 还有费马大定理、选择公理等都是非构造
性的.

美国当代数学家里查兹(A. Lichartz)说:"这种方法体现了数学家的创造
力,也是他们与墨守成规的实践者的区别所在."

但是,19 世纪以来,一些直观主义者却怀疑非构造性理论在无限意义上的
可靠性,因为许多非构造性的证明都是无法彻底验证的. 他们认为,间接推理的
重要依据排中律(即肯定每一句有意义的话不是真的就是假的)在无穷集合上
是不成立的. 对此著名数学家希尔伯特反驳说:"禁止数学家用排中律,就像禁
止天文学家用望远镜或拳师用拳一样."

直观主义者还想在有限范围内找出非构造性证明的错误. 例如,尽管高斯
作出了正 17 边形后,1819 年路利(J. Lowry)也给出另一做法. 但是人们似乎还
想从某些事例去否定高斯关于"正多边形尺规作图"的结论,直到 1832 年德国
人黎西罗(Riccillo)不畏辛劳地作出了正 257 边形;继而海默斯(O. Hermes)用
十年时间作出了正 65 537 边形才使人们笃信高斯的判断(这个作图仅手稿就
有一大箱子,至今还保存在德国哥廷根大学中).

对此类事,里查兹风趣地说:"事实上,如果数目很大,那个'彻底搜查'是
愚不可及的". 数学家的"一览无遗"不是逐一枚举,而是巧运新思,这正是基于

"数学高度抽象"的事实.

抽象方法有时所能解决的问题,也是让人难以直接想象的.下面例子中使用的方法,也许正是数学家的"巧运新思"的结晶,从美学角度去看,它当然应视为美妙的.

这是一则虽然甚为流行,然而考虑起来却颇费点心计的数学游戏(其实它是一道数学题):

图26(a)是从围棋盘上裁下来的一块,它有十四个小方格.请问:能否把它剪成七个1×2的小矩形(另一提法是能否用七个1×2的矩形纸片去盖住残棋盘)?

乍一看你也许以为这还不简单!可是你动手一剪便发现:这是根本办不到的.

可问题在哪里?道理又在何处?除了数学恐怕其他都不能回答.

我们先将残棋盘相间地涂上色,这样它变成一个残国际象棋棋盘(图26(b)).

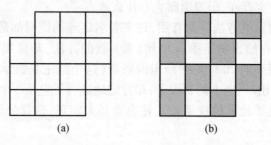

(a)   (b)

图26   挖去对角两格的4×4残棋盘的剪裁与涂色

试想:你若能剪下七个小矩形,它们每个都应该是由一个白格和一个黑格组成.可你数一数图中的黑白格便会发现:白格6个,而黑格却有8个,它们数目不相等,所以裁成七个1×2的矩形根本不可能.

问题还可以推广一下:

在一个$2n×2n$的国际象棋盘上,剪去两个对角的方格,那么它一定不能剪出$2n^2-1$个1×2的小矩形来.

看完上面的分析你也许会想:问题的毛病出在残棋盘中黑白格数目不等上(剪去的两个小格是同色).问题若再转换一下:

在一个$2n×2n$格的国际象棋盘上,任意挖出一个白格和一个黑格,能否剪成$2n^2-1$个1×2的小矩形?

回答是肯定的.它的证明不久前由美国国际商业机器公司(IBM)的一位数学家高莫瑞(R.E.Gomory)得到.他证明的大意是:

如图27,在$2n×2n$的棋盘上挖去黑白各一格,然后在棋盘上放两把多齿叉,这样棋盘便产生了"迷宫"效果,即我们可能从其中某个方格开始,沿"迷宫"路径走完所有的方格后,再回到起点. 注意,按图中循环次序,这些小方格的颜色交替变换,显然位于任何一个黑方格和一个白方格之间的方格数恰为偶数.

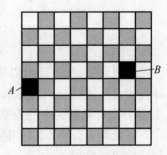

挖去 A, B 两格后的
$2n \times 2n$ 棋盘
图 27

这样在挖去的这两个格子之间,总可以剪出整数个 1×2 的矩形来. 唯一可能出毛病的是拐弯处,但只要调整一下剪裁方向(横或竖)就可以了,最终总可剪出 $2n^2 - 1$ 个小矩形来.

"抽屉原理"(又称"迪利克雷原理")是浅显而直观的,利用它却可以证明许多极为抽象的数学难题,比如被称为"数论中的四颗名珠"之一的范·德·瓦尔登(B. L. Van der Waerden) 定理,证明手法也是极为高明、新巧的.

1926 年,26 岁的荷兰青年范·德·瓦尔登(今天他已是世界上知名的数学家了) 提出并证明了一个结论,曾引起当时人们的轰动,直到近些年仍有人在研究它.

如要你把自然数集 $1, 2, 3, \cdots$ 任意分成两部分,那么至少有一部分里面包含着项数为任意多的等差数列.

这个看起来似乎简单又深奥的结论所涉及的内容,竟是极为广泛、极为深远的. 结论本身的抽象自不待言,它让人既捉摸不透,又似乎理应当然.

它的证明,正是运用"抽屉原理"进行的,虽然后来苏联数学家辛钦(А. Я. Хинчин)(其思想是属于 М. А. 鲁科姆斯卡娅的) 又给出另外一种证明,这只不过是"抽屉原理"的精彩变幻而已. 再后来,福斯滕贝格(H. Furstenberg) 和魏斯(B. Weiss) 等人又给出另外一个巧妙的证明,大意是:

先把自然数排成一列 $1, 2, 3, 4, \cdots$,对某种划分来说,我们把上述数中属于第 Ⅰ 部分者用 0 表示,属于第 Ⅱ 部分者用 1 表示. 这样对 $1, 2, 3, 4, \cdots$ 的属性就得到如下的 $0 - 1$ 数列,比如

001010111…

(它表示 $1, 2$ 属于 Ⅰ ; 3 属于 Ⅱ ; 4 属于 Ⅰ ;…….) 我们只要把上述数列重复一个固定的次数,比如重复 3 次可有

001010111…

001010111…

001010111…

然后把这三个序列有规则地向左错动,比如

$$001010111\cdots$$
$$001010111\cdots$$
$$001010111\cdots$$

也可向右错动,还可以错动两位、三位、……等,我们只需在这种阶梯状的序列中,找一找同一行(纵行)中有无三个数码一样者,若有三个0,则说明在第Ⅰ部分中有项数为3的等差数列;若有三个1,则这样的数列在第Ⅱ部分.

魏斯等人证明(也是用抽屉原理):用此位移方式,必然能找到在某行上有相同数码的排列.

当然人们还希望知道这种数列属于分划中的哪一部分,美籍匈牙利数学家爱尔特希曾以1 000美元(象征性的奖励)的私人悬赏征求该问题的解答,1973年塞曼列蒂(E. Szemerédi)找到了这个判别方法.

顺便再讲一句:1974年格拉汉姆(R. L. Graham)和罗斯雪尔德(B. L. Rothschild)利用图论的方法,给出该定理的一个更为简洁的证明.

"数学"在很大程度上正是凭借"抽象"这个方法去发展的,但即便是最纯粹、最抽象的状态下,也不会与现实世界相违背,相分离,它恰恰是掌握现实世界的理想方式,当然这同时也为数学添加新意,这一点在前面和以后的叙述中我们已经或者即将看到.

欧拉从对"哥尼斯堡七桥问题"的研究中,导致了两门新学科"拓扑学"和"图论"的诞生;

伯努利从研究"最速降线"开始,逐渐发展、完善,形成了"变分法"学科;

"哥德巴赫猜想"等一批数论课题的提出与研究,使得新的数论分支"解析数论"应运而生;

从赌博输赢及赌资分配研究入手的推算,导致"概率论"和"对策论"学科的出现;……

此外,数学通过抽象还可以预见某些人们难以料想的事实.波动方程理论中的"孤立子"问题的提出正是如此.

1934年8月的一天,英国26岁的造船工程师罗素骑马郊游,在一条运河边观赏景色.近处是一条被两匹马拉着沿狭窄的运河迅速地前行的船,突然船停下来,而被船带着的水积聚在船头周围,水激烈地搅动着,然后突然形成一个外形平滑、轮廓分明、体积巨大的孤立波峰(长约30英尺(1英尺约等于0.3米)、高约1~1.5英尺),且急速地离开船头向前驶去.他被这一奇景惊呆了,于是他策马追踪,那波峰以八、九英里/小时的速度保持着原形向前行进着,过一、两英里(1英里 = 1.609 34米)后波峰高度才逐渐减小,慢慢消失……

回到家里,工程师考虑良久不得其解.如何从理论上说明这一美妙、奇异的现象,他将这个问题留给"将来的数学家".

这是罗素在 1845 年"英国科学促进协会第 14 届会议"上题为《论波动》报告中提到的,想不到它却是发现和研究"孤立子"的开始……

大约 60 年后,当柯托维格(D. J. Korteweg)和德伏瑞斯(G. de Vries)研究了浅水波动方程时建立了非线性偏微分方程

$$u_t + uu_x + u_{xxx} = 0 \qquad\qquad\text{(KdV 方程)}$$

后来人们在求解时找到了问题的答案:在这类问题的解中有一种形状不变的脉冲状解——即孤立波. 由于它具有粒子的特征:碰撞前后波形、速度不变,故又称它为"孤立子",它是美国数学家萨布斯基(N. J. Zabusky)和克鲁斯卡尔(M. D. Kruskal)在 1965 年发现的.

电子计算机的问世,使得这类问题的研究有了新的进展. 人们知道在数学中解非线性方程是很棘手的,至今尚无一般方法,但人们却可以寻找一些方程的特殊解——孤立子解.

孤立子虽是应用数学中的一个新概念,但它却以其具有的独特性质,由于许多非线性波动方程都有这种稳定的孤立子解,因而它在等离子物理、物理化学、非线性光学、分子生物学等许多学科中得到应用. 小至基本粒子,大至木星上著名的红斑;从超导研究中的约瑟夫森(B. D. Josephson)结,到生物学中神经细胞轴突上传导的脉冲;从低道虑波网络到晶格点阵……,到处都有孤立子的身影.

美国贝尔实验室的两位科学家,将孤立子应用于信息传输,速度由 10^8(信息单位 /s) 提高到 10^{12}(信息单位 /s).

1972 年,在工程师罗素诞辰 100 周年之际,世界上 140 位科学家云集他的故乡举行纪念大会,并在他发现孤立子的运河小桥边,为他建立了一块纪念碑,以表彰他发现孤立波的功勋.

偶然的观察发现,细心的揣摩分析,抽象出"孤立子"概念,这也说明数学的作用,从研究游戏问题引导出某些方法和分支,则体现了数学的概括与抽象能力.

哈密尔顿是爱尔兰数学家,1859 年他曾在市场上公布一个著名的游戏问题:

一位旅行家打算做一次周游世界的旅行,他选择了 20 个城市作为游览对象,这 20 个城市均匀地分布在地球上. 又每个城市都有三条航线与其毗邻城市连接,问怎样安排一条合适的旅游路线,使得他可以不重复地游览每个城市后,再回到他的出发点?

这个问题直接解答是困难的,但我们可以通过下面的办法把问题转化一下:若把这 20 个城市想象为正十二面体的 20 个顶点(图 28),把它的棱视为路线,问题就可以放到这个多面体上去考虑,又假如这个十二面体是用橡皮做的,

85

那么我们可以沿它的某个面把它拉开,延伸,展为一个平面图形(图29),我们很容易从中找出所求路线(图29中粗线所示的路线,当然不止这一条,读者还可以找出其他所要求的路线).

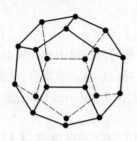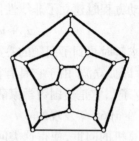

图28   图29

这个问题经过抽象、概括,可总结为下面的数学问题(哈密尔顿路问题):

空间有几个点,对其中任意两点都用有向线段(不管方向正反)去连接,那么一定有一条有向折线,它从某点出发,按箭头方向依次经过所有顶点.

这类问题在实际中甚有价值,若在每条线段或边上赋值或权后求路长极值,在运筹学中称为"货郎担问题"(又称推销员问题).

前文已述,上面提到的方法(把正多面体视为橡皮做的而把它拉平、伸展的办法),在数学上称为"拓扑变换".

人们也许难以想象出:一条封闭曲线,它本身的长无限,然而它所围的区域面积却有限. 这在数学中的确存在.

雪花,千姿百态,但它们多是六角形(图30),古人曾用"雪飞六出"的词语形容它. 雪是水的一种形式,由于水在结晶过程(气象学称为雪晶)总保持冰晶形态,而冰晶成长过程是按能量极小化原则进行的,约翰·戴(John Dag)1962年发现,直线形不能使其能量极小化,取而代之的是一组波纹状结构(图31),因此雪花形状呈六角星形.

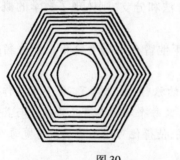

图30   图31

令人遗憾的是,人们利用了现有的几何知识,设计制造了房屋、桥梁、火车、轮船、火箭、飞船,然而几十年前对一片小小的雪花的描绘却无能为力.

计算机的出现,帮了人们的大忙. 1977 年,美国耶鲁大学教授、数学家曼德布鲁特(B. B. Mandelbrot) 创造了一门新的几何学 —— 自然几何学(又称分数维几何学、分形几何学),借助于电子计算机它不仅可以描绘雪花,也可描绘炊烟、白云,描绘山间的瀑布湍流,描绘人体的血管分布,描绘银河系的结构 ……

比如雪花,由于它的结晶过程是一种十分复杂的分子现象(图 32),描绘它的过程不应是有限的 —— 在 20 世纪初,德国数学家科赫(H. V. Koch) 已创造了雪花曲线的描绘方法(图 33)(具体描绘仍需电子计算机模拟):

图 32　虽然雪花的图案多种多样,但都具有六角形的规则形状

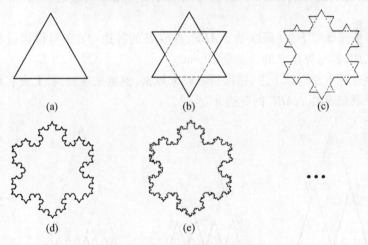

(a)　　　　　　(b)　　　　　　(c)

(d)　　　　　　(e)　　　···

图 33　科赫曲线生成的流程

以一个基础等边三角形边长的三分之一为边的小等边三角形叠加到基础三角形上,成为一个六角星,再把这样的六角星缩小到三分之一后叠加到原来大六角星的每个小三角形处 …… 如此叠加下去便得到一个雪花图案.

87

顺便一提的是:这条曲线也是科赫于1906年造出的连续但不可微、周长为无穷大但却能围住一块有限面积的曲线.

若设原来正三角形边长为$3a$,容易计算图形(b),(c),… 的周长分别为$12a,16a,…$,即按公比$\dfrac{4}{3}$增长,显然它们的极限为无穷大. 而它们围成的区域面积分别为

$$S_1 = \frac{9a^2}{4}\sqrt{3}, \quad S_2 = \frac{9a^2}{4}\sqrt{3} + \frac{3}{4}a^2\sqrt{3}, \quad S_3 = \frac{9a^2}{4}\sqrt{3} + \frac{3}{4}a^2\sqrt{3} + \frac{a^2}{3}\sqrt{3}, \quad …$$

这样S_n是一个公比为$\dfrac{4}{9}$的几何级数,容易算出$S_n \to \dfrac{18}{5}a^2\sqrt{3}$,它是一个有限的值.

面对这种"怪异",数学家们起初也惊呆了,但他们还是力争给它一个圆满的说法,这便是分形几何学诞生的背景(稍后我们将较详细地介绍这个问题).

分形几何学已在宇宙学、生物学、语言学、经济学、气象学等许多领域展现了广阔的前景,它也必将会在这些学科中进一步大显神威.

与分形几何类似的还有一些有趣的话题,这些仅凭"直观"是难以想象的,但借助于数学却可以给出令人折服的解释(通过证明或计算).

如图34等腰$\triangle ABC$中,已知$AC = BC = 10$ cm,$AB = 5$ cm,又D,E,F分别为该三角形边BC,CA,AB的中点,依次联结EF,FD,易知$AE = EF = FD = BD = 5$ cm,即锯齿状的折线$AEFDB$的长与原来等腰三角形两腰之和相等,且均为20 cm.

上述步骤继续下去(即联结$\triangle AEF$,$\triangle FDB$的各边中点)可得锯齿状折线$AGKHFILJB$,容易算出它的长也是20 cm.

这一过程不断继续下去,锯齿折线越来越密,但越来越矮,看上去它几乎越来越贴近原来等腰$\triangle ABC$的底边AB.

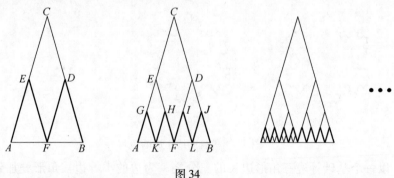

图34

由此乍看上去似乎可得到"20 = 5"的谬论,显然这是错误的(这里面当然涉及曲线长的定义与度量).

注意:若原来等腰三角形的两腰长不是 10 cm,而是任意大于 2.5 cm 的 a cm(注意到三角形一边小于其他两边和),仿照上面办法我们可以得长为 $2a$ cm 的锯齿形折线,且随着锯齿的加密,它越来越接近于原来三角形的底边,这便会造成一种"5 = $2a$"的错觉,要知道这里的 a 是变量,这即是说上面的等式意味着:"5 等于任何大于 5 的数",显然荒唐.

错误的根由在于判断的结论仅"凭直觉". 其实,锯齿形折线加细、加密时,它始终仍是锯齿形,换言之,它永远不会变成直线,用高倍数的放大镜去观察它,它仍呈锯齿状. 另一个类似的例子是:

在大的半圆直径上依次作 2,4,8… 个小半圆,这些小半圆周长(不计直径)之和与大的半圆周长始终一样,仿上凭"直觉",小半圆不断作下去,将会有小半圆周和(πR)越来越接近大圆直径($2R$),故"$\pi R = 2R$"即"$\pi = 2$"的谬论,产生错误的原因同上(图 35).

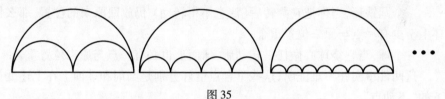

图 35

波兰数学家希尔宾斯基(W. Sirpinski)指出:根式

$$\sqrt{1 + 991y^2}$$

当 y < 12 055 735 790 331 359 447 442 538 767 时,它都不是整数(即便每秒验算 1 亿个数,验算完也要 100 亿年),问题的来由是源自它的等价提法:佩尔(Pell)方程 $x^2 - 991y^2 = 1$ 的最小整数解是

$$x_0 = 379\ 516\ 400\ 906\ 811\ 930\ 638\ 014\ 896\ 080$$
$$y_0 = 12\ 055\ 735\ 790\ 331\ 359\ 447\ 442\ 538\ 767$$

这个事实(请注意它千真万确)似乎很难让人去想象.

下面的所谓挂谷(Kakeye)问题的结论更是让人出乎意料.

1917 年日本人挂谷宗一提出下面的一个问题:

长为 1 的线段转过 180° 后,线段扫过的面积最小是多少?

(原题是一位武士在如厕时遭袭矢石如雨,而他手头仅有一根短棒,为挡住飞石,他需将棒急速旋转,厕所很小,因而他的棒在旋转一周时扫过的面积应尽量小,请问最小面积几何?)

开始有人推测,这个面积介于 $\frac{\pi}{8}$ 和 $\frac{\pi}{4}$ 之间.

但 1928 年苏联数学家别西科维奇(A. S. Besicovitch)却给出令人意外的结论:

长度为 1 的单位线段旋转 180° 后,线段扫过的面积可以任意小.

89

这着实让人想不通！其实这个结果是他从下面问题研究中所得结论的平移或直观化：

是否存在一个测度为 0 的平面点集，使其在每一个方向上均有长度不小于 1 的线段.

同年佩龙(O. Perron)简化了该问题的证明过程. 30 多年后(1962 年)舍恩伯格(I. J. Schoenberg)再度将证明简化.

抽象既是无法直觉的，但有时又是活泼而生动的. 抽象不仅可以产生新理论，同时也可解释现实世界中许多无法想象的事实 —— 而这些事实中有的仅凭直觉将导致谬误. 单从这一点(归谬)就足以展现数学抽象美的真切，因为荒谬的东西往往不美(甚至是丑的).

"不动点理论"也是从诸多事实中抽象出来却又似乎令人难以理解的论题，但利用它却可以解释许多令人费解的事实.

一个圆铁环，当你把它翻转后(注意不得转动)仍放回原来的位置，那么铁环上至少有一点与原来位置重合.

一个球，当它绕球心做任一转动后，球面上也必有一点与原来位置重合.

这两件事实并不难证明，这些重合点恰好分别是圆周和球面上在上述变换下的"不动点".

不动点是数学上一个重要而有趣的概念.

若 $f(x)$ 表示一点 x 在某种变换(映射)下的象点，称满足 $f(x) = x$ 的点为在这种变换下的"不动点".

比如 $f(x) = x^2 - x + 1$ 表示一种映射，那么满足关系式 $x = x^2 - x + 1$ 的点 $x = 1$ 即为映射 $f(x) = x^2 - x + 1$ 下的不动点.

它的更一般叙述是：若 $S = \{\sigma_\lambda \mid \lambda \in I\}$ 是集合 M 上的一族变换(这里 I 是某种指标集)，若有 $a \in M$，且使 $\sigma_\lambda(a) = a$ 的所有 $\lambda \in I$ 成立，则称 a 为 S 的不动点.

数学上常把一些方程求解问题化为映射的不动点来考虑，并用逐次逼近法来求不动点，这是代数方程、微分方程以及计算数学中一个十分重要的方法. 此外，还可用它来证明数学中的许多存在性定理(它们几乎鲜有几何特征)，比如人们熟知的微分方程解的存在唯一性定理，正是用不动点方法(在那儿称为压缩映象原理)解决的.

不动点理论源于 20 世纪初荷兰数学家布劳维(L. E. J. Brouwer)的工作，他证明了下面的命题：

n 维单形(${\bf R}^n$ 上的有界凸闭集)到它自己的连续变换(映射)至少有一个不动点.

其实，不动点理论在力学上早有应用，18 世纪，达朗贝尔曾证明：

刚体绕定点的任一运动,均可由它绕通过固定点的某轴线所作的一个转动而得到.

关于它在数学上的应用,我们来看一个有趣的例子 —— 斯潘纳尔(E. Sperner)定理.

把 $\triangle ABC$ 任意分割成许多小三角形,然后把 $\triangle ABC$ 三个顶点分别涂上红、黄、蓝三种颜色;尔后再把这些小三角形的顶点也涂上这三色之一,不过有个约定:若小三角形的顶点落在 $\triangle ABC$ 的某条边上,那么这个顶点只能着该边两个端点之一的颜色;若小三角形的顶点落在 $\triangle ABC$ 内,则它可任着三色之一(图 36).

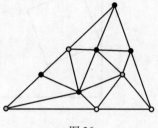

图 36

无论如何分割三角形,也无论如何按上述约定着色,最后总可以找到一个小三角形(说得确切些,是有奇数个小三角形),使它的三个顶点恰好分别着红、黄、蓝三色.

从不动点的观念来看,这个小三角形也是在"分割""着色"变换下的"不动点".

在证明了上述斯潘纳尔定理之后,赫希(M. Hirsch)利用反证法不拘一格地证明了下面的定理(布劳维不动点定理的直观描述):

球体到自身的连续映射 $f: B \to B$ 必有不动点,即在 B 中一定有一点 x 使得 $f(x) = x$(图 37).

他的证明大意是:假如映射没有不动点,即 $f(x)$ 与 x 总不重合,那么从 $f(x)$ 可以画唯一的射线经过 x,到达球体的边界 S 上的一点 $g(x)$,这样就得到从球体 B 到其边界 S 的一个连续映射

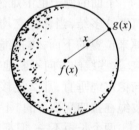

图 37

$$g: B \to S$$

但这是不可能的,因为人们已经证明了一个与几何直观相当吻合的事实:球体 B 只要不撕裂,就不可以收缩为它的边界 S. 注意到连续映射是不允许撕裂的,故与上矛盾.

从而 B 中必有一点 x 使 $f(x) = x$.

取两张同样大小的方格纸(最好一张是透明的),且以同样的方式给方格标号,再把透明的那张纸随意揉皱(但不得撕破)团成一个纸团,然后把它扔到另一张方格纸上(注意要使纸团全部在这张方格纸上),无论你怎样扔,揉皱的纸上总有某一标号的方格与未揉的那张纸上同样标号的方格至少有一部分会重叠——这个方格便是方格纸在揉搓变换下的"不动点". 这一点单凭想象,似乎无论如何也"想不通".

两张同一地区但不同比例尺的正方形地图 ABCD 和 A'B'C'D'（图38），其中较小的地图放在较大的地图上.

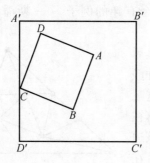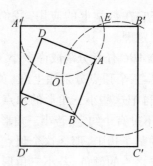

图 38

可以证明:这两张地图上各有且仅有一个表示同一地点的点相互重合（比如小地图上 O 代表 ※ 地,大地图上 O' 也代表 ※ 地,则 O 与 O' 重合）. 它的具体求法是:

延长小正方形一边 BA 交大正方形的边 A'B' 于 E;过 A',A,E 作弧;过 B',B,E 作弧;设两弧交于点 O,则点 O 即为所求的不动点（这可用平面几何方法证明）.

也许你不曾注意观察,比如一杯水,当你用勺把它均匀搅动时,水在旋转,然而你也会看到,水面上总有一点"不动"—— 旋涡中心.

下面的例子也不难想象:一根橡皮绳子上打着许多结,当你把它均匀拉伸后对称地放在原来位置的下面,再把绳上相应的结用线连起来. 这些线的方向不断地在改变,其中必有一条与橡皮绳垂直,那么连接这条线的结点便是橡皮绳在拉伸变换下的"不动点"（图39）.

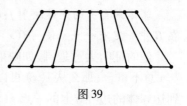

图 39

两个长短不一,但都刻着同样测量数值范围（但它们单位不等）的两把尺子,其中小尺子平行地放在大尺子上面任何部位（但小尺子不得超出大尺子范围）,两个尺子上总有某一刻度数值是相同的,它也是一个"不动点"（图40）.

一块橡皮圆盘,从四面八方均匀地拉伸,圆盘上也至少有一点"不动"（图41）.

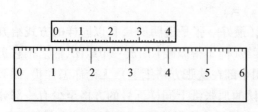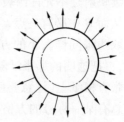

图 40 　不同刻度尺及橡皮圆盘上的不动点　　　图 41 　均匀拉伸的圆盘

搅动盆中的水,水会不停地旋转,但其中至少有一个点不动.

"不动点理论"(说得确切些,即一个曲面在某种扭曲变形下,曲面上至少有一点保持"不动")不仅在数学上有用,在物理以至其他领域也都有应用. 这个看上去也许并不起眼的结论,用到物理学、经济学上却会得出令人难以置信的深刻结果. 就连人头皮上的发旋也能用"不动点"理论来解释. 从数学上讲,球面上不能有一个由切线组成的、无"不动点"的连续场. 因而贴头皮梳理好头发必定在头皮上形成一个旋涡,即"不动点". 对地球来说,这也意味着任何季风不能吹遍地球的每个角落,即地面上任何时刻总有一些地方风平浪静.

数学的抽象性得以使它描写自然越来越细微,有些看上去与数学似乎无关的现象,却得到了数学语言的生动表述."突变(又称灾变)理论"就是如此.

在自然界,在人的社会活动中,到处存在着"突变"的过程. 地震、火山爆发、龙卷风、寒流、洪水以至房屋倒塌、病人死亡等,都是由渐变到突变,由量变到质变的过程.

传统的数学(包括微积分)研究的对象主要是连续的、渐变的(光滑变化)现象. 20 世纪的科学进展要求人们着手研究描述"突变"(也称灾变)的量的跃迁过程,这就出现了研究不连续现象的数学分支.

一根木棍把它弯曲,到了某一程度便"突然"折断;一块向上弯曲的钢板可承受一定的压力,但当压力增大到一定程度时,钢板会"突然"下凹(图42). 这些过程中都包含着"突变".

1972 年,一位曾经获得过数学菲尔兹(J. C. Fields)奖的法国数学家托姆(R. Thom)创立了"突变"理论(确切地说:他从 1968 年起已开始陆续发表文章,论述"突变"理论. 1972 年他出版了《构造稳定性和形态发生学》一书),这是一个十分引人注目的

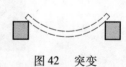

图 42　突变

数学模型. 它是用数学工具描述系统状态的跃迁,给出系统处于稳定或不稳定状态的参数区域,且指出系统发生"突变"时的参数的某些特定值.

托姆证明了:只要系统的参数不超过 5 个,突变过程(初等突变,下同)共有 11 种类型;参数不超过 4 个,突变过程仅有 7 种类型,它们是折叠型、尖点型、燕尾型、蝴蝶型、双曲脐型、椭圆脐型和抛物脐型等. 此外,托姆还给出了这些突变类型的数学方程式(表 3).

注意上表中 u,v,w 和 t 为参数,x,y 为变元.

如果说微积分解释了所有连续、渐变的现象,那么突变理论解释了所有不连续的突变现象. 因而可以说突变理论是对微积分理论的一种补充和扩展.

表3　4个参数的7种(初等)突变类型

类　　型	参变数	变元个数	表达式(势函数)
折迭型	1	1	$x^3 + ux$
尖点型	2	1	$x^4 + 4x^2 + vx$
燕尾型	3	1	$x^5 + 4x^3 + vx^2 + wx$
蝴蝶型	4	1	$x^6 + ux^4 + vx^3 + 2wx^2 + tx$
双曲脐型	3	2	$x^3 + y^3 + wxy - ux - vy$
椭圆脐型	3	2	$\frac{1}{3}x^3 - xy^2 + w(x^2 + y^2) - ux + vy$
抛物脐型	4	2	$y^4 + x^2y + wx^2 + ty^2 - ux - vy$

画家埃舍尔常把数学中的许多概念与技巧,展现在他的绘画里,有时他是超前的,图43《爬行的动物》中显然蕴含了突变的事实:

图43　埃舍尔的画《爬行的动物》中是否也有突变?

突变理论的应用很广. 例如:人们用"椭圆脐点型"突变模式,成功地描述了一个负载参(变)量、两个缺陷参(变)量的力学系统的结构行为;心理学家用"尖角型"模式描述了一条受愤怒和恐惧两个因素控制的狗,从夹着尾巴逃跑到疯狂反扑的心理突变;医学上用"蝴蝶型"的突变模式解释了某些古怪的病症如厌食症的各种奇异症状 …… 此外在经济领域的经济决策中,在社会学领域的人口增长与社会承受及由此引出的灾害、冲突的研究中,也都会用到突变理论.

观察图44中标以 A 的立方体顶角,凝视一会儿后你会发现它将交替地呈现"凸出"和"凹入"两种状态(突变过程),它是 1832 年地质学家内克尔(Necker)发现的.

从生物学角度看:大脑在我们看到一种图景但又无法做出肯定结论时,便输出两种可供选择的方案,再结合其他理由进行最后判断(产生突变),鲁宾(E. Rubin)的高脚酒杯(图45)和费舍尔(Fisher)的人脸变化图形(见图46)便是使我们产生两难抉择的例子.

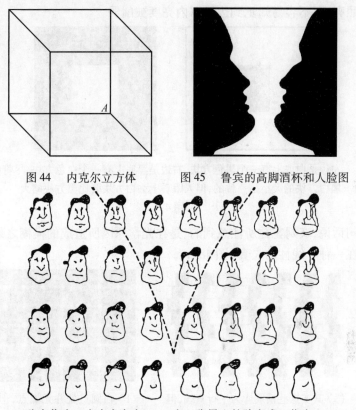

图44　内克尔立方体　　图45　鲁宾的高脚酒杯和人脸图

双稳态作为一个尖点突变 —— 由一张男士的脸变成一位女士,
这是下面所谓内克尔立方体上点变化的一种推广(费舍尔)

图46

日常经验中我们也知道,白纸黑字看起来会很自然,但如果是黑纸白字就不那么舒服了.这背后的原理,科学家直到最近才刚刚揭晓.

其实早在 17 世纪,意大利天文学家进行天文观测时发现,用肉眼看去,金星要比木星大 8 到 10 倍,但是如果在望远镜里看,木星则是金星的 4 倍大.

伽利略确实注意到"遥远的天体在我们的眼中并不是简单直白的 …… 而被'辐射的花冠'扩大了".他猜测这种现象"要么是光线被瞳孔附近的湿气折射造成的,要么就是光线被眼睑反射了,反射后的光线呈现出漫射,要么就是其他什么原因".

19 世纪,德国生理学家赫尔曼·冯·亥姆霍兹(Helmholtz)指出,除了眼睛的光学结构之外,还需要其他的因素才能解释伽利略所观察到的现象.

亥姆霍兹最重要的发现,是注意到这样一个现象:假设黑暗的背景上有一个明亮的方形区域,方形区域内部的亮度是相同的,那么如果是人眼看来,方形区域的边界并不是锐利的,而是模糊的,黑暗侵入光明,光明也侵入黑暗,这两者本应是对等的,然而人的"知觉"并非如此(图47).人们更容易知觉到边缘之外被照亮,而不容易知觉到边缘以内亮度被削弱.

左边是白底上有一个黑色方块,右边是黑底上有一个白色方块,尽管黑白方块的大小是一致的,但人眼看上去白方块要比黑方块略大

图47

换句话说,亥姆霍兹所注意到的,是在光学原因所造成的模糊之外,人的知觉还存在一种非线性的失真(图48).

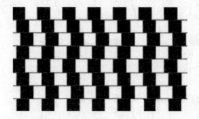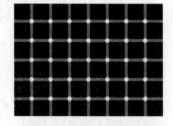

(a) 其实这些横线皆为平行直线,但
看上去不尽然

(b) 白圆点处并无黑点,但看
上去似乎有(在闪)

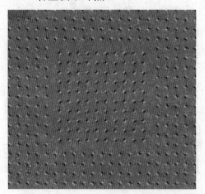

(c) 中间四方块好像在左右摇晃

(d) 时隐时现的熊猫

图48

　　纽约州立大学眼科学院的金斯·科瑞姆克(Jens Kremkow)及合作者在实验室中得到了一些新的发现来解释这些现象,他们的论文发表在 2014 年 2 月 10 日的《美国科学院院刊》(PNAS)上.

　　数学的抽象美还在于它可以无矛盾地按照严格数学推理,得到一些我们无论如何也无法想象的,或者是在现实空间认为是不可能的事实(这犹如某些抽象派画师的现代派作品,这些作品中蕴含着艺术至深的抽象美).

　　我们知道:几何体面积(或体积)相等和它们的组成相等是两个不同概念.

　　1924 年巴拿赫(S. Bansk)和塔斯基(A. Tarski)证明了:

　　三维空间中任何两个几何体(从集合论观点看)都组成相等巴拿赫 – 塔斯基悖论.

　　用具体例子来讲,即一个豌豆和太阳(从集合论观点)是可以等度分解的. 这就是说:

　　豌豆可以切割成无穷多小块(其实只要 5 块就够了),然后再用它们去重新组装成太阳(这里仅指按体积).

　　这便是著名的巴拿赫 – 塔斯基悖论. 这个结论证明的数学叙述是:

　　在欧几里得空间 R^n 中任何两个有界集是可以等度分解的,只要它们有内点并且 $n > 2$(如果人们允许分割成可数多块,则 $n = 2$ 时即在 R^2 空间中结论亦真).

　　当然在巴拿赫 – 塔斯基分解中,被切割的豌豆的每一小块都是不可测的,即它们没有体积.

　　显然,上述切割并非通常用剪、刀或其他切割工具所割下的一块,它们是从集合论观点出发,应用选择公理得到的.

　　(其实这似乎无须大惊小怪,想想康托关于"长短不一的两线段上的点一样多"的结论,这里似乎是将该事实推广到了 3 维空间,当然它也是在一一映射观点下而得到的).

　　"化圆为方"被视为欧几里得几何尺规作图三大难题之一,在 1882 年林德曼证明了 π 的超越性后,这个问题被否定地解决了:换言之,仅用尺(无刻度)、规(圆规)是无法完成化圆为方的.

　　1988 年,匈牙利数学家拉兹柯维奇(Laczkovich)从集合论观点证明了(波兰数学家塔斯基 1925 年提出的猜想):

　　一个圆可以被分割成有限多块,然后用它们可以拼成一个与该圆等积的正方形(即它们组成相等),这其中的每一小块允许是不可测的(即无面积).

　　他同样是从集合论观点出发应用选择公理得到的.

这个事实人们无法直接去想象,甚至无法立刻接受.

数学的抽象还在于:它不仅能描述现实生活中的某些必然事物,同时它还能描述某些偶然事件(这便是"概率论和数理统计"研究的课题);它不仅能描写某些精确现象,同时还能描述大量的模糊现象.

1965 年美国数学家扎德(L. A. Zadeh) 所创立的"模糊集合理论",已成功地应用在自动控制、模式识别、经济活动等许多领域.

关于模糊数学我们不多谈了,说得简单点它实际上是将描述、刻画事物属性的 0,1 二值逻辑,转化到逻辑值取 [0,1] 区间上的连续值的新学科. 如此一来,现实世界中大量的所谓模糊事物得以更为生动、确切地描述,这为人工智能研究提供了工具和方法,换言之,它可以使电子计算机变得更"聪明".

不太确切的比喻:模糊数学是数学中的朦胧诗.

3. 数学的统一

天得一以清. 地得一以宁. 万物得一以生.

—— 中国古代道家语

数学科学是统一的一体,其组织的活力依赖于其各部分之间的联系.

—— 希尔伯特

某些典型数学思维的美,实际上容易被人欣赏,例如一个干净利落的证明,比一个笨拙费力的证明要美,一个能代替许多特例的简明推广式更为人们所喜欢.

—— 马尔道斯(J. H. Mardoch)

数学内部及外部的应用包含两个方面:一是数学作为科学方法的效力,一是数学作为科学所应有的统一与美.

—— 罗伯特(C. Robert)

世界的统一性在于它的物质性. 宇宙的统一性表现为宇宙的统一美. 因而能揭示宇宙统一的理论,即被认为是美的科学理论.

毕达哥拉斯认为宇宙统一于"数";德谟克利特认为宇宙统一于原子;柏拉图认为宇宙统一于理念世界;中国古人认为宇宙通过阴阳五行,统一于太一;笛卡儿认为宇宙统一于以太……

一个基本概念最少的逻辑体系,使它具有可想象的最大统一性 —— 这种科学理论便具有科学的审美价值,并可以满足人们追求自然界内涵美的欲望. 这种对统一的科学美的理论追求,促使一代又一代的科学家从杂乱中寻找条理、从纷繁中探求统一(概念及其关系逻辑的统一).

这种统一虽然看上去是人为的,但它却有客观的真实性作为基础,换句话说:美一方面达到逻辑的统一性,另一方面还要达到与现实相符的唯一性.

统一也是数学内涵的一个特征,古往今来人们一直都在探索它,并试图找到统一它们的方法.

笛卡儿通过解析几何(即坐标方法)把几何学、代数学、逻辑学统一起来了;

高斯从曲率的观点把欧几里得几何、罗巴契夫斯基($И.Н.$ Лобачевский)几何和黎曼几何统一起来了;

克莱因(C. F. Klein)用变换群的观点统一了19世纪发展起来的各种几何学(该理论认为:不同的几何只不过是在相应的变换群下的一种不变量);

拓扑学在分析学、代数学、几何学中的渗透,特别是在微分几何中的渗透,产生了所谓拓扑空间的统一流形;

统一也是数学家们永远追求的目标之一.

数学家们一直力争揭示某些看上去风马牛不相及的事物的内在联系,因为数学化的过程有助于说明许多看上去不同的问题结构中存在着一定的统一性.

1976年11月19日,菲尔兹奖得主阿蒂亚(M. F. Atiyah)在就任伦敦数学会主席的演讲中列举了三个分别来自数论、几何和分析(或微分方程)的例子:

① 高斯整数环 $Z[\sqrt{-5}]$(即由元素 $a + b\sqrt{-5}$ 生成的环,其中 a,b 是整数)中的因子分解问题(见后文);

② 麦比乌斯(A. F. Möbius)带的性质(见后文);

③ 线性微分 – 积分方程 $f'(x) + \int a(x,y)f(y)\mathrm{d}y = 0$ 的解.

他指出:麦比乌斯带的存在性和多项式环 $R[x,1-x]$ 的因子分解不唯一相联系;

若微分 – 积分方程③的核函数 $a(x,y)$ 满足 $a(x,y) = -a(y,x)$,则这个方程相当于斜伴随算子,该算子的奇偶性又恰与麦比乌斯带的拓扑性质相一致(图1).

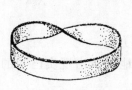

图1　有人甚至认为我国《易经》中的太极图是麦比乌斯带在平面上的投影

数学中的联系绝非一种巧合,而这恰恰反映了数学的深层次的奥秘,反映了数学的本质.

布尔巴基(Nicolas Bourbak,这是一大批优秀数学家组成的一个数学团体)的《数学原理》是记述迄今为止的全部数学(图2),且使之趋于统一的大胆、优秀的尝试.

布尔巴基尽可能广泛地考察了数学内容后认为:可以利用"结构"概念来描述数学中所有的基本问题,且以此阐明这些基本问题之间的相互关系.

图2 布尔巴基学派的学者们

他们抽象出三种最基本的数学结构模型(图3):

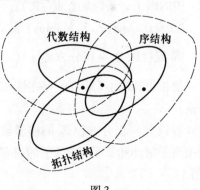

图3

代数结构:可以通过合成规则定义,反映集合中元素间的运算关系;

序 结 构:由次序先后关系形成的结构;

拓扑结构:给空间提供一个抽象的数学表示,反映集合各元素间的亲疏关系.

从这些基本的数学结构出发,布尔巴基认为可以构建全部数学大厦(比如他们在其他域上成功地证得黎曼猜想,而复数域上这一猜想的证明,至今仍无着落).

据此理论,我们可以十分简洁、完善地推演出现实已知的全部数学内容 —— 数学运用公理的方法统一了.

数学需要统一,而统一又历来为数学家们梦寐以求(对于其他学科也是如此)."大"数学(全部数学)如此,"小"数学(数学分支)亦然.

我们来看一下下面几个几何定理之间的惊人相似,看后定会使你赞叹不

已 —— 但仅从表象上却无论如何也看不出它们还有许多内涵,它们所涉及的概念间还有许多联系.

大约公元 1 世纪,亚历山大的巴普士(Pappus)发现了下面的几何定理:

若 A,B,C 是直线 l 上的三点,A',B',C' 是直线 m 上的三点,则 AB' 与 $A'B$,BC' 与 $B'C$,AC' 与 $A'C$ 之交点共线(图4).

17 世纪初法国的帕斯卡(B. Pascal)又发现一个定理:

圆内接六边形的每两条对边的延长线交点共线(图5).

同时,这个结论可以推广到一般的圆锥曲线,即对内接于圆锥曲线的六边形定理也成立.

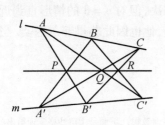
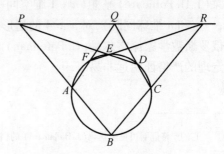

图 4　巴普士定理图　　图 5　帕斯卡定理图

17 世纪法国建筑师笛沙格(G. Desargues)发现了立体几何上的一个重要定理,这个定理也是"射影几何"中一个重要的奠基性结论(它的逆定理也成立).

笛沙格定理　$\triangle ABC$ 与 $\triangle A'B'C'$ 所在平面不平行,其对应顶点连线交于一点,则它们对应边延长线交点共线.

它的另外一种描述或提法是:

如果两个三角形从一点看去成透视,那么,它们的对应边延长线的三个交点必定共线(图6).

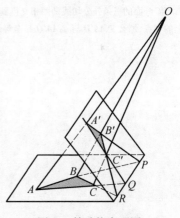

图 6　笛沙格定理图

这个结论的平面情形也成立,即"若两个三角形对应顶点所连的三直线共点,则该两个三角形对应边连线的三个交点共线".

20 世纪中叶,美国科罗内多大学(Colorado University)的工程系教授斯威特(J. E. Sweet)曾借助于立体几何中的结论巧妙地证明了平面几何中一道难题:

平面上三个不等圆的两两外公切线交点共线.(蒙日(Monge)定理)

(这个定理最初是由达朗贝尔提出,蒙日最先给出证明的.)

他是把圆视为空间中的球,把直线视为空间与三球相切的两平面的交线而证得的(图 7).

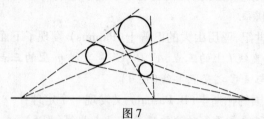

图 7

顺便讲一句,数学中的某些结论有时将它推广后反而降低了难度,变得容易解决,比如哥德巴赫猜想推广到多项式环后的情形早已证得,又如所谓广义庞加莱(J. H. Poincaré)猜想($n + 1$ 维空间中一个光滑紧致的 $n - 1$ 连通的 n 维流形,一定和 n 维球同胚),对 $n \geqslant 4$ 的情形已解决,但对 $n = 3$ 的情形直到近年才由俄罗斯数学家佩雷尔曼(C. Perelman)解决,他也因此获得菲尔兹奖. 当然蒙日定理的严格证明远非易事.①

───────────

① 它的严格证明可见阿达玛(J. Hadamard)的《初等几何教程》,下面是用笛沙格定理给出的另一证法.

证明 如下图所示,令 A, B, C 为三圆中心,首先注意圆心连线通过两两圆外公切线交点. 考虑落在 $\triangle ABC$ 外面的三条外公切线两两相交得到的 $\triangle A'B'C'$. 设 P 与 Q 表示中心在点 A 的圆在直线 $A'B'$ 与 $A'C'$ 上的切点,那么 $\triangle AA'P$ 与 $\triangle AA'Q$ 是全等的直角三角形,AA' 平分 $\angle B'A'C'$.

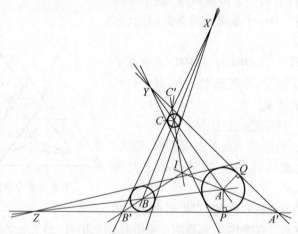

同理,BB' 和 CC' 也是 $\triangle A'B'C'$ 的角平分线,但三角形的内角平分线共点,所以 AA',BB' 与 CC' 交于一点 I. 由此得 $\triangle ABC$ 与 $\triangle A'B'C'$ 关于点 I 成透视,因此,由笛沙格定理,X, Y 和 Z 三点共线.

还有一个由另外三条外公切线相交而成的三角形落在 $\triangle ABC$ 内部. 当外面三角形退化时,可以用它来证明定理.

另外,若引入内公切线代替外公切线,可以导出新的共线性质结论. 如取两对内公切线与一对外公切线的交点时,恰当选择相交切线,使上述证明中的理由成立,即可用笛沙格定理证明对应点的共线.

类似的例子还有,但是上面的几个结论都是十分有名的.我们想指出一点:它们不仅相似,而且它们相互间也有微妙的联系,我们可依据数学上的结论,找出它们共通的实质上的东西,揭示产生它们的背景.为了说明这一点,我们先介绍一下几何中一个十分著名的定理,这是由古希腊学者梅涅劳斯(Menelaus)发现的(梅涅劳斯定理):

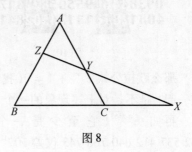

△ABC 三边 BC,CA,AB(或它们的延长线)上的三点 X,Y,Z 共线 $\Longleftrightarrow$

$$\frac{BX}{CX} \cdot \frac{CY}{AY} \cdot \frac{AZ}{BZ} = 1$$(图8).

图8

我们首先想指出:前面的三个定理,即帕斯卡定理、巴普士定理、笛沙格定理,均可由梅涅劳斯定理证明;其次巴普士定理、笛沙格定理可以互相推出;再次,帕斯卡定理与巴普士定理,笛沙格定理与斯威特的命题或定理也可互相类比.它们间的关系粗略地可表示为(图9).

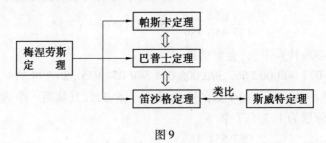

图9

如此一来,上述诸命题中的实质性的东西被揭示了,它们也在梅涅劳斯定理的意义下统一了.

数学中有许多"巧合",比如 e 与 π 这两个看上去似乎风马牛不相及的常数(超越数)的表达式中,有那么多令人不解的数字现象(关于这两个数详见后文),请看它们展式中的某些数位上的数(表1).

表1

位 数	1	2	3	4	5	…	13	…	17	18	…	21	…	34	…
π	3	1	4	1	5	…	9	…	2	3	…	6	…	2	…
e	2	7	1	8	2	…	9	…	2	3	…	6	…	2	…

请注意 e 和 π 的十进小数表示式中,平均每隔十位,发生一次重合.另外,π中会出现 27 182(图10),而 e 中又会出现 31 415 等数字排列(图11).

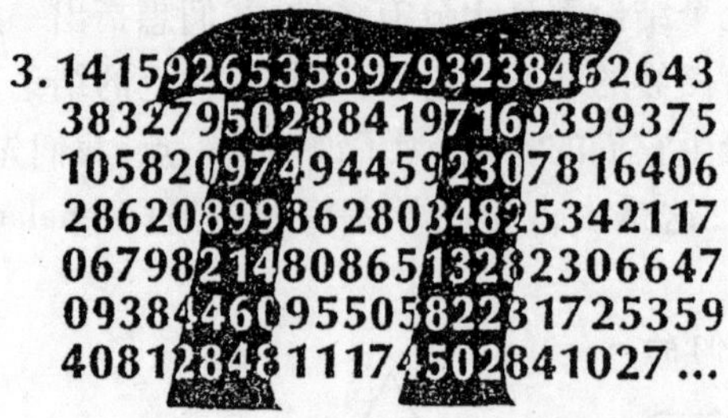

$$3.14159265358979323846264333832795028841971693993751058209749445923078164062862089986280348253421170679821480865132823066470938446095505822317253594081284811174502841027\cdots$$

$$2.7182818284590452353602874713526624977572470936999.5\cdots$$

图 10    图 11

那么欧拉公式 $e^{-i\pi}+1=0$(我们说过,它把 $0,1,i,e,\pi$ 五个数巧妙地"揉"在一起)是不是对上述现象的一个本质的解释(它们统一在一个式子中)?

再如 $e^{\pi\sqrt{163}}$(它至少是一个无理数,甚至是超越数)与整数 262 537 412 640 768 743 仅差 10^{-12} 道理又在哪儿?(解释它或许要花稍多一些篇幅,见后文)请注意

$$e^{\pi\sqrt{163}}=262\ 537\ 412\ 640\ 768\ 743.000\ 000\ 000\ 0\cdots$$

然而下面用 1 ~ 9 这九个数字组成的简单算式其结果也足以令人称奇

$$\frac{987\ 654\ 321}{123\ 456\ 789}=8.000\ 000\ 0\cdots$$

我们如果耐心地计算下去,会有结果:

8.000 000 072 900 000 663 390 006 034 849 054 935 326 399 114 702 39…

(请注意小数点后 0 的个数的变化规律:7,5,3,1,且从第一个数字 8 起,非零数字个数分别为 1,3,5,7 个.)

其实,你若注意到 $\frac{987\ 654\ 312}{123\ 456\ 789}=8$(分子中 1 与 2 位置互换),那么

$\frac{987\ 654\ 321}{123\ 456\ 789}$ 与 8 仅差 $\frac{9}{123\ 456\ 789}$(一点点).

有人注意到下面的算式

$$729=9^3\times91^0,\quad 66\ 339=9^3\times91,\quad 6\ 036\ 849=9^3\times91^2$$

于是提出猜测:分式 $\frac{987\ 654\ 321}{123\ 456\ 789}$ 可以化为无穷级数和的形式,即

$$\frac{987\ 654\ 321}{123\ 456\ 789}=8+729\cdot10^{-10}\cdot\sum_{n=0}^{\infty}(91\times10^{-10})^n$$

其实这个猜测可以通过级数求和理论去验证.

(如果注意到算式 $\frac{9}{123\ 456\ 789}=\frac{9^3}{10^{10}-91}$,上面级数猜想的结论从数的展开与级数求和角度去考虑几乎显然.)

关于黄金数 $\tau=0.618\cdots$ 与 π 也有许多奇妙的联系,对于边长(棱长)比分

别为 $\tau : 1 : \tau^{-1}$ 的长方体(图12),其表面积与其外接球的
表面积之比,恰好是 $\tau : \pi$.

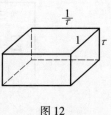

图 12

我们想指出:许多巧合虽然只是一种现象,但实质上
蕴含着极其微妙的内在联系.

谁能想到,斐波那契数列会与那么多数学分支有联
系? 谁能料到,"莫德尔猜想"竟在"费马猜想"证明的
突破中做出贡献? 谁又能猜到,费马质数却与尺规 n 等
分圆周作图问题有关?

再如,黎曼猜想虽然至今仍未获证,但数论中不少问题却与它有关,换句话
说,数论中不少结论可以在黎曼假设下得以改进 —— 著名的德国数学家朗道
(E. G. H. Landau)在其经典论著《数论讲义》中,就专门设有"在黎曼假设下"
一章谈这个问题.

还是让我们再看几个具体的例子吧.

读者已经熟悉的"黄金比值" $\omega = 0.618\cdots$、杨辉(数字)三角形和斐波那契
数列 $\{f_n\}$:$1,1,2,3,5,8,\cdots$(它的特点是以 $1,1$ 打头,且从第三项起每一项总等
于它前面相邻两项之和),这些看上去风马牛不相及的东西,却有着耐人寻味
的奇妙联系:

斐波那契数列前后两项之比的极限(随项数的增加)是黄金数 ω,即

$$\lim_{n \to \infty} \frac{f_n}{f_{n+1}} = \omega$$

而将杨辉三角形做如下改写:

```
              1
            1   1
          1   2   1
        1   3   3   1
      1   4   6   4   1
    1   5  10  10   5   1
   ...
```

$\Longrightarrow$

```
f_n
1    1
1    1   1
1    1   2   1
2    1   3   3   1
3    1   4   6   4   1
5    1   5  10  10   5   1
8    ...
```

再把它沿图中斜线(虚线)相加之和记到竖线左端,你会发现:它们分别是
$1,1,2,3,5,8,\cdots$ 此即斐波那契数列.

难怪斐波那契数列和黄金数都有许多奇妙的性质和应用(如在最优方法
中,这一点我们前文已有述及).

提起不等式,你会想到很多很多,比较著名且常用的不等式有:算术 – 几何
平均值不等式、柯西不等式、三角形不等式、幂平均不等式 …… 乍看上去,它
们彼此并无干系,其实它们之间也存在着深刻的联系,且都可统一在一个更强
的、结论更普遍的不等式 —— 琴生(J. L. W. V. Jensen)不等式中. 请看图13.

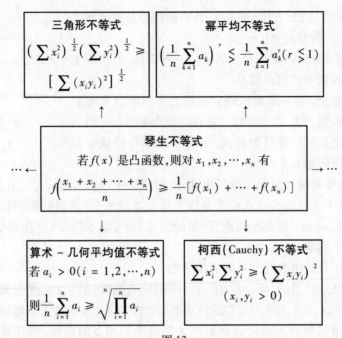

图 13

统一是归宿,找到了统一也就揭示了本质.因而统一也成了数学家们梦寐以求的东西.

下面是古希腊人早在两千多年前就知道的事实:

全部二次曲线:椭圆、抛物线、双曲线(阿波罗尼乌斯在其巨著《圆锥曲线》中给出的)都统一在圆锥里 —— 即它们都可以用不同平面去截圆锥面而得到(图 14,这也正是圆锥曲线名称的来历).

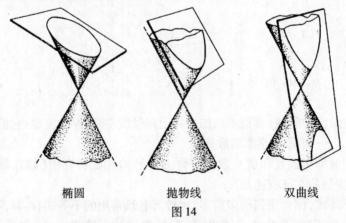

椭圆　　　　　　抛物线　　　　　　双曲线

图 14

当然我们会想起前文已经介绍过的圆锥曲线在极坐标下的统一方程

$$\rho = \frac{ep}{1 - e\cos\theta}$$

若 $e < 1$,表示椭圆;若 $e = 1$,表示抛物线;若 $e > 1$,表示双曲线(p 为焦点参数).

奇妙的是,圆锥曲线与物理或航天学中的三个宇宙速度问题也有联系:当物体运动分别达到这些速度时,它们的轨道便是相应的圆锥曲线(大自然同大数学家一样,总是以同等的重要性把理论与应用统一起来):

表2

速　度	第一宇宙速度	第二宇宙速度	第三宇宙速度
轨　道	椭　圆	抛　物　线	双　曲　线

我们还知道:三种几何学(欧几里得几何、罗巴切夫斯基几何、黎曼几何)可在高斯曲率的观点下统一成一种几何的三种不同情形. 高斯证明了:

若曲面 S 上每一点的高斯曲率均为定实数 k,在 S 上任作一个测地三角形(由短程线围成的三角形),其三个内角分别为 $\alpha_1, \alpha_2, \alpha_3$,测地三角形面积为 E,则有

$$\alpha_1 + \alpha_2 + \alpha_3 = \pi + kE \quad \text{或} \quad E = \frac{1}{k}(\alpha_1 + \alpha_2 + \alpha_3 - \pi)$$

即 $k > 0$ 时,E 与角余成正比;$k < 0$ 时,E 与角亏成正比.

由它有结论:定曲率曲面 S 上的几何学由 k 而定.

$k > 0$,所得的几何是黎曼几何学;

$k = 0$,所得的几何是欧几里得几何学;

$k < 0$,所得的几何是罗巴切夫斯基几何学.

另外,从射影几何的角度用线段交比去定义线段长度和角的大小,也可得到与前面类似的结论,即上述三种几何只不过是因某个参数 k 的符号不同而不同罢了.

这个事实也告诉人们:三种几何都仅具有相对的真理性,即它们只在一定范围内才可正确地描述物质空间的某些现象.

综上所述,我们可以有表3.

表3

几何体系	平　行　公　理	三角形内角和	空间类型	曲率 k
欧几里得几何	过直线外一点最多可作一条直线与已知直线平行	$= 180°$	平面	$= 0$
罗巴切夫斯基几何	过直线外一点至少可作两条直线与已知直线不相交	$< 180°$	双曲型	< 0
黎曼几何	任何两条直线都有唯一交点	$> 180°$	椭圆型	> 0

107

德国数学家克莱因从变换群的观点出发,也对几何学进行了统一处理,他把几何看作是研究它们在所从属的各种变换群下的不变性(量)的理论,而不同的变换群对应着不同的几何(表4):①

表4 克莱因观点下的变换群与几何

变　换　群	不　变　量	几 何 类 型
射影变换群	共线性、交比	射影几何
仿射变换群	单比、平行性、共线性、交比	仿射几何
运动群	距离、角度、面积、单比、平行线、共线性、交比	度量(欧几里得)几何

运动群是仿射群的子群,而仿射群又是射影群的子群,因而度量几何是仿射几何的子几何,仿射几何又是射影几何的子几何;非欧几何为特殊的射影几何. 于是有下面的关系:

$$射影几何\begin{cases}仿射几何\begin{cases}抛物度量几何(欧几里得几何)\\其他仿射几何\end{cases}\\双曲几何\\椭圆几何(单重、二重椭圆几何)\end{cases}$$

代数几何、微分几何未能置于克莱因的方案中.

顺便讲一句:从统一的反面,即细分(拆)的角度去考虑,具体地讲是以角与长度的测度来区分,平面上有9种几何(表5):

表5 平面上的9种凯莱 - 克莱因几何学

角 的 测 度	长　度　的　测　度		
	椭　圆　的	抛　物　的	双　曲　的
椭　圆　的	椭圆几何学	欧几里得几何学	双曲几何学
抛　物　的 (欧几里得的)	伴欧几里得几何学	伽利略几何学	伴闵可夫斯基几何学
双　曲　的	伴双曲几何学	闵可夫斯基几何学	二重双曲几何学

统一的另一种形式是:不同类型的问题结论可归结到同一形式下. 下面我

---

① 按照克莱因的观点,平面几何可分为 7 种. 但 1910 年英国数学家沙默维尔(D. M. Y. Sammerville)将其进一步细分,把平面几何的种类扩展到 9 种.

们来看一看.

（1）图 15（a）中圆内接正七边形边长为 x_3，长、短对角线分别为 x_1，x_2，则

$$\frac{1}{x_3} = \frac{1}{x_1} + \frac{1}{x_2}$$

（2）图 15（b）中，直线 $y = bx + c$ 与抛物线 $y = ax^2 (a \neq 0)$ 相交，两交点横坐标分别为 x_1，x_2，直线 $y = bx + c$ 与横坐标交点为 $(x_3, 0)$，则

$$\frac{1}{x_3} = \frac{1}{x_1} + \frac{1}{x_2}$$

（3）图 15（c）中，三直线 l_1，l_2，l_3 分别过 P 且两两夹角为 $60°$，直线 MN 交三直线分别于 A，B，C 三点. 若 $PA = x_1$，$PC = x_2$，$PB = x_3$，则

$$\frac{1}{x_3} = \frac{1}{x_1} + \frac{1}{x_2}$$

（4）图 15（d）中，过点 $(x_1, 0)$，$(0, x_2)$ 作直线 m，又直线 l 方程为 $y = x$. 若 m，l 交点的横坐标为 x_3，则

$$\frac{1}{x_3} = \frac{1}{x_1} + \frac{1}{x_2}$$

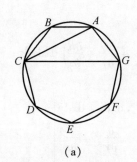

（a）

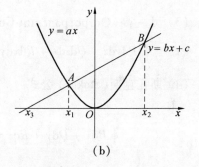

（b）

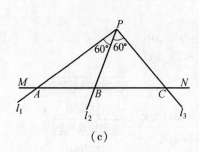

（c）

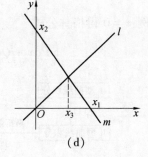

（d）

图 15

这些问题在结论的形式上统一了，从中你当然会因它们的整齐、简单、一致而产生美感.

指出某些数学概念间的联系,不仅可以加深对数学概念本身的理解,而且也使这些概念在某种程度上"统一"了.

下面是几张关于各类曲线、曲面积分之间的关系表,和一阶常微分方程类型及关系图(见图 16,17,18),以及各类微分方程解法关系表.通过它们,你会看清这些内容间的脉络,理清它们之间的联系,在某种意义上这些概念或方法"统一"了(这些稍稍专业些,但它对我们的数学学习不无益处).先来看看曲线积分问题.

(1)$\int_{\overset{\frown}{AB}} P\mathrm{d}x + Q\mathrm{d}y + R\mathrm{d}z = \int_{AB}(P\cos\alpha + Q\cos\beta + R\cos\gamma)\mathrm{d}s$,这里$(\cos\alpha,$

$\cos\beta,\cos\gamma)$是$\overset{\frown}{AB}$上(x,y,z)处切线矢量 t 的方向余弦,对于平面情形有

$$\int_{\overset{\frown}{AB}} P\mathrm{d}x + Q\mathrm{d}y = \int_{\overset{\frown}{AB}}(P\cos\alpha + Q\cos\beta)\mathrm{d}s$$

(2)$\iint_{\Sigma} P\mathrm{d}y\mathrm{d}z + Q\mathrm{d}x\mathrm{d}z + R\mathrm{d}x\mathrm{d}y = \iint_{\Sigma}(P\cos\alpha + Q\cos\beta + R\cos\gamma)\mathrm{d}\sigma$

这里$(\cos\alpha,\cos\beta,\cos\gamma)$是曲面$\Sigma$上点$(x,y,z)$处法线(向)矢量 n 的方向余弦.

(3)奥 – 高(Остроградскии-Guass)公式

$$\iint_{\Sigma} P\mathrm{d}y\mathrm{d}z + Q\mathrm{d}z\mathrm{d}x + R\mathrm{d}x\mathrm{d}y = \iiint_{\Omega}\left(\frac{\partial P}{\partial x} + \frac{\partial Q}{\partial y} + \frac{\partial R}{\partial z}\right)\mathrm{d}x\mathrm{d}y\mathrm{d}z$$

(4)斯托克斯(Stokes)公式

$$\oint_{C} P\mathrm{d}x + Q\mathrm{d}y + R\mathrm{d}z = \iint \begin{vmatrix} \mathrm{d}y\mathrm{d}z & \mathrm{d}x\mathrm{d}z & \mathrm{d}x\mathrm{d}y \\ \dfrac{\partial}{\partial x} & \dfrac{\partial}{\partial y} & \dfrac{\partial}{\partial z} \\ P & Q & R \end{vmatrix}$$

特例:$z = 0$ 得格林公式

$$\oint_{C} P\mathrm{d}x + Q\mathrm{d}y = \iint_{D}\left(\frac{\partial Q}{\partial x} - \frac{\partial P}{\partial y}\right)\mathrm{d}x\mathrm{d}y$$

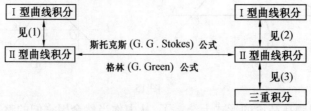

图 16　各类线、面和体积分之间关系图

众所周知,解微分方程首先要判定方程类型,然后对不同类型方程用不同方法求解. 对于一阶常微分方程类型及其它们之间方法可见图17.

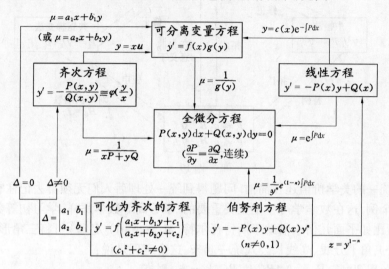

图17　一阶常微分方程类型及关系图

微分方程问题由于类型不同其解法很多,但这些解法间也存在着相互转化关系,见图18(这不仅展现了方程解法间的关系,也说明了这些解法在某种意义下的统一).

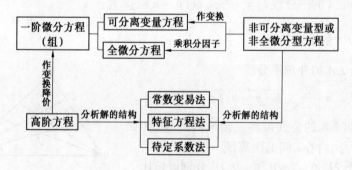

图18　微分方程解法关系图

又如"**最优化方法**"中无约束非线性问题的各种解法,对不少初学者乃至熟知方法者,不大在意这些方法间的关系,其实了解这一点对掌握各种方法意义甚大. 注意到方法的关键是解决迭代中搜索方向问题. 因而这些方法间关系可从图19中看清.

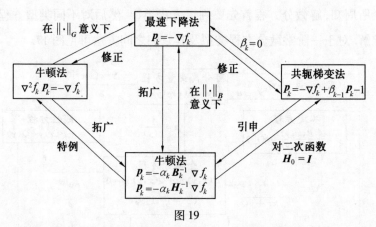

图 19

统一的美学价值还在简洁. 问题得到统一处理后人们无须再去记住它们的某些个例,这在数学学习中是至关重要的. 学习高等数学那样,学习初等数学也如此. 比如平面几何中借助于斯特瓦尔特(M. Stewart) 定理①可将三角形中线、内(外)角平分线、高线长公式统一起来. 这个定理是说:

如图 20,若 P 是 $\triangle ABC$ 边 BC 上一点,则有

$$PC \cdot AB^2 + PB \cdot AC^2 = AP^2 \cdot BC + BP \cdot CP \cdot BC$$

由此我们可直接得到下面的公式:

(1)BC 边上的中线 $m_a = \dfrac{1}{2}\sqrt{2(b^2 + c^2) - a^2}$;

(2)$\angle A$ 的平分线 $l_a = \dfrac{2}{a + b}\sqrt{bc(p - a)}$,这里

p 是 $\triangle ABC$ 的半周长,即 $p = \dfrac{1}{2}(a + b + c)$(下同);

(3)$\angle A$ 的外角平分线

$$l_{a外} = \dfrac{2}{c - b}\sqrt{bc(p - b)(p - c)}.$$

又如下面的公式可将三角形内某些点(如重心、垂心、内心)间的距离统一起来:

如图 21,在 $\triangle ABC$ 中,D,D' 分别以定比

$$\lambda = \dfrac{|AD|}{|DC|}, \mu = \dfrac{|AD'|}{|D'C|}$$

划分 AC,而 E 与 E' 分别以定比

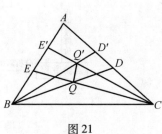

图 20

图 21

---

① 据约翰逊(R. A. Johnson) 的《近代欧氏几何》一书介绍,公元前希腊数学家阿波罗尼奥斯(Apollonius) 就已经知道该定理,1751 年西姆森(Simson) 首先给出该命题的证明,尔后斯特瓦尔特又给出它的诠释,人们便如此命名该定理.

$$\xi = \frac{|AE|}{|EB|}, \eta = \frac{|AE'|}{|E'B|}$$

划分 AB,又设 BD' 与 CE' 交于 Q',BD 与 CE 交于 Q,则

$$Q'Q^2 = \frac{(1+\lambda)(c^2+\lambda a^2)-\lambda b^2}{(1+\lambda+\xi)^2} + \frac{(1+\mu)(c^2+\mu a^2)-\mu b^2}{(1+\mu+\eta)^2} -$$
$$\frac{2(c^2+\lambda\mu a^2)+(\lambda+\mu)(c^2+a^2-b^2)}{(1+\lambda+\xi)(1+\mu+\eta)}$$

由此可推得顶点及重心、垂心、内心、外心间的相互距离;此外还可求得三角形中线、角平分线等某些线段的长.(依据这些线段的性质,取不同的 λ,μ,ξ,η 即可.)

再如立体几何中的几何体体积公式也可统一到"拟柱体体积公式"中去(图 22).

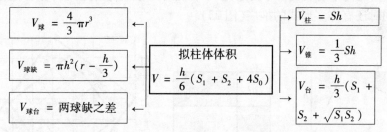

图 22

换句话说:各种柱、锥、台体,以及球、球缺、球台的体积公式,均可由拟柱体体积公式得出.

其实,上面的拟柱体体积公式用途远远不止于此,例如在统筹(网络计划)方法中有所谓"三时估计法",即从完成某工作的最保守时间 a、最乐观时间 b 和最可能时间 m 去估计该工作完成时间 t 时常用公式

$$t = \frac{1}{6}(a+b+4m)$$

显然它与前面拟柱体体积公式在形式上类同.

前文已述,统一的例子在高等数学中也是屡见不鲜的. 再来看一种所谓黎巴克尔(Ribaucour)曲线(任何一点的曲率半径皆与该点法线与 x 轴交点和该点连线段成正比的平面曲线),它在笛卡儿坐标系中的方程是

$$x = \int_0^y \frac{dy}{\sqrt{\left(\dfrac{y}{c}\right)^{2n}-1}}$$

它的参数方程是 $x = c(m+1)\int_0^t \sin^{m+1}t\,dt$, $y = c\sin^{m+1}t$. 其中 $m = -(n+1)n$. 它可以表示许多种曲线:

当 $m=0$ 时,它表示一个圆;当 $m=1$ 时,它代表摆线;

当 $m = -2$ 时,它是悬链线;当 $m = -3$ 时,它给出抛物线.

这种曲线(它包含了圆锥曲线中的两种)是黎巴克尔于 1880 年发现的.

又如概率中的分布问题,k 阶埃尔朗(Erlang)分布的概率密度

$$b_k(t) = \frac{k\mu(k\mu t)^{k-1}}{(k-1)!}e^{-k\mu t}, \quad t \geq 0, \mu > 0$$

当 $k = 1$ 时,即为负指数分布;若 $k \geq 30$,可视为正态分布;$k \to \infty$ 时,即为确定型分布.

人们为了寻求"统一",有时还须对某些概念加以拓展(比如 S-L 积分是黎曼积分、勒贝格(H. L. Lebesgue)积分、斯蒂尔吉斯(T. J. Stieltjes)积分的拓展,同时也统一了它们),拓展是数学发展的重要手段,可以这样说:数学是在概念的拓展和方法的更新中发展的.

平面几何中著名的"勾股定理",不仅有许多巧妙的证法(据称超过 400 种),同时还有许多形式的推广(图 23).

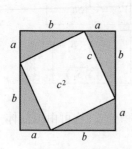

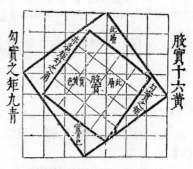

（a）勾股定理的一种简证图示　　（b）中国古算书上的勾股
　　　　　　　　　　　　　　　　　定理证明图示

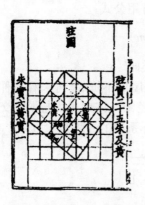

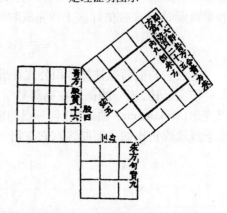

（c）中国古算书《周髀算经》中对　　（d）中国古算书《九章算术》中对
　　勾股定理的图解　　　　　　　　　勾股定理的图解

图 23

"勾股定理"的各种拓展形式我们可从图 24 中看到,同时还给出了这种拓展对于数学发展的作用.

我们还想指出一点:统一的手段是多样的.一个等式、一个法则、一个定理 …… 往往可以概括许多结论.

国际数学界对于函数值分布论有两个研究方向:对例外值的研究形成"模分布论";关于奇异方向的研究形成"幅角分布论".我国数学家杨乐、张广厚建立的"张 – 杨不等式",则在这两个领域之间架起了一座桥梁,即将它们联系在一起,因而引起国际数学界的赞誉,这也为该学科揭示了一条重要的规律.

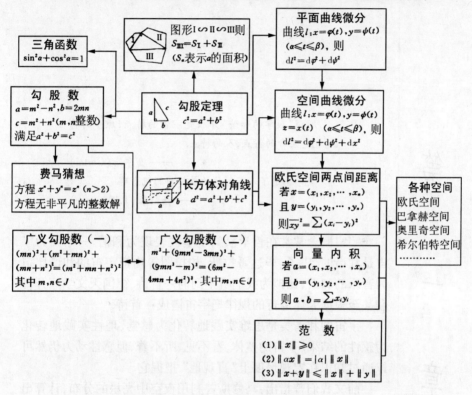

图 24　勾股定理推广形式

从上面论述可以看出:统一不仅是数学美的重要特征,同时它也是数学本质的一种反映.寻求数学统一也是人们探求数学美的一个方面.

数学美的和谐性

第 二 章

所谓"数学的和谐"不仅是宇宙的特点,原子的特点,也是生命的特点,人的特点.
—— 高尔泰(Gortai)

数学构造了人类智慧的最壮丽的纪念碑.
—— 汤姆森(T. Thomson)

宇宙概念常常在哲学家脑子里被表现为和谐 —— 因为宇宙是和谐的.庄子、毕达哥拉斯、柏拉图等均把宇宙的和谐比拟为音乐的和谐,比拟为我们听不到的一首诗.德国天文学家开普勒甚至根据天体运行的规律把宇宙谱成一首诗.

宇宙的和谐美是思维实践地转化为感觉、理性实践地转化为感性的结果.宇宙的整体,看不见、听不着,但感性动力仍然可以通过知识在宏观尺度上"直观地"把握它.

前文我们曾指出:马修斯曾利用夜空中亮星的分布,计算出圆周率的误差不超过 5×10^{-3} 的值.这从某个方面说明或揭示了宇宙的和谐.

艺术的和谐人们可以"感觉到",数学以至科学的和谐人们同样可以"感觉"(它们有时被比拟为艺术的表现手法,从而被人们感觉),有时甚至更直觉.

汤姆森曾经把傅里叶(J. B. J. Fourier)的《热的分析理论》称为"一首数学的诗";

玻尔(N. Bohr)提出的原子模型理论,被爱因斯坦称为"思想领域中最高的音乐神韵";

布恩(W. W. Boonne)则把爱因斯坦的《广义相对论》(请注意,它基于非欧几何学)称为"伟大的艺术品".

法拉第(M. Faraday)说:"磁力转换的法则,简单而又美丽."

罗塞伯罗姆(P. C. Roselbloom)说:"一个数学的证明,一个问题的解以及一个理论的构成全都是艺术的工作."

……

这一切不仅是对研究成果的称颂,也是对研究对象的感受.

然而这些又被凯塞尔(C. J. Keyser)概括为:"数学是一门万用的并具有绝对真理的艺术."

我们再来看一个用数学方程解释人类文明兴衰的例子.

康涅狄格大学的彼得·图尔钦和他的研究小组用数学来解释人类的行为,其准确度远远超出了人们的想象.

这位生态学和数学教授说:"用他的方程式解释历史趋势,准确度高达65%."

在《国家科学院学报》月刊上发表的新研究报告中,彼得·图尔钦利用数学推测了公元前1500年到公元1500年这3 000年来的人类活动.

他们的目的是找出哪些因素在文明的兴衰当中最具影响力.其实生态学家早就通过同样的方式来预测野生动植物的分布情况.

为了用数学来解释历史,研究小组把他们的方法建立在所谓"文化多级选择"的基础之上.也就是说,复杂社会的进化是由不同群体间的竞争来推动的(这是仿生的).

他们利用历史资料(统计)建立模型(方程),竟然可以解释一个大型历史数据库中65%的变化.

在数学中,毕达哥拉斯首先提出"美是和谐与比例""世界是严整的宇宙""整个天体就是和谐与数".美与和谐是人们追求数学美(如果他们意识到了的话)的准则,也是人们建立数学理论的依据.

"对称"最初源于几何,但对称也是一种和谐美.毕达哥拉斯、柏拉图所认为的宇宙结构最简单的基元 —— 正多面体是对称的;他们喜欢的图案五角星也是对称的;圆是最简单的封闭曲线,也是一种最完美的对称图形;……

形式美也是被数学家们所关注的,无论是毕达哥拉斯学派对于多角数的研究,还是数千年来一直被人们所称奇的"幻方"的制作,都是人们对数学形式美追求的结晶.

117

1. 数学的和谐

> 我指的是本质的美,它来自自然各部分的和谐的秩序,并且纯智力能够领悟它.
>
> —— 庞加莱
>
> 数学的许多"艺术形式"是由精致的、"无噪声的"结果所组成.
>
> —— 海明(R. W. Hamming)

美是和谐的,和谐性也是数学美的特征之一. 和谐即雅致、严谨或形式结构的无矛盾性.

所谓"数学的和谐"不仅是宇宙的特点,原子的特点,也是生命的特点,人的特点(高尔泰语).

宇宙的和谐也会从数学中体现出来,若我们画出一个外切于地球的正方形(图1),则与它周长相等的圆(图中虚线所示)能刚刚好定义出月球的相对大小(这个圆的半径为地球半径加月球半径之和),精确度高达99.9%. 月球与地球的直径之比,又相当于人的头部与身高之比.

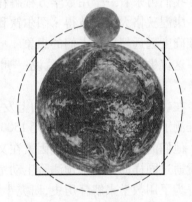

图1　正方形、圆与地球、月球之关系

数学的严谨自然流露出它的和谐,为了追求严谨,追求和谐,数学家们一直在努力,以消除其中的不和谐东西 ——比如悖论,它是指一个自相矛盾、对广泛认同的见解的一个反例、一种误解,或看似正确的错误命题及看似错误的正确命题.

在很大程度上讲,悖论对数学的发展起着举足轻重的作用. 数学史上被称作"数学危机"的现象正是由于某些数学理论不和谐所致. 但通过消除这些不和谐事例的研究,反过来却导致和促进了数学本身的进一步发展. 这正如数学家贝尔和戴维斯(P. J. Davis)指出的那样:

数学过去的错误和未解决的困难,为它未来的发展提供契机.

古希腊毕达哥拉斯学派认为:宇宙间一切现象都能归结为整数或整数之比.

但毕达哥拉斯定理(即我国所称的勾股定理)的发现,使得当时人们在数的认识上产生了疑惑:

两直角边长都是1的直角三角形斜边长是几(图2)?

依照该学派的观点,设它的长为 $\dfrac{m}{n}$,这里 m,n 既约,则 m,n 至少其一为奇数.

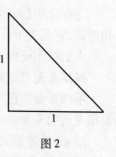

图 2

由毕达哥拉斯定理有:$1^2 + 1^2 = 2 = \dfrac{m^2}{n^2}$,故 $m^2 = 2n^2$ 是偶数,则 m 必为偶数,因而 n 是奇数.

设 $m = 2p$,则 $4p^2 = 2n^2$,$n^2 = 2p^2$,从而 n 是偶数,这与前设矛盾①!

这是希伯斯(Hippias)最早发现的直角三角形弦与勾(股)不可通约的例子,被称为数学史上的第一次危机.这一发现引起毕达哥拉斯学派的恐慌 —— 但它却导致一类新数 —— 无理数的发现,乃至欧几里得《几何原本》的公理体系与亚里士多德(Aristotle)的古典逻辑体系的形成.

(但要判断一个数是否是无理数却是很困难的.比如 1978 年当法国的阿佩里(R. Apéry)证明了 $1 + \dfrac{1}{2^3} + \dfrac{1}{3^3} + \dfrac{1}{4^3} + \cdots$ 是一个无理数时,曾引起数学界轰动.又 $e\pi$,$e + \pi$,Euler 常数……是否是无理数,至今不得知.此前,尽管人们证得结论 $\displaystyle\sum_{k=1}^{\infty} \dfrac{(-1)^{k+1}}{(2k+1)^3} = \dfrac{\pi^3}{32}$,但是正如 $\sqrt[3]{3}$ 是无理数,而 $(\sqrt[3]{3})^3$ 却不是一样,人们仍无法从 π 的无理性判定 π^3 是无理数.)

《几何原本》两千多年来一直被放在"绝对"几何学的地位,而 18 世纪多数人认为欧几里得几何是物质空间中图形的正确理想化.特别是康德(Immanuel Kant)等人认为:关于空间的原理是先验综合判断,物质世界必然是欧几里得式的,欧几里得几何是唯一的、必然的、完美的.

然而人们发现:欧几里得几何中的第五公设(平行公设):

每当一条直线与另外两条直线相交,在它一侧作成的两个同侧内角和小于两直角时,这另外两条直线就在同侧内角和小于两直角的那一侧相交.

---

① 我们也可从 m,n 的尾数去考虑:

m,n 的尾数	0	1	2	3	4	5	6	7	8	9
m^2,n^2 的尾数	0	1	4	9	6	5	6	9	4	1

从而 $2n^2$ 的尾数只可能是 $0,2,8$.由 $m^2 = 2n^2$,则 $m^2,2n^2$ 尾数只可能是 0.
由 m^2 尾数是 0,知 m 尾数也为 0.
又由 $2n^2$ 尾数为 0,知 n^2 尾数只能为 0 或 5,故 n 的尾数只能为 0 或 5.
显然 m,n 不互质!

它在证明《原本》中前 28 个命题时均未用到,有人问道:它是否多余?换句话说,它是否可由其他公设代替?

人们试图证明这一点,但不幸都失败了.

高斯首先意识到:(用欧几里得其他公设)证明平行公设是办不到的事.

俄国学者罗巴切夫斯基和匈牙利的波尔约(J. Bolyai)认为:选取与平行公设相矛盾的其他公设,也能建立起逻辑上无矛盾的几何学 —— 非欧几何学.

后来,经过意大利数学家贝特拉米(E. Beltrami)、德国数学家克莱因和法国数学家庞加莱等人的工作,一种更一般的非欧几何 —— 黎曼几何创立了.

(顺便说一句:欧几里得几何、罗巴切夫斯基几何、黎曼几何均可以从变换群的观点统一在曲面几何里,这一点我们在前面章节已经阐述.)

17 世纪牛顿与莱布尼兹分别发明了微积分,这是数学分析的开端.

但是对于其中的基础问题,却引起人们极大的争论:

以求速度为例:瞬时速度是 $\frac{\Delta s}{\Delta t}$ 当 Δt 变成(趋向于)0 时的值(即 $\lim\limits_{\Delta t \to 0} \frac{\Delta s}{\Delta t}$),但人们要问:$\Delta t$ 是 0?是很小的量?还是什么其他东西?

这种争论引出第二次数学危机.

经波尔查诺(B. Bolzano)、阿贝尔、柯西、迪利克雷、魏尔斯特拉斯、戴德金和康托等人近半个多世纪的工作,把微积分建立在极限的基础上,从而克服了危机和矛盾,与之同时实数理论亦被建立. 这样一来也导致了"集合论"的诞生.

1900 年世界数学家大会上,庞加莱声称:"今天我们可以说,(数学的)绝对的严格已经取得了." 话音刚落,数学基础的矛盾 ——"悖论"便接踵而至.

前文已述,德国数学家康托创立了"集合论",这是现代数学的基础,也是现代数学诞生的标志.

1902 年,英国数理逻辑学家罗素在《数学原理》中提出一个足以说明"集合论本身是自相矛盾的"例子 —— 罗素悖论:

试把集合分成两类:自己为自己元素者为甲类;自己不是自己元素者为乙类(用符号表示即:$M \in$ 甲 $\Leftrightarrow M \in M$;$M \in$ 乙 $\Leftrightarrow M \bar\in M$).

这样,一个集合要么属于甲,要么属于乙,二者必居其一,且仅居其一.

试问:乙类集合的全体(它也是一个集合)属于哪一类?

若乙 $\in$ 甲,由甲的定义则有乙 $\in$ 乙,这和乙 $\in$ 甲矛盾;若乙 $\in$ 乙,则仍以甲的定义应有乙 $\in$ 甲,也矛盾!

如前所述:康托研究"无限"时,创立了超限数来比较无穷大中的大和小(这是无穷大的另一种度量,显然它有别于分析中的无穷大的阶). 最小的无限大称为 $\aleph_0$,以后有 $\aleph_1$,$\aleph_2$,…,康托对它们作了如下猜想(连续统假设):

集合基数或势$\aleph_0$与$\aleph_1$之间没有别的超限数(集合基数或势).

这个问题也引起人们的争论.引起争论的另一个问题是选择公理(记为CH),这条公理说:

可以从一族非空集合的每个集合中各取一个元素构成一个新的集合.

然而不幸的事发生了,1925年波兰数学家塔斯基和巴拿赫运用选择公理证明了一个"分球悖论",其意思是说:

(在集合论域)一个球可以做成两个与原来等体积的球,从而如此做n次就能做成2^n个与原来一样大的球(巴拿赫-塔斯基悖论).

策梅罗(E. F. F. Zermelo)提出一种不会产生悖论的集合论,后经弗伦克尔(A. A. Fraenkel)加以改进,形成另一组彼此无矛盾的集合论公理——ZF公理.

1963年,美国29岁的数学家科恩(P. J. Cohen)证明:

连续统假设与ZF公理是彼此独立的.

(这使人想起了欧几里得几何中的"平行公设",用绝对几何四组公理既不能证明"平行公设"是错的,也不能证明它是对的.)

人们承认"选择公理"将导致"分球悖论",可人们承认ZF公理时,同样发现了悖论(从1963年起,平均每年可产生一个怪定理:连续函数可以变得不连续,一个空间会有两种维数,不可测集成了可测集……).

人们终于发现:不承认"连续统假设"和"选择公理"会招致更大的麻烦!

进入20世纪,人们看到上述矛盾的解决和对整个数学的看法有关,从而人们需要搞清楚:数学中哪些概念不准确、哪些提法不严谨、哪些推理不能用等,所有这些均须——检查.

由于哲学观点不同,产生了数学上的几大派:

逻辑主义学派(代表人物罗素、怀德海);

直觉主义学派(代表人物克罗内克(L. Kronecker));

形式主义学派(代表人物希尔伯特).

他们之中有人主张将"集合论"全盘推倒,只考虑有限的东西(但这样不仅砍掉了数学一半的内容,而且无穷的问题仍然会出现);另一部分人则主张限制概念的使用范围(但这种限制太多,就缩小了数学领域).

人们试图在上面两者中找到一个最好的办法.虽然到目前仍未能有最终满意的解决,但人们所做的一切仍可给数学提供一个可靠的基础.

反过来让我们再回顾一下"几何学"与"集合论"发展中的境遇及研究方法,令人不解的是:它们之间有惊人的类似!

这种类似来自数学内部(本身)的和谐,同时也为我们研究这种和谐性提供了思路和方法.

"几何学"是数学中最古老的分支之一,它源于古希腊,至今已有两千多年历史;而"集合论"则产生于 19 世纪.这两门学科在数学中均有重要地位,它们又恰好处于直观与抽象的两极.这两个貌似分离的学科,却存在一些微妙的联系(在其内部规律上).

在欧几里得几何创立之前,人们没有建立公理体系,因而出现了"芝诺悖论"等当时无法解释的现象.欧几里得几何体系的建立(公理化),使这些悖论得以消除;集合论创立初期,"罗素悖论"的提出,使人们动摇了对集合论的信任,而策梅罗等人建立的集合论公理体系,也消除了已知悖论.

欧几里得几何中第五(平行)公设(用其他公设)证明的结果,导致了非欧几何的产生;

而集合论中选择公理(CH 公理)几乎遇到与平行公设相似的问题:

缺乏可构造性,存在大量与它等价的命题,人们都对其公理地位产生怀疑等.这些导致"非康托集合论"的产生,它是由美国的数学家科恩首创的:取集合论中的公理,加上选择公理的否定形式,便构成该体系(即非康托集合论 = ZF + CH 的否定).

集合论的相容性,随着哥德尔的"不完全性定理"的证明而解决.这也是人们在现实世界中找到了非欧几何的模型之后,即在三维欧几里得空间中(球面或伪球面上(图3))找到了二维非欧几何模型之后,受到启示而发现的途径(因为三维欧几里得几何体系是相容的).

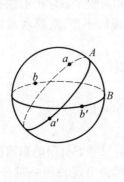 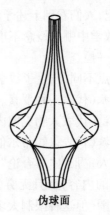

球面　　　　　　　　　　　　伪球面

图 3

人们通过上面的类比受到启迪,发现要想解决非康托集合的相容性问题,似乎也可以遵循非欧几何的途径,去建立一个熟悉的数学模型.尽管由于一些技术性的问题,这种模型尚未找到,可人们在寻找这种模型中用到的方法(力迫法)已在构造数学模型和证明许多学科的相容性中,发挥了巨大作用!

除了数学史上的三次危机外,数学中还有一些不和谐的例子,而随着它们的解决（如果能够解决的话），数学也有了长足的进步与发展.

数学自身显然是从不和谐（这是暂时的）走向和谐（这是最终的）.

比如三次方程根式解（公式解）是 16 世纪数学上的最重大发现之一. 三次方程 $x^3 = ax + b$ 的卡尔达诺（G. Cardano）求解公式是

$$x = \sqrt[3]{\frac{b}{2} + \sqrt{\left(\frac{b}{2}\right)^2 - \left(\frac{a}{3}\right)^3}} + \sqrt[3]{\frac{b}{2} - \sqrt{\left(\frac{b}{2}\right)^2 - \left(\frac{a}{3}\right)^3}}$$

邦贝利（R. Bombelli）把该公式用于方程 $x^3 = 15x + 4$ 时，得到解

$$x = \sqrt[3]{2 + \sqrt{-2}} + \sqrt[3]{2 - \sqrt{-2}}$$

但邦贝利通过方程可分解为 $(x - 4)(x^2 + 4x + 1) = 0$，因而发现 $x = 4$ 或 $x = -2 \pm \sqrt{3}$ 是方程的实根，于是他认为这里出现"悖论"：

方程 $x^3 = 15x + 4$ 的根是实数，而运用三次方程求根公式解时却得到复根（有负数开偶次方）.

复数的性质和理论研究使人们看到：依照复数的运算法则，算式

$$\sqrt[3]{2 + \sqrt{-2}} + \sqrt[3]{2 - \sqrt{-2}}$$

的值正是 4. 显然公式给出的解与前述方程有实根的结论不矛盾. 此例说明，求根公式是正确的，前面的所谓不和谐只是一种误解.

我们知道连续性是当今数学中的一个重要基本概念，然而它的现代定义的形式，经历了一个从不和谐到和谐的漫长过程.

18 世纪，数学家欧拉认为：由一个单独表达式（公式）给出的函数是连续的，而由几个表达式给出的函数是不连续的. 例如欧拉函数

$$f(x) = \begin{cases} x, & x > 0 \\ -x, & x \leqslant 0 \end{cases}$$

是不连续的（其实它是连续的），而由两个分支组成的双曲线（反比例函数），因为它是由一个表达式 $y = \frac{1}{x}$ 给出的，所以认为它连续.

（其实，它是不连续的，间断点在 $x = 0$ 处）

19 世纪初，法国数学家傅里叶（J. B. J. Fourier）证明：定义在某个区间上的任意函数可表示成该区间上的正弦与余弦的无穷级数，比如

$$f(x) = \begin{cases} -1, & -\pi < x < 0 \\ 0, & x = 0 \\ 1, & 0 < x < \pi \end{cases}$$

可表示为

$$f(x) = \frac{4}{\pi}\left(\frac{\sin x}{1} + \frac{\sin 3x}{3} + \frac{\sin 5x}{5} + \cdots\right), \quad x \in (-\pi, \pi)$$

123

这样一来:上述函数依照欧拉的见解既是不连续的,同时又是连续的.

1821 年,柯西对"连续"这一概念重新评价、重新审度,直至 1850 年魏尔斯特拉斯给出"ε - δ 形式"的叙述,才使得"连续"这一概念有了新的解释.

我们也容易看到,从欧拉到柯西关于"连续"的观点带有根本性转变:前者认为连续是函数的全局性质,而后者认为连续是函数的局部性质.

其实,欧拉定义的函数连续是指"函数除有限孤立点外是可微的",但 1860 年魏尔斯特拉斯给出函数

$$f(x) = \sum_{n=1}^{\infty} b^n \cos(a^n \pi x)$$

这里 a 是奇数, $b \in (0,1)$,且 $ab > 1 + \dfrac{3\pi}{2}$.

它是一个处处连续、又处处不可微(无处可微)的函数.

施瓦兹(L. Schwartz)和索伯列夫(Sobolev)把"可微"概念加以拓展,即那里的所谓"导数"是指广义函数(或分布),这样每个"连续函数"都"可微"了,比如

$$f(x) = \begin{cases} 1, & x > 0 \\ \dfrac{1}{2}, & x = 0 \\ 0, & x < 0 \end{cases}$$

那么

$$f'(x) = \begin{cases} 0, & x \neq 0 \\ \infty, & x = 0 \end{cases}$$

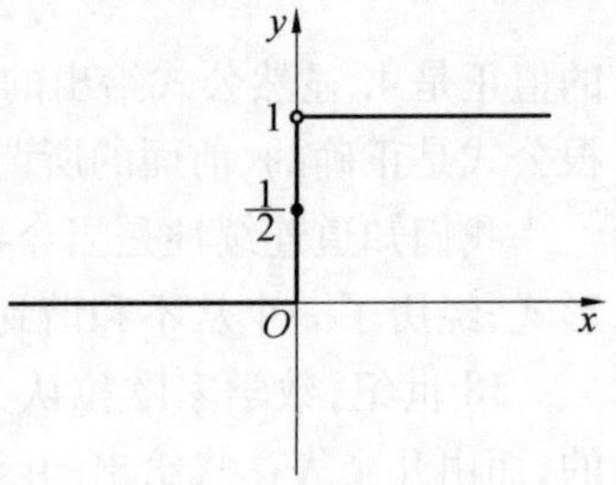

这便是所谓 δ- 函数 $\delta(x)$ (图 4).

图 4

上述悖论现象的产生与消除正是数学由不和谐到和谐的转变,人们正是面对悖论的产生而着手对数学概念的改进或重塑,对已知理论进行推广,从而产生新的理论,这样做无疑有力地促进了数学的发展(即提供了动力和契机).人们深信,这一过程在今后的数学发展中仍将继续下去!

但有时也并非如此,人们在消除一个悖论时,虽然付出了极大艰辛,有些时候仍然难以达到目的,纵然这个悖论看上去也许很不起眼. 我们来看下面的问题:

双曲线 $y = \dfrac{1}{x}$ 在区间 $[1, +\infty)$ 上的一段,绕 Ox 轴旋转时,形成一个旋转曲面(图 5).

利用积分可以算得它的体积是有限(收敛)的,然而它的侧面积却是无穷大(发散).

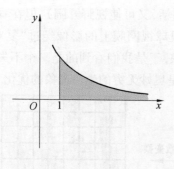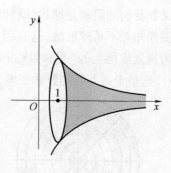

图 5

体积 $V = \pi \int_1^\infty \frac{1}{x^2}\mathrm{d}x = \pi$，侧面积 $S_{侧} = 2\pi \int_1^\infty \frac{1}{x}\sqrt{1 + \frac{1}{x^4}}\,\mathrm{d}x$ 发散.

这是一个令人无法接受的事实：一个只能装着有限量油漆的桶，其外面要用无穷多量的油漆去涂刷. 这显然是一个悖论，可该悖论至今仍未找到令人信服的"初等"解释.

但是这种状况迟早会改变的，或许那又是发现数学新领域的一次机会. 其实，分形（又称分数维）理论似乎已为这种貌似的不和谐找到数学上成立（存在）的理由. 这一点详见《数学的创造》[30].

（当然，从调和级数 $\sum_{k=1}^\infty \frac{1}{k}$ 发散，而级数 $\sum_{k=1}^\infty \frac{1}{k^2} = \frac{\pi^2}{6}$ 收敛的事实考虑会发现：长为 $\frac{1}{k}$，$k = 1,2,3,\cdots$ 的线段之和是无穷大，而以 $\frac{1}{k}$ 为边长的正方形面积和却是一个有限定值，这一点似乎也难为人们所接受. ）

正如前面我们指出的那样：数学的和谐，不仅是宇宙的特点，原子的特点，也是生命的特点，人的特点.

人们依据数学中某些应为和谐的规律中的不和谐现象，提出冥王星存在的设想并找到了它存在的事实（见后文），正是宇宙遵循数学和谐的最好例子.

数学的和谐还表现在它能为自然界的和谐、生命现象的和谐、人自身的和谐……找到最佳的论证.

人体的结构经历了亿万年的演化，与整个自然界愈来愈和谐，比如我们说过：

人和动物的血液循环系统中，血管不断地分成两个同样粗细的支管，它们的直径（半径）之比为 $\sqrt[3]{2} : 1$，由数学计算知道（依据流体力学理论），这种比在分支导管系统中，使液流的能量消耗最少.

再如，血液中的红血球、白血球、血小板等平均占血液的44%. 同样由计算可知：43.3% 是液体流动时所携带固体的最大含量.

125

又如我们的眼睛是球状(既转动灵活,又可使视野开阔),但在看东西时得到的图像却并不是球形的,这是因为眼球视网膜上的影像经过"复对数变换"而成为视觉皮层上的"平移对称"图像,于是我们看到的是一个不失真的世界(图6).这是千真万确的数学变换,也是奥妙无穷的生命现象的优化.

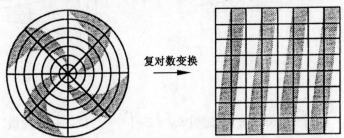

复对数变换

图6　人眼视网膜影像经过"复对数变换"而形成的视觉皮层模式

生命现象的这些最优化的结构,是生物亿万年来不断进化、"去劣存优"的结果,而数学则为它们找到了可靠的理论依据,并证明了它们的最优性.

动物的头骨看上去似乎甚有差异,其实它们不过是同一结构在不同坐标系下的表现或写真,这是大自然自然选择和生物本身进化的必然结果(图7).

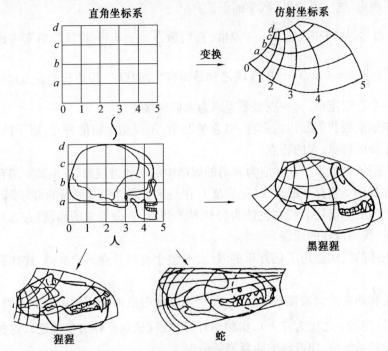

图7　人、黑猩猩、猩猩和蛇的头骨比较(只不过是在不同坐标系下的反映而已)

（这也可看成是达尔文的"进化论"从数学找到依据的一个诠释：动物的头颅形状是动物在亿万年进化中的最优选择，从本质上讲它们似无大的差异，只不过是在不同环境下的不同选择而已.）

鱼的外形可谓千姿百态，但其实也均是同一造型（模式）在不同坐标系下的演绎或写真——每种个体的外形是由于不同自然环境的演化结果（图8）.

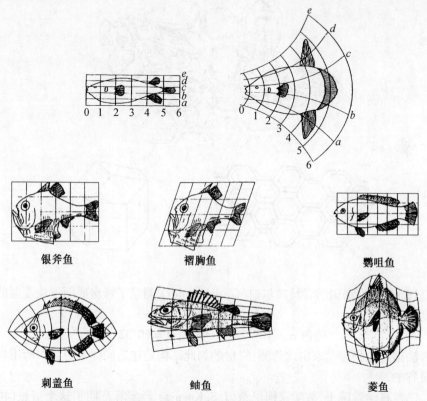

图8　利用坐标变换可将一种形状的鱼"变成"外形不一的另一种鱼

我们通过（仿射）坐标变换，总可以将它们彼此转化.

（这个有趣的事实说明什么？说明大自然的奥妙，说明大自然的力量，也说明大自然的规律：存优汰劣，和谐完美. 究其原因，这也许是鱼类的 DNA 的突变而诱发的.）

苏格兰博物学家汤普森（d'Arcy W. Thompson）认为：差不多任何动物的形状，都可通过连续（拓扑）变换、变形、扭曲而成为另一种动物形状. 这既非耸人听闻，也非空穴来风，数学变换真的能做到.

生物世界所涌现的五彩缤纷，向人们展示了其存在的数学模式，它们背后蕴含的数学原理，也许是人们揭开生命世界本质的线索和依据.

再如,我们前面曾提到过的"蜂房结构"问题,也是一个生物进化选择最优、最为和谐的例子.

　　人们很久以前就注意到了蜂房的构造:乍看上去是一些并排且规则摆放的正六边形的"筒".你再仔细观察便会看到:每个筒底由三块同样大小的菱形所搭成(这恰好有些像某些尖顶房子的房顶)(图9):

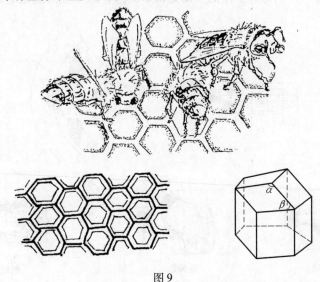

图9

　　18 世纪初,法国学者马拉尔迪(G. F. Maraldi) 测量了蜂房底面三块菱形的角度

$$钝角\ \alpha = 109°28', \quad 锐角\ \beta = 70°32'$$

　　法国一位物理学家由此猜测:蜂房的如此结构是建造同样大的容积所用材料最省的.

　　巴黎科学院院士、数学家柯尼希(J. S. Koenig) 经实算证明了这个猜想(由于对数表的错误,他算得的结果差了 2′,后由一次海难而引起数学家麦克劳林的警觉,经再次核验,结果与观察值丝毫不差).

　　这也是使世界上最优秀的建筑师称赞不已的造型与建筑.

　　从另一个角度讲,数学论证了自然界的和谐,反之,自然界本身的和谐也为验证数学的严谨与和谐提供了最有力的范例(自然界的一些现象有时可帮助人类纠正某些错误,包括数学上的).数学家当然也会从对自然界的研究中受益.计算数学中的遗传算法、蚁群算法的诞生正好说明这一点.看来,不仅物理、化学、医学上有所谓"仿生",数学中也有(图10).

　　数学不仅能验证自然界的和谐,还能解释这种和谐,甚至能让它为人类所利用,比如可为控制"生态"和谐提出最佳对策与方案.

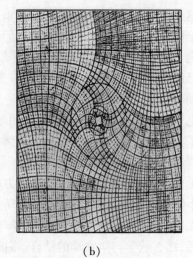

(a)   (b)

图 10   埃舍尔的有些画是经过某些数学变换后得到的

（图（b）是这种变换的网格,数学上它被称作拓扑变换）

"生态"一词是 1866 年德国科学家海克尔（E. H. Haecke）首先使用的. 生态学是现代生物学的一个分支,它是研究生物体与环境相互关系的一门学科.它除了对自身的基础研究外,还包括对森林、水域、草原、农田、荒地等的合理使用与预测,环境保护,人口调节,对益、害动植物的利用与控制等.

过去,这门学科只是描述性的,由于没有使用数学工具而使得人们很难定量地去研究它.

20 世纪初,意大利的一位生物学家在研究地中海各鱼群的变化及彼此影响时发现:鲨鱼及其他食鱼性大鱼比例在增加. 这一现象使他感到困惑,不得已他求教于意大利的一位数学家沃尔塔拉（V. Volterra）,这位数学家提出两个生物种群的捕食与被捕食关系的数学模型

$$\begin{cases} \dot{N}_1 = N_1(\alpha_1 - \gamma_1 N_2) \\ \dot{N}_2 = -N_2(\alpha_2 - \gamma_2 N_1) \end{cases}$$

其中 $N_1(t)$,$N_2(t)$ 分别表示两个种群在 t 时刻的数量;$\dot{N}(t)$ 表示 $N(t)$ 对 t 的导数;α_1,α_2,γ_1,γ_2 均为常数. 解此微分方程组得到

$$N_1 = \frac{\alpha_2 + c}{\gamma_2}, \qquad N_2 = \frac{\alpha_1 - c}{\gamma_1}$$

其中 N_1,N_2 分别表示被食者和捕食者的数量,c 为捕鱼量.

当 c 减小（增大）时,捕食者 N_2 增加（减小）,被食者 N_1 减少（增加）.

由于当时战争,渔业萧条,捕鱼量减少,故鲨鱼等增加,这实际上给了上述生态现象一个满意的答复.

这是一个一阶非线性微分方程组.但由于它的解不易求出,因而限制了人们对它的探讨,很长时间一直未被人们重视.

电子计算机出现以后,打破了生态学难以使用数学工具的状况.在这之前人们已经意识到:在生态学领域,没有数学的理论与方法,要洞察生态关系,达到预测与控制,是根本不可能的.

电子计算机可以进行大量复杂的运算,这给人们用数学方法研究生态问题带来了方便与可能.许多数学分支陆续渗入到生态学这门学科中,为它的研究和发展起了重要作用.

上面那个 20 世纪初提出的微分方程组,经过人们的改进与完善,已被用在田间生物防治的实践中,并取得了显著效果.

人们意识到:如果说化学、物理学与生物学的结合,打开了生物微观世界大门的话,那么数学与生物学的结合,将揭开生物宏观世界的奥秘.

生物学家和数学家还共同认为:如果 DNA 的发现是人类揭开生命的第一重秘密的话,数学将为人们发现、认识、探索生命的第二重(更深层)秘密提供手段和武器.生命源于规则,而这些规则又决定了生物在进化之初的原始形态,然而规则的表达需要数字和方程.

人口问题不仅关系到各国的发展,还关系到人类的未来.

人类经历了几百万年后到 20 世纪初人口数仅达到 16.5 亿,可 20 世纪仅仅一百年人口翻了两番(达 62 亿).

人们在普遍关注人口数字增长的规律,或许你会问:再过 10 年、20 年……甚至更长时间,世界人口将会有多少?中国人口将会有多少?

数学家们依据人口增减过程经研究建立了人口增长的数学模型,并求得人口增长的数学表达式

$$N = c \cdot \left(1 + \frac{c - N_0}{N_0} \mathrm{e}^{-kt} \right)^{-1} \qquad (*)$$

式中 N_0 表示当初人口数,N 表示 t 时间后的人口数,c,k 为待定常数(它们依据不同地区、不同国家、不同时期情况而变化).

比如,从中国历年人口调(普)查数字进行考查(表 1).

表 1

年　　份	1949	1953	1957	1978
人口(百万)	549	602	657	975

从中选出 1949,1953,1957 三年人口数,便可从式(*)中确定常数 c 和 k,有了它们便可预测未来的人口数.

利用上面求得的常数 c 和 k,再以 1949 年人口数 549 为 N_0,利用公式(*)

可算得 1978 年中国人口数为 958,这与表 1 中实际人口数 975 的相对误差仅有 1.7%,公式还是相当精确的①.

依此公式计算,按 1978 年的出生率和人口基数,公元 2000 年我国人口为 12.47 亿(以 1978 年人口数 9.75 亿为 N_0)②.

公式(＊)也表明人口增长是按几何级数增加的,人口的迅速增长若不加控制,人类生存所必需的一切条件将处于危险中. 这一点早在 18 世纪已被英国学者马尔萨斯(T. R. Malthus)发现,他正是在其所著《人口论》中提出了"人口按几何级数增长"的理论. 我国明代科学家徐光启早在 16 世纪就不止一次地说过:"人口大抵三十年而加一倍."

数学对人口的计算告诫人们:要控制人类的繁衍,要实施计划生育,否则后果将不堪设想(数学再次与人类生存、世界的和谐相联系)!

与控制繁衍相对立的(从某种意义上讲又是统一的)是人类如何战胜疾病,使人的生命得以延长.

中医学以阴、阳为基础,认为人体气血津液亏盈和天地运行一样具有昼夜节律. 这在我国古代医学典籍《黄帝内经》中已有记载.

"生物钟"概念的提出(人体的某些活动存在着周期性的节律变化,有每日、每月、每季,甚至每年的规律),暗示了人体内阴阳消长与高级调节中枢有着十分密切的关系. 为了较精确地描述它们,人们动用了数学这个工具(无疑这也为电子计算机在医学上的应用开辟了途径).

地球表面约 80% 为水域,由于月亮围绕地球周期地(大约为 28 天)旋转,在万有引力作用下产生了潮汐. 潮汐的变化昼夜有别,且随月的圆缺(严格地讲是运行轨道)而异.

---

① 据 1982 年中国人口普查资料推算,1981 年 1 月 28 日中国人口为

987 654 321 人(1 ~ 9 倒序)

同年 10 月中国人口为

1 000 000 000 人(1 后 9 个 0)

又据 1990 年人口普查及 1989 年底人口统计资料测算,1989 年 12 月 11 日我国人口为

1 111 111 111 人(10 个 1)

据测算,1996 年内中国人口将达到 1 234 567 890 人(1 ~ 9,0 正序).

又据日本厚生省人口研究所测算,1990 年 4 月 3 日、4 月 28 日、5 月 6 日和 7 月末至 8 月初,日本人口数有四次达到:123 456 789 人(1 ~ 9 正序).

这些仅仅是一种巧合,但人们却对它们颇感兴趣. 从数学角度看,这些人口数字都很"巧"(形式上),正因为如此,人们也很容易记住它们(要知道,这是千载难逢的巧合).

这也是数学形式美的体现和应用.

② 这是 1978 年的预测,而 2000 年抽样调查得到的统计结果与之相差不大.

人体80%也是由水组成的,因而人的某些生理现象也如地球上海水的潮汐,竟与月球运动规律有关:

人的体温午夜最低,脉搏清晨(四时左右)最慢,血压上午九时前后最低,……。

20世纪末德国一位医生曾发现:人的体力、情绪以至智力都是周期地变化着:23天——人体的体力周期,28天——情绪周期,33天——智力周期,且它们均服从正弦曲线规律变化(图11)。

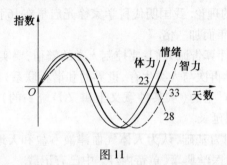

图11

你稍稍留心便会发现:在某些日子里,你办事的效率很高,可在另一些日子里,你办事的效率极低——这正是人体的"潮汐现象"在作怪。

倘若掌握了自己的上述生理规律,你必将能更科学、更合理地安排自己的工作、学习和生活,充分发挥你的潜能,更舒心地生活,更高效地工作,更积极地休息,从而一定能创造出最佳的业绩。

另外,有人应用线性控制论分析人体内阴阳消长与外界影响(比如药物)的关系,给出一个描述人体脏器消长变化的数学模型,它也是一个微分方程组

$$\begin{cases} \dot{x} = Ax + Bu \\ y = D(x) \end{cases}$$

这里 x 表示阴阳之气, $\dot{x}$ 表示阴阳变化, A 表示人体内阴阳消长的关系, Bu 表示药物对体内阴阳的调节, y 表示体外观察指标, $D(x)$ 表示体内外的联系。

这是一个普遍适应的数学模型,对不同脏器,只要给出不同的参数,赋予特殊的内容即可,这当然是数学和谐的显现。

方程的建立,对医学(特别是中医学)上疾病的诊断及药物作用研究的机器化处理,提供了某些方便和可能。

数学的和谐不仅在于能解释自然,效仿自然,还在于它能描述自然。

很久以前数学家们就已经注意到某些植物的叶、花形状与一些封闭曲线非常相似。

17世纪法国数学家笛卡儿由于发明坐标法而得到了富有诗意和数学美感的"茉莉花瓣"——笛卡儿曲线,其方程是

$$x^3 + y^3 = 3axy$$

尔后有人利用上述方程去描述花的外部轮廓,这些曲线称为"玫瑰形线",在极坐标系下的方程为 $\rho = a\sin k\varphi$,其中 a 和 k 为给定的正的常数. k 的取值不同,得到的花瓣数不一样;a 的大小确定花瓣的长短.

比如酸模、三叶草、睡莲、常春藤等植物叶子(图 12)的数学方程式分别见表2.

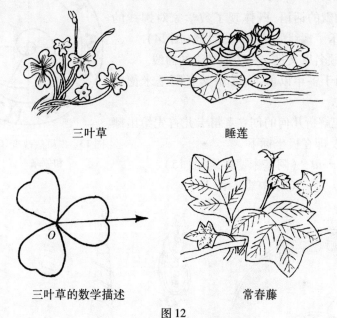

三叶草   睡莲

三叶草的数学描述   常春藤

图 12

表2   一些植物叶子的数学方程式

植物名称	叶子的数学方程式
酸模	$\rho = 4(1 + \cos 3\varphi - \sin^2 3\varphi)$
三叶草	$\rho = 4(1 + \cos 3\varphi + \sin^2 3\varphi)$
睡莲	$(x^2 + y^2)^3 - 2ax^3(x^2 + y^2) + (a^2 + r^2)x^4 = 0$
常春藤	$\rho = 3(1 + \cos^2\varphi) + 2\cos\varphi + \sin^2\varphi - 2\sin^2 3\varphi\cos^4\dfrac{\varphi}{2}$

"螺线"是一种引起人们极大兴趣的曲线,这在于它本身的许多奇妙性质,以及它与它发现者之间诸多动人的故事.

翻开数学史你会发现:数学家们生前曾为数学而献身,在他们死后的墓碑上,仍维系着与数学的不解之缘. 阿基米德(Archimedes)、高斯、鲁道夫(Van Ceulen Ludolph)、伯努利 …… 人们均以不同形式的碑文刻在墓碑上,这也体现了他们对于数学的热爱与执着(这些我们前文已有叙及).

伯努利家族是瑞士巴塞尔的数学世家,其祖孙四代人中出现几十位著名数学家. 其中雅谷·伯努利对螺线进行了深刻的研究,死后遵照其遗嘱在他的墓碑上刻有一条对数螺线,旁边还写道:

虽然改变了, 我还是和原来一样(Eadem mutata resurgo)! (图13)

这句幽默的话语,既体现了数学家对螺线的偏爱,也暗示了螺线的某些奇妙性质(图14).

螺线,顾名思义是一种貌似螺壳的曲线.

早在两千多年以前,古希腊学者阿基米德就曾研究过它.

17 世纪解析几何的创立者笛卡儿首先给出螺线的解析式,即在极坐标下

$$\rho = a\theta \quad (\text{阿基米德螺线,图15})$$
$$\rho = e^{a\theta} \quad (\text{对数螺线,图16})$$

图13 "虽然改变了,我还是和原来一样!"

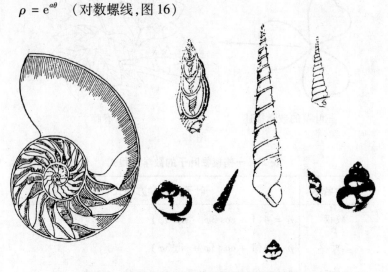

图14 鹦鹉螺等贝类壳的外形呈螺旋结构

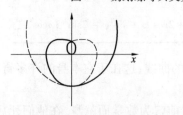

图15 阿基米德螺线

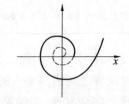

图16 对数螺线

在嵌套的黄金矩形中依次作出正方形的顶点,它们在一条螺线上(见图17).

有趣的是:一些特殊形式的运动所产生的轨迹也是螺线;

一只蚂蚁以均匀的速度,在一个匀速旋转(速度极慢)的唱片中心沿半径向外爬行,结果蚂蚁本身就描绘出一条螺线(图17);

四条狗 A,B,C,D 站在一个正方形的4个顶点上,它们以同样的速度开始跑动:A 始终朝着 B,B 始终朝着 C,C 始终朝着 D,D 始终朝着 A,最后它们相会于正方形的中心. 这4条狗的路径都是形状一样的螺线(图18).

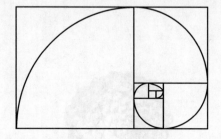 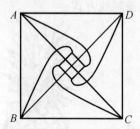

图17　嵌套黄金矩形产生的螺线　　图18　在正方形顶点运动生成的螺线

顺便讲一句,1917年,汤普森发现海螺的螺旋结构可用半径 r 与角度 φ 的对数(极坐标下)之间的线性关系公式 $r = 1.3^{\varphi} \sin \theta$ 表示(在 $\ln r$ 为横坐标,φ 为纵坐标的坐标系中).

上面这些螺线都是平面的,螺线还有其空间形式,比如:

一个停在圆柱表面 A 处的蜘蛛,要捕食落在圆柱表面 B 处的一只苍蝇,蜘蛛所选择的最佳路径,便是圆柱上的一条螺线;蝙蝠从高处下飞,却是按另一种空间螺线 —— 锥形螺线路径飞行的(图19).

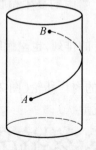 

图19　圆柱、圆锥上的螺线

螺线还有许多有趣的性质:比如螺线上任一点处的切线与该点到螺线中心(极点)的连线夹角为定值.

再如,无论把对数螺线放大或缩小多少倍,其形状均不改变(正像把角放大或缩小多少倍,角的度数不会改变一样,结果总是得到与原曲线形状一样即全等的对数螺线,不同的仅是位置变化而已). 这大概正是伯努利墓碑上那句耐人寻味的话语的含义.

你还可以做一个有趣的实验,把一张画有螺线的纸,绕螺线极点旋转,可以看到螺线似乎在长大或缩小. 是长大还是缩小,据旋转方向而定(顺时针或逆时针).

又如把对数螺线变换成关于极点 O 的反演曲线,或变换成关于极点 O 的垂足曲线,结果所得曲线仍与原对数曲线全等(也仅仅是位置不同).

英国科学家柯克尔(J. Cockle)在研究了螺线与某些生命现象的关系后,曾感慨地说:"螺线——生命的曲线."这句话的道理在哪里?

蜗牛或一些螺类的壳,外形呈螺线状;

绵羊的角、蜘蛛的网呈螺线结构;

菠萝(图20)、松果的鳞片排列(图21),向日葵子在花盘上的排列(图22)也都是按螺线方式;

图20　菠萝　　　　　　　　图21　松果

绕在直立枝干上攀附的蔓生植物(如牵牛、菜豆、藤类),其蔓茎在枝干上是绕螺线爬生;

植物的叶在茎上的排列,也呈螺线状(无疑这对植物采光和通风来讲都是最佳的);

还有,人与动物的内耳耳轮(图23),也有着螺线形状的结构(这从听觉系统传输角度讲是最优形状);

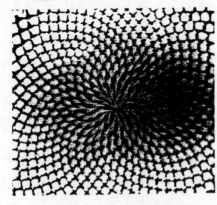
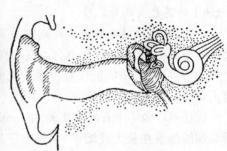

图22　向日葵果盘　　　　　　图23　人的内耳

生物学家还发现:作为生命基础的 DNA 的排列(图24),也呈螺线状(生命的秘密就藏在其中)……

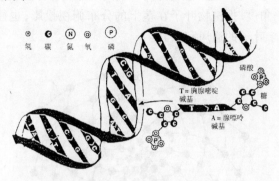

氢 碳 氮 氧 磷

T = 胸腺嘧啶
碱基

A = 腺嘌呤
碱基

磷酸

糖

图24　DNA 中的一段

顺便讲一下:植物生长除了与螺线有关外,还与所谓斐波那契数列 $1,1,2,3,5,8,13,21,\cdots$ 有关(我们前文已有介绍).

比如蓟花,当花瓣被重点标出后呈现图25.

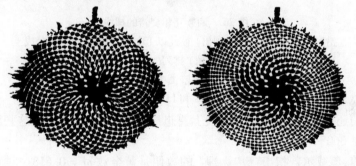

图25

科学家们在试图解释这种排布时发现:这与植物原基有关. 法国数学、物理学家杜阿迪(S. Douady)和库代(Y. Couder)为此创立了一门新的学科 —— 植物生长动力学.

两位科学家用置于垂直磁场中充满硅油的圆碟完成了一个实验. 他们让可磁化的液体以规则的时间间隔一滴一滴落入碟的中央,液滴被磁化后相互排斥,逐渐向边缘排斥. 最终,他们看到了这样一幕:液滴形成了一个如同向日葵花盘中的那种交叉的螺线. 他们还在计算机上进行了计算,得到的依然是十分类似的结果.

所以,植物最终长出斐波那契数列的螺线和基因没有关系,而是动力学使然.

他们还指出:植物的相继原基沿一条很紧密盘绕的螺线(生成螺线)十分稀疏地相间排列(图26);而且相继原基之间的夹角恰是 $137°28'$,这个角恰是

137

我们前面介绍过的黄金分割角（将圆周分成 1：0.618⋯ 的两半径夹角），这样原基可以最有效地挤在一起. 这是让实粒按两条螺线分布且使它们紧密而不会留下空隙的唯一角度. 把植物叶子在茎上的分布俯视投影，也往往能发现这个角度，因为这利于叶子的通风和采光.

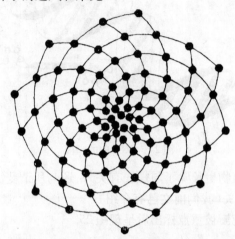

图 26　两族互相交错的螺线

沿紧密盘绕的螺线（未画出）彼此以 137°28′ 角（把圆周角分成
1：0.618⋯ 两角中的较小角）排列的相继点，自然而然地分成一
目了然的两族松散盘绕的螺线. 图中在一个方向上有 8 条，在
另一个方向上有 13 条 ——8 和 13 为相继的斐波那契数

他们还指出：原基在生成螺线上要想最有效地填满空间，则这些原基间的夹角应是 360° 的无理数倍.

此前，奥威尔曾指出：最"无理"的数便是黄金数 $\omega = 0.618\cdots$. 换言之，黄金数是最难用有理数逼近的.

胡尔维茨（A. Hurwitz）也曾指出：对无理数 ξ 而言，有无穷多个有理数 $\dfrac{m}{n}$ 适合法 $| \xi - \dfrac{m}{n} | < \dfrac{1}{cn^2}$，其中 $0 < c \leqslant \sqrt{5}$；但若 $c > \sqrt{5}$，则对于一些无理数如 ω 等，仅有有限多个有理数满足上式.

有人从这些生命现象中总结出"螺线是生命的曲线"的话语，至少不算过分吧！

螺线也被广泛用于生活的各个领域，最常见的螺钉，上面的镲线不正是一条条螺线吗？机械上的螺杆、日常所用的螺扣 …… 均刻有螺线.

就是在航海上螺线也有应用. 比如要追逐海上逃跑的敌舰或缉捕偷渡走私船只，有时螺线路径为最佳追逐的路径 …….

事物的发展规律不也常常以"螺线式"为比喻吗？

螺线不仅是生命的曲线,它也是生活的曲线!

试想:生命的丰富多彩,数学的优雅美妙,一旦二者糅合,必定会为人们认识生命现象提供启发,创造机会,给出诠释,揭示奥秘,同时也为数学自身发展提供模式与课题.

最后我们还想指出一点:自然界的和谐有时也可给人们以启示,给人们以方法 —— 数学方法. 生物链问题正是如此.

俗话说:"大鱼吃小鱼,小鱼吃虾米,虾米吃烂泥."自然界的生物间互相依存,又互相争斗,形成一条条食物链. 这些生物链表明自然界的物质能量一级高一级的向上传递、输送(尽管效率很低,往往是 $1:10$). 比如:

$$花 \Rightarrow 蝴蝶 \Rightarrow 蜻蜓 \Rightarrow 牛蛙 \Rightarrow 蛇 \Rightarrow 鹰$$

$$浮游植物 \Rightarrow 浮游动物 \Rightarrow 鱼 \Rightarrow 人$$

都是一条条食物链.

食物链与数学也有许多有趣的联系,比如在图论这门学科中就有这类"链"的问题. 我们先来看一个例子.

有 3 种虫子,当把其中任何 2 种放在一起时,其中的 1 种总可以吃掉另 1 种,这就肯定能把这些虫子排成 1 队,使前面 1 种总可被它后面的 1 种吃掉.

我们用图形可以清楚地证明这一点.

比如我们用 3 个点表示 3 种虫子,而用点之间的有向线段表示它们之间的吞食情况($A \rightarrow B$ 表示 A 被 B 吃掉),不管情况如何,我们总可以找到一条依箭头所指方向,依次经过 3 个顶点的有向折线(图 27 中黑粗箭线即为所求,这里我们只画了其中的部分情形):

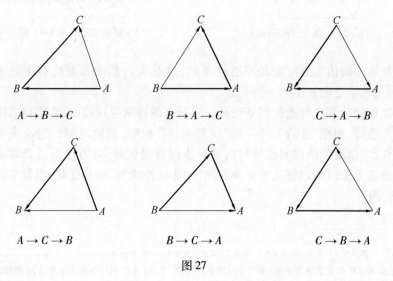

图 27

这个结论还可以推广到 n 种虫子的情形：

有 n 种虫子，其中任何 2 种放在一起，其中 1 种总可以吃掉另 1 种，则必可以把它们全部排成一队，使前面 1 种总可以被它的后面 1 种吃掉.

结论的证明可以用数学归纳法去完成. 顺便指出：这个问题与图论中的"哈密尔顿回路问题"实质上是等价的，只不过是用不同方式、从不同角度提出而已.

空间中的 n 个点，若其中任 2 个点间都用有向线段去联结（不管方向如何），就形成一幅完全图，那么对于完全图来讲一定存在 1 条有向折线，它从某点出发，按箭头方向依次经过所有的点，这条有向折线称为"哈密尔顿链"（无向情形称为"哈密尔顿路"）；又若最终可以回到出发点，则称为"哈密尔顿回路"（无向情形称为"哈密尔顿圈"）.

完全图存在哈密尔顿链，用图论的方法去证明，远非轻而易举，但是若用（数学归纳法证明）昆虫食物链结论后，则可把"哈密尔顿链""翻译"成昆虫链，因而"哈密尔顿链"问题也即获证.

若把包含哈密尔顿圈或回路的图称为哈密尔顿图，应该指出的是，并非所有的图都是哈密尔顿图，比如下面图 28，都是非哈密尔顿图.

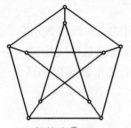　　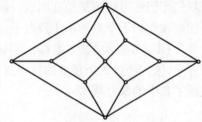

（a）佩特森①（Petersen）图　　　　　（b）赫谢尔（Herschel）图

图 28

数学中的仿生方法也是不胜枚举的，这是大自然的和谐性对于数学的启迪，也是数学走向和谐的一种必然.

比如遗传算法和遗传规划便是一门新兴的搜索寻优技术，它们仿效生物的进化与遗传，根据"生存竞争"和"优胜劣汰"原则，借助复制、交换、突变等仿生操作，对所要解决的问题从初始解步步逼近最优解. 此方法最适合解决某些现今方法无法或难以解决的复杂问题，如非线性规划、结构优化、机器学习等问题（图 29）.

---

①　佩特森（J. P. C. Peterson），丹麦数学家. 先在哥本哈根技术学校学习工程，不久改攻数学. 1871 年获哥本哈根大学博士学位. 1887 年受聘该校教授. 名著《几何构造问题求解的方法和理论》有 8 种文字版本. 1990 年法文本再印.

达尔文　　　　　　　　　人类的进化

图 29

生物学如此,与数学有着极近渊源的物理学更是离不开数学美. 诺贝尔奖得主,提出相对论性量子力学和量子场论中一个相对论性波动方程 —— 狄拉克方程的英国物理学家狄拉克曾说过:"物理学定律必须具有数学美".

日本数学家小平邦彦也认为:"理解数学就要观察数学现象",又说:"数学对物理起着难以想象的作用. …… 数学是物理的语言",研究数学就是像研究物理那样去探究未知的数学现象的思考实验.

由于计算机运行速度的提高(每秒千亿次以上),人们可以通过计算机模仿生物进化的存优去劣过程中千、万、亿年的累积,这也是数学对于自然界和谐的一种模仿与写真.

数学的和谐还表现在它的严谨上,数学容不得半点瑕疵. 不仅如此,数学同样可帮助人们去鉴别真伪(可见其功能强大),其中最著名的案例是 1967 年卡内基 - 梅隆大学的科学家利用物理和数学知识,鉴别 17 世纪荷兰著名画家弗美尔(J. Vermeer)的四幅画作《埃曼斯(Emmans)的信徒》《濯足》等,这里数学的功劳是通过微分方程的解去与相关数据比较(与另一幅真迹《花边织工》的颜料铅白中的放射性元素蜕变率比较),最终确定那四幅画均为赝品.

宇宙是哲学的全书,它向人们的一切好奇心打开,你要读懂它必须先掌握它的语言,这语言就是数学.

和谐的宇宙,只能使用和谐的语言.

自然界是和谐的,数学也是.

2. 数学中的对称

对称是一个广阔的主题,在艺术和自然两方面都意义重大. 数学则是它的根本.

—— 韦尔

虽然数学没有明显地提到善和美,但善和美也不能和数学完全分离. 因为美的主要形式就是秩序、匀称和确定性,这些正是数学所研究的原则.

—— 亚里士多德(Aristotle)

对称通常指图形或物体对某个点、直线或平面而言,在大小、形状和排列上具有一一对应关系.

在数学中,对称的概念略有拓展(常把某些具有关联或对立的概念视为对称),这样对称美便成了数学美中的一个重要组成部分,同时也为人们研究数学提供了某些启示.

著名德国数学家、物理学家韦尔说:"美和对称紧密相连."

"对称"在艺术、自然界、科学上的例子是屡见不鲜的.自然界的对称可以从亚原子微粒子的结构到整个宇宙结构的每一尺度上找到.

中国人喜欢对联,其实在某种意义上看,它也是一种对称,关于对联的故事不少,比如清代文学家金圣叹的"半夜夜更半,中八八月中"和"莲子心中苦,梨儿腹内酸"皆甚美.

从建筑物外形到日常生活用品,从动植物外貌到生物有机体的构造,从化合物的组成到分子晶体的排布,…… 其中皆有对称.无论是北京天安门城楼还是国外的宫殿、教堂、剧院,无论是现代建筑还是民居、民宅,其中皆蕴含着对称(图1).

法国凡尔赛的小特里阿农(Trianon)宫

希腊帕特农(Pantheon)神庙

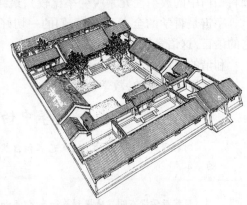

北京的四合院中的对称

图1

我国十大著名楼阁,处处呈现着对称(图2).

岳阳楼　　黄鹤楼　　滕王阁　　蓬莱阁　　大观楼

阅江楼　　钟鼓楼　　天心阁　　天一阁　　鹳雀楼

图 2

化学上诸多化合物分子如甲烷、苯的分子结构等都是对称的. 微生物中比如病毒其形状多为对称,除流感病毒呈螺旋形外,其他如疱疹、牛痘、人体肉赘的病毒及腺病毒等皆呈正 20 面体状. 再比如细胞结构也是对称的,每个细胞内有一个不定形的中心体,它生成细长的微管,它如小海胆的细胞内部骨架,这在 1887 年就已被人们发现. 就连某些动物的步法除周期性外,还有对称性(与单振子网络中周期模式相似,它是动物生理或神经电路自然产生的结果). 在物理上许多晶体的外形及内部构造也都是对称的 ……(见图3).

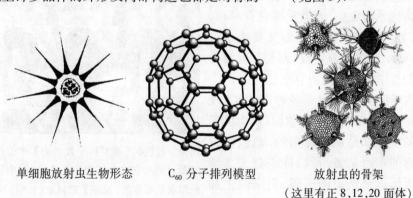

单细胞放射虫生物形态　　C_{60} 分子排列模型　　放射虫的骨架

（这里有正 8,12,20 面体）

图 3

奥地利因斯布鲁克大学物理学家米夏埃尔·伦茨勒及其同事在几滴液态氦中加入氢气,然后用电子束轰击这几滴液态氦,使一些氢分子转化为带负电的氢离子. 临近的氢分子(由两个氢原子构成)聚集在一个氢离子周围,形成从几个到 60 个不等的氢分子组成的氢团簇 —— 新形态氢.

伦茨勒及其同事还确定了这种氢团簇的几何结构(见图4). 氢分子组成的壳层围绕着一个氢离子. 当氢分子充满壳层时,氢团簇最稳定,这也是它最常见的形态. 例如,在第一壳层,氢团簇形成了一个正 20 面体 —— 有 12 个顶点的立体图形,这个壳层包含 12 个分子.

不夸张地说,对称的概念源于数学(更确切地讲是欧几里得几何),至于"对称"在生物现象中的研究,始于 1848 年巴斯德(Pasteur)的工作 —— 当时他已经知道有机化合物通常只依两种形式之一出现. 而在无机过程中,这两种形式都出现,且互成镜像(事实上,巴斯德有一段时间曾考虑过这种意见:只产生两种形式之一的能力,是生命所特有的权利).

"对称"在天文学(甚至自然界)上的研究,则始于两千多年前的古希腊人.

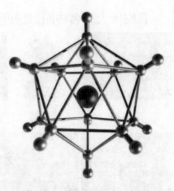

科学家确定新形态氢的几何结构
图 4

(几年前,苏联科学院院士萨哈罗夫(Сахаров),居然提出宇宙中存在着对称于现实世界的"影子世界"的假说,且给出证实该假说的方法. 他认为"影子世界"由影子粒子构成,借助于万有引力与现实世界相互作用,且很有可能存在于我们周围.)

对称也许只是表象,不对称大概才是终结. 著名物理学家杨振宁教授说过:"'对称'实在是一件不容易发生的事,因为自然界的现象,人类觉得它有对称,一方面是很自然的,一方面又要追求它的准确性. 自然是否呈现'对称'曾被历史上的哲学家们长期地争论过.(图 5)"

古希腊人十分留意各种"对称"现象,以至他们竟创立一种学说,认为世界一切的规律都是从对称来的,他们觉得最对称的东西是圆,所以他们把天文学中的天体运动轨道画成圆,后来圆上加圆,这一来就发展成为希腊后来的天文学.

杨振宁教授的《基本粒子发展史》中引用的荷兰美术家埃舍尔的出色作品,图中黑白图案是对称的(说穿了它只是《易经》中阴阳鱼甚至国际象棋盘的拓扑变形而已)
图 5

中世纪天文学家开普勒研究天体运行时,再一次用对称观点,同时他发现圆上加圆并不可行,但是圆换成椭圆就行了 —— 他是受了希腊人想要把东西变成极端对称思想的影响.

到了今天我们开始发现:"对称"的概念是极重要的.

20 世纪的物理学家在研究中发现:对称的重要性在与日俱增,这从某个方面也说明了希腊人想法的合理性.

20 世纪初,物理学家开始认识到:他们的许多守恒定律都来自宇宙结构中的对称性(图6).德国物理学家诺特(E. Noether)证明了它的普遍性:每一条守恒定律都可视为对称的结果.每一守恒定律皆有一个与之相关的群(对称群),它描述了时空中每一点的相关的对称性.如经典电荷理论中电荷守恒定律、量子物理(力学)中自旋守恒定律等.

图6　对称的雪花

在动力学问题中,按照对称观点来考虑可以得到许多重要结论.例如一个氢原子中,一个电子的圆形轨道是原子核作用在电子上的库仑力的对称结果和证据.这里"对称"意味着在所有方向上力的大小都一样.这个结论在量子力学中,又从深度、广度上大大地发展了.周期表的一般结构,实际上是上面所说的对称 —— 库仑力的各向同性的直接而出色的结果;而反粒子的存在,则是建筑在相对性对称原理上的(它已经在狄拉克的理论中被预测到).

上面的例子正说明:自然似乎巧妙地利用了对称规律的简单的数学表示.数学推理的内在的优美和出色的完善,以及由此而来的用数学推理去揭示物理学结论的复杂性和深度,是鼓舞物理学家的丰富源泉.人们期望自然界具有人们所希望了解的规律性.

数学家韦尔说:"对称是一个广阔的主题,在艺术和自然两方面意义都很重大.数学就是它的根本,并且很难再找到可以论证数学智慧作用的更好的主题."

自古以来,人们就已经讨论"对称原理"之一 —— 左和右之间的对称(比如还有上、下、前、后等之间的对称).物理学定律一直显示左右之间的完全对称.这种对称在"量子力学"中可以形成一种守恒定律,即统称守恒,它和左右对称原理完全相同(当然这里所讲的"对称",意思似乎更广泛一些).

"对称"在数学上的表现则是普遍的.几何上平面的情形有直线对称(轴对称)和点对称(中心对称),空间的情形除了直线和点对称外,还有平面对称(图7).

145

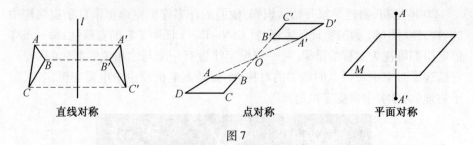

| 直线对称 | 点对称 | 平面对称 |

图 7

比如正方形既是轴对称图形(以过对边中点的直线为轴),又是中心对称图形(以对角线交点为对称中心),圆也是.

正六面体(立方体)、球等都是点、线、面对称图形.

在代数上如 $x_1 + x_2, x_1 x_2, x_1 + x_2 + x_3, x_1^2 x_2^2 + x_2^2 x_3^2 + x_3^2 x_1^2, \cdots$ 均称为对称多项式,所谓对称多项式是指一个多项式 $f(x_1, x_2, \cdots, x_n)$ 中任何两个变元 x_i, x_j 对调后所得的多项式与原来多项式相同. 对称多项式有许多有趣的性质,人们也常利用这一点去巧妙地解答或叙述或表示某些数学问题.

几何上的关于三角形面积 S 的海伦 - 秦九韶公式便是以一种对称多项式形式出现的

$$S = \sqrt{p(p-a)(p-b)(p-c)}$$

这里 $p = \dfrac{1}{2}(a+b+c)$,即三角形三边长 a, b, c 之和的一半.

人们可据此很自然地将此公式推广:

若 a, b, c, d 为圆内接四边形四条边长,则它的面积

$$S = \sqrt{(p-a)(p-b)(p-c)(p-d)}$$

这里 p 是该四边形周长的一半.

在高等数学中,对称的例子也是经常遇到(图 8).

柯西总喜欢把空间里过定点 (ξ, η, ζ) 的直线方程写成对称形式

$$\frac{\xi - x}{\cos \alpha} = \frac{\eta - y}{\cos \beta} = \frac{\zeta - z}{\cos \gamma}$$

其中 $\cos \alpha, \cos \beta, \cos \gamma$ 为直线的方向余弦;

同时他把曲面方程 $z = f(x, y)$(显示)写成对称形式(隐式)

$$W(x, y, z) = 0$$

这样写不仅简洁美观,同时也便于书写与记忆(它们整齐、规则,当然它有时也会带来不便,如函数求导等).

有人还利用对称方法给出一些经典数学问题的解,比如"八后问题"(详见后文,棋盘使八枚后彼此不能受到攻击摆法)的对偶拓展棋盘黑、白后各有八枚,给出免遭对手攻击的摆法. 答案是图 9(a). 问题还可拓展到"九后"

图9(b).

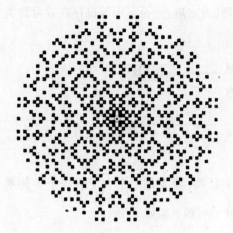

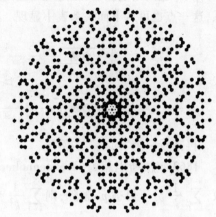

模小于 1 000 的高斯质数

当我们把所谓高斯质数(见后文) ±1 ±i,
±1 ±2i, ±2 ±i, ±3 ±i, ±3, ±3i,
±2 ±3i, ±3 ±2i, ±4 ±i, ±1 ±4i, ±5
±2i,⋯ 画在阿尔甘特(Argand) 图上时,结
果它们形成了一幅令人愉悦的对称图案

$a + b\omega$ 中的质数

爱森斯坦 – 雅克比(Eisenstein-Jacobi) 整
数 $a + b\omega$ 具有唯一分解,其中 a,b 是整数,
ω 是 1 的复三次单位根,其中的质数再次
形成一个对称六边形(它有 6 个单位 ±1,
±ω, ±ω^2) 的美丽对称图案

图8

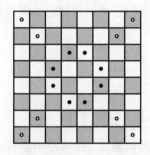

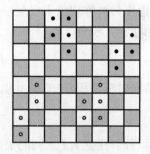

(a) 新八后问题的解   (b) 新九后问题的解

图9

　　从更广泛的意义上讲,"数论"中的奇数和偶数(从奇偶性上区分)、质数与
合数(从可分解性区分),"代数"中的正数与负数(从正负概念区分),"三角"
中的正弦与余弦、正切与余切、正割与余割等,也可视为对称(从某种意义上
讲) 或对偶.

　　从运算关系角度看: + 与 –、× 与 ÷、乘幂与开方、指数与对数、微分与积
分、矩阵与逆矩阵 …… 这些互逆运算也可视为"对称"关系.

　　从函数角度看函数与反函数也可视为一种"对称".(更一般地可讲:变换

147

与反变换、映象与逆映象等也属对称.)

从命题的角度去看:正定理与逆定理、否定理、逆否定理等也存在着对称关系,这一点也可从下面关系表中显现.

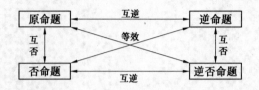

再来看一个"对偶"的例子.

1862 年沃斯坦蒙姆(Wolstenholme) 证明:若 p 是一个大于或等于 5 的素数,$\sum\limits_{k=1}^{p-1} \dfrac{1}{k}$ 分子可被 p^2 整除,则 $\sum\limits_{k=1}^{p-1} \dfrac{1}{k^2}$ 分子可被 p 整除.

"共轭"概念也蕴含着"对称"性,或者可以看成对称概念的拓展. 比如:

$a + b\sqrt{c}$ 与 $a - b\sqrt{c}(c \geq 0)$ 是一对共轭无理数;

$a + bi$ 与 $a - bi(i = \sqrt{-1})$ 是一对共轭复数.

这一概念还可以推广到矩阵中去:

$\boldsymbol{A} = (a_{ij})_{m\times n}$ 与 $\overline{\boldsymbol{A}} = (\overline{a_{ij}})_{m\times n}$ 称为共轭矩阵(或 $\overline{\boldsymbol{A}}$ 为 $\boldsymbol{A}$ 的共轭矩阵,这是实对称矩阵 $\boldsymbol{A}^{\mathrm{T}} = \boldsymbol{A}$ 概念的推广).

共轭作为对称现象不仅是一个重要概念,人们还可以利用它去解决许多问题,比如在计算积分

$$I = \int_{\alpha}^{\beta} f(x) \sin ax \mathrm{d}x$$

时,总是同时考虑积分(它的共轭形式)

$$J = \int_{\alpha}^{\beta} f(x) \cos bx \mathrm{d}x$$

由分部积分以建立 I, J 之间的关系式或方程,进而解之,否则将不易算出结果(对某些情形是如此).

"对偶"关系也可视为"对称"的一种形式.

在"集合论"中关于差的对偶原理是:若 A, B, C 为三个集合,则有德莫根(De Morgan) 公式:

(1)$A\backslash(B \cup C) = (A\backslash B) \cap (A\backslash C)$;

(2)$A\backslash(B \cap C) = (A\backslash B) \cup (A\backslash C)$.

由于补是差的一种特殊形式,由上面公式还可有对偶原理:

在一个关于集的等式中,把集换成其补集,把空集换成全集,把全集换成空集,把交运算换成并运算,把并运算改成交运算,等式仍然成立.

或用公式记成(这里 $\bar{A}$ 表示 A 的补集)

$$\overline{A \cap B} = \bar{A} \cup \bar{B}, \ \overline{A \cup B} = \bar{A} \cap \bar{B}$$

这一点容易从图 10 中看出.

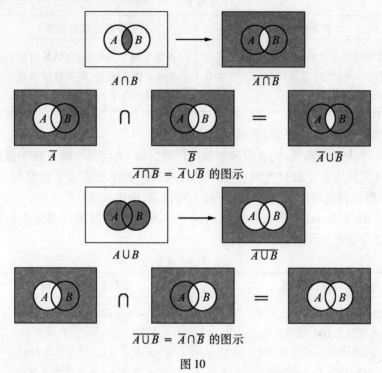

$A \cap B$ $\overline{A \cap B}$

$\bar{A}$ $\bar{B}$ $\bar{A} \cup \bar{B}$

$\overline{A \cap B} = \bar{A} \cup \bar{B}$ 的图示

$A \cup B$ $\overline{A \cup B}$

$\overline{A \cup B} = \bar{A} \cap \bar{B}$ 的图示

图 10

在逻辑代数(布尔代数)运算中也相应地有对偶定理.

若设 F 是用"+""·"连接布尔代数 $< \mathcal{B}, +, \cdot, 0, 1 >$ 中的元素的式(性质),则将 F 中的"+"与"·"互换,0 与 1 互换,所得的式子(性质)记为 $\tilde{F}$,则 $\tilde{F}$ 叫作 F 的对偶式(性质).

由于在布尔代数中定义了四条定律(交换律、分配律、0-1 律、互补律),其中每条的两个式子均为对偶式,因而布尔代数系统成立着重要的定理 —— 对偶定理:

从布尔代数定义中的四条定律出发,推导出某一式子(性质、定理)F 成立,则其对偶式(性质、定理)$\tilde{F}$ 也成立.

1812 年由庞加莱和蒙日等人建立起来的"射影几何"中,也有对偶原理.

射影几何的研究者们注意到:

对于只涉及"点在直线上"或"直线经过点"的平面图形定理,把其中的"点"换成"直线",把"直线"换成"点",把"在一直线上"改为"过一点",把"过一点"改为"在一直线上",这样所得的新定理与原定理互为对偶定理,且只

149

需证其中之一,便可推出其对偶结论成立.

1825 年,热尔岗(J. D. Gergonne)在文章中介绍了(这些我们在前文曾做过简介)德萨格定理和它的对偶情形(表1):

表1

德萨格定理	德萨格定理的对偶
如果两个三角形,联结其对应顶点直线过同一点,则对应边相交的三个点在同一直线上	如果有两个三角形,联结其对应边的点在同一条直线上,则其对应顶点三条连线过同一点

对偶原理还可以推广到空间图形中:

若一个定理只涉及点、直线和平面的位置,即(1) 点在平面上或平面过点,(2) 点在直线上或平面过直线,(3) 一直线与一平面的交点或一直线与一点决定平面,则可将定理中的"点"与"平面"对调,结论仍成立.

施泰纳(J. Steiner)把圆锥曲线的定义对偶化之后,又把许多定理对偶化,比如表 2 中的帕斯定理及其对偶化:

表2

帕斯卡定理	帕斯卡定理的对偶
在点圆锥曲线上取六个点 A,B,C,D,E,F,若 A,B 连线与 D,E 连线交于一点 P, B,C 连线与 E,F 连线交于一点 Q, C,D 连线与 F,A 连线交于一点 R, 则 P,Q,R 三点在同一直线 l 上	在圆锥曲线上取六条直线 a,b,c,d,e,f,若 a,b 交点与 d,e 交点连线为 p, b,c 交点与 e,f 交点连线为 q, c,d 交点与 f,a 交点连线为 r, 则 p,q,r 三线过同一点 L

对著名的费马大定理而言,1976 年泰隆(J. D. Thérond)就提出了:

"$x^n + y^n = z^n, n > 2$ 无正整数解"(费马定理)的对偶形式"$x^{-n} + y^{-n} = z^{-n}$, $n > 2$ 时无正整数解",且证明了它们的等阶性.

有趣的是此前人们也找到了 $n = 1,2$ 时,对偶问题即 $x^{-1} + y^{-1} = z^{-1}$ 和 $x^{-2} + y^{-2} = z^{-2}$ 的解分别为

$$a(a + b), b(a + b), ab, \text{这里 } a, b \in \mathbf{N}$$

$$2ab(a^2 + b^2), (a^2 - b^2)(a^2 + b^2), 2ab(a^2 - b^2) \text{ (这里 } a, b \in \mathbf{N}, \text{且 } a > b)$$

在一些应用数学分支中也会遇到对偶问题. 比如在线性规划问题中,就有所谓对偶规划问题,即线性规划问题

$$\begin{cases} \text{目标函数}(V): \min y = \boldsymbol{cx} \\ \text{约束条件}(\text{s. t.}): \begin{cases} \boldsymbol{Ax} \geq \boldsymbol{b} \\ \boldsymbol{x} \geq \boldsymbol{0} \end{cases} \end{cases} \quad (*)$$

或简记为集合形式 $\min\{cx \mid Ax \geq b, x \geq 0\}$.

其对偶规划问题是

$$\begin{cases} \text{目标函数}(V): \max z = yb \\ \text{约束条件}(\text{s. t. }): \begin{cases} yA \leq c \\ y \geq 0 \end{cases} \end{cases} \qquad (**)$$

即 $\max\{yb \mid yA \leq c, y \geq 0\}$,这里

$$A = (a_{ij})_{m \times n}, c = (c_1, c_2, \cdots, c_m), x = (x_1, x_2, \cdots, x_n)^{\mathrm{T}}$$
$$b = (b_1, b_2, \cdots, b_n)^{\mathrm{T}}, y = (y_1, y_2, \cdots, y_m)$$

由对偶定理可有:若线性规划问题(*)有最优解,则其对偶问题(**)也有最优解,且两问题的目标函数最优值相等.

由于"对偶"概念是相互的,这就是说若(**)是(*)的对偶问题,反过来(*)也是(**)的对偶问题(即对偶问题的对偶是原问题),因此,若(**)有最优解,则(*)也有最优解.(利用线性规划问题中的对偶定理与性质,还可以方便地通过解其对偶问题来解决某些线性规划问题. 此外,人们还发明了解线性规划问题的所谓"对偶单纯形"方法.)

再如,在最优化方法中(问题稍专业些)求解无约束问题

$$\min f(x), x \in \mathbf{R}^n$$

中搜索方向的拟牛顿法时,常利用 $f(x)$ 的 Hesse 阵提供的曲率信息,但 Hesse 阵的计算量很大,这样人们转而利用目标函数值 f 和它的一阶导数 g 的信息,构造出与 Hesse 阵近似的曲率.

其中,$H_{k+1}y_k = s_k$ 是关于逆 Hesse 近似的拟牛顿条件,而 $B_{k+1}s_k = y_k$ 是关于 Hesse 近似的拟牛顿条件,这里

$$s_k = x_{k+1} - x_k, \quad y_k = g_{k+1} - g_k$$

两个拟牛顿条件可通过转换

$$H_{k+1} \leftrightarrow B_{k+1}, \quad s_k \leftrightarrow y_k \qquad (*)$$

从一个得到另一个.

此外 H_k, B_k 分别有下面迭代校正公式

$$H_{k+1}^{(\text{DFP})} = H_k + \frac{s_k s_k^{\mathrm{T}}}{s_k^{\mathrm{T}} s_k} - \frac{H_k y_k y_k^{\mathrm{T}} H_k}{y_k^{\mathrm{T}} H_k y_k} \qquad (\text{DFP 公式})$$

$$B_{k+1}^{(\text{BFGS})} = B_k + \frac{y_k y_k^{\mathrm{T}}}{y_k^{\mathrm{T}} y_k} - \frac{B_k s_k s_k^{\mathrm{T}} B_k}{s_k^{\mathrm{T}} B_k s_k} \qquad (\text{BFGS 公式})$$

用(*)转换,我们可以得到 $H_{k+1}^{(\text{BFGS})}$ 和 $B_{k+1}^{(\text{DFP})}$ 校正公式

$$H_{k+1}^{(\text{BFGS})} = \left(I - \frac{s_k y_k^{\mathrm{T}}}{s_k^{\mathrm{T}} y_k}\right) H_k \left(I - \frac{y_k s_k^{\mathrm{T}}}{s_k^{\mathrm{T}} y_k}\right) + \frac{s_k s_k^{\mathrm{T}}}{s_k^{\mathrm{T}} s_k}$$

$$B_{k+1}^{(\mathrm{DFP})} = \left(I - \frac{\boldsymbol{y}_k \boldsymbol{y}_k^{\mathrm{T}}}{\boldsymbol{y}_k^{\mathrm{T}} \boldsymbol{y}_k}\right) B_k \left(I - \frac{\boldsymbol{s}_k \boldsymbol{y}_k^{\mathrm{T}}}{\boldsymbol{y}_k^{\mathrm{T}} \boldsymbol{s}_k}\right) + \frac{\boldsymbol{y}_k \boldsymbol{y}_k^{\mathrm{T}}}{\boldsymbol{y}_k^{\mathrm{T}} \boldsymbol{y}_k}$$

搞清了以上关系,我们可以得到类似命题间关系表:

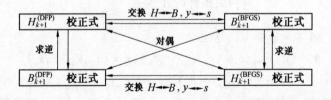

上表不仅形式上对称,记忆上方便,还揭示了上述两类公式中深刻的渊源(这正是公式发现者的深刻洞察力的体现).这些在数学中是屡见不鲜、屡试不爽的.

我们还想指出一点,无论代数中的某些"对称"(如代数多项式中变动一些文字的排列),还是几何中的"对称",人们总可以从中抽取某些本质的共同的属性,加以抽象,从而产生新的概念,比如代数学中"群"的概念产生正是如此:

若对集合 S 定义运算"·",其满足

(1) 对任意 $a,b \in S$,有 $a \cdot b \in S$(封闭性);

(2) 存在幺元 e,使 $a \cdot e = e \cdot a = a$;

(3) 对 $a \in S$ 有 a^{-1},使 $a \cdot a^{-1} = a^{-1} \cdot a = e$(有逆元);

(4) 若 $a,b,c \in S$,有 $(a \cdot b) \cdot c = a \cdot (b \cdot c)$(运算适合结合律).

则称集合 S 对于运算"·"构成一个"群".

"群"概念是 1849 年英国数学家凯莱首先提出的,它也是近代数学中一个重要概念.

利用群论可以研究代数方程根的置换理论,研究几何图形的变换(包括"对称"),研究晶体结构,研究流形变换,研究自守函数的离散变换 …….

对称也是数学家们长期追求的目标,甚至有时把它作为一种尺度.苏联的著名几何学家费德罗夫(E. C. Фёдоров)为了解决(结晶)晶体学的基本问题,从"对称"观念出发,找出晶体所有可能的对称式,且摒弃了它们的物理属性,抽象成几何规则系统,而将问题转化为一个寻求几何体的规则系统的所有可能对称形式的纯几何问题.费德罗夫最终彻底地解决了这个问题.

他用 32 个点群描述了晶体的宏观对称性,并得出全部 230 种对称形式.

进而,费德罗夫用 230 个空间群描述了微观世界的对称性,从而奠定了"规则系统理论"这一门数学分支的基础.

自然对数(以 e 为底)的产生也是因为受到常用对数的真数 N 与其对数 $\log N$ 增长的不对称(或不匀称)性的启发而产生的.

这样说也许并不夸张:数学中不少概念与运算,都是由人们对于"对称"问

题的探讨派生出来的. 数学中的对称美除了作为数学自身的属性外,也可以看成启迪人们思维、研究问题的方法.

法国数学家朱利亚(G. Julia)利用迭代保角变换 $z_{n+1} = z_n^2 + c$ 在复平面产生了一系列令人眼花缭乱的图形变换(图 11).

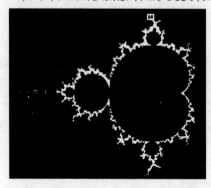 

由迭代 $z_{n+1} = z_n^2 + c$ 当 $c = 0$ 时产生的曼德布鲁特(Mandelbrot)集

迭代 $z_{n+1} = z_n^2 + c$ 当 $c = -0.12 + 0.74i$ 时产生的朱利亚集

图 11　动力系统产生的对称图形

在其他科学领域很多科学家也是因为坚信宇宙美具有对称性这一特点,做出了许多具有划时代意义的科学发现.

物理学家最近基于"对称"概念提出的关于宇宙起源的新学说可谓一鸣惊人:

在"五维空间"中存在我们的宇宙和另外一个"隐藏"的宇宙(对称的宇宙).

这个新学说(理论)是由美国普林斯顿大学、宾夕法尼亚大学和英国剑桥大学的物理学家共同提出的. 他们认为,我们宇宙和一个"隐藏的"宇宙共同"镶嵌"在"五维空间"中. 在我们的宇宙早期,这两个宇宙发生了一次相撞,相撞产生的能量生成了我们宇宙中的物质和能量. 这种学说也对宇宙大爆炸生成的学说中无法解释的东西给出新的说法.

宇宙生成的"大爆炸"学说如今已被科学界普遍接受. 大爆炸发生 1 秒之后的宇宙膨胀历史都符合这一学说,但是如果追溯到 150 亿年之前宇宙年龄为 10^{-35} s 的时候,宇宙应该被压缩到一个直径为 3 mm 的区域中,但是在这么早的时候,速度最快的光线只能行进大约 10^{-25} cm. 因此这一时间段宇宙究竟发生了什么,人类一直不得而知.

新学说不仅解释了这一问题,而且还运用了物理学的新理论"超弦",这些都是开创性的.

此前"宇宙大爆炸"理论运用的是爱因斯坦的量子理论.

3. 数学的形式美

只有音乐堪与数学媲美.

—— 怀德海(A. H. Whiteheed)

在形式数学中,每一步骤或为允许的,或为不正确的.

—— 图基(J. W. Tukey)

艺术家们追求的美中,形式是特别重要的. 比如艺术家注意到:泰山的雄伟、华山的险峻、黄山的奇异、峨眉山的秀丽;青海的幽深、滇池的开阔、黄河的蜿蜒、长江的浩瀚……,艺术家们渲染它们的美时,常常运用不同的形式.

唐太宗3年3月底,白居易被贬为太子,宾客去洛阳赴任,临行前其老友斐度等为他置酒送别,酒酣之际,友人建议以诗为题为韵,作一首七体诗,白居易写道:

> 诗.
>
> 绮美,瑰奇.
>
> 明月夜,落花时.
>
> 能助欢笑,亦伤别离.
>
> 调清金石怨,吟苦鬼神悲.
>
> 天下只应我爱,世间唯有君知.
>
> 自从都尉别苏句,便到司空送白辞.

这恰好排成一个正三角形,不仅诗美,书写形式亦别致,美.

数学家们也十分注重数学的形式美,尽管有时它们含义更加深邃,比如整齐简练的数学方程、匀称规则的几何图形,都可以看成一种形式美,这是与自然规律的外在表述(形式)有关的一种美. 寻求一种最适合表现自然规律的方法(语言)是对科学理论形式美的追求.

毕达哥拉斯学派非常注意数的形象美(正如亚里士多德的诠释:数是物质现实中的原子),他们把数按照可用石子摆成的形状来分类,比如"三角数":

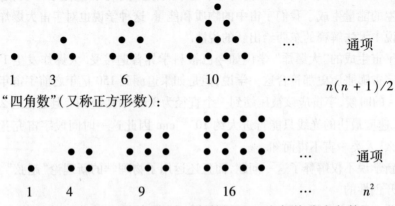

$$
\begin{array}{cccccc}
1 & 3 & 6 & 10 & \cdots & \text{通项} \\
& & & & & n(n+1)/2
\end{array}
$$

"四角数"(又称正方形数):

$$
\begin{array}{ccccc}
1 & 4 & 9 & 16 & \cdots \quad \text{通项} \\
& & & & n^2
\end{array}
$$

此外,他们还定义了"五角数""六角数"……(它们统称多角数).

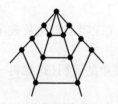 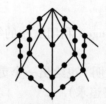 

五角数　　　　　　　六角数　　　　　…　　　　　k 角数

$(3n^2 - n)/2$　　　　$2n^2 - n$　　　　　　$n + (n^2 - n)(k - 2)/2$

毕达哥拉斯学派及其崇拜者还研究了多角数的美妙性质,比如他们发现:

每个四角数是两个相继三角数之和;

第 $n - 1$ 个三角数与第 n 个 k 角数之和为第 n 个 $k + 1$ 角数;

……

尔后的数学家们,也一直注重着这种数学形式美,且从中不断地有所发现.

17 世纪初,法国业余数学家费马在研究多角数性质时提出猜测:

每个正整数均可用至多三个三角数和,四个四角数和,……,k 个 k 角数和表示.

高斯(图1) 在 1796 年 7 月 10 日证明了"每个自然数均可用不多于三个三角数之和表示"后,在日记上写道:

Ευρηκα!　　　num = △ + △ + △

这里"Ευρηκα"(英文为 Eureka) 的希腊语意为"找到了",这句话是当年阿基米德在浴室里发现浮力定律后,赤着身子跑到希拉可夫大街上狂喊的话语.这里高斯引用它,可见他的欣喜之情溢于言表(num 即西文"数"(number)的缩写,△ 表示三角数).

欧拉(图2) 从 1730 年开始研究自然数表示为四角数和问题,13 年(1743年) 之后仅找到一个公式

$$(a^2 + b^2 + c^2 + d^2)(r^2 + s^2 + t^2 + u^2) =$$
$$(ar + bs + ct + du)^2 + (as - br - cu - dt)^2 +$$
$$(at - bu - cr + ds)^2 + (au + bt - cs - dr)^2$$

图1　高斯　　　　　　　图2　欧拉

这个式子是说:可以表示为四个完全平方数之和的两个自然数之积仍可用

四个完全平方数之和表示.

1770 年,拉格朗日(J. L. Lagrange)利用欧拉的等式证明了自然数表示为四角数和的问题.

1773 年欧拉(此时他已双目失明)也给出一个更简单的证明(这也再一次证明数学的简洁美为数学家们始终追求).

1815 年数学家柯西证明了"每个自然数均可表示为 k 个 k 角数和"的结论.

问题到了这里并没有完结,华林(E. Waring)在 1770 年出版的《代数沉思录》中写道:

每一个整数或者是一个立方数,或者是至多 9 个立方数之和;另外,每一个整数或者是一个四次方数,或者是至多 19 个四次方数之和;…… 一般地,每个整数可以表示成至多 r 个 k 次(幂)方数之和,其中 r 依赖于 k.

这个问题称为"华林问题",该问题至今仍有人研究.问题的焦点是: k 较大时, r 到底有多大?

有人曾给出:当 $6 \leqslant k \leqslant 20\ 000$ 或对一切"充分大"的 k,均有 $r = 2^k + \left[\left(\frac{3}{2}\right)^k\right] - 2$,这里 $[x]$ 表示不超过 x 的最大整数.然而对于 $k < 6$,公式能否成立,至今无人断言.

另外,使得每个"充分大"的整数能写成不超过 s 个 k 次方数之和的最小 s 值,维诺格拉多夫在哈代等人的工作基础上给出

$$k + 1 \leqslant s \leqslant k(3\log k + 11)$$

的最好估计.

这些例子也再次告诉人们:数学正是在(自觉或不自觉地)探求美的真谛中发展的,许多新的数学分支正因此而出现.

提到这个问题,我们还想谈一谈与此问题类似的一个质数表示为两平方和问题.

1640 年 12 月 25 日,法国业余数学家费马写信给梅森提出:

任意 $4k + 1$ 型质数均可用两个整数的平方和表示(双平方和定理).

1754 年,数学大师欧拉给出了完整的证明.

然而 $4k + 3$ 型质数却不能只用两个整数的平方和表示,这只需注意到

$$(2m)^2 \equiv 0 \ (\mathrm{mod}\ 4), \quad (2m + 1)^2 \equiv 1 \ (\mathrm{mod}\ 4)$$

因此任何两整数平方和被 4 除后余数只能是

$$0 + 0, \quad 0 + 1, \quad 1 + 1 \quad (\text{即} \quad 0, \ 1, \ 2)$$

换句话说: $4k + 3$ 型的整数(包括质数)不能用两整数平方和表出.它至少要用几个整数的平方和表示的问题,我们上面已给介绍过:答案是至少四个.

其实,许多著名的数学问题,也是由数学家们追求数或形的形式美而引发的.著名的哥德巴赫猜想:大于 2 的偶数可表示为两素数和,正是将"数"堆成"素数"(克朗耐克说:上帝让素数相乘,人类让素数相加)的问题,不过这里不仅追求形式,也追求简洁(只需两个).这个命题虽然至今仍未获证,但它仍值

得人们关注,即使以后命题被推翻,人们也会从中获益,甚至会发现新的真理.

说到这里我们不能不提及 1977 年拉尔森(L. C. Larson)利用国际象棋中"n - 后问题"(见后文)方法,给出"双平方和定理"又一个精彩的证明.

(这一点,1918 年波利亚就认为"n - 后问题"与费马的"双平方和定理"有联系,但他却未能指出两者到底有何联系.)

这个事实再次为数学本身的和谐提供佐证 —— 数学可以揭示那些看上去风马牛不相及的事物的内在联系(后文我们将详述这一事实).

幻方 —— 一种神奇的数学游戏,也是人们追求的数字形式美的纪实,关于它有许多有趣而神奇的传说.

据称伏羲氏赢得天下时,黄河里跃出一匹龙马,马背上驮了一幅图,上面有黑白点 55 个,用直线连成十数,后人称之为"河图"(伏羲据此推演出先天八卦).又传夏禹时代,洛水中浮出一只神龟,背上有图有文,图中有黑白点 45 个,用直线连成 9 数,后人称它为"洛书"(大禹据此平息洪水,划分九州;后周文王经推演出后天八卦)见图3①.

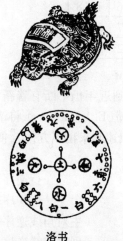 

洛书	河图
戴九履一,左三右七,二四为肩, 六八为足,五居其腹,洛书数也	天一生水,地六成之;地二生火,天七成之; 天三生木,地八成之;地四生金,天九成之; 天五生土,地十成之

图 3　神龟、龙马及洛书、河图

---

①　有人认为:河图是用黑白、数字、图案来阐释宇宙的,且代表金、木、水、火、土,流转、循环、生克等表示宇宙万物运行模式.

洛书蕴含着 24 节气中冬至、夏至、春分、秋分、立春、立夏、立秋、立冬等节气.图形代表一年节气的流转,循环.

又从河图到洛书的演化阐释了宇宙万物运行模式.

图4中黑点组成的数都是偶数(古称阴数),白点表示的数是奇数(古称阳数).其中"洛书"译成今天的符号(文字),便是一个"幻方"(如图5,其中行、列及两条对角线上数字和均相等,称之"幻和"),它有3行3列故称"3阶幻方".

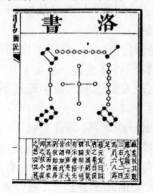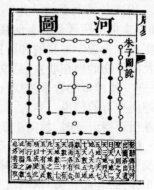

图4 《周易》中的洛书、河图

2	9	4
7	5	3
6	1	8

6	1	8
7	5	3
2	9	4

图5 洛书、河图今译

这个小小幻方蕴藏着无尽的数字奥秘,直到近年仍不断有着新的发现,比如1970年哈尔默斯(K. Holmes)、1997年巴尔博(E. J. Barbeau)将洛书幻方稍加变更(1,3两行对调,其实不对调亦可,只是叙述起来稍方便),便可得到下面一些平方和等式(逆序幂等):

$$618^2 + 753^2 + 294^2 = 816^2 + 357^2 + 492^2 \qquad (行逆序幂等)$$

$$672^2 + 159^2 + 834^2 = 276^2 + 951^2 + 438^2 \qquad (列逆序幂等)$$

$$654^2 + 132^2 + 879^2 = 456^2 + 231^2 + 978^2 \qquad (主对角线逆序幂等)$$

$$639^2 + 174^2 + 852^2 = 936^2 + 471^2 + 258^2 \qquad (副对角线逆序幂等)$$

$$654^2 + 798^2 + 213^2 = 456^2 + 897^2 + 312^2 \qquad (主对角线另一逆序幂等)$$

$$693^2 + 714^2 + 258^2 = 396^2 + 417^2 + 852^2 \qquad (副对角线另一逆序幂等)$$

图6给出后4式中数的组成模式(○为始点,箭头为方向):

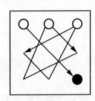

图6

"幻方"国外又称"魔方",我国南宋时期的数学家杨辉称它为"纵横图". 杨辉曾给出5至10阶的纵横图(图7的两个6阶、7阶幻方载于明代程大位《算法统宗》一书).

27	29	2	4	13	36
9	11	20	22	31	18
32	25	7	3	21	23
14	16	34	30	12	5
28	6	15	17	26	19
1	24	33	35	8	10

6 阶幻方

46	8	16	20	29	7	49
3	40	35	36	18	41	2
44	12	33	23	19	38	6
28	26	11	25	39	24	22
5	37	31	27	17	13	45
48	9	15	32	10	47	
1	43	34	30	21	42	4

7 阶幻方

图 7

由于幻方中蕴含着奇妙的数学(数字)美,因而引起了人们对于幻方的偏爱:它不仅出现在书籍上,也出现在名画中(如15世纪著名画家丢勒(A. Durer)的名版画《忧郁》(图8)中就有一个4阶幻方,且幻方中最末一行中间两数组成1514,即表示画的创作年代),甚至被认为具有奇异的魔力,能驱妖避邪,因而常被刻成护身符佩戴(图9).

喜欢幻方的不仅有中国人,也有外国人;不仅是数学家(如欧拉),还有物理学家、政治家(如富兰克林);不仅有大人,也有孩子(截至几年前有报道的最大奇数阶幻方——105阶幻方的制作者,就是纽约一位13岁的儿童逊达).

图 8   丢勒的名作《忧郁》

16	3	2	13
5	10	11	8
9	6	7	12
4	15	14	1

图9 《忧郁》中的幻方,末行中1514是画的创作年代

此外,为了追求新意,人们还制造了许多有着奇特性质的幻方,比如图10(a)中的5阶幻方具有中心对称性质,即与中心对称的两数之和均为26;而

159

图10(b) 的 4 阶幻方(它刻在一件文艺复兴时期的雕塑品上) 有筒形性质(c),
即将它沿横向或纵向卷起来再粘上,沿任一直线剪开后仍是一个 4 阶幻方.

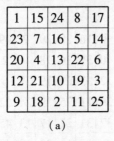

1	15	24	8	17
23	7	16	5	14
20	4	13	22	6
12	21	10	19	3
9	18	2	11	25

（a）

7	12	1	14
2	13	8	11
16	3	10	5
9	6	15	4

（b）

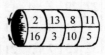

（c）卷成筒形

图 10

阿拉伯人的 6 阶幻方和阿拉伯幻方今译如图 11 所示.

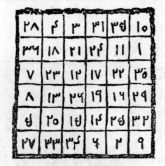

阿拉伯人的 6 阶幻方

28	4	3	31	35	10
36	18	21	24	11	1
7	23	12	17	22	30
8	13	26	19	16	29
5	20	15	14	25	32
27	33	34	6	2	9

阿拉伯幻方今译

图 11

下面的一个 5 阶幻方群,曾展现在一个博览会的陈列大厅地面上(它用小瓷砖铺就),首先它是 6 个同样的 5 阶幻方以 2 行 3 列并排摆放,可有趣的是,你从中任取一块 5×5 的方块(如图 12 中虚线所框),都构成一个 5 阶幻方:

1	14	22	10	18	1	14	22	10	18	1	14	22	10	18
25	8	16	4	12	25	8	16	4	12	25	8	16	4	12
19	2	15	23	6	19	2	15	23	6	19	2	15	23	6
13	21	9	17	5	13	21	9	17	5	13	21	9	17	5
7	20	3	11	24	7	20	3	11	24	7	20	3	11	24
1	14	22	10	18	1	14	22	10	18	1	14	22	10	18
25	8	16	4	12	25	8	16	4	12	25	8	16	4	12
19	2	15	23	6	19	2	15	23	6	19	2	15	23	6
13	21	9	17	5	13	21	9	17	5	13	21	9	17	5
7	20	3	11	24	7	20	3	11	24	7	20	3	11	24

图 12

我国宋代算学家杨辉在《续古摘奇算法》中给出的 9 阶幻方中也有许多更为奇特的性质(图13,其中有些至今才被人们发现):

31	76	13	36	81	18	29	24	11
22	40	58	27	45	63	20	38	56
67	4	49	72	9	54	65	2	47
30	75	12	32	77	14	34	79	16
21	39	57	23	41	59	25	43	61
66	3	48	68	5	50	70	7	52
35	80	17	28	73	10	33	78	15
76	44	62	19	37	55	24	42	60
71	8	53	64	1	46	69	6	51

图 13 《续古摘奇算法》中的 9 阶幻方

(1) 以幻方中心 41 为中心对称的任何两个位置上的两数之和都为 82(请注意 $1^2 + 9^2 = 82$).

(2) 将幻方按图中粗线分成 9 块,即得 9 个 3 阶幻方.

(3) 若把上述 9 个 3 阶幻方的每个幻方的"幻和"值写在九宫格中(下左图),它又构成一个新的 3 阶幻方,并且幻方中的 9 个数分别为首项是 111、末项是 135 的公差为 3 的等差数列.

如再将这些数按大小顺序的序号(图中圆括号表示的数) 写在九宫格中,又恰好是"洛书"幻方(见图 14).

120	135	114
117	123	129
132	111	126

④	⑨	②
③	⑤	⑦
⑧	①	⑥

图 14

(4) 将幻方中"﹡"线上的数全部圈上(图15),再从外向里用方框框上,则每个"回"形上圈里的 8 个数字与中心数 41 又可分别构成 3 阶幻方(共 4 圈,即有 4 个),即它嵌套着 4 个 3 阶幻方.

我们再来看看美国著名电学家(他也是美国国事活动家、作家) 富兰克林 (B. Franklin) 制作的 8 阶幻方(图16,人们常说数学、物理不分家,这里又一次得到验证),它有下面一些独特的性质.

(1) 每半行、半列上各数和均为 130(幻和是 260);

(2) 幻方角上的 4 个数与最中 4 个数之和等于幻和值 260:52 + 45 + 16 +17 + 54 + 43 + 10 + 23 = 260;

(3) 从 16 到 10,再从 23 到 17 所成折线"∧"上 8 个数字之和也为 260;且平行这种折线的诸折线"∧"上的 8 个数字和也为 260.

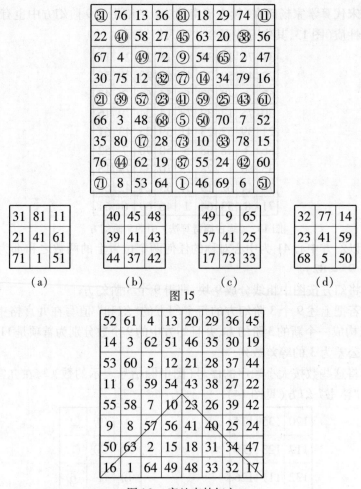

图 15

图 16　富兰克林幻方

美国的鲍尔(Ball)曾给出一个 7 阶幻方(图 17(a)).

它的幻和是 175,且图 17(b)所示每两条平行于主对角线的相应直线上数之和也是 175,这种幻方称为"泛对角线幻方"(上述两种直线称为泛对角线).

10	5	49	37	32	27	15
41	29	24	19	14	2	46
16	11	6	43	38	33	28
47	42	30	25	20	8	3
22	17	12	7	44	39	34
4	48	36	31	26	21	9
35	23	18	13	1	45	40

（a）鲍尔幻方

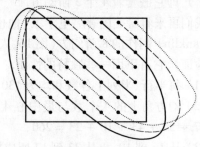

（b）泛对角幻方

图 17

日本幻方专家片桐善直做了一种奇特的8阶幻方,它本身不仅具有富兰克林制作的8阶幻方的性质,而且还是一个“间隔幻方”,即相间地从大幻方中取出一些数,可以组成小的幻方,比如下面便是其中的2个4阶幻方(它们的制作方法,只需注意下面大幻方中用□和○围住的数即可看出,图18).

①	35	㉔	54	㊸	9	(62)	32
6	40	19	49	48	14	57	27
㊼	13	(58)	28	⑤	39	⑳	50
44	10	61	31	2	36	23	53
㉒	56	③	33	(64)	30	㊶	11
17	75	8	38	59	25	46	16
(60)	26	㊺	15	⑱	52	⑦	37
63	29	42	12	21	55	4	34

↙ 片桐善直幻方 ↘

1	24	43	62
47	58	5	20
22	3	64	41
60	45	18	7

35	54	9	32
13	28	39	50
56	33	30	11
26	15	52	37

图18

片桐善直还发现:这种“间隔幻方”共有5 760种之多.

我们再来看看有“幻方大王”之称的弗里安逊(Frianson)制作的9阶幻方,也堪称一绝.这个幻方也有许多独特的性质(图19).

42	58	68	64	①	8	44	34	50
2	66	54	㊺	11	(77)	78	26	10
12	6	(79)	53	㉑	69	(63)	46	20
52	⑦	35	㉓	31	㊴	67	(55)	60
(73)	65	(57)	49	㊶	33	㉕	17	⑨
22	㉗	15	㊸	51	(59)	47	(75)	30
62	36	⑲	13	(61)	29	③	76	70
72	56	4	⑤	71	㊲	28	16	80
32	48	38	74	(81)	18	14	24	40

图19 弗里安逊幻方

（1）虚线框中包括边界上的带圆圈的 25 个数字,恰好构成一个 5 阶幻方（幻和值为 205）;

（2）虚线框中没有圈上的数字恰好构成一个 4 阶幻方（幻和值为 164）;

（3）虚线框内数字（包括边界上的数字）全为奇数,框外数字全部为偶数;

（4）幻方中奇数的末位数字与水平轴线对称,偶数的末位数字也与水平轴线对称.

此外,人们还制作了一些特殊形式、特殊数字的幻方（这已与原来幻方定义有别）,比如质数幻方,即幻方中所有数均为质数,下面便是 2 个 3 阶、4 阶质数幻方（图 20）.

17	89	71
113	59	5
47	29	101

41	89	83
113	71	29
59	53	101

569	59	449
239	359	479
269	659	149

（a）3 阶质数幻方

17	317	397	67
307	157	107	227
127	277	257	137
347	47	37	367

37	83	97	41
53	61	71	73
89	67	59	43
79	47	31	101

41	71	103	61
97	79	47	53
37	67	83	89
101	59	43	73

（b）4 阶质数幻方

图 20

这两个幻方中的数字尾数都相同,一个是 9,一个是 7.

1988 年内尔松（H. L. Nelson）利用电子计算机试图寻找由 9 个相继质数组成的 3 × 3 幻方,功夫不负有心人,他果然找到了 2 组（真像大海里捞针）,其中最小的一组组成下面的 3 阶幻方（见图 21（a））.

1480028201	1480028129	1480028183
1480028153	1480028171	1480028189
1480028159	1480028213	1480028141

59	641	601	103
463	241	281	419
283	421	461	239
599	101	61	643

（a）3 阶相继质数幻方

（b）4 阶孪生质数幻方

图 21

此外,有人还给出了所谓"孪生质数幻方"——幻方中的数皆为孪生质数(8 对),见图 21(b).

20 世纪 70 年代末,日本人寺村周太郎给出 1 个 10 阶素数幻方(图 22).它由从 23 到 593 的 100 个相继素数组成,此举令组合数学界为之震惊.

169	23	137	431	373	379	521	179	401	251
443	227	173	419	491	263	523	113	181	29
277	31	191	409	349	571	499	109	157	269
281	241	211	367	509	433	383	199	131	107
127	163	257	457	397	461	389	239	223	149
151	193	223	503	467	479	271	229	139	197
283	563	347	47	67	83	79	337	463	593
421	541	317	103	71	43	59	311	547	449
359	293	557	73	101	61	41	577	313	487
353	587	439	53	37	89	97	569	307	331

图 22　10 阶素数幻方

幻和为 2 862,最小素数 23,最大素数 593. 黑框中是 1 个 4 阶
素数幻方,它是从 23 到 103 这 16 个相继素数组成

有人还将 16 对孪生质数两两拆开,分别构造了 2 个 4 阶幻方(图 23),人称"双孪生质数幻方":

29	7349	5849	2999
6299	2549	4049	3329
4259	3539	6089	2339
5639	2789	239	7559

31	7351	5851	3001
6301	2551	4051	3331
4261	3541	6091	2341
5641	2791	241	7561

图 23　4 阶双孪生质数幻方

构造幻方还在不断翻新花样,比如有人从"勾三股四弦五"理念出发,构造出 3 个阶数分别为 3,4,5 的幻方 A,B,C(图 24(a)),其中的 3 阶 A 幻方由 1 ~ 9 数字构成,4 阶幻方 B 由 5 ~ 50 构成,5 阶幻方 C 由 1 ~ 25 构成(图 24(b)),它们的幻和分别为 $\sigma_A = 15, \sigma_B = 50, \sigma_C = 65$. 遗憾的是这些幻和仅满足线性关系: $\sigma_C = \sigma_A + \sigma_B$.

或许构造幻和 a,b,c 满足 $a^2 + b^2 = c^2$ 的幻方并不困难,只是要稍费些功夫和精力去寻找.

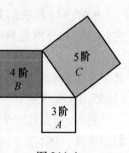

图 24(a)

8	1	6
3	5	7
4	9	2

幻方 A

5	19	18	8
16	10	11	13
12	14	15	9
7	7	6	20

幻方 B

12	24	1	8	15
23	5	7	14	16
4	6	13	20	22
10	12	19	21	3
11	18	25	2	9

幻方 C

图 24(b)

这些幻方中的美感需要凭借人们的思索与想象,凭借数学的魅力和对数学自身的了解以及幻方独有的奇特性质去体味.

由于人们对于幻方中数字间的奇妙关系深感兴趣,人们也下功夫将幻方的性质(数字间运算关系)延伸、拓展.下面的幻方是两个所谓"和积幻方",即这种幻方中每列、每行、每条对角线上诸数之和、积分别相等.比如下面两个幻方中(图 25)每一行和、列和、对角线和均分别为 840 和 2 115,且每一行积(一行中各数之积)、列积、对角线积均分别为

$$2058068231856000 \quad 和 \quad 4006174536045158400000$$

它们又称"加 - 乘幻方".

162	207	51	26	133	120	116	25
105	152	100	29	138	243	39	34
92	27	91	136	45	38	150	261
57	30	174	225	108	23	119	104
58	75	171	90	17	52	215	161
13	68	184	189	50	87	135	114
200	203	15	76	117	102	46	81
153	78	54	69	232	175	19	60

8 阶和积幻方

86	264	315	240	414	47	400	153	196
441	50	255	135	172	352	282	336	92
184	376	144	357	98	300	44	225	387
141	192	368	294	350	102	405	43	220
308	90	258	46	235	432	204	392	150
250	459	49	344	132	180	96	276	329
51	245	450	176	360	129	322	94	288
384	138	188	100	306	343	215	396	45
270	301	88	423	48	230	147	200	408

9 阶和积幻方

图 25

8 阶、9 阶和积幻方中幻和、幻积最小的(到目前为止)为下面 2 个(图 26),它们的幻和分别是 600 和 848,幻积分别是

$$67\ 463\ 283\ 888\ 000 \quad 和 \quad 5\ 804\ 807\ 833\ 440\ 000$$

其中 9 阶和积幻方是霍纳(W. W. Honer)于 1952 年给出的(图 26(b)),稍后(1955 年)他又给出一个改进了的 9 阶和积幻方.

另外,前面这个 9 阶和积幻方还有下面奇妙的特性:若将它先分成 9 个 3 ×3 的小方块,然后按下面方式调整后,仍为 9 阶和积幻方(图 27).

102	45	57	14	175	104	92	11
91	200	44	23	30	153	21	38
20	17	49	152	39	50	66	207
75	26	138	99	68	5	133	56
46	33	225	78	19	28	136	35
7	76	40	119	22	69	117	150
88	161	13	100	63	114	10	51
171	42	34	15	184	77	25	52

58	250	76	88	35	3	162	23	153
216	115	51	174	25	171	22	70	4
66	7	9	54	230	68	232	125	57
100	38	290	21	8	55	207	102	27
6	136	135	225	114	29	28	2	110
63	6	11	92	34	270	75	152	145
190	116	50	5	33	56	17	243	138
85	81	184	19	261	150	10	44	14
1	99	42	170	108	46	95	87	200

（a）幻和、幻积最小的 8 阶和积幻方　　（b）幻和、幻积最小的 9 阶和积幻方

图 26

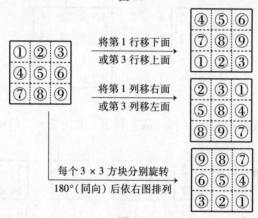

图 27

图 28（a）是一个所谓"2 次幻方"，也就是说：它本身是一个 9 阶幻方，同时幻方中各数的平方仍组成一个 9 阶幻方（它的幻和为 20 049）．有人已借助正交拉丁方成功地构造出 2^m 或 $(2m + 1)^n$ 阶的 2 次幻方．

图 28（b）是一个"全对称幻方"，幻方中的数字对于中心"41"有对称性质：与 41 等距的两数之和总相等（如 62 + 20 = 76 + 6 = 67 + 15 等）．此外将幻方左边第一行移到最右边、上边第一列移到最下边所组成的图形仍是一个 9 阶幻方（上面得到的 2 次幻方也有中心对称性质，有这类性质的幻方也称"雪花幻方"）．

人们不仅喜欢新幻方的制作，同时也热衷于某些古幻方的开拓与研究，比如前面我们提到的"洛书"幻方，若先在其右边添上一列（同添后的第一列数字），再在其下面添上一行（同添后的第一行数字）如图 29，这便得出一个 4 × 4 的数阵．

167

10	47	57	42	76	5	71	27	34
79	8	45	21	28	65	50	60	13
31	68	24	63	16	53	2	39	73
23	33	67	52	62	18	75	1	38
56	12	46	4	41	78	36	70	26
44	81	7	64	20	30	15	49	59
9	43	80	29	66	19	58	14	51
69	22	32	17	54	61	37	74	3
48	55	11	77	6	40	25	35	72

54	8	68	47	1	70	49	6	66
37	25	58	42	21	63	44	23	56
30	18	80	32	11	73	34	13	78
65	46	7	67	51	3	72	53	5
60	39	27	62	41	20	55	43	22
77	29	10	79	31	15	75	36	17
4	69	48	9	71	50	2	64	52
26	59	38	19	61	40	24	57	45
16	76	33	12	81	35	14	74	28

(a)9阶二次幻方　　　　　　　　(b)9阶全对称幻方

图 28

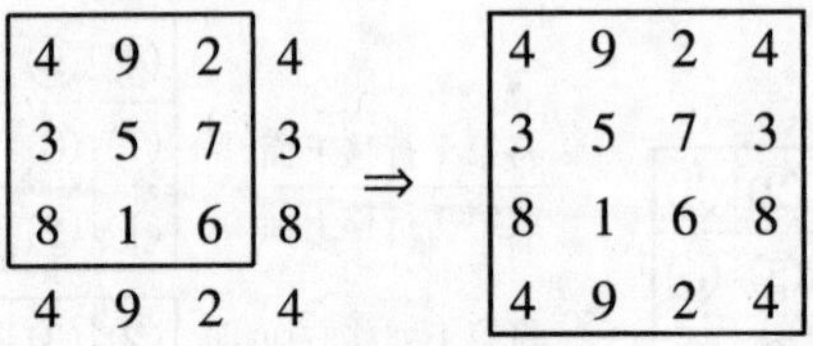

图 29

我们依次从数阵中(从左到右、从上到下)取出 2×2 的小方块,它们分别如图 30 所示.

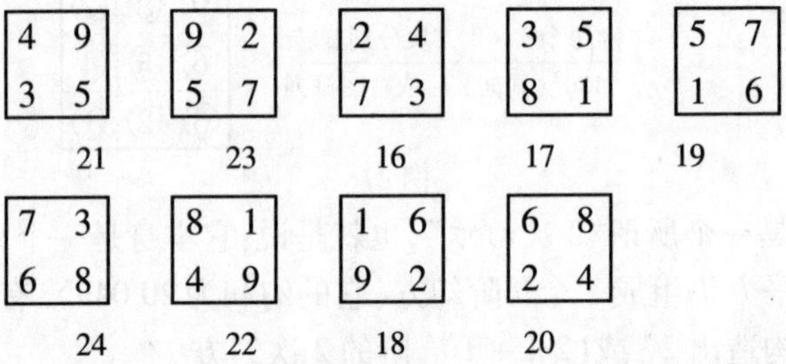

图 30

每个方块下面的数为该方块中全部数字和,请注意:这些数字和恰好是16 ~24 这 9 个连续自然数,它们既无重复,又无遗漏(图 30).

如前所述:若把"洛书"幻方中每行数字组成一个 3 位数,同时写出它们的逆序数,你将会发现:这些 3 位数的和也相等(前文我们已指出它们的平方和相等)(图 31)

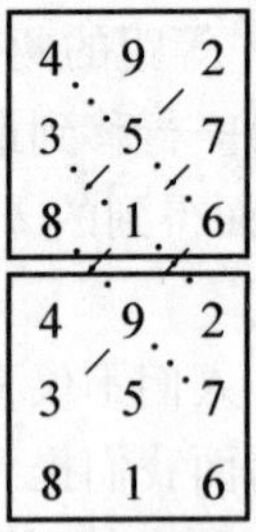

$$492 + 357 + 816 = 294 + 753 + 618$$
$$492^2 + 357^2 + 816^2 = 294^2 + 753^2 + 618^2$$

图 31

这种性质对于由"洛书"幻方中列数字组成的三位数来讲照样成立

$$276 + 951 + 438 = 672 + 159 + 834$$
$$276^2 + 951^2 + 438^2 = 672^2 + 159^2 + 834^2$$

更为有趣的是:若把幻方"双写"(即重抄一遍置于其下),请注意位于斜线"$\diagdown$"和"/"上的诸数字,由它们组成的 3 位数,仍然有上述幂等和性质

$$456 + 312 + 897 = 654 + 213 + 798$$
$$456^2 + 312^2 + 897^2 = 654^2 + 213^2 + 798^2$$
$$258 + 714 + 693 = 852 + 417 + 396$$
$$258^2 + 714^2 + 693^2 = 852^2 + 417^2 + 396^2$$

对于 5×5 的幻方,也有类似于上述幻方性质者(当然并非全部5阶幻方皆如此),比如图32的 5×5 幻方便有上述种种性质.

17	24	1	8	15
23	5	7	14	16
4	6	13	20	22
10	12	19	21	3
11	18	25	2	9

图 32

不过须当心的是:每行、每列、每条对角线上数字组成多位数时,当遵循一些规则,以列为例,每列 5 个数组成的多位数分别是

$$17 \times 10^4 + 24 \times 10^3 + 1 \times 10^2 + 8 \times 10 + 15 = 194\ 195$$
$$23 \times 10^4 + 5 \times 10^3 + 7 \times 10^2 + 14 \times 10 + 16 = 235\ 856$$
$$4 \times 10^4 + 6 \times 10^3 + 13 \times 10^2 + 20 \times 10 + 22 = 47\ 522$$
$$10 \times 10^4 + 12 \times 10^3 + 19 \times 10^2 + 21 \times 10 + 3 = 114\ 113$$
$$11 \times 10^4 + 18 \times 10^3 + 25 \times 10^2 + 2 \times 10 + 9 = 130\ 529$$

可以验证,上述 5 个数具有性质

$$194\ 195^2 + 235\ 856^2 + 47\ 522^2 + 114\ 113^2 + 130\ 529^2 =$$
$$591\ 491^2 + 658\ 532^2 + 22\ 574^2 + 311\ 411^2 + 925\ 031^2$$

类似地,该幻方的行、对角线依上述规则组成的多位数也同样有上述正序平方和等于逆序平方和性质.

幻方制作花样不断翻新,比如有人还研究过由完全平方数组成的 3 阶幻方,尽管不少人在努力,但至今未果(请注意9阶完全平方数幻方我们前文已给出).人们仅找到了一个"准"3 阶平方数幻方(图33(a)):它的各行、各列及各对角线上诸数之和为 21 609,仅主对角线上诸数之和不为此数.

又如人们还用某些特殊数列,比如斐波那契数列 $\{f_n\}$:1,1,2,3,5,8,$\cdots$ 中的数构造幻方,但均未成功,至今也仅找到一个 3 阶准积幻方(图33(b)),它只有性质:3 行积和与 3 列积和相等(严格地讲它不够乘积幻方标准).

127^2	46^2	58^2
2^2	113^2	94^2
74^2	82^2	97^2

13	144	5
8	21	55
89	3	34

（a）准 3 阶平方数幻方　　（b）3 阶 f_n 数准积幻方

图 33

当然,严格地讲质数幻方、和积幻方、平方数幻方等不能称为幻方(按原始定义),因为原始幻方要求所填的数是 $1 \sim n^2$ (对 n 阶幻方而言),不过人们还是将行、列、对角线上数和相等的方阵称为"幻方".

幻方是人们追求数学形式美的代表之作,正如人们对美的追求不会终止一样,人们对幻方制作也在不断创新,不断变换花样.

我们再谈一下所谓 Balog 方体(阵).巴隆(Balog)证明:

存在无穷多个由不同素数组成的 3×3 方阵,使其每行、每列皆组成一个算术(等差)素数列.

下面是 2 个最小的这类 Balog 方阵(图 34).

11	17	23
59	53	47
107	89	71

83	131	179	227
251	257	263	269
419	383	347	311
587	509	431	351

3 阶 Balog 方阵　　　　　　4 阶 Balog 方程

图 34　最小的 3,4 阶 Balog 方阵

类似地,巴隆还证明了:存在无穷多个由不同素数组成的 $3 \times 3 \times 3$ 立方体,使其每行、每列及每竖上 3 个数皆构成一个算术素数列. 请看下面 $3 \times 3 \times 3$ 的 Balog 立方块的 3 层(图 35):

47	383	719
179	431	683
311	479	647

149	401	653
173	347	521
197	293	389

251	419	587
167	263	359
83	107	131

图 35　$3 \times 3 \times 3$ 的 Balog 立方块的 3 层

杨辉在其所著《续古摘奇算法》中就给了许多这类问题,在那里有聚图、阵图、连环图、攒图(图 36,它们均可视为幻方的变形)等.

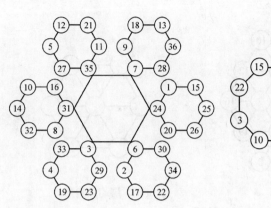

聚六图

图中所填数字为 1 ～ 36 的连续整数,且每个
小正六边形顶点处诸数和皆为 111(其实,若
将图中 3,4;7,9;24,26 的位置互换,则大六
边形上 6 个顶点和亦为 111)

八阵图

图中数字为 1 ～ 24,且每个正八边形
顶点上的诸数和皆为 100

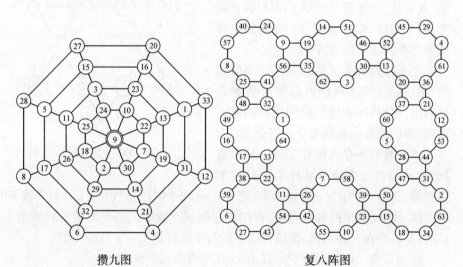

攒九图

图中诸直径上数和皆为 147(半径上数
和为 78),每层正八边形诸数和为 138

复八阵图

图中每个小正八边形上诸数和皆为 260

图36

美国的一位铁路职员亚当斯(J. Adams)花了 47 年业余时间找到了一个幻
六角形(即将 1 ～ 19 填入图 37(a)六角形各圆圈中,使图中每条直线上的诸数
和皆相等,此和为 38),后来人们发现:这种幻六角形是唯一的.

此外,人们还证明:如图 37(b) 的 1 层幻六角形(填上 1 ~ 7) 或 3 层及 3 层以上的幻六角形都不存在.

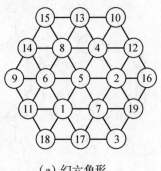
(a) 幻六角形

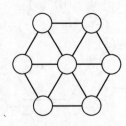
(b)1 层幻六角形

图 37

下面幻六角星据说出自大师爱因斯坦(B. Einstein) 之手,它又被称为"幻大卫"(图 38).

这些奇妙的性质无疑给人们带来新奇和愉悦,难怪人们总是孜孜以求,在探索、在寻觅、在发现 …… 人们不仅喜欢幻方、幻五角星、幻六角形 ……,人们也喜欢与之类同的一些数阵.

电子计算机的出现,促进了"离散数学"的发展(其实是相得益彰),各种各样的组合分析问题成了这门学科的重要课题,因此填数问题的提法也有创新.

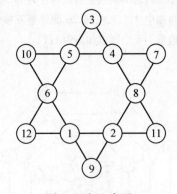
图 38　幻六角星

不久前国外有人研究了另一种填数问题(这显然是在追求某种形式美):如下左图,这是一个 $p \times q$ 方格图形,把 0 ~ n(图中线段条数) 这 $n + 1$ 个数字中的一部分填到图形的各顶点处,再把相邻两顶点数字差的绝对值写到该边上.试问:是否存在一种填法,使这些边上的数字恰好是 1 ~ n 这 n 个数?

这一点为一位美国数学家在 1965 年所肯定(图 39).

有趣的是:如果数字填的得当,你还会发现:这 n 个数字沿斜对角线"/"方向往复地攀升.

问题再进一步翻新花样,1977 年美国数学家波登戴克(H. Bodendiek) 指出:

在任意 n 边形中再添加一条对角线,构成一个 n 个顶点 $n + 1$ 条边的图形.在诸顶点处填上 0 ~ $n + 1$ 这 $n + 2$ 个数字中的 n 个数字,而相邻顶点绝对值恰为 1 ~ $n + 1$ 的填法是存在的(图 40).

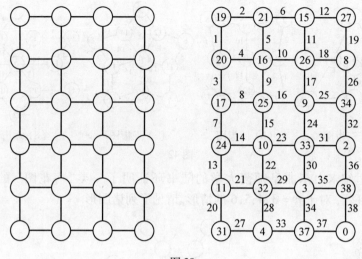

图 39

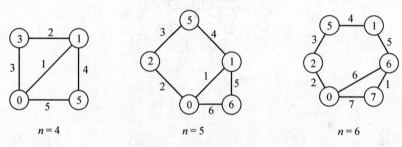

图 40 添线完美 n 边形

对于不连对角线的 n 边形的类似问题,当边数是 $4k$ 或者是 $4k+3$ 的情形已获证明,要求的填法存在(图 41).

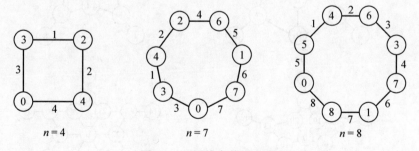

图 41 不添线完美 n 边形

这类问题我们称为"图形标号问题",而具有上述特性的图形我们称为"完美图形".

1978 年,赫迪(C. Hodee)和库佩尔(H. Kuiper)证明了所有星轮状的图形都是完美的.

173

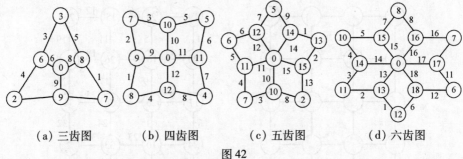

（a）三齿图　　　（b）四齿图　　　（c）五齿图　　　（d）六齿图

图 42

上世纪末山东曲阜师范大学的陆书环证明了一类"梅花图"的完美性（图 43,44），对于 $n = 3,4,5,6$ 的情形,请见下列诸图形.

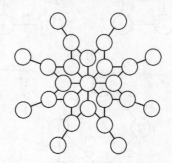

图 43　梅花图

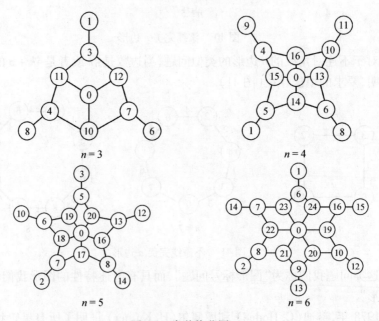

$n = 3$　　　　　　　　$n = 4$

$n = 5$　　　　　　　　$n = 6$

图 44　完美梅花图

这种利用图形的特点安放数字,且通过数字间运算而获得的一些"完美"概念和形式,也常常是甚为诱人的. 人们喜欢它们除了由于它们自身的奇妙性质,更重要的是因为它们有着美的形式. 当然它们也和其他数学问题比如"省刻度尺问题"有着联系(这个问题在前面的章节已有叙述).

"完美"还常常体现在其他方面,比如正方形分割等.

"完美正方形"(顾名思义它本身就喻示一种美)是指一个可被分割成有限个大小彼此不相同的小正方块的正方形.

(从仿射变换观点看,这也是一种完美平行四边形.)

1923 年,卢沃(Lwów)大学的鲁兹维茨(S. Ruziewicz)教授提出这样一个问题:

一个矩形能否被分割成一些大小不等的正方形?

(据说此问题更早源于克拉考(Cracow)大学的数学家们.)

此问题引起学生们的极大兴趣,大家都在努力寻找,好长时间,人们未能给出肯定(找出来)或否定(证明不存在)的回答. 同年,戴恩(M. Dehn)证明了:

若上述剖分存在,矩形边长与所有小正方块边长皆可公度(即为小正方块边长的整数倍).

直到 1925 年,莫伦(Z. Moron)找到了一种把矩形分割成大小不同的正方形的方法,且给出了 2 个矩形的分割作为例子,一个是 33×32 的矩形被分割成 9 个小正方形(下称 9 阶),另一个是 65×47 的矩形被分割成 10 块(10 阶). 这种矩形被后人称为完美矩形(图 45). 至此,人们开始知道完美矩形的存在.

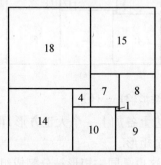
9 阶完美矩形(1)

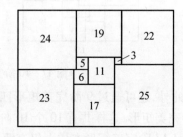
10 阶完美矩形(1)

图 45

1938 年,剑桥大学三一学院的四位大学生布鲁克斯(R. L. Brooks)、史密斯(C. A. B. Smith)、斯通(A. H. Stone)和塔特(W. T. Tutte)(他们后来都成了图论或组合数学的专家)也开始研究此问题,他们提出的构造完美矩形的方法奠定了这个问题研究的理论基础. 他们把完美矩形和电路网络理论中的基尔霍夫(G. R. Kirchhoff)定律联系起来(也使得该问题蒙上更为神奇的色彩),且借助于图论的方法去寻求解答.

1940 年,布鲁克斯等人给出了 9 ～ 11 阶(矩形被正方形剖分的个数)完美矩形的明细表,且证明了:

完美矩形的最低阶数是 9.

9 阶完美矩形仅有两种(除前文给出的一种外,另一种见图 46).

1960 年,布卡姆(Bouwkamp)等人借助电子计算机给出全部 9 ～ 15 阶完美矩形(共 3 663 个).如 10 阶完美矩形,本质上有 6 个,除前文给出的一个外,其余 5 个见图 47.

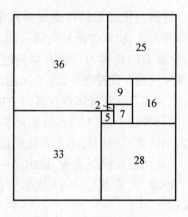

图 46 9 阶完美矩形(2)

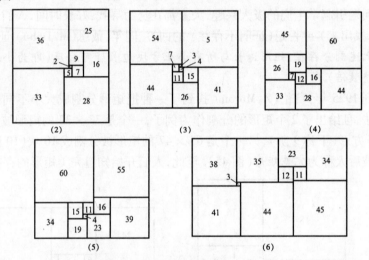

图 47 10 阶完美矩形(2) ～ (6)

此外,还可通过 9 阶完美矩形四条边上各加上一个大正方形,可得到 4 个 10 阶完美矩形,这样共有 10 个 10 阶完全矩形.

又 13 阶完美矩形本质上仅有两种(这也是同一矩形被分割成组合不一、但尺寸完全一样的小方块的难得例子,图 48).

同样尺寸的矩形(3 075 × 2 261)被剖分成同样大小和块数的小正方形,但剖分方法不一,这在完美矩形中并不多见.下面是两个同样尺寸的矩形几乎完全不同的剖分(图 49,仅有其中的一个小正方形大小一样,其余均不相同),这也是完美矩形中又一璀璨的珍宝(后面 55,28 阶完美正方形中也含有这类矩形).

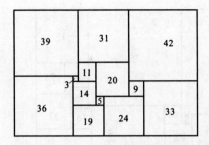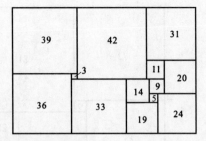

图48 本质上仅有的13阶完美矩形

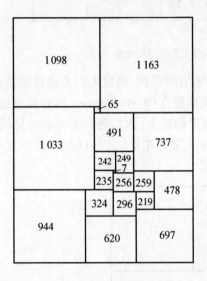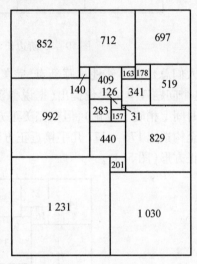

图49 同一矩形被剖分成尺寸几乎完全不一的正方块的完美图形

1969年意大利人范德利克(P. J. Federico)给出一个23阶的边长为1∶2的完美矩形,此前1968年布鲁克斯曾给出过一个边长之比为1∶2的完美矩形,但它的阶数是1 323. 范德利克使用所谓"经验法"构造出来的这个完美矩形阶数显然小得多(边长亦然,图50).

请注意:这里矩形的边长之比为1∶2,寻找这种比例的完美矩形,远不是一件轻松的事. 比如两边长之比为1∶3或1∶4或1∶5等的完美矩形,人们至今尚未找到,虽然人们已弄清了9～15阶全部完美矩形.1960年,荷兰人坎帕(J. B. Kamp)给出了9～18阶完美矩形个数(表1).

表1 9～18阶完美矩形个数

阶	9	10	11	12	13	14	15	16	17	18
个数	2	6	22	67	213	244	2 609	9 016	31 427	110 384

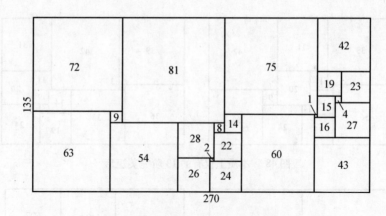

图50　23 阶边长为 1∶2 的完美矩形

人们总是在不停地追踪新奇,完美矩形的存在,诱发人们去寻找完美正方形. 这个问题最早由莫伦提出(据说鲁茨耶维奇(S. Ruziewicz)也曾考虑过它,只是时间上稍晚于莫伦),但在完美正方形构造上,人们遇到了空前的挑战,有人甚至构造出 176 × 177 几乎接近正方形的完美矩形(它有 11 阶),但毕竟不是完美正方形(图 51).

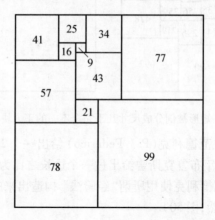

图51　176 × 177 的 11 阶完美矩形

1930 年,苏联著名数学家鲁金(Н. Н. Лузин)也研究过这个问题,同时他猜测:

不可能把一个正方形分割成有限个大小不同的正方形(即完美正方形不存在).

莫伦对此猜想提出挑战,他拟出一个由完美矩形构造完美正方形的设想:

如果同一个矩形有两个不同的正方形剖分,且其中一个剖分的每个正方形都不同于另一个剖分的每个正方形,那么,这两个剖分再添上两个正方形(它异于矩形两个剖分中的所有正方形),便可构造出一个完美正方形.

1939 年,斯普拉格(R. Sprague)按照莫伦的思想成功地构造出一个 55 阶的完美正方形,其边长为 4 205(图 52).

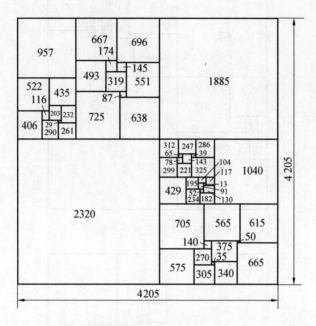

图 52　55 阶完美正方形

与莫伦的构想相类似的,按图 53 所示,将前面 3 075 × 2 261 两个不同剖分的完美矩形中边长相同正方形(边长为 697)重叠起来,再在左上、右下两个角上分别添加边长为 1 564 与 2 378 的两个正方形,便得到边长是 4 639 的 39 阶完美正方形.

几个月后,阶数更小(28 阶)、边长更短(边长为 1 015)的完美正方形由剑桥大

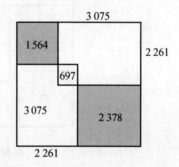

图 53　边长为 4 639 的完美正方形

学三一学院的那四位大学生布鲁克斯等人构造了出来(图 54).

1948 年,威尔科克斯(T. H. Wilcocks)构造出 24 阶完美正方形,这在当时是阶数最低的(注意图 55 中含有一个完美矩形,此类完美正方形称为"混完美";而图中不蕴含完美矩形者称为"纯完美". 对混完美正方形来讲,24 阶是阶数最小者),且这个纪录一直保持到 1978 年(迄今为止,人们已构造出 2 000 多个 24 阶以上的完美正方形).

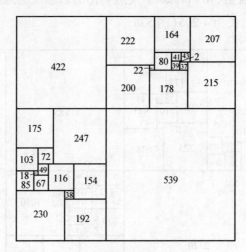

图 54　28 阶完美正方形

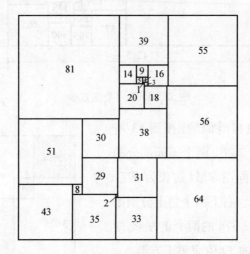

图 55　24 阶完美正方形

1967 年,威尔森(J. R. Wilson) 构造成功 25 阶、26 阶完美正方形(见图 56,其中前者属纯完美型).

人们一方面着手改进完美正方形的构造方法,一方面又利用大型电子计算机帮助寻找,这使得完美正方形的研究取得长足进展.

1962 年,荷兰特温特技术大学的杜伊维斯廷(A. J. W. Duijvestijn) 在研究完美正方形构造的同时,证明了:

不存在 20 阶以下的完美正方形.

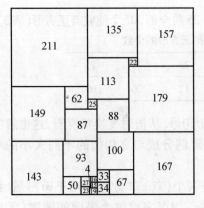

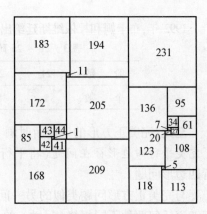

25 阶完美正方形　　　　　　　　26 阶完美正方形

图 56

由于电子计算机的使用和寻找方法的改进,1978 年杜伊维斯廷构造出一个 21 阶的完美正方形(它是唯一的,且它不仅阶数最低,同时数字也更简单(较小),且构造上有许多优美的特性,比如 2 的某些方幂 $2^1,2^2,2^3$ 均在一条对角线上等).

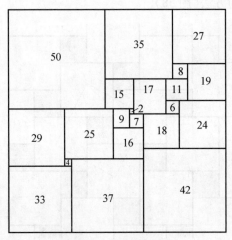

图 57　21 阶完美正方形

同时他还证明了:低于 21 阶的完美正方形不存在.

1982 年,杜伊维斯廷又证明了:

不存在低于 24 阶的混完美正方形.

此外他还列举了 24 ~ 33 阶混完美正方形的个数(表 2).

表 2　24 ~ 33 阶混完美正方形的个数

阶　数	24	25	26	27	28	29	30	31	32	33
个　数	1	2	13	26	60	151	208	361	541	858

1992 年,布卡姆和杜依维斯廷给出 21 ~ 25 阶全部 207 个纯完美正方形(表3).

表3　21 ~ 25 阶纯完美正方形的个数

阶　数	21	22	23	24	25
个　数	1	8	12	26	160

至此,完美正方形的讨论暂时画上一个句号. 从仿射变换角度看,这也解决了完美平行四边形存在问题(将平行四边形剖分成与之相似的不同大小的平行四边形问题).

与完美正方形问题类似的另一问题是两个(双)正方形铺砌平面问题. 我们知道任何两种不同规格(尺寸)的正方形,均可完成整个平面的铺砌(无缝隙、无重叠).

注意只需将大正方形错开摆放时留下的缺口(方洞),恰好作为小正方形的大小即可.

顺便讲一句:在上述铺砌中,若在 4 个相邻正方形内取 4 个点,让它们恰为一个正方形的 4 个顶点,从中可以得出由 2 个大小不同的正方形经有限剖分合拼成 1 个大正方形的方法(图 58).

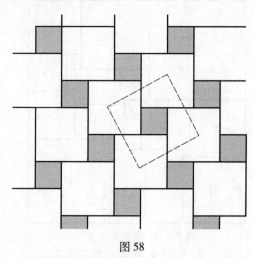

图 58

此外,人们还研究了其他与之相关的问题,比如人们已经证明:任意 $n(n \geqslant 21)$ 阶完美正方形个数皆有限.

这里我们想顺便指出一个与该问题类同的问题:用边长为 $1,2,3,\cdots$ 的正方形能否铺满整个平面?

借助于斐波那契数列可以证明:边长为不同自然数的正方形可以铺满平面的四分之三以上.

用广义斐波那契数列 $1,2,3,5,\cdots$ 为边长的正方形可铺满平面的第四象限

（图 59 中虚线为坐标轴）；

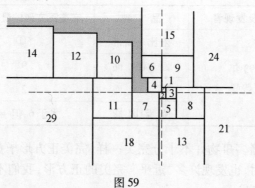

图 59

用广义斐波那契数列（卢卡斯（Lucas）数列）$\{L_n'\}$:6,9,15,24,$\cdots$ 为边长的正方形可铺满坐标平面的第一象限；

用广义斐波那契数列（卢卡斯数列）$\{L_n''\}$:7,11,18,29,$\cdots$ 为边长的正方形可铺满坐标平面的第三象限；

用没有在上述三个数列中出现过的自然数 4,6,10,12,14,$\cdots$ 为边长的正方形可放在坐标平面的第二象限.

这样,以 1,2,3,$\cdots$ 为边长的正方形至少可铺满平面的四分之三.

（上述三个数列的交集是空集,这一点可由 $f_{n+1} < L_n' = 6f_{n-1} + 9f_n < L_n'' = 7f_{n-1} + 11f_{n-1} < f_{n+2}$ 严格证明,这里 f_n 为斐波那契数列通项）

其实以斐波那契数 1,1,2,3,5,8,13,$\cdots$ 为边长的正方形是可以铺满平面的,这一点只需从图 60 中即可看到（按逆时针螺旋方向铺砌即可）.

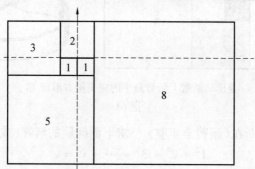

图 60　以斐波那契数列中的数 1,1,2,3,5,8,13,$\cdots$ 为边长的正方形依反时针螺旋方向排布可铺满整个平面

此外,查普曼（S. J. Champman）于 1993 年还将完美剖分（正方形的）推广到麦比乌斯带、圆柱面、环面和克莱因瓶上去,在那里相应的完美正方形的最小阶数见表 4.

183

表4

年份及发现者	品　种	完美正方形的最小阶数
1993 年 查普曼	麦比乌斯带	5①
	圆 柱 面	9
	环　面	2
	克 莱 因 瓶	大于6,但 $\neq 9$

正如世界上诸多事物并不十分完美一样,完美正方形毕竟是少数. 人们在寻找完美正方形时,也发现许多"近乎"完美的正方形,我们不妨称它们为"拟完美正方形"(图 61).

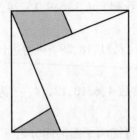

环面、圆柱面上最小阶数的完美正方形(2 阶、9 阶)

(将正方形上下边粘上,图中18①和18②正好成为一个正方形,此时粘成一个圆柱面,再将圆柱面两筒口再粘上即为环面)

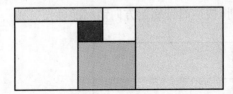 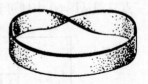

麦比乌斯带上阶数最小的完美正方形(5 阶)

图 61

1875 年卢卡斯在《新数学年鉴》征求下面问题的解答(或论证)

$$1^2 + 2^2 + 3^2 + \cdots + x^2 = y^2$$

仅有 $x = 24, y = 70$ 的非平凡解($x = 0$, ± 1 为平凡解)(图 62).

---

① 在广义铺砌(把带子分成3段,且允许把那个正方形曲面的映射在正方形的边上重叠处)下,麦比乌斯带上的完美正方形阶数为 $2(1 \times 5$ 矩形):

2×1	1×1	2×1

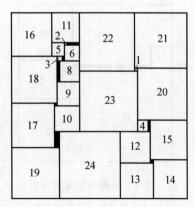

（a）卢卡斯问题是求这种堆放球总数中
的完全平方数（不过底面每行或列的
球个数为24）

（b）卢卡斯问题的一个近似几何解释

图 62

这个貌似平常的问题,直到 1876 年布兰克(M. Blanc)才给出一个证明,转年卢卡斯指出证明中的一个漏洞,而后再无下文.

40 年后,1918 年瓦特森(G. N. Watson)给了一个有 14 页长的证明,且动用了高深的椭圆函数工具.

1952 年德国数学家吕格林(W. Ljunggren)将证明做了简化(利用四次扩域中的佩尔方程).

直到 1985 年德莫根才给出第一个初等证法,此后亦有我国马德刚等人也给出一个初等证法(同年).

1990 年安格林(W. S. Anglin)给出一个更简洁的初等证法.

我们感兴趣的是等式 $1^2 + 2^2 + \cdots + 24^2 = 70^2$ 本身,这让我们立刻想到用边长是 1～24 正方块去拼装边长为 70 的大正方形问题. 结论并不让人太失望,人们经过努力给出一个 24 块中仅剩下 1 块(边长为 7)的拼法,见图 62(b).

图 63(a)给出的拟完美正方形是一个由 12 块正方块拼成的 80×80 的正方形,图中仅有一条缝隙(它的面积为 40),显然,它仅差一点点就已"完美". 另一个例子是 9 阶完美矩形,它的边长是 32×33(也仅差一点点便是正方形,前文我们曾给出一个 176×177 的完美矩形),如图 63(b).

从美学角度看,上述两类拟完美正方形各有奥妙:前者在于它是由 1～24 连续整数边长正方形中的 24 个组成(仅仅漏掉 1 个);后者的缺憾是仅差 1 条窄缝未被覆盖.

当然,降低完美性的要求,如允许同种规格的正方形块数重复或不多于 k 个,问题会变得相对简单.

185

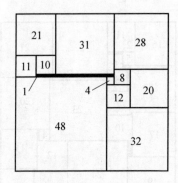

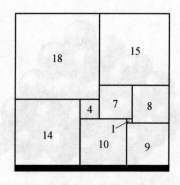

(a) 仅有 1 条缝的拟完美正方形　　(b)1 个 32 × 33 的完美矩形

图 63

请看:边长为13的正方形,要求裁成一些的小正方块,要求其中规格相同者不多于3块,请给出块数最少的裁法.

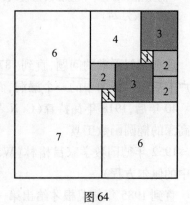

图 64

这显然也是一种拟完美正方形问题.答案是 11 块(图 64).其实这也是将 13×13 的正方形剖分成边长皆为整数的正方块时块数最少的剖分.

拟完美正方形问题也常被人们转化、借喻、翻新而变得困难和有趣.

我们知道5,12,13是一组勾股数,这只需注意到$5^2 + 12^2 = 13^2$.那么,它的几何意义显然是说:边长为5,12的两正方形面积和与边长为 13 的正方形面积相等.既然如此,两个小正方形通过适当剪裁必可拼成一个大正方形(无缝隙、无重叠).问题稍作变换则化为:

如何将边长为 12 的正方形裁成规格尽量不同的小正方形,然后用它们与边长为 5 的正方形一起拼成一个边长为 13 的正方形?要求所裁正方形块数尽量少(这里允许有同规格正方形重复出现).

这显然涉及拟完美正方形问题.图65是两种将12×12正方形裁成21块的裁拼方法(这也许是块数最少的裁法).

人们对于已取得的收获并不满足,因而正方形剖分问题也不断出现翻新花样.比如

将一个正方形剖分成面积相等,但形状各异的矩形.请问最少可分成多少个?

这个问题称为布朗契(D. Blanche)分割,答案是 7 个.它的最简单的解为(图中的数字为近似值,因为大正方形面积为$210^2 = 44\ 100$,而$44\ 100/7 = 6\ 300$为每个小矩形的面积,读者可以从面积相等及边长关系找到其余未标尺寸的矩形的边长)图 66(a)所示的分割.

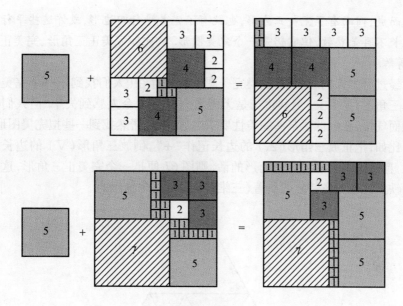

图 65

另外有人还研究了矩形剖分成某些形状各异又称不可比较的矩形(两边平行的两个矩形,其中一个不能全部放入另一矩形中,称它们为不可比较)问题.它的最少剖分个数也是 7 个.一个简单的剖分如图 66(b).

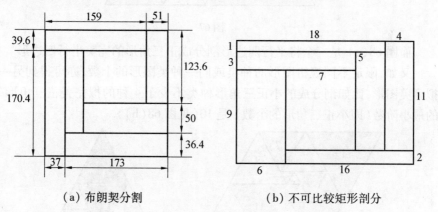

（a）布朗契分割   （b）不可比较矩形剖分

图 66

这种剖分也表示该正方形或长方形另类数据,比如图 66(b)中显示:$13 \times 22 = 1 \times 18 + 2 \times 16 + 3 \times 13 + 4 \times 11 + 5 \times 10 + 6 \times 9 + 7 \times 7.$

当然类似的问题还有很多,无论如何它们都很新巧.

人们研究和发现了完美矩形、完美正方形后,便将目光转移至其他完美图形 ——(这里"完美"之意自然是指图形裁成规格完全不一的但都与自身相似的图形或指定的规则图形,这里我们想再重申一遍:由于矩形可由正方形仿射变换而成，因而有了完美正方形，也就有了完美平行四边形，或许这些平行四边形边长不再是整数，但它仍是一个完美图形.），比如完美正三角形、完美正 n 边形，等等.

经过努力人们才发现：这类完美图形均不存在（人们找到了一个完美等腰直角三角形，见后文，但其边长是无理数），这多少令人感到失望. 但人们并不因此而气馁，在降低了某些完美性要求之后，人们居然找到一些拟完美图形.

比如，把正放三角形（△）的边长记作"＋"，倒放三角形（▽）的边长记作"－"，且视它们为不同的三角形的话，则图 67 便是一个完美正三角形，这是美国滑铁卢大学的塔特在其所著《三维铺砌》一书中给出的.

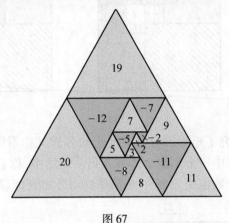

图 67

而图 68（a）是一个将平行四边形剖分成正三角形的完美平行四边形.

又如，限定不同规格图形的种类或同一种类图形的个数，亦可得到另一类拟完美图形，比如剖分成的小正三角形种类不少于 4 种的拟完美正三角形，它的最小阶数（即小正三角形的个数）是 10（见图 68（b）).

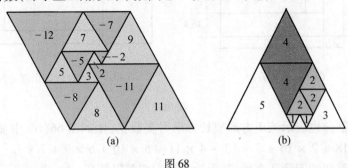

图 68

下面（图 69）是 3 个 11 阶的这种图形，有趣的是，它们的边长也是 11.

对于等腰直三角形的情形，泰勒（R. J. Taylor）曾给出另一种真正意义上的完美剖分，但它仅要求图形形状为等腰直角三角形，而不要求其边长为整数

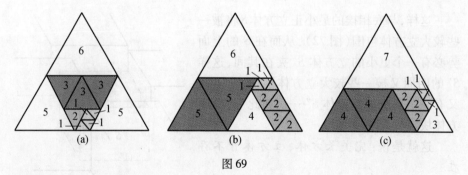

图 69

（见图 70（a）,图中 $x : y = 3 : 4$）. 新近,孙发兵给出了真正意义上的一个 6 阶一般完美三角形（见图 70（b））.

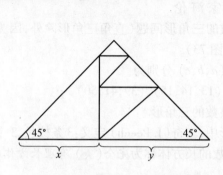

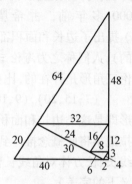

（a）等腰直角三角形的一种完美剖分　　（b）孙发兵的 6 阶完美三角形

图 70

　　人们在研究了完美正方形且发现它的存在之后,便想到:这个概念能否在三维空间推广? 换言之,有无完美立方块（由大小完全不同的立方体拼填成一个无空隙、无重叠的立方块）存在? 答案令人失望.

　　其实,只需证明完美长方体不存在即可. 事实上,若存在完美长方体,则它的底是一个完美矩形. 将这些挨着长方体底的小立方体中棱长最小者记为 S,则 S 必不能与大长方体侧面相挨,否则必将有一个棱长更小的立方体夹在其中（一面挨着 S,一面挨着大长方体的底,如图 71）,这与 S 最小相抵.

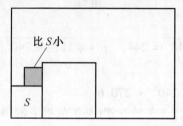

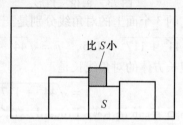

图 71　大长方形的底

189

这样,与底相挨的最小正立方体 S 将被一些较大立方体包围(图72),从而在 S 的上面势必有一个更小的立方体 S' 夹在其间,这样 S' 的四周又被一些较大立方体围住. S' 上面又有一个更小的立方体 S''…… 如此下去,立方体块数将无限增加.

这就是说:完美长方体、立方体皆不存在.

人们对"完美"的概念总是在不断创新的,正像人们对美的追求从未停止一样.

2 000 多年前,古希腊数学家海伦

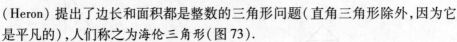
图 72

(Heron)提出了边长和面积都是整数的三角形问题(直角三角形除外,因为它是平凡的),人们称之为海伦三角形(图73).

海伦三角形是存在的,比如三边 (a,b,c) 分别为

$$(7,15,20),(9,10,17),(13,14,15),(39,41,50),\cdots$$

的的三角形即是这类边长和面积均为整数的三角形.

欧拉最早将此概念推广到长方形中,李奇(J. Leech)定义:3 条棱长、3 个面上对角线长、长方体对角线长皆为整数的长方体称为完全(美)有理长方体(另一种意义下的完美).

1719 年哈克(Halcke)发现棱长分别为 $(44,117,240)$ 的长方体,接近完美(图74).

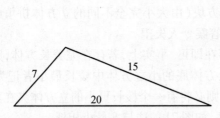

图 73　海伦三角形

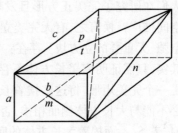

图 74

它的 3 个面上的对角线分别是

$$m = \sqrt{44^2 + 117^2} = 125, \quad n = \sqrt{44^2 + 240^2} = 244, \quad p = \sqrt{117^2 + 240^2} = 267$$

但长方体的对角线长是

$$t = \sqrt{44^2 + 117^2 + 240^2} \approx 270.6$$

1895 年,依洛卡德(Erocard)在长方体 3 条棱互素(质)前提下推得:上述完美长方体不存在(3 棱互素的完美长方体不存在).

到目前为止,人们尚未找到一例这种长方体.

1992 年科瑞克(I. Korec)证明:若完全有理长方体存在,则其最长的棱长需超过 10^9. 此前他已证得这种长方体最短的棱长不小于 10^6.

而类似前述的准(拟)完全有理长方体,人们找到了 10 个,它们的棱长分别是:

(44,117,240),　　　(85,132,720),　　　(140,480,693),　(160,231,792),

(187,1 020,1 584),　(195,748,6 336),　(240,252,275),　(429,880,2 340),

(495,4 888,8 160),　(528,5 796,6 325)

另一类与海伦三角形有关的问题是 1923 年美国数学家迪克森(L. E. Dickson)提出的:

有两条或两条以上中线皆为整数(有理数)的海伦三角形存在否?

早在 200 年前欧拉曾给出一个三边长为(136,174,170),且三条中线分别为(158,127,131) 的三角形,但它不是海伦三角形,因为它的面积 $s = 240\sqrt{2\,002}$.

20 世纪 70 年代,巴克霍尔兹(R. H. Buchholz)给出一个三边长为(146,102,52),面积 $s = 1\,680$ 的海伦三角形,它的三角中线长分别为(35,97,$4\sqrt{949}$,仅有一条中线长还是整数).

稍后拉斯本(R. L. Lasben) 又找到一个类似的海伦三角形:三边长为(1 750,1 252,582),面积 $s = 221\,760$,它有两条整数长的中线,长分别为 1 144 和433.

20 世纪 80 年代,数学家盖依(R. K. Guy) 又一次提出该问题,且将问题用几何命题转化为求方程组

$$\begin{cases} a^2 + 4m_a^2 = 2b^2 + 2c^2 \\ b^2 + 4m_b^2 = 2c^2 + 2a^2 \\ c^2 + 4m_c^2 = 2a^2 + 2b^2 \\ a^4 + b^4 + c^4 + 16s^2 = 2b^2c^2 + 2a^2b^2 \end{cases}$$

的整数解问题.

这里 a,b,c 为三角形三边,m_a,m_b,m_c 为三边上中线,s 为三角形面积.

此问题至今未能找到解.

我们谈完了完美剖分及完美图形,再看看不完美的剖分,但这并非说这些剖分本身不美,而是指它们剖分中或多或少有些"缺陷"(条件放松,比如不再限定剖分图形边长为整数或自身相似等).可无论怎样看,这些剖分形式上(从组成数字的特征上)看是美的,因为剖分成的图形依然是规则或规律的.

我们先来谈谈三角形剖分,这其中较简单的是全等形剖分.

191

是否存在这样的三角形(形状不限),它们可剖分(1)5 个,(2)12 个全等小三角形?

显然,并非所有三角形皆可满足题目要求的剖分,稍加分析(你要耐心寻找)有下面结论:

(1) 两直角边长比为 1∶2 的直角三角形可剖分成 5 个全等的小(直角)三角形(见图 75(a));

(2) 正三角形可剖分成 12 个全等的小三角形(见图 75(b)).

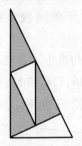 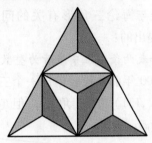

(a)5 个全等小三角形的部分　　　　　(b)12 个全等小三角形的部分

图 75

问题可稍稍推广(在这里亦不再对三角形边长限定整数),比如:

给出可剖分成(1)1 989 个,(2)n 个(其中 n 为两自然数平方和)全等的小三角形的三角形.

我们首先注意到,对于自然数 m 而言,每个三角形皆可剖分成 m^2 个全等的小三角形:只需将三角形各边的 m 等分点用平行于三边的平行线网连起来即可(图 76),此时全等小三角形个数为

$$1 + 3 + 5 + \cdots + (2m - 1) = m^2$$

若设 $n = k^2 + l^2$,考察以 k, l 为直角边长的直角三角形,斜边上的高将其分成两个相似的小直角三角形(图 77),而它们又分别可剖分成 k^2 和 l^2 个全等的小直角三角形(斜边长为 1,且都与原大直角三角形相似,故它们彼此全等),从而该直角三角形可剖分成 n 个彼此全等的小直角三角形.

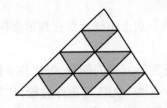 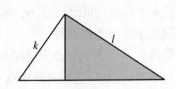

图 76　　　　　　　　　　　　図 77

注意到 $1\ 989 = 30^2 + 33^2$,由上分析,问题(1)的回答并不困难.

其实,对于三角形的剖分中的相似剖分,我们还有下面的一些结果:

当 $n \geqslant 6$ 时,任何三角形皆可剖分成 n 个与该三角形相似的小三角形.

首先我们来看图78的剖分,它们分别将三角形剖分成6,7,8个与原三角形相似的小三角形:

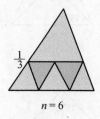 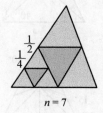 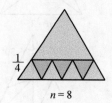

$n = 6$ $n = 7$ $n = 8$

图 78

上面剖分给出了 $n = 6,7,8$ 的情形,对于任意三角形而言,总可将其分为四个与之相似的小三角形. 这样,若将上面三种情形中的一个小三角形一分为四,即可得到 $n = 9$,$10,11,\cdots$ 的情形(图79).

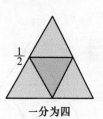

一分为四

图 79

此外对于正三角形的剖分问题,我们有下面的结论:

若 $n \geqslant 3$,则正三角形总可以剖分成 n 个等腰三角形.

$n = 3,4$ 的剖分见图80(a),(b),从图中可以看到,这些剖分中至少有一个顶角为 $120°$ 的等腰三角形. 而这种三角形又可一分为三(其中有两个顶角是 $120°$ 的等腰三角形,见图80(c)),这样可得到 $n = 5,6$ 的剖分. 仿此做法,可得 $n = 7,8,\cdots$ 的剖分.

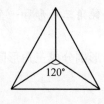 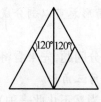 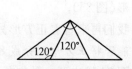

(a)$n = 3$ (b)$n = 4$ (c) 顶角为 $120°$ 的等腰

三角形一分为三

图 80

除此之外,还可有如下页图81 的分法.

注意到图中 $n = 5,6$ 时的剖分中,总有一个等腰直角三角形出现,将其一分为二,便可得到 $n = 7,8$ 的情形. 仿此下去可完成 $n = 9,10,\cdots$ 的剖分.

下页图82 是另一种剖分方法.

这里的所有情形中均有一个小正三角形出现,则它又可一分为四,从而在此基础上可得到 $n = 7,8,9,\cdots$ 的剖分方法.

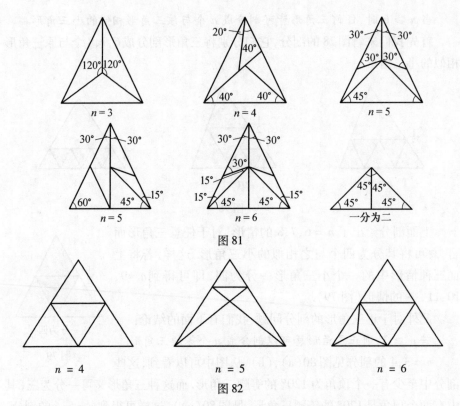

$n = 3$ $n = 4$ $n = 5$

$n = 5$ $n = 6$ 一分为二

图 81

$n = 4$ $n = 5$ $n = 6$

图 82

钝角三角形剖分成锐角三角形,最少的个数是 7(图 83).

同时容易证明:$n \geq 7$ 时,钝角三角形总可剖分成 n 个锐角三角形.

这只需注意到:一个锐角三角形总可以剖分成一个钝角三角形和一个锐角三角形(图 83).

我们再来看看正方形另类剖分问题,先来看将正方形剖分成三角形问题:

能否将正方形剖分成 8 个锐角三角形.

图 84 给出了一种剖分方法(当然不止此一种).

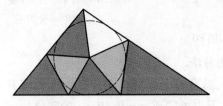

图 83 钝角三角形剖分成 7 个锐角三角形

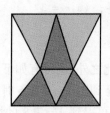

图 84 $n = 8$

其实可以证明:$n \geq 8$ 时,正方形总可以剖分成 n 个锐角三角形,且少于 8 个的剖分不存在.

这一点仿前分析从图 85 中不难找到答案.

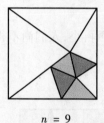 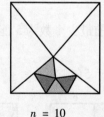 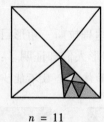 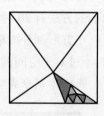

$n = 9$ $n = 10$ $n = 11$ $n = 12$

图 85

当然,这里也仅仅给出 $n = 9,10,11,12$ 的情形.注意到每个锐角三角形总可以分为 4 个小锐角三角形(图 86),这样可将上述剖分中某个锐角三角形一分为四后得到 $n = 13,14,15,16$ 的剖分.

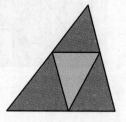

图 86　锐角三角形可一分为四

正方形剖分成三角形问题还有另一类 —— 边长带权(赋值)的问题.例如:

边长是整数的正方形剖分成边长全是整数的相异直角三角形(毕达哥拉斯三角形)问题.

这类问题难度显然加大,解答起来也困难,但人们也陆续得到一些有趣的结果.

1966 年,人们发现了边长为 39 780 的正方形可剖分成 12 个毕达哥拉斯三角形.

1969 年,日本学者熊谷武把边长为 6 120 的正方形剖分成 5 个毕达哥拉斯三角形,创下了剖分个数最少的纪录,尔后他又将正方形边长减至 1 248(图 87(a),图中数字表示该边边长).

1976 年,有人创下了正方形边长为 48 的边长最短正方形的毕达哥拉斯三角形剖分,剖分的个数是 7(图 87(b)).

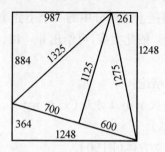 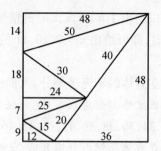

(a) 正方形剖分成 5 个毕达哥拉斯三角形　　(b) 正方形剖分成 7 个毕达哥拉斯三角形

图 87

195

1981 年,有人证明:边长在 1 000 以内的正方形,剖分成 10 个毕达哥拉斯三角形的方法有 20 种.

正方形剖分成毕达哥拉斯三角形目前最少个数为 5 能否再小,人们尚不得知,不过对于空间的情形人们却证明了:

正方体剖分成四面体的个数不能少于 5(图 88).

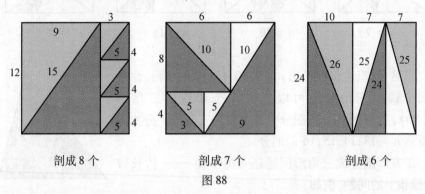

剖成 8 个   剖成 7 个   剖成 6 个

图 88

顺便指出,若降低某些要求,比如,允许被剖成的直角三角形重复,那么被剖分的正方形边长还可以减小,比如:

我们再来看正方形剖分成正方形问题.

若 $n \geqslant 6$,则正方形可剖分成 n 个小正方形,且 $n = 5$ 时剖分不存在.

问题的前半部分只需从图 89 中便可得到解答.

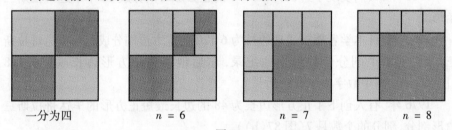

一分为四 $n = 6$ $n = 7$ $n = 8$

图 89

这里仅给出了 $n = 6, 7, 8$ 时的情形,当把上述剖分中的一个小正方形再"一分为四"时,即可给出 $n = 9, 10, 11$ 的情形.依此类推,可给出 $n = 12, 13, 14, \cdots$ 时的情形.

至于立方体的不完美剖分,人们已有结论:

可将正方体剖分成 $n > 47$ 的任何整数个小立方块(此外 $n = 1, 8, 15, 20,$ $22, 27, 29, 34, 36, 38, 39, 41, 43, 45, 46$ 亦然).

一个立方体显然可分成 8 或 27 个小立方体(图 90).

又若正方体可剖分成 n 个正方块,则它亦可分成 $n + 7$ 或 $n + 26$ 个小正方块(将其中之一分为八或一分为二十七即可).

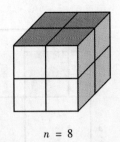 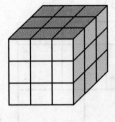

$n = 8$ 　　　　　　 $n = 27$

图 90　立方体的剖分

这样正方体可剖分成 $15,22,29,36,43,50,\cdots$ 和 $34,41,48,\cdots$ 个小正方块（将其中之一——分为八或一分为二十七即可）.

1946 年斯考特证明：$n = 1,8,15,20,22,27,29,34,36,38,39,41,43,45,46,48,49,50,51,52,53$ 及大于 54 时，正方体可剖分成 n 个小正方块.

1969 年，蒂尔（Von. C. Thiel）发现 $n = 54$ 时正方体亦可剖分，这样便有前面的结论（注意 $48 \sim 54$ 为 7 个连续自然数）.

具体地讲：首先，由 $20 = 3^3 - 2^3 + 1$，这就是说，如果将正方体分成 27 个小正方块，再将其中 8 个（比如在图 90 中的 8 个）并作 1 个，那么正方体就分成了 20 个小正方块. 于是，如果一个正方体可以分解成 n 个正方块，那么它也可以分解成 $n + 19$ 个正方块.

同样，注意到 $38 = 4^3 - 3^3 + 1$，于是，一个正方体可以分解成 38 个正方块，且据上面方法，也可以分解成 $45,52,\cdots$ 个正方块.

又因为 $27 = 20 + 7,39 = 20 + 19,46 = 20 + 26,53 = 34 + 19$，所以正方体可以分解为 $27,39,46,53$ 个正方块.

由于 $49 = 6^3 - 4 \times (3^3 - 1) - 9 \times (2^3 - 1)$，这表明先将正方体分解成 6^3 个边长为原正方体 1/6 的正方块，再将正前面的 4×3^3 个正方块合成 4 个正方块，中间 9×2^3 个正方块合成 9 个正方块，就可以得出 49 个正方块（图 91）.

同样，等式 $51 = 6^3 - 5 \times (3^3 - 1) - 5 \times (2^3 - 1)$ 表明正方体可以分解为 51 个正方块. 做法仍是先将正方体分解为 6^3 个正方块，再适当合并（图 92）. 假定原正方体边长为 6，其中边长为 3 的正方块有 5 个，边长为 2 的正方块有 5 个（下层 3 个，上层 1 个，还有 1 个在两层之间）.

为了将正方体分成 54 个小正方块，首先将底面为正方形、高为底面边长 2 倍的长方体（实际上就是两个相同的正方体垒在一起）分成 48 个正方块. 不妨设底面边长是 4 个单位，从正前面看去（主视图），有 2 个边长为 3 的正方块. 最上面是 4 个边长为 2 的正方块，其余都是边长为 1 的正方块，共有

$$2 \times 4^3 - 2 \times (3^3 - 1) - 4 \times (2^3 - 1) = 48$$

个正方块(图93).

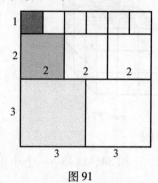

图91

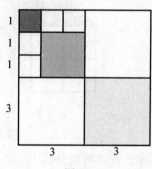

图92

分解成49个小正方块的俯视图. 设正方体棱长为6,边长为1,2,3的小正方块个数分别为$6^2,3^2,2^2$,这样共有$36 + 9 + 4 = 49$(个)小正方块

分解成51个小正方块的上层俯视图(下层的俯视图仍为上图),其中边长为3的正方块有5个,边长为2的正方块有5个(下层3个,上层1个,还有1个在两层之间). 至于边长为1的正方块,由图可知——共有$6 \times 2 + 5 \times 4 + 9 = 41$(个)

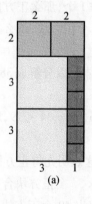

(a)

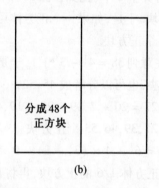

分成48个
正方块

(b)

图93

分解成54个正方块的示意图. 如图(a),先将两个边长为4的正方体叠在一起,将其分解为48个小正方块,其中边长为1,2,3的正方块分别有42,4,2个. 如图(b),假定一个正方块边为8,先将其分成8个边长为4的正方块,再选择两个叠在一起的正方块,按照图(a)的方法分成48个小正方块,这样就完成了$6 + 48 = 54$(个)正方块的剖分

一个正方体,假定它的边长为8,可以分成8个边长为4的正方块,其中6个保持不动,而将左前方的两个垒在一起的正方块,作为一个上面所说的$4 \times 4 \times 8$的长方体,分成48个正方块,这样原正方体便分成了$48 + 6 = 54$(个)正方块.

综上,我们已经给出将正方体分解为$n = 1,8,15,20,22,27,29,34,36,38, 39,41,43,45,46,48,49,50,51,52,53,54$个正方块的方法.

注意48,49,50,51,52,53,54 是7个连续整数,而如果正方体能分成 n 个正方块,那么它也能分成 $n+7$ 个正方块,所以对于大于 47 的整数 n,正方体都可以分成 n 个正方块.

正方体能否分解成 47 个正方块? 这是一个至今尚未获解的问题.

"数"与"形"的结合,历来就为数学家们推崇,"形"的直观常可以给"数"的性质以最生动的说明或诠释. 反之,数的简练又常使图形中某些难以表达的性质得以展现,解析几何学的建立,正是这种结合的最好例子. 它的诞生也是人们追求的另一种美 —— 形象(式)美的结果. 我们再来看一个例子.

公元1世纪以前,人们就知道了自然数前 n 项和、二次方幂和及三次方幂和公式(尼科梅切斯公式). 关于自然数四次方和公式,12 世纪由阿拉伯人得到. 至于自然数更高次方幂和的一般公式,是由荷兰数学家雅谷·伯努利在两个世纪前给出的.

自然数的某些方幂和有着直观的几何解释,比如

$$1 + 3 + 5 + \cdots + (2n - 1) = n^2$$

可从图 94 中得到(当然它的意义不止于此,它还启发我们探求某些自然数方幂和公式),但一些自然数高次方幂和的几何直观性就不那么强了.

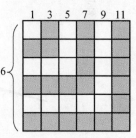

图 94

说到这里,自然使我们想起我们曾在"符号美"一节介绍的尼科梅切斯公式的几何表示(或解释)—— 图形符号表示. 这其实也是数学形式美的一种体现. 当然,这里所说的形式美,是指图形的整齐(规则)、简洁、明快,且对公式的寓意又能那么直观、形象、生动地表现.

勾股定理我们当然熟悉,与之相关的勾股数组我们也不陌生. 人们研究过勾股数组组成的三角形(毕达哥拉斯三角形)的许多性质,比方说:一边长为给定整数的毕达哥拉斯三角形有多少种? 这个问题与数论有关. 当然,即便把所有解求出来,有时仍显空泛,但是若将它们用"形"来刻画,不仅形象而且生动,同时还具有美感.

图 95 是几幅绘着有一边为 120 的毕达哥拉斯三角形的优美图案.

用"图"去诠释某些数列(级数)和,不仅看上去形式很美,而且直观、显见,让人过目难忘. 比如计算

$$\frac{1}{2} + \frac{1}{4} + \frac{1}{8} + \frac{1}{16} + \frac{1}{32} + \cdots$$

我们只需记住单位正方形的面积是 1,又它的一半是 $\frac{1}{2}$,再一半是 $\frac{1}{4}$,……

请看图 96(图中数字表示该图形面积,下同).

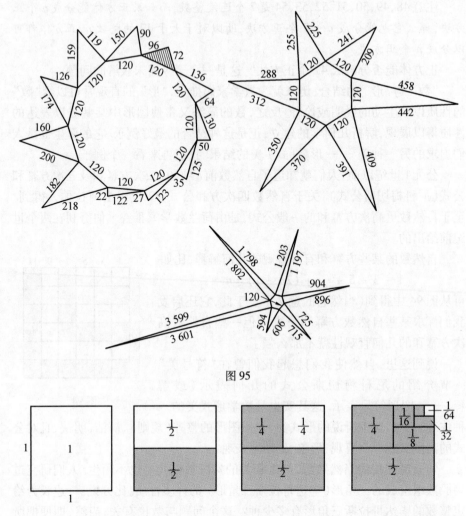

图 95

图 96

由上你不难看到：$\dfrac{1}{2} + \dfrac{1}{4} + \dfrac{1}{8} + \dfrac{1}{16} + \dfrac{1}{32} + \cdots = 1.$

再如，$\dfrac{1}{3} + \dfrac{1}{9} + \dfrac{1}{27} + \dfrac{1}{81} + \dfrac{1}{243} + \dfrac{1}{729} + \cdots$ 的值为多少？

倘若仍按上面方法考虑，不易直观地看出结果，请见图 97(a)．

但如若我们变换一种表示方式，将单位正方形剖分成面积为

$$\frac{1}{3}, \quad \frac{1}{9}\left(\frac{1}{3^2}\right), \quad \frac{1}{27}\left(\frac{1}{3^3}\right), \quad \frac{1}{81}\left(\frac{1}{3^4}\right), \quad \cdots$$

的图形各两个（图 97(b)），易见这些图形的面积和恰为 1. 换言之

$$\frac{1}{3} + \frac{1}{9} + \frac{1}{27} + \frac{1}{81} + \frac{1}{243} + \cdots = \frac{1}{2}$$

此外我们还可从图中方便地算得

$$\frac{1}{2} + \frac{1}{4} + \cdots + \frac{1}{2^k} \quad \text{和} \quad \frac{1}{3} + \frac{1}{9} + \cdots + \frac{1}{3^k}$$

的值(分别为 1 和 $\frac{1}{2}$).

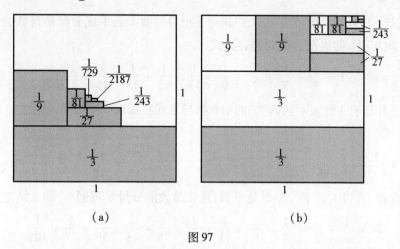

图 97

数是抽象的,图是直观的. 数形的巧妙结合使得数字与图形相得益彰,这种结合既使数学活泼、形象,又使数学生动、美丽.

数论中的堆垒问题,我们前面已有阐述,比如:

每个不小于 6 的偶数都是两个奇质数之和(哥德巴赫猜想);

每个自然数都是 3 个三角数、4 个四角(平方) 数、5 个五角数、……、k 个 k 角数和;

每个 $4k + 1$ 型质数都是两个完全平方数之和(费马定理);

每个自然数都是 4 个完全平方数,9 个立方数(从某数起只需 8 个、7 个立方数)、19 个四次方数、…… 之和(华林问题);

……

这里均是将数表示成某些特殊形式的数和(也是一种形式美!),这个问题早在古代埃及就已为人们注意到了,不过那时是进行分数运算.

单位分数(分子是 1 的分数) 又称埃及分数,这是古埃及人最早用来进行分数计算的. 他们那时是先将分数化成单位分数,然后再去运算. 然而单位分数作为分数的"堆垒"基础,同样有着许多迷人的性质,也引起过人们的极大兴趣.

1202 年意大利的斐波那契证明了：

任何真分数均可以表示成有限个单位分数之和.

(这个结论的详细证明是 1880 年由英国数学家西尔维斯特首先给出的)

400 年之后，人们对于上述结论再度深入研究时，又有新的发现. 1963 年有人证明了：任何整数均可表示为分母是某个等差(算术)数列中若干项的埃及分数之和.

又过了 10 年(1976 年)，人们找到了把自然数 1 表示成分母是奇数的且项数最少(9 项) 的埃及分数和的表达式

$$1 = \frac{1}{3} + \frac{1}{5} + \frac{1}{7} + \frac{1}{9} + \frac{1}{11} + \frac{1}{15} + \frac{1}{35} + \frac{1}{45} + \frac{1}{231}$$

另外还有 4 种表示法，它们的前 6 项与上式右面前 6 项相同，其余的 3 项分别为

$$\frac{1}{21} + \frac{1}{135} + \frac{1}{10395}, \quad \frac{1}{21} + \frac{1}{165} + \frac{1}{693}, \quad \frac{1}{21} + \frac{1}{231} + \frac{1}{315}, \quad \frac{1}{33} + \frac{1}{45} + \frac{1}{385}$$

此外，若将 1 表示为分母是奇数，且让最大的分母尽可能小，那么结论为

$$1 = \frac{1}{3} + \frac{1}{5} + \frac{1}{7} + \frac{1}{9} + \frac{1}{11} + \frac{1}{33} + \frac{1}{35} + \frac{1}{45} + \frac{1}{55} + \frac{1}{77} + \frac{1}{105}$$

其实，说穿了上述表示同正方形、三角形或其他几何图形的剖分是一样的，这里不过是将"数"剖分成"数"而已. 显然，这种剖分也应具备几何图形剖分同样的美感. 这也正好解释了人们为何会对堆垒数论中许多课题极感兴趣.

连分数、无穷(分数)级数常可用来表示某些特殊数，其实这种表示的本身就已具备美的形式(它整齐、规律、简洁). 至于某些重要的常数比如 π 和 e 的连分数及无穷分数的表示就颇具魅力，也颇有美感.

1658 年，布龙克尔(W. Brounker) 已经得到 $\dfrac{4}{\pi}$ 的连分数表达式(请注意数字出现的规律)：

$$1 + \cfrac{1}{2 + \cfrac{9}{2 + \cfrac{25}{2 + \cfrac{49}{2 + \cfrac{81}{2 + \cdots}}}}}$$

1937 年，欧拉给出 $e - 1$ 的连分数表达式(当然要表示 e 可将最左面的 1 换成 2 即可，而此形式便于总结规律)：

$$1 + \cfrac{1}{1 + \cfrac{1}{2 + \cfrac{2}{3 + \cfrac{3}{4 + \cfrac{4}{5 + \cdots}}}}} \qquad \text{或} \qquad 1 + \cfrac{1}{1 + \cfrac{1}{2 + \cfrac{1}{1 + \cfrac{1}{4 + \cdots}}}}$$

又如黄金数 $\omega = 0.618\cdots$ 的连分式：

$$\cfrac{1}{1 + \cfrac{1}{1 + \cfrac{1}{1 + \cfrac{1}{1 + \cfrac{1}{1 + \cdots}}}}}$$

（注意到若令该式为 a，显然有 $a = \dfrac{1}{1 + a}$，从而可解得 $a = \omega = 0.618\cdots$）

说到此处，我们也联想到了 1665 年沃利斯（J. Wallis）给出的 $\dfrac{\pi}{2}$ 的无穷乘积表达式

$$\frac{2 \cdot 2 \cdot 4 \cdot 4 \cdot 6 \cdot 6 \cdot 8 \cdot 8 \cdots}{1 \cdot 3 \cdot 3 \cdot 5 \cdot 5 \cdot 7 \cdot 7 \cdot 9 \cdots}$$

它们不仅形式上看来很美，同时在 π 和 e 的研究史上都有重要的意义.

此外，1593 年法国数学家韦达考察了单位圆内接正 $4,8,16\cdots$ 等边形时，利用三角函数给出

$$\pi = 2 \cdot \frac{2}{\sqrt{2}} \cdot \frac{2}{\sqrt{2 + \sqrt{2}}} \cdot \frac{2}{\sqrt{2 + \sqrt{2 + \sqrt{2}}}} \cdot \cdots$$

或 $$\frac{2}{\pi} = \sqrt{\frac{1}{2}} \cdot \sqrt{\frac{1}{2} + \frac{1}{2}\sqrt{\frac{1}{2}}} \cdot \sqrt{\frac{1}{2} + \frac{1}{2}\sqrt{\frac{1}{2} + \frac{1}{2}\sqrt{\frac{1}{2}}}} \cdot \cdots$$

1671 年格里高利也给出了 π 的一个级数和表达式（它展示了 π 与奇数间简单而令人惊讶的神奇联系）：

$$\frac{\pi}{4} = 1 - \frac{1}{3} + \frac{1}{5} - \frac{1}{7} + \frac{1}{9} - \frac{1}{11} + \cdots$$

尔后德国数学家高斯曾发现等式（他是用比较法得出的）

$$\sum_{n=1}^{\infty} \frac{1}{n^2} = \frac{\pi^2}{6}$$

新近法国人 Cloitre 发现了它的另一表达式

$$\frac{\pi^2}{6} = \sum_{n=1}^{\infty} \frac{1}{n^2} = \sum_{i=1}^{\infty} \sum_{j=1}^{\infty} \frac{(i-1)! \ (j-1)!}{(i+j)!}$$

而 e 的无穷级数表达式（牛顿给出）

$$1 + \frac{1}{1!} + \frac{1}{2!} + \frac{1}{3!} + \frac{1}{4!} + \frac{1}{5!} + \cdots$$

可以看成是 e 的一种定义，请注意 e 的极限表达式为

$$\lim_{n \to \infty}\left(1 + \frac{1}{n}\right)^{n} \text{ 或 } \lim_{x \to \infty}\left(1 + \frac{1}{x}\right)^{x}$$

上面这些事实如果说令人赞叹的话，下面的一些 π 的反正切表示式就更使人觉得奇妙了（当然，它们还有着重要的应用，比如计算 π 值等（表5）.

表5 π 值的一些表达式

年份	发 现 者	π 的 值
1706	梅钦（J. Machin）	$16\arctan\frac{1}{5} - 4\arctan\frac{1}{239}$
1794	勒让德（A. M. Lcgendre）	$16\arctan\frac{1}{5} - 4\arctan\frac{1}{70} + 4\arctan\frac{1}{90}$
1844	达斯（Z. Dase）	$4\arctan\frac{1}{2} + 4\arctan\frac{1}{5} + 4\arctan\frac{1}{8}$
1863	高斯（K. F. Gauss）	$48\arctan\frac{1}{18} + 32\arctan\frac{1}{57} - 20\arctan\frac{1}{239}$
1896	斯特默（C. Stömer）	$24\arctan\frac{1}{8} + 8\arctan\frac{1}{57} + 4\arctan\frac{1}{239}$
1948	弗格森（D. F. Ferguson）	$12\arctan\frac{1}{9} + 4\arctan\frac{1}{20} + 4\arctan\frac{1}{1985}$

形式美还在于规律性，人们对某些极有规律（则）的"特殊"往往倍加关注. 比如 2000 年 V. Duber 发现 15646 位素数就引得人们称奇

$$\underbrace{11\cdots1}_{1\,000个}\underbrace{22\cdots2}_{1\,000个}\underbrace{33\cdots3}_{1\,000个}\underbrace{44\cdots4}_{1\,000个}\underbrace{55\cdots5}_{1\,000个}\underbrace{66\cdots6}_{1\,000个}\underbrace{77\cdots7}_{1\,000个}\underbrace{88\cdots8}_{1\,000个}\underbrace{99\cdots9}_{1\,000个}\underbrace{00\cdots01}_{1\,000个}$$

人们对于某些特殊形式的数的研究，如梅森数、费马数、席泽尔（Schinzel）数、威廉斯（Williams）质数（确切地讲应称为单 1 或全 1 质数，见后文）等的研究，皆与它们自身的形式美不无关系.

法国女数学家吉尔曼（S. Germain）曾对"费马大定理"的特殊情形做过研究，人们将她曾考虑过的"如果 p 是质数，2p + 1 也是质数"的这类质数，称为吉尔曼质数. 至今为止最大的这类质数是 1998 年 1 月被发现的，它有 5 122 位.

这个数是 $92\,305 \times 2^{16\,998} + 1$，它的 2 倍加 1 是 $92\,305 \times 2^{16\,999} + 3$ 也是质数. 这类质数是否有无穷多个，人们不得知.

2002 年初，尤德巴克（G. Underbakke）给出 p 不是质数的 $a^{p} + 1$ 型质数

$$1\,266\,062^{65\,536} + 1$$

它有 399 931 位.

此外,我们还想指出,这种将数堆垒表示成某种数和(包括连分数)的形式,常被人们拓展到函数的情形.函数的幂级数展开、泰勒级数展开、傅里叶(J. B. J. Fourier)三角级数展开……正是这种对形式美(因展开式整齐、规则)追求(自觉或不自觉地)的必然结果(当然还有类比、拓广的功劳).

如果利用对数和根号(它们是数学符号)表示整数,比如

$$\log_2 \log_2 \underbrace{\sqrt{\sqrt{\cdots \sqrt{2}}}}_{n\text{层根号}} = -n$$

让你觉得奇妙,那么任何可积函数 $f(x)$ 均可以表示成三角级数(傅里叶级数)

$$\frac{1}{2}a_0 + \sum_{n=1}^{\infty} (a_n \cos nx + b_n \sin nx)$$

其中

$$a_n = \frac{1}{\pi} \int_0^{2\pi} f(x) \cos nx \mathrm{d}x, n = 0,1,2,\cdots$$

$$b_n = \frac{1}{\pi} \int_0^{2\pi} f(x) \sin nx \mathrm{d}x, n = 1,2,3,\cdots$$

这个结论更令人觉得称奇(尽管函数的傅里叶级数未必一定收敛,或即使收敛未必收敛到函数 $f(x)$ 本身).

若函数 $f(x)$ 在 $x = 0$ 的邻域 δ_0 内无穷次可微,且有常数 M 使 $|f^{(n)}(x)| < M(x \in \delta_0, n \in \mathbf{N})$,则 $f(x)$ 还可展成幂级数

$$\sum_{n=0}^{\infty} \frac{f^{(n)}(0)}{n!} x^n \quad (\text{麦克劳林展开})$$

函数的这些展开,从形式上看显然富有美感(整齐规则),从数学意义上讲更是有其深刻的内涵(在考虑函数性质研究中常起到化繁为简、变难为易之功效),有时候可方便计算.

数学中还有许多形式很美或看上去十分奇妙的公式,比如拉马努金(S. A. Ramanujan)公式

$$\int_0^{\infty} e^{-3\pi x^2} \frac{\operatorname{sh} \pi x}{\operatorname{sh} 3\pi x} \mathrm{d}x = \frac{e^{-\frac{2\pi}{3}}}{\sqrt{3}} \sum_{n=0}^{\infty} \left\{ e^{-2n(n+1)\pi} \prod_{k=0}^{n} [1 + e^{-(2k+1)n}]^{-2} \right\} =$$

$$\frac{e^{-\frac{2\pi}{3}}}{\sqrt{3}} \sum_{n=0}^{\infty} e^{-2n(n+1)\pi} (1 + e^{-\pi})^{-2} (1 + e^{-3\pi})^{-2} \cdots (1 + e^{-(2n+1)\pi})^{-2}$$

就令人觉得不可思议(它也是等式 $e^{-\pi i} + 1 = 0$ 的延拓),据称数学家沃特森(G. N. Watson)看到这个公式时,就像见到米开朗琪罗(B. Michelangelo)的名画《白天、傍晚及黑夜》那样兴奋与愉悦(它们二者之间如何比较倒是一个耐人寻味的话题),这当然源于上面公式的深刻、整齐、规则、优美,公式同时还展示了重要常数 e, π 间的某种奇妙的联系.

数学有其自身的美,这显然包括所求结果(论)的对称与符合比例,没有多余的成分以及方法严格地适合目的. 在数学之外,这些只有在最美的音乐、艺术、文学作品中才能见到.

数学是艺术,然后才是科学,因为数学家的活动是不断创造的,这与音乐家、艺术家、画家、作家的活动相似.

数学中的美与艺术美的相似性不像与自然美的相似性那样大,它反映了具有分析、反射、抽象、创新能力的思想,并取得了人们的一致认可与赞誉.

数学又是一种语言(伽利略语),且是内容、形式与结构上最完美的语言(可用来书写宇宙).

在结束本章之前,我们举一些数字运算中的"巧式""妙式",它们的巧妙在于形式,美也在于形式:

$1 + 2 = 3$, (三个连续自然数组成的等式)

$3^2 + 4^2 = 5^2$, (四个连续自然数组成的等式)

$3^3 + 4^3 + 5^3 = 6^3$, (五个连续自然数组成的等式)

$81 = (8 + 1)^2$, $2\,025 = (20 + 25)^2$, $3\,025 = (30 + 25)^2$,

$9\,801 = (98 + 01)^2$, $2^5 \cdot 9^2 = 2\,592$, $43 = 4^2 + 3^3$,

$63 = 6^2 + 3^3$, $135 = 1^1 + 3^2 + 5^3$, $175 = 1^1 + 7^2 + 5^3$,

$518 = 5^1 + 1^2 + 8^3$, $598 = 5^1 + 9^2 + 8^3$, $1\,306 = 1^1 + 3^2 + 0^3 + 6^4$,

$1\,676 = 1^1 + 6^2 + 7^3 + 6^4$, $2\,427 = 2^1 + 4^2 + 2^3 + 7^4$,

$438\,579\,088 = 4^4 + 3^3 + 8^8 + 5^5 + 7^7 + 9^9 + 0^0 + 8^8 + 8^8$, (这里规定 $0^0 = 1$)

$387\,420\,489 = 3^{87+420-489}$, $9^4 - 8^4 - 7^4 = 3^4 - 2^4 - 1^4$,

$(36\,363\,636\,364)^2 = \overline{13\,223\,140\,496\ 13\,223\,140\,496}$(双写数),

$145 = 1! + 4! + 5!$, $40\,585 = 4! + 0! + 5! + 8! + 5!$, …

$153 = 1^3 + 5^3 + 3^3$, (370,371,407 三数也有此性质,它们被称为"水仙花数")

$1\,634 = 1^4 + 6^4 + 3^4 + 4^4$, (8 208,9 474 亦然)

$54\,748 = 5^5 + 4^5 + 7^5 + 4^5 + 8^5$, (4 150, 4 151, 92 727, 93 084, 194 979 也有此性质)

$548\,834 = 5^6 + 4^6 + 8^6 + 8^6 + 3^6 + 4^6$.

这些形式上的数字美必然会吸引不少人去研究、去探索,去发现,又比如满足等式

$$\overline{a_1 a_2 a_3 \cdots a_n} = a_1^k + a_2^k + a_3^k + \cdots + a_n^k$$

的数(称为坎德尔(Kandle)数或完全数字不变数),经过人们的深入研究,终于

找到了这种数,且将结果总结成表 6.

表 6　10 位以下的坎德尔数表

k 的值	坎德尔数 $\overline{a_1 a_2 \cdots a_n}$
1	一切小于 10 的正整数及 0
2	除 1 外,等于其数字平方和的自然数不存在
3	$153 = 1^3 + 5^3 + 3^3$ （此外还有 370,371,407）
4	$1634 = 1^4 + 6^4 + 3^4 + 4^4$ （此外还有 8 208,9 474）
5	$54\ 748 = 5^5 + 4^5 + 7^5 + 4^5 + 8^5$（此外还有 92 727,93 084） 还有两个 4 位数 4 150 和 4 151,一个 6 位数 194 979
6	$548\ 834 = 5^6 + 4^6 + 8^6 + 8^6 + 3^6 + 4^6$
7	$1\ 741\ 725 = 1^7 + 7^7 + 4^7 + 1^7 + 7^7 + 2^7 + 5^7$ （此外还有 4 210 818,9 800 817,9 926 315） 还有一个 8 位数 14 459 929
8	$24\ 678\ 050 = 2^8 + 4^8 + 6^8 + 7^8 + 8^8 + 0^8 + 5^8 + 0^8$ （此外还有 24 678 051,88 593 477）
9	$146\ 511\ 208 = 1^9 + 4^9 + 6^9 + 5^9 + 1^9 + 1^9 + 2^9 + 0^9 + 8^9$ （此外还有 472 335 975,534 494 836,912 985 153）
10	$4\ 679\ 307\ 774 = 4^{10} + 6^{10} + 7^{10} + 9^{10} + 3^{10} + 0^{10} +$ $7^{10} + 7^{10} + 7^{10} + 4^{10}$

这种等于其组成数字 k 次方和的 n 位整数简称"完全数字不变数"(记为 PDI),若 $n = k$ 则称为"超完全数字不变数"(记为 PPDI).

人们已经发现:60 位以上的 PPDI 不存在(因为一个 n 位数的组成数字的 n 次方和不能超过 $n \cdot 9^n$,当 $n = 61$ 时,$61 \cdot 9^{61} < 10^{60}$).

但 PDI 是否无限多以及 PDI 能否为质数等问题,人们至今仍无定论.

数学美的奇异性

第 三 章

美在于奇特而令人惊异.

—— 培根(R · Bacon)

逻辑是贫乏的,而数学是最多产的母亲.

—— 阿诺尼姆斯(Anonymous)

数学家觉得 $\int_{-\infty}^{+\infty} e^{-x^2} dx = \sqrt{\pi}$ 是很显然的,就像外

行人看待 $2 \times 2 = 4$ 那样.

—— 开尔文(L. Kelvin)

奇异性是数学美的一个重要特性. 奇异性包括两个方面内容:一是奇妙,二是变异.

数学中不少结论巧妙无比,令人赞叹,正是因为这一点数学才有无穷的魅力.

变异是指数学理论拓展或统一性遭到破坏后,产生新方法、新思想、新概念、新理论的起点. 变异有悖于人们的想象与期望,因此就更引起人们的关注与好奇.

凡是新的不平常的东西都能在想象中引起一种乐趣,因为这种东西会使人的心灵感到一种愉快的新奇,满足它(心灵)的好奇心,从而得到原来不曾有过的一种观念.

数学中许多新分支的诞生,都是人们对于数学奇异性探讨的结果. 在数学发展史上,往往正是数学自身的奇异性的魅力,吸引着数学家向更新、更深的层次探索,弄他个水落石出!

1. 数学的奇异性

在绘画与数学中,美有客观标准. 画家讲究结构、线条、造型、肌理,
而数学家则讲究真实、正确、新奇、普遍……

—— 哈尔莫斯(P. R. Halmos)

审美趣味和数学趣味是一致或相同的.

—— 贝尔

英国哲人培根说过:"没有一个极美的东西不是在匀称中有着某种奇特."
他又说:"美在于奇特而令人惊异."

数学中有许多变异现象(有些则是人们没有认清事物本质而做出的错误
判断,有些则是有悖于通常认识的结论),它们往往与人们预期的结果相反. 令
人失望之余,也给了人们探索它们的动力(这是人类与生俱来的冲动所致)和
机遇.

奇异中蕴含着奥妙与魅力,奇异中也隐藏着真理与规律.

俗话说:"黄山归来不看岳." 看来黄山之美,可谓众名山之冠了. 黄山的美
在哪里? 在其奇峰怪石、悬崖峭壁、深谷幽壑、古松苍柏、清泉碧潭. 更令人赞
叹、感慨的是:登山路径的险峻,危阶千级,形同壁立,可谓"半山悬古刹,云端
挂天梯"(图1).

黄山迎客松　　　　　　　　　　　　黄山径崖

图1

数学之美犹如黄山,它既有奇例妙题,又有深境幽域. 探索它的一片艰辛,
胜利后的一丝幸悦,犹如攀登黄山的情趣.

让我们来欣赏数学中的这些奇异,领略一下其中的奥妙 —— 它们看上去
似乎"离经叛道",有悖于人们的想象和臆断,有悖于人们期待的规律和结果.

我们曾指出过:$e^{\pi\sqrt{163}}$ 与整数 $n = 262\ 537\ 412\ 640\ 768\ 743$ 仅差 10^{-12},就是
说 $e^{\pi\sqrt{163}}$(它不是一个整数,而是个超越数)一直算到小数点后第十位仍然都是
0(第十一位便不再是0).

$$e^{\pi\sqrt{163}} = 262\ 537\ 412\ 640\ 768\ 743.000\ 000\ 000\ 0\cdots$$

又如 $y = \sqrt{221x^2 + 1}$,当 $x = 1, 2, 3, \cdots, 19\ 162\ 705\ 352$ 时都不是整数,一直到 $x = 19\ 162\ 705\ 353$ 时, y 才是整数(值为 $278\ 354\ 373\ 540$).

这还不算稀罕,再看 $y = \sqrt{991x^2 + 1}$, y 的值 x 从 1 开始一直到 $x = 12\ 055\ 735\ 790\ 331\ 359\ 447\ 442\ 538\ 767$ 时,才是整数(即 $991x^2 + 1$ 才是完全平方数).

这些奇异的数字现象,无疑会引起人们的极大兴趣与关注,也会诱惑人们去探索、去寻根、去索源,这到底为什么?

(这些事实当然有其深刻的数学背景,对于前者我们可从解析数论及代数数论中找到答案;后者实际上与佩尔方程 $y^2 - dx^2 = 1$ 中 $\sqrt{d}$ 展成连分数时的周期有关,若它的周期很长,则上述方程的第一组整数解将很大,比如 $d = 1\ 612$ 时,使 y 为整数的最小 x 有 77 位,而当 $d = 9\ 781$ 时,则使 y 为整数的最小 x 为 155 位)

苏联数学家契巴塔廖夫(Н. С. Чеботорёв)依据下面事实
$$x - 1 = x - 1,$$
$$x^2 - 1 = (x - 1)(x + 1),$$
$$x^3 - 1 = (x - 1)(x^2 + x + 1),$$
$$x^4 - 1 = (x - 1)(x + 1)(x^2 + 1),$$
$$x^5 - 1 = (x - 1)(x^4 + x^3 + x^2 + x + 1),$$
$$x^6 - 1 = (x - 1)(x + 1)(x^2 - x + 1)(x^2 + x + 1)$$
$$\vdots$$

曾断言:将 $x^n - 1$ 分解成不能再分解的且具有整系数的因式以后,各项系数的绝对值都不超过 1.

他的同胞依万诺夫(В. К. Иванов)却发现: $x^{105} - 1$ 有下面的因式

$x^{48} + x^{47} + x^{46} - x^{43} - x^{42} - 2x^{41} - x^{40} - x^{39} + x^{36} + x^{35} + x^{34} + x^{33} +$
$x^{32} + x^{31} - x^{28} - x^{26} - x^{24} - x^{22} - x^{20} + x^{17} + x^{16} + x^{15} + x^{14} + x^{13} +$
$x^{12} - x^9 - x^8 - 2x^7 - x^6 - x^5 + x^2 + x + 1$

其中 x^{41} 和 x^7 的系数均为 -2 ,其绝对值大于 1. 这就是说,当 n 从 1 到 104 时,前面的断言都正确,而到了 $n = 105$ 却出现了反例.

下面的两个事实也耐人琢磨,催人寻味:

方程 $3x^2 - y^2 = 2$ 有无数组有理解,但 $x^2 - 3y^2 = 2$ 却没有有理解;

方程 $x^2 + y^2 = 1$ 有无数组有理解,但 $x^2 + y^2 = 3$ 却没有有理解.

上面每组的两个方程看上去(形式上)相差无几(或者说只差一点点),但结果是"差之毫厘,谬之千里".

前面我们曾介绍过所谓埃及分数(单位分数),这种分数的其他性质同样为人们关注.人们甚至将它抽象、升华成为不定方程的形式去研究.1950 年爱尔特希(P. Erdös)和斯特卢斯(E. G. Straus)猜测:

方程 $\dfrac{4}{n} = \dfrac{1}{x} + \dfrac{1}{y} + \dfrac{1}{z}$,对任何自然数 $n > 1$ 均有整数解.

这类变元个数多于方程个数,其解为正整数或有理数的不定方程,又称为丢番图方程,它是公元 3 世纪初古希腊数学家丢番图率先研究的问题.尔后,斯特卢斯又加强了此猜想:

$n > 2$ 时,方程 $\dfrac{4}{n} = \dfrac{1}{x} + \dfrac{1}{y} + \dfrac{1}{z}$ 有整数解,且互不相等.

他也对 $2 < n < 5\ 000$ 的情形进行了验证(结论无误).

1963 年,我国四川大学的柯召教授证明上面两个猜想是等价的,同时对 $n < 4 \times 10^5$ 的情况进行了验证(至 $n < 10^7$ 的情形验证由山本稔等人完成,尔后,弗朗希斯内(Franceschine)将验算上限推至 10^8).

1957 年波兰数学家希尔宾斯基曾猜测:

$n > 4$ 时方程 $\dfrac{1}{n} = \dfrac{1}{x} + \dfrac{1}{y} + \dfrac{1}{z}$ 总有整数解.

尔后,斯特瓦尔特证明 $n \leqslant 1\ 057\ 438\ 801$ 时,上面猜想成立.

1970 年沃恩(R. C. Vaughen)证明,几乎对所有的 $m, n \in \mathbf{N}$,方程

$$\frac{m}{n} = \frac{1}{x} + \frac{1}{y} + \frac{1}{z}$$

都有整数解.

由上可见,由于对数学中这些奇异现象或美的探求,人们也不断发现数学中新的奥秘和结论.

1969 年,数学家布累策(A. Bretze)在一本名为《数学游览》(The Mathematical Tour)的书中写道:

无法将 $\dfrac{5}{121}$ 表示为项数少于三项的单位分数,同时

$$\frac{5}{121} = \frac{1}{25} + \frac{1}{759} + \frac{1}{208\ 725}$$

但不知道上面式中最大分母 $208\ 725$ 是否为最小?

1983 年,华东交通大学的刘润根发现

$$\frac{5}{121} = \frac{1}{33} + \frac{1}{99} + \frac{1}{1\ 089}$$

同时,中国四川峨眉疗养院的一位医务工作者王晓明给出另外三组等式

$$\frac{5}{121} = \frac{1}{33} + \frac{1}{121} + \frac{1}{363}$$

$$\frac{5}{121} = \frac{1}{27} + \frac{1}{297} + \frac{1}{1\ 089}$$

$$\frac{5}{121} = \frac{1}{33} + \frac{1}{91} + \frac{1}{33\ 033}$$

新近上海宝山教师进修学院的王春风又给出

$$\frac{5}{121} = \frac{1}{44} + \frac{1}{55} + \frac{1}{2\ 420}$$

以上这些表达式中,最大的分母都比 208 725 要小许多.

它们是否是最小?不得而知.分数的这些奇特性质中蕴含的奥妙,远比"看上去"要多得多,否则古埃及人研究的东西今人为何对它仍有兴趣?

在平面几何的"尺规作图"中,把圆周等分成 2,3,4,5,6 等份均可作出,可是"七等分圆周"利用通常意义上的尺规却无法实现.

然而若 $N = 2^{2^n} + 1$(n 是 0 或自然数),且 N 是质数(即费马质数),则利用尺规可将圆周 N(包括它的 2^k 倍)等分(高斯定理).

如 $n = 0,1,2,3,4$ 时,$N = 3,5,17,257,65\ 537$ 是质数,故利用尺规可将圆等分成 $3,5,17,257,65\ 537$(或它们的 2^k 倍)等份.

勾股定理(国外又称毕达哥拉斯定理)是欧几里得几何中一个重要的定理(图 2),这个定理用代数式可简单地表示为

$$c^2 = a^2 + b^2 \qquad\qquad (*)$$

人们又把满足上面式($*$)的正整数 a, b, c 称为勾股数组(以它们为边的三角形又称毕达哥拉斯三角形),比如 3,4,5 便是其中的一组.

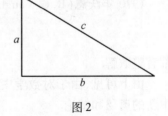

图 2

勾股数组有无穷多,它们的一般表达式为

$$a = 2mn, \ b = m^2 - n^2, \ c = m^2 + n^2 \quad (m, n \text{ 为正整数})$$

然而有无正整数满足 $a^3 + b^3 = c^3$(这一点人们自然容易想到)?或者更一般地,有无正整数 a, b, c 满足 $a^n + b^n = c^n$,这里 $n \geqslant 3$?

1640 年前后,费马在古希腊数学家丢番图的著作《整数论》中关于毕达哥拉斯三角形一节的空白处写道:

"$n \geqslant 3$ 时,方程 $x^n + y^n = z^n$ 没有非零的整数解(据原意用今日的数学语言所描述).我找到了这个定理的奇妙的证明,可惜这里太窄,无法把它写下."

这段迷人的话语吸引了无数著名的数学家.三百多年过去后,人们才终于找到了它的证明.

此前,数学大师欧拉于 1730 年对 $n = 3,4$ 的情形,给出了猜想的证明;迪利

克雷给出了 $n = 5$ 时的证明；德国数学家库默尔 1848 年在某些更高次幂的情形下，对猜想进行了证明. 后来，人们利用库默尔的方法，借助于大型高速电子计算机，证得 $n < 10^5$（包括它们的倍数）结论成立.

法国科学院曾于 1816 年和 1850 年两度以 3 000 法郎悬赏猜想证明者，德国也于 1908 年设了十万马克的奖金，这笔基金是沃夫斯凯尔（Wolfskoel）博士当年遗赠的.

这个貌似不很困难的问题曾令不少人跃跃欲试，因而论证的文章像雪片一样从四面八方飞来. 据说，当年的数论专家兰道（E. G. H. Landau），为了应付"解答者"，曾印了不少明信片，上面写道："亲爱的先生或女士，你对费马猜想的证明已收到，现予退回，第一个错误出现在第____页第____行."

人们也曾怀疑当年的费马是否真的找到了这个证明.

1983 年，联邦德国一位年仅 29 岁的大学讲师法尔廷斯（G. Faltings），在证明这个猜想上取得了被当时认为是突破性的进展. 他证明了：

$n \geq 4$ 时，$x^n + y^n = z^n$ 至多只有有限组本质上不同的正整数解.

说得详细些，他证明了与费马大定理有关的莫德尔猜想：

在 (u, v) 平面上，任一亏格大于或等于 2 的有理系数代数曲线 $F(u, v) = 0$（即该曲线至少有两个"洞"）最多只有有限个有理点.

而 $n \geq 4$ 时，费马曲线 $u^n + v^n = 1$ 的亏格不小于 2.

这一结果曾引起了国际数学界的轰动. 甚至当时有人认为这可能是"20 世纪解决的最重要的数学问题，至少对数论来讲，这个结果已达到 20 世纪的顶峰."（为此他获得 1986 年度数学最高荣誉 —— 菲尔兹奖）

它的结果也证明了 1922 年英国数学家莫德尔提出的"关于二元有理系数多项式解的个数的猜想."

1993 年夏，经七年潜心研究的数学家怀尔斯（A. J. Wiles）终于在剑桥大学的学术报告会上宣布他已证得费马猜想，可不久便有人指出他的报告中同样存在漏洞或瑕疵.

沉寂了一年后，1994 年 10 月 25 日，怀尔斯和他的学生泰勒修补了上述文章的缺陷，且将他们的论文《模椭圆曲线与费马大定理》和《某些赫克（Hecke）代数的环论性质》预印本以电子邮件形式在 Internet 网上向世界各地散发.

转年 5 月美国《数学年刊》全文刊出上面两篇文章，至此宣告：困绕人们 3 个多世纪之久的"费马大定理"被攻克.

谈到数学的奇异性，我们当然还会想到代数方程求根的问题. 其实关于代数方程根的定理，即"代数基本定理"已对这个问题作出结论：

复数域上的 $n(n \geq 1)$ 次方程 $x^n + a_1 x^{n-1} + \cdots + a_{n-1} x + a_n = 0$ 在复数范围内至少有一个根.

关于它,早在 1629 年法国学者日拉尔(Geral)便有猜想,1746 年法国的达朗贝尔给出定理的一个不太严格的证明,直到 1799 年,德国数学家高斯给出了这个定理的严格证明,后来他又给出了三种其他证法.

由上述定理我们可看到,代数方程根的存在性已毋庸置疑,但是要具体找出它们却远非易事.

对于一元二次方程,9 世纪时中亚细亚的学者穆罕默德·阿里·花拉子模(M. M. al-Khwārizmī)给出了它的求根公式,即方程 $ax^2 + bx + c = 0$ 的解为:

$$x = \frac{-b \pm \sqrt{b^2 - 4ac}}{2a}$$

一元三次方程解法较复杂,公元 4 世纪,希腊人已知道某些特殊三次方程的解法;公元 11 世纪阿拉伯学者海亚姆(Khayyami)也系统地研究过三次方程解法,但一般三次方程求根公式则是 1545 年意大利的卡尔达诺在他的《大法》一书中给出的.

尔后,卡尔达诺的学生费拉里(L. Ferrari)给出了一元四次方程的求根公式.

人们希望能循着二次、三次、四次方程的成果去寻找 $n(n \geqslant 5)$ 次方程的求根公式(这是代数学逻辑发展的必然和探求其内在美完整性的需要). 然而事与愿违,经过许多数学家近三百余年的努力,结果仍然是渺茫.

年轻的挪威数学家阿贝尔(N. H. Abel)总结了前人的教训,开始反思(从反面考虑)这个问题. 他在拉格朗日、鲁菲尼(P. Ruffini)等人的研究成果基础上证明了:

一般五次和五次以上代数方程的解不能用公式给出.

(注意"一般"两字,同时由此开辟了近世代数包括群论等的崭新学科的研究.)

这里所讲系"一般"代数方程,然而对于某些特殊的方程如 $x^n - p = 0$,它的解却可用公式给出.

法国的青年数学家伽罗瓦彻底解决了这个问题,他给出了 n 次方程可用公式解的充要条件(且由此而创立了"伽罗瓦理论"这个数学分支).

(顺便讲一句:1858 年埃尔米特用椭圆函数给出了一般五次方程的求根公式;尔后他又用富克斯函数给出了一般 n 次方程的求根公式,然而这已超出"初等"数学范围.)

数学中这种奇异的美学现象,在不定积分中也有表现,许多解析式非常复杂的函数的"原函数"容易写出来(即不定积分可以积出),然而有些看上去非常简单的函数的原函数却不能用有限形式(初等函数)表示(常称积不出),比如

$$\int \frac{\sin x}{x}\mathrm{d}x, \quad \int \frac{1}{\sqrt{x^3-1}}\mathrm{d}x, \quad \int \frac{e^x}{x}\mathrm{d}x, \quad \int e^{-x^2}\mathrm{d}x, \quad \cdots$$

调和级数 $\sum\limits_{k=1}^{\infty}\dfrac{1}{k}$ 发散是数学史上最令人意想不到的事情,如果注意到质数(质数)在自然数中分布越来越疏的事实①,下面的级数

$$\sum_p \frac{1}{p} \quad (p \text{ 遍历全部质数})$$

发散,更令人觉得奇妙(这也说明质数个数无穷多). 然而"怪"事还不止于此,比如:

从调和级数中除去所有含有数字9的项而得到的级数收敛(且它的和小于90).

同时,从调和级数中剔除含有其他数字 $(8,7,6,\cdots,2,1,0)$ 的项后,所得到的级数也同样收敛.

前面的结论也告诉我们下面一个事实:

就大范围的自然数而言,"几乎所有"的数都含有数字9,即就自然数的总体而言,随机地选取一个数它不含数字9的概率是0. 且对于其他数字 $8,7,\cdots,$ $2,1,0$ 也有同样的结论. 由此我们还有:

随机地选出一个自然数,该数几乎均可包含从0和 $1 \sim 9$ 的每个数字.

对于级数敛散判定及求和,有些问题一直困扰着人们.

比如收敛级数 $\sum u_n$ 的任两项间皆加入有限个0(称之为加稀级数),它虽不影响级数的敛散性,但却可能破坏其可和性(即按原来求和方式不可求和或和与原来级数和值不同). 要把这些神秘面纱除去,人们还须做很多工作.

下面来看看骨牌铺砌问题,即用标有数字(或称赋值)的骨牌,按照某种规定砌满整个平面的问题与图论这个学科有关.

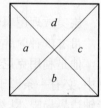

比如我们要求用有限种形如右图的骨牌(图3中 $a,b,c,$ d 为该边上的某种赋值)去布满平面,使两张骨牌在邻接处的边的赋值有相同的值(不许转动或反射骨牌).

图3

用图4六种骨牌可按上面要求砌满整个平面.

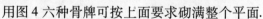

① 若 $\pi(x)$ 表示不超过 x 的质(素)数个数,则有 $\lim\limits_{x\to\infty}\dfrac{\pi(x)}{x}=0$ 或 $\lim\limits_{x\to\infty}\dfrac{\pi(x)\ln x}{x}=1$.

如果有了黎曼猜想,则 $\pi(x)$ 可以精确表示为 $\dfrac{x}{\ln x}+E(x)$,其中 $E(x)$ 是随 x 而变化的常数,它与 $\zeta(s)=\sum\dfrac{1}{n^s}$(Zeta 函数)有关.

图 4

事实上它是通过图 5 的 2 × 3 矩形 (注意它的对边上的数字分别相等) 一再重复来实现的.

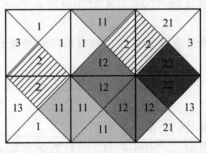

图 5

然而人们不难发现, 用图 6 三种规格的骨牌按照上面的要求是铺不满整个平面的.

图 6

旅美数理逻辑学家王浩博士对此问题给出下面的定理:

用有限种骨牌, 若能砌满第一象限, 就能砌满整个平面.

他是利用克尼格 (König) 无限性引理 (在一个结点的次数有限的无限有向树中, 必有一条源于根的无限路) 证明的. 注意: 因第一象限受 X 右半轴和 Y 上半轴边界局限, 既然不准转动与反射, 故第一象限可砌性并不提示其他象限的可砌性.

关于图形裁拼问题, 著名的希尔伯特第三问题, 也是这种奇异数学美的精彩例证.

两个几何图形面积相等, 则称它们大小相等; 若能将其中之一经有限次分割组成另一个图形, 则称它们组成相等 (图 7).

1832 年匈牙利数学家鲍耶、1833 年德国人盖尔文 (Gerwien) 证明了:

两个大小相等的多边形一定组成相等.

他们的证明依据了下面的五条引理 (这里 "≃" 表示组成相等)

（1）图形 $A \simeq B$，又 $B \simeq C$，则 $A \simeq C$；

（2）任何三角形 $\simeq$ 某矩形；

（3）等底等积的两平行四边形组成相等；

（4）等积的两矩形组成相等；

（5）多边形 $\simeq$ 矩形.

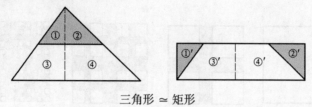

三角形 $\simeq$ 矩形

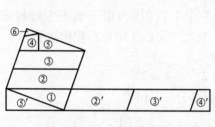

矩形 $\simeq$ 正方形

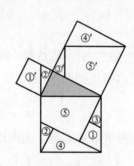

两正方形 $\simeq$ 大正方形

图 7

然而把这里的结论推广到空间情况如何？也就是说：

两个体积相等的多面体，是否也组成相等？（希尔伯特第三问题）

这是希尔伯特于 1900 年在第 2 届世界数学家大会（ICM）上所作的《数学问题》的著名演讲中第三个问题，当年问题就被他的学生戴恩（M. Dehn）否定地解决了，他证明了：

存在这样的两个四面体，它们的体积相等，但组成不相等.

上面的问题当从平面向空间（从二维向三维）推广时遇到了麻烦，这似乎与人们的猜想相悖.

然而图形的大小相等与组成相等是两个不同的概念. 高斯曾在研究《几何原本》时惊奇地发现：该书第 2 卷中，欧几里得没有像定义平面图形面积那样用分割的方法定义几何体体积相等，而是用了穷竭法的极限过程. 在那里欧几里得似乎发现或"感觉"到问题的复杂性.

平面中的点、线、面又是什么？

在欧几里得几何中，"点"被定义（严格地讲是被描述成）为没有长、没有宽、没有厚的对象；"线"被定义成"有长无宽"；面由线平行移动产生. 然而下面的例子说明上述定义的欠缺.

取面积为 1 的正方形(单位正方形,图 8(a)),从中挖去一个十字(图 8(b)),其宽度是使挖去部分面积为1/4. 在剩下的四个小正方形中仿照上面办法重复上面的步骤,且使每次挖去的十字形面积为上一次挖去面积的一半(图 8(c),(d)):

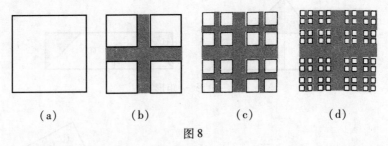

(a)   (b)   (c)   (d)

图 8

其"极限图形",虽然像"散开"的一个个点(因为留下的正方形越来越小),却仍然有正的面积. 这只需注意到:每次挖去的十字形面积依次为

$$\frac{1}{4}, \quad \frac{1}{4 \times 2}, \quad \frac{1}{4 \times 2^2}, \quad \frac{1}{4 \times 2^3}, \quad \cdots$$

在极限情形留或剩下的图形(无阴影部分) 面积为

$$\lim_{n \to \infty}\left[1 - \left(\frac{1}{4} + \frac{1}{4 \times 2} + \cdots + \frac{1}{4 \times 2^n}\right)\right] = \frac{1}{2}$$

我们再来看看所谓"皮亚诺曲线",它是一个可以充满正方形的曲线,这种曲线是1890 年由意大利数学家皮亚诺给出的.

我们把正方形分成 $4,16,64,\cdots,4^n,\cdots$ 个相同的小正方形,然后从每个小正方形中去掉一些边,形成极为曲折的"密纹迷宫",这些迷宫的中位曲线(图 9中的虚线) 越来越密.

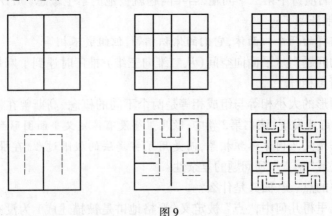

图 9

耐人寻味的是：这些中位曲线的极限情形，是一个可以充满整个正方形的曲线——皮亚诺曲线.

波兰数学家希尔宾斯基也给出一个可以充满平面的曲线：如图 10(a)，田字格中所给曲线称为第一级曲线；仿照图 10(a) 将每个小正方形格子加细，再将每个田字格子曲线沟通成第二级曲线，重复上面的过程可以得到三、四、……级曲线.

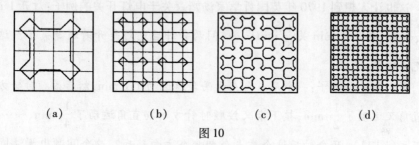

(a)   (b)   (c)   (d)

图 10

如此下去，在极限情形得到的曲线即可填满整个正方形.

数学中这些奇异的现象的背后固然有着深刻的背景，但它同时又给了数学家某些机会，这也是数学家们追求数学(奇异) 美的必然，这一点我们后文将详述.

波斯特(E. L. Post) 问题也是一个很奇妙的问题.

事情还得从头说起. 哥德尔曾指出：不仅是数学的全部，甚至是任何一个有意义的分支，也不能用一个公理系统概括起来.

然而希尔伯特却认为：“对数学的理解是没有界限的，…… 在数学中没有不可知！”

20 世纪 40 年代，美国数学家波斯特提出一个与“字”有关的问题，且证明它即使用“万能的”计算机(与抽象的计算机等价)，也不能解决. 问题是这样的：

有两组字母表 $\{a, b\}$ 上的字

$$\alpha_1, \alpha_2, \alpha_3, \cdots, \alpha_n; \quad \beta_1, \beta_2, \beta_3, \cdots, \beta_n$$

我们试试看：

$\alpha_1 = \beta_1$? 若等式成立，打出序号 1；

$\alpha_2 = \beta_2$? 若等式成立，打出序号 2；

……

$\alpha_k = \beta_k$? 若等式成立，打出序号 k.

继而，再来判定：

$\alpha_i \alpha_j = \beta_i \beta_j$? 若等式成立，打出序号 $ij(1 \leq i, j \leq n)$；

$\alpha_i \alpha_j \alpha_k = \beta_i \beta_j \beta_k$? 若等式成立，打出序号 $ijk(1 \leq i, j, k \leq n)$；

……

$\alpha_{i_1}\alpha_{i_2}\cdots\alpha_{i_s} = \beta_{i_1}\beta_{i_2}\cdots\beta_{i_s}$? 若等式成立,打出序号 $i_1 i_2 \cdots i_s$;

……

如此下去,试问:任给两组字的序列,你能否判定会不会出现这样的对应等式? 只需回答"是"与"否".

波斯特证明:对这个问题既不能回答"是",也不能回答"否",从而是不可判定的.

这也让人想到1970年英国哲学家汤姆森关于电灯开关的例子:灯开 1 min 关 $\frac{1}{2}$ min;再开 $\frac{1}{4}$ min 关 $\frac{1}{8}$ min;…… 问两分钟后电灯是开着还是关了? 这问题无法回答.

再来看一个例子:一个质点自东向西匀速运动了 1 min,然后按顺时针方向拐直角又运动了 $\frac{1}{2}$ min,接下来又按顺时针方向拐直角运动了 $\frac{1}{4}$ min,…… 如此下去(图 11),两分钟后这个质点会朝哪个方向移动? 这个问题也无法回答(但该质点将要达到的位置却可以求出,如图 11 点 P 位置).

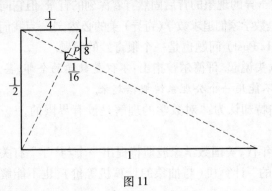

图 11

数学中的奇异现象还有另一种含义:当人们没有认清它而做出错误的判断、结论或给出不尽完美的方法时,将会出现一些"反例"(这是数学自身严格性、和谐性的必然).

要证明一个结论,须考虑全部情形和所有情况;然而要推翻一个结论,只需举出一个反例即可.

"反例"的出现,既体现制造者的匠心,也从另外一方面说明数学的严谨与和谐(容不得半点"虚假").

我们有理由这样说:数学中那些最美妙、最令人意想不到的反例,从另一角度说却是数学的一种奇异美. 来看一些例子.

欧拉关于多面体顶点数 V、棱数 E 和面数 F 间的著名公式

$$V - E + F = 2 \qquad\qquad (\text{欧拉公式})$$

可谓脍炙人口,然而由于对公式的适用范围未加限制,竟引来一批令人失望的反例 —— 当然这也从正面告诫人们:欧拉公式的适用范围有限.

反例正是指出了使用者没有注意公式或定理中的前提,或者是说明命题或公式中存在某些缺陷.

表 1 中给出的反例正是说明欧拉公式并非对任何多面体都成立,关于这点1893 年庞加莱曾将公式修改为:

对任何凸多面体而言,其顶点数 V、棱数 E、面数 F 满足 $V - E + F = 2$.(其中 $V - E + F$ 称为欧拉示性数.)

表 1

年　代	举　反　例　者	反　例　图　形　及　结　论
1812 ~ 1813 1818	吕里埃 (Lhuilier) 日果内 (J. D. Gergonne)	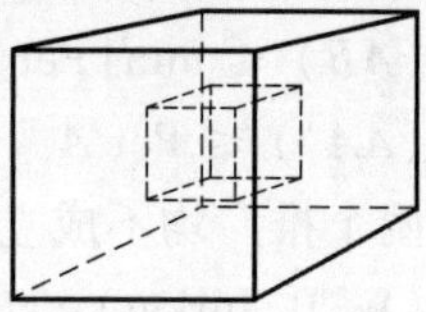 $V - E + F = 4$
1832	赫塞尔 (F. Hessel)	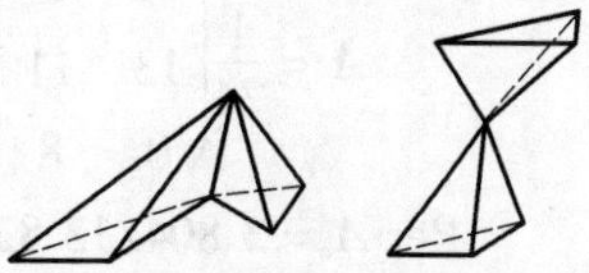 $V - E + F = 3$
1812	吕里埃 (Lhuilier)	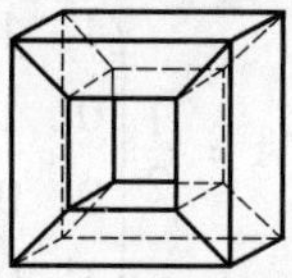 $V - E + F = 0$
—	—	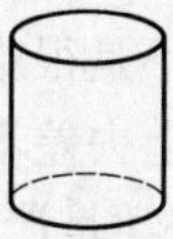 $V - E + F = 1$
1810	庞索特 (L. Poinsot)	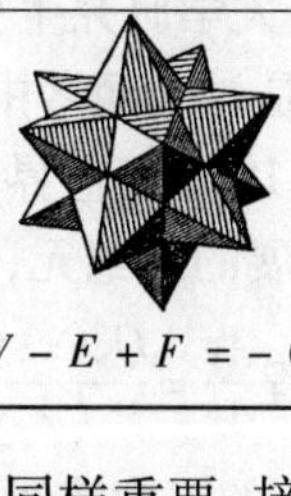 $V - E + F = -6$

由上诸例可看出:反例的美学价值与数学价值同样重要. 接下来是一个与范・德・瓦尔登有关矩阵和积式猜想的反例.

我们知道,若方阵 A 的元素都非负,且各行、各列元素和均为1,则称 A 为双随机矩阵.

又若 A 是一个 $m \times n$ 阵,且 $A = (a_{ij})_{m \times n}$,则称

$$\sum_{i_1 \cdots i_m \in P_n^m} a_{1i_1} a_{2i_2} \cdots a_{mi_m}$$

为 A 的和积式,且记为 Per A. 这里 P_n^m 为从 $1,2,\cdots,n$ 中取 $m(m \leqslant n)$ 个元素的排列全体.

对于双随机阵及其和积式,范·德·瓦尔登猜测

$$\text{Per } A \geqslant n! \ / n^n$$

这个猜想已于1981年为伊格切尔(G. P. Egorgcher)等人证得. 接下来有人便将上述不等式加以推广:

(1) $\text{Per}(AB) \leqslant \min\{\text{Per } A, \text{Per } B\}$

(2) $\text{Per}(AA^{\mathrm{T}}) \leqslant \text{Per } A$.

遗憾的是这两个推广均不成立.

尤卡特(W. B. Jurkat)给出下面的例子推翻了结论(1)

$$A = \frac{1}{24}\begin{pmatrix} 11 & 5 & 8 \\ 13 & 11 & 0 \\ 0 & 8 & 16 \end{pmatrix}, \quad B = \frac{1}{2}\begin{pmatrix} 1 & 1 & 0 \\ 1 & 1 & 0 \\ 0 & 0 & 2 \end{pmatrix}$$

$$\text{Per } A = 3\ 804/13\ 824 < \text{Per } (AB) = 3\ 840/13\ 824$$

纽曼(M. Newman)给出下面的例子推翻了结论(2)

$$A = \frac{1}{2}\begin{pmatrix} 1 & 1 & 0 & 0 \\ 0 & 1 & 1 & 0 \\ 0 & 0 & 1 & 1 \\ 1 & 0 & 0 & 1 \end{pmatrix}, \quad AA^{\mathrm{T}} = \frac{1}{4}\begin{pmatrix} 2 & 1 & 0 & 1 \\ 1 & 2 & 1 & 0 \\ 0 & 1 & 2 & 1 \\ 1 & 0 & 1 & 2 \end{pmatrix}$$

$$\text{Per}(AA^{\mathrm{T}}) = 9/64 > \text{Per } A = 8/64$$

例子看上去不是很难,无非是数的乘乘加加,但它否定的是一个著名猜想,而该猜想让人看上去差不多是对的,甚至不少时候在使用它.

这就是说:数学是严谨的,来不得半点迁就与虚假,否则,反例的出现是必然的. 我国科技大学研究生史松龄1978年给出的"二次系统出现至少四个极限环的例子",也是一个闻名中外的反例.

前文已述,1900年世界数学家大会上希尔伯特提出23个数学问题,揭开了20世纪数学发展的新纪元,其中第16问题中关于微分方程部分有:

求微分方程 $\dfrac{\mathrm{d}y}{\mathrm{d}x} = \dfrac{Q_n(x,y)}{P_n(x,y)}$ (*) 的极限环的最大数目和位置,其中 $P_n(x,y)$, $Q_n(x,y)$ 是 x,y 的 n 次多项式.

这个问题曾引起许多数学家的关注,人们做了不懈的努力,但进展缓慢.

若记 $H(n)$ 为方程(*)极限环的最大数目(这里 n 为多项式 P_n, Q_n 的次数),则此前人们已有下述成果:

1955 年,苏联科学院院士数学家彼德罗夫斯基(И. Г. Петровский)与朗吉斯(Ландис)证明:$H(2) = 3$.

1956 年,马尔恰诺夫(Малчанов)再次肯定 $H(2) = 3$.

1965 年,切尔卡斯(Черкас)也肯定 $H(2) = 3$.

1967 年,朗吉斯与彼德罗夫斯基曾声称他们 1955 年的证明有误,但 $H(2) = 3$ 的结论仍然成立.

上述结论却被史松龄的例子推翻. 史松龄的例子是

$$\begin{cases} \dfrac{dx}{dt} = \lambda x - y + 10x^2(5 + \delta)xy + y^2 \\ \dfrac{dy}{dt} = x + x^2 + (-25 + 8\varepsilon - 9\delta)xy \end{cases}$$

其中 $\lambda = -10^{-250}, \varepsilon = -10^{-70}, \delta = -10^{-18}$.

在这个二次系统中,可作出四个庞加莱 – 班迪克逊(Poincare-Bendixson)环域,而每一个里面至少存在一个极限环,从而 $H(2) \geqslant 4$,推翻了苏联学者的结论(图 12).

反例是艰涩的,也是美妙的. 精彩、奇异的反例,构造起来更加困难,它首先要求构造者对问题深思熟虑,搞清其前因后果、来龙去脉,然后抓住命题或方法的弱点,专门敲打"痛处"(谈何易!).

在应用数学中,对于某些方法优劣的检验,有时也要去构造反例(数学家个

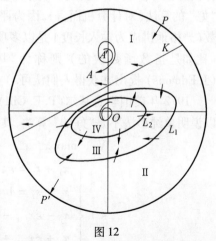

图 12

个都是那样挑剔,他们都在企图从鸡蛋中挑出骨头)—— 使方法乏力或失败的例子,即使这些例子在现实生活几乎遇不到. 我们知道:在"运筹学"学科中,线性规划的重要性不言而喻,解线性规划的(主)重要方法是单纯形法. 使解线性规划问题的单纯形法失效的例子即是属于此类.

线性规划的方法已被广泛地应用到科学研究、工程设计、活动安排、军事指挥、经济规划、经营管理等许多部门,而其中的单纯形方法(1947 年由美国的丹齐格(G. B. Dantzig)提出)被认为最有效的方法. 在处理大量的实际问题中,几乎没有遇到什么麻烦,但霍夫曼在 1951 年却造出一个使单纯形法失效的例子 —— 在单纯形的迭代中,总有几组基底轮番出现、循环不止(它被称为循环或退化). 1955 年,博尔(E. M. L. Beale)又给出另外一个例子,即

目标函数(V):$\min y = -\dfrac{3}{4}x_1 + 150x_2 - \dfrac{1}{50}x_3 + 6x_4$;

约束条件(s.t.):

$$
\begin{cases}
\dfrac{1}{4}x_1 - 60x_2 - \dfrac{1}{25}x_3 + 9x_4 + x_5 &= 0 \\[2mm]
\dfrac{1}{2}x_1 - 90x_2 - \dfrac{1}{50}x_3 + 3x_4 \quad\quad + x_6 &= 0 \\[2mm]
x_3 \quad\quad\quad\quad\quad\quad + x_7 &= 1 \\[2mm]
x_i \geqslant 0, i = 1,2,\cdots,6,7 &
\end{cases}
$$

(当然,若分析到上述反例的实质即出现循环的原因后,我们可对单纯形法稍加改进,即施展某些技巧而使上面问题可以用该方法解出,比如采取"摄动"技巧.)

不仅如此,单纯形法还遇到了另外的"麻烦".众所周知:线性规划作为一种模型在许多领域大获成功,然而它的最常用解法——单纯形方法却不是"好"的算法(对计算机而言).因为评估一个算法好坏的标准是:若它的运算次数(严格地讲应为输入长度)是以多项式函数为上界的,则称它为"好的";否则(比如是指数函数次的)则称为"坏的".(这个概念是 1965 年埃德牟斯(J. Edmous)提出并获得人们认可.)

1972 年美国学者基尔(P. E. Gill)和米蒂(K. G. Murty)构造出一个反例,以说明单纯形法不是"好的"算法,其复杂性为 $O(2^n)$.这个例子是:

$$V:\quad \max x_n$$

$$
\text{s. t.}\begin{cases}
x_1 + r_1 = \varepsilon, & 0 < \varepsilon < 0.5 \\
x_1 + s_1 = 1 \\
x_j - \varepsilon x_{j-1} - r_j = 0, & j = 2,3,\cdots,n \\
x_j + \varepsilon x_{j-1} + s_j = 1, & j = 2,3,\cdots,n \\
x_j, r_j, s_j \geqslant 0, & j = 1,2,\cdots,n
\end{cases}
$$

这是一个有 $3n$ 个变元,$2n$ 个约束的线性规划问题,它是经改进的例子(图 13),原来的问题是:

$$V:\max z = \sum_{j=1}^{n} 10^{n-j}x_j$$

$$
\text{s. t.}\begin{cases}
x_j + 2\sum_{i<j} 10^{j-i}x_i \leqslant 10^{2j-2}, & j = 1,2,\cdots,n \\
x_j \geqslant 0, & j = 1,2,\cdots,n
\end{cases}
$$

它的可行域是由一个 n 维长方体作出扰动而得到的,它共有 2^n 个极(顶)点,使用单纯形方法求解时,若从某个极(顶)点出发需迭代 $2^n - 1$ 次才收敛到最优解,这显然不是个"好"算法.

为了探讨线性规划问题 max 或 $\min\{cx \mid Ax \vee b, x \vee 0\}$ 解中"好的"算法(其中 $c, x, b \in \mathbf{R}^n, A \in \mathbf{R}^{m\times n}$, $\vee$ 表示等或不等号),人们相继做了许多工作,且使问题有了进展. 其中:

1979 年苏联的哈奇扬(L. G. Khachiyan)给出了线性规划问题的第一个多项式算法(椭球算法),但它的实算效果不佳,故实际意义不大(但有重要的理论价值).

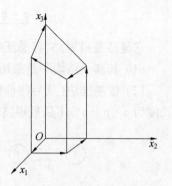

$n = 3$ 时的情形按单纯形法迭代过程中经历了所有的可行域顶点

图 13

1984 年旅美印度学者卡尔马卡尔(N. Karmarkar)又给出一个多项式算法(射影变换法,它不是沿问题可行域表面严格地讲是极点处进行搜索,而是从其内部穿行,到最优解处),它在解决变元个数很大的线性规划问题时甚为有效(比如 $n > 5\,000$,它的计算速度比单纯形法快 50 倍).

与之同时一个问题又被提了出来:既然单纯形方法不是"好的"算法,为何在处理大量实际问题却显得十分有力?

人们研究发现:实际中遇到的线性规划问题使用单纯形法迭代的平均次数约为 $O(n)$(即在 n 与 $2n$ 次之间, n 系问题变元个数).

为了解释这一现象,斯梅尔(S. Smale)从统计角度做了深入的研究,他证明了:

线性规划问题使用单纯形法是"坏的"算法的例子的概率是 0.

此外,波格瓦特(K. H. Borgwardt)于 1982 年指出:单纯形法迭代次数的数学期望值不高于 $O(mn^4)$,这里 m, n 系约束系数矩阵的行列数.

1983 年斯梅尔又证明了下面的结论:

解线性规划问题单纯形法平均迭代次数是多项式次的.

我们知道动态规划的理论基础是贝尔曼(R. Bellman)最优化原理,用网络的术语,该原理可叙述为:

网络最短路的后部子路必是最短的.

(该原理的一般表述为:作为整个过程的最优策略,无论过去的状态和决策如何,对前面所形成的状态而言,余下的诸决策必构成最优策略.)

该原理能否普遍适用? 否. 1982 年胡德强曾给出一个反例,1988 年郑州大学的范明对它进行了改进,改进后的反例为:

考虑图 14 所示网络,定义:路长 $\triangleq \sum$ 弧长 $(\bmod\ m)$,这里 $m = pq$,而 p, $q \in \mathbf{Z}_+$(正整数集),且 $(p, q) = 1$,及 $p < q$,求 S 到 p 的最短路.

该网络中,全由下弧组成的从 S 到 p 的路长为

$$\underbrace{q + q + \cdots + q}_{p \uparrow} \equiv 0 \ (\text{mod } m)$$

它显然是最短路,容易证明:

(1) 其真子路均不是最短路;

(2) 按逆推法(从后往前推算)找到的"最短路"为全由上弧组成的路,其长度为 $p \cdot p = p^2$,不是最短路.

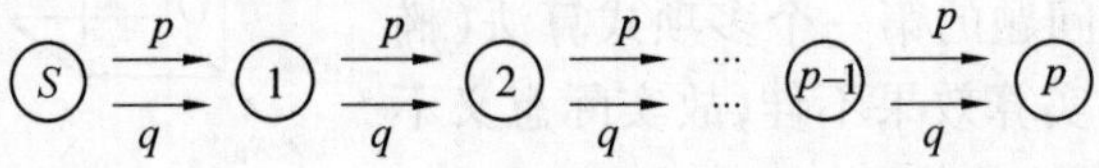

图 14

比如当 $p = 3$,$q = 5$,则 $m = pq = 15$. 这样对图 15 所示网络,若定义路长 $\triangleq$ $\sum$ 弧长(mod 15),由 S 到 ③ 的最短路由下弧组成,其长度为 $5 + 5 + 5 \equiv 0 (\text{mod } 15)$.

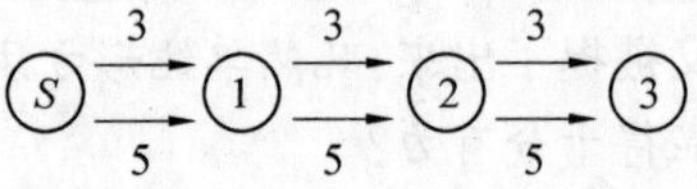

图 15

但是,(1) 其(下弧)真子路均非最短;(2) 按逆推算法找出的"最短路"由上弧组成,其长为 9,非最短.

下面的例子也许应该称为"正例",因为命题结论是某种东西不存在,但举出一个例子后,接二连三地又找出其他例子说明这种东西存在. 这种例子在数学史上是屡见不鲜的,可下面的例子从结论到否定前后相继 200 年.

1769 年欧拉在证明了 $x^3 + y^3 = z^3$ 无非平凡整数解(费马猜想的一个特例)后曾提出如下猜想:

丢番图方程(即不定方程)

$$x_1^n + x_2^n + \cdots + x_{n-1}^n = x_n^n \quad (n \geqslant 4) \tag{$*$}$$

无(非平凡)整数解.

(注意式中指数与下标间的关系)200 年过去了,人们对此虽无异议,但无人给出证明. 然而 1966 年拉德尔(L. J. Larder)和帕肯(T. R. Parkin)却意外地发现了下面的反例

$$27^5 + 84^5 + 110^5 + 133^5 = 144^5$$

此后 20 年(1988 年末)埃里凯斯(Noam D. Elkies)利用椭圆函数曲线理论证明:

方程($*$)有无数多组(非平凡整数)解.

他同时给出了下面的例子

$$2\ 682\ 440^4 + 15\ 365\ 639^4 + 18\ 796\ 760^4 = 20\ 615\ 673^4$$

在这前,人们对于 $n=4$ 时方程($*$)有无解仍未有定论.

由于该解的出现,埃里凯斯便能利用椭圆函数曲线的理论(他引用一束亏格为1的曲线,依赖于 $a^2+b^2+c^2=d^2$ 中 a,b,c,d 是整数,而在这束曲线中找到有可能产生一个有理点以否定欧拉猜想的最简单曲线)可以从这个解递推出任意多个其他解.

尔后,富瑞(R. Frye)找到了 $n=4$ 时欧拉方程($*$)的最小解

$$95\ 800^4 + 217\ 519^4 + 414\ 560^4 = 422\ 481^4$$

然而借助椭圆函数曲线理论解题的思想,其意义远不止于此,如前述,美国普林斯顿大学的怀尔斯1994年成功地证明了费马猜想($x^n+y^n=z^n,n\geqslant 3$ 无非平凡整数解).

怀尔斯的证明,正是借助于椭圆曲线理论、伽罗华表示及模形式的结果.

金无足赤,人无完人. 大师们的失误是不可避免的,但这同样能让人理解,且丝毫不会抹去他们的成就、影响他们的光辉. 下面的事实也与欧拉有关,但它似乎更生动、更有魅力.

今有红、黄、蓝三色棋子各3枚,每色棋子上分别标以数字1,2或3,你能否把这些棋子摆在一个 3×3 的九宫格中,使得每行、每列既要有红、黄、蓝3色棋子,又要出现标有1,2,3的棋子?

这个问题动动脑筋并不难解决(见图16,注意字母与数字、颜色的对应). 它其实是一个"双拉丁方"(严格地讲应称为"正交拉丁方")问题.

a	b	c
b	c	a
c	a	b

A	C	B
B	A	C
C	B	A

Aa	Bb	Cc
Cb	Ac	Ba
Bc	Ca	Ab

3阶拉丁方　　　　　　　3阶正交拉丁方

图16

提起"拉丁方",人们自然会想到数学家欧拉,正是他开始了这类问题的研究. 据说普鲁士国王腓特烈大帝在阅兵时曾向欧拉提出一个问题:

有6个兵种,每个兵种有6种官衔的军官,共36名,打算将他们排成一个 6×6 方阵,使每行、每列中既要有6个不同兵种的军官,也要有6种不同官衔的军官,怎样排?

为了研究方便,欧拉用大写拉丁字母 A,B,C,D,E,F 代表六个兵种,用小写拉丁字母 a,b,c,d,e,f 代表6种官衔,那么这些军官即可用 $Aa,Ab,Ac,Ad,Ae,Af,Ba,Bc,\cdots,Ff$ 代表,于是问题变为:

如何把这些双写字母放到 6×6 方格中,使得每行、每列既要出现 $A, B, \cdots$, E, F,又要出现 $a, b, \cdots, e, f$,且 $Aa, Ab, Ac, \cdots, Fe, Ff$ 出现且仅出现一次(注意这正是"拉丁方"名称的来历),同时各个双写字母出现一次且仅出现一次(图 17).

图 17

这种方阵称为正交拉丁方,也称欧拉方阵,而方阵的行或列数称为阶.

欧拉苦苦思索,仍然毫无结果.当他发现 2 阶正交拉丁方不存在(这个容易验证)而 6 阶正交拉丁方也未找出之后,便猜想:

$4k + 2$ 阶(k 是 0 或自然数)的正交拉丁方不存在(图 18)!

aD	bA	cB	dC
cC	dB	aA	bD
dA	cD	bC	aB
bB	aC	dD	cA

4 阶正交拉丁方

aA	cD	dE	eB	bC
dC	bB	eA	cE	aD
eD	eE	cC	bA	dB
bE	eC	aB	dD	cA
cB	dA	bD	aC	eE

5 阶正交拉丁方

图 18

100 多年过去了. 1901 年,法国数学家塔瑞(G. Tarry)用穷举法证明了 6(即 $4k + 2$ 中当 $k = 1$ 时)阶正交拉丁方确实不存在. 这个结果似乎增加了人们对于欧拉猜想的信念.

又过了半个世纪,当拉丁方开始找到应用的时候(在试验设计等方面),它又重新唤起人们的兴趣. 但,意外的事发生了.

1959 年数学家玻色(P. C. Bose)和史里克汉德(S. S. Shrikhande)首先给

出了一个22阶(即$4k+2$中$k=5$的情形)正交拉丁方.

接着,帕克又证明了10阶正交拉丁方($4k+2$中$k=2$时)存在(图19),且构造了它,欧拉猜想被推翻了.

Aa	Eh	Bi	Hg	Cj	Jd	If	De	Gb	Fc
Ig	Bb	Fh	Ci	Ha	Dj	Je	Ef	Ac	Gd
Jf	Ia	Cc	Gh	Di	Hb	Ej	Fg	Bd	Ae
Fj	Jg	Ib	Dd	Ah	Ei	Hc	Ga	Ce	Bf
Hd	Gj	Ja	Ic	Ee	Bh	Fi	Ab	Df	Cg
Gi	He	Aj	Jb	Id	Ff	Ch	Bc	Eg	Da
Dh	Ai	Hf	Bj	Jc	Ie	Gg	Cd	Fa	Eb
Be	Cf	Dg	Ea	Fb	Gc	Ad	Hh	Ii	Jj
Cb	Dc	Ed	Fe	Gf	Ag	Ba	Ij	Jh	Hi
Ec	Fd	Ge	Af	Bg	Ca	Db	Ji	Hj	Ih

图19　10阶正交拉丁方

这之后,玻色和史里克汉德又证明:除了$k=0$和1之外,其他$4k+2$阶正交拉丁方也都存在.

至此,欧拉关于正交拉丁方猜想问题已获彻底解决.

顺便讲一句,关于拉丁方个数问题,若记l_n为n阶约化拉丁方(即第一行、第一列皆按$1\sim n$的自然序排列)的个数,k_n为n阶等价拉丁方(1个拉丁方经行、列置换且重新命名元素所得的拉丁方不计数)的个数,则人们目前已知(表2).

表2

n	3	4	5	6	7	8
l_n	1	4	56	9 408	16 942 080	535 281 401 856
k_n	1	2	2	22	563	1 676 257

这里还想说一句:尽管1901年塔瑞采用穷举法证明了6阶正交拉丁方不存在,然而有趣的是:1982年阿尔肯(J. Arkin)、史密斯和斯通(E. G. Straus)3人给出了三维的6阶正交拉丁方.

所谓三维n阶拉丁方是一个$n\times n\times n$的立体(图20,它有n行、n列、n竖),在其中写有数$0,1,2,\cdots,n-1$,使得每个数在每行、每列、每竖中恰好出现一次.

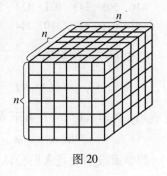

图20

若3个三维n阶拉丁方三三叠合在一起时,每一有序三重数:000,001,$\cdots$,

$\overline{n-1}$ $\overline{n-1}$ $\overline{n-1}$ 均出现,则称此为一个三维 n 阶正交拉丁方.

在此之前,有人曾猜测这种三维的6阶正交拉丁方亦不复存在(一般来讲,数学中的命题推广后难度会增加,但这有时也有例外,甚至还会出现在低维不成立的结论到了高维反倒成立的情况).前述三人给出的这个三维的6阶正交拉丁方的6个层面的数字分别是:

I

313	435	241	522	000	154
402	541	350	014	133	225
534	050	423	105	242	311
045	123	512	231	354	400
151	212	004	340	425	533
220	304	135	453	511	042

II

201	353	415	134	542	020
330	422	501	245	054	113
443	514	030	351	125	202
552	005	143	420	211	334
024	131	252	513	200	445
115	240	324	002	433	551

III

455	221	333	040	114	502
521	310	442	153	205	034
010	403	554	222	331	145
103	532	025	314	440	251
232	044	111	405	553	320
344	155	200	531	022	413

IV

120	504	052	315	431	243
213	035	124	401	540	352
302	141	215	530	053	424
434	250	301	043	122	515
545	323	430	152	214	001
051	412	543	224	305	130

V

032	140	524	203	355	411
144	253	015	332	421	500
255	322	101	444	510	033
321	414	230	555	003	142
410	505	343	021	132	254
503	031	452	110	244	325

VI

544	012	100	451	223	335
055	104	233	520	312	441
121	235	342	013	404	505
210	341	454	102	535	023
303	450	525	234	041	112
432	523	011	345	150	204

拉丁方还可拓展到 $m \times n$ 的拉丁长方形,这类拉丁方的个数约为

$$L(m,n) \sim (n!)^m \exp\left\{ -\frac{m(m-1)}{2} \right\}$$

这里 $\exp f(x) = e^{f(x)}$,且有下界(若 $n \geq m$)

$$L(m,n) \geq n!(n-1)! \cdots (n-m+1)!$$

数学家波利亚是人们公认的"解题大师",1919年他曾进行了一项有趣的考察:

若 n 表示自然数,r 表示其素因子的个数(包括重因子的重数),同时规定 $n=0$ 时 $r=0$,而 n 是质数时 $r=1$.

又 O_x 表示不超过整数 x 的、有奇数个素因子的正整数个数；E_x 表示不超过整数 x 的、有偶数个素因子的正整数个数.

波利亚猜想：当 $n \geq 2$ 时，$O_x \geq E_x$，即 $L(x) = E_x - O_x \leq 0$.

又 $L(x)$ 可写成刘维尔函数 $\lambda(n)$ 的函数（即算术函数 $\lambda(n) = (-1)^{v(n)}$，其中 $v(n)$ 是 n 的素因子个数）

$$L(x) = \sum_{n=1}^{x} \lambda(n), \; x > 1$$

波利亚试图把整数素因子分布与刘维尔函数联系起来，然而他失败了.

（顺便一提，若记 $S(x) = \sum_{n \leq x} \lambda(n)$，有人猜测：$S(x) \ll \sqrt{x} \ln x$）

当人们进行大量实算对于此猜想笃信不疑地过了 40 个年头后，又一个"不幸"（应该是万幸）发生了：

1958 年，汉斯格洛夫（C. B. Haselgrove）证明有无数多个 x 使 $L(x) > 0$.

1962 年，拉赫曼发现 $L(906\,180\,359) = 1$（也大于 0）.

1980 年，田中证明了 $x = 906\,150\,257$ 是波利亚猜想不成立的最小反例.（请注意从 1 到 906 150 256 时，波利亚猜想都对！）

反例其实也是对数学缺陷的一种指正和对结论的修补，这其中势必有个修正命题以求完美的过程. 当然，有时反例是靠严格数学推理而来，即使你一时找不到它具体的存在.

质数除 2 之外皆为奇数，因而它可分成 $4k + 1$ 或 $4k - 1$ 型. 人们起初发现.

对于给定的 k_0，所有不大于 k_0 的 k 来讲，$4k - 1$ 型质数个数不少于 $4k + 1$ 型质数个数，比如表3.

表3

k_0	1	2	3	4	5	6	$\cdots$
$k \leq k_0$ 时 $4k - 1$ 型质数个数	1	2	3	3	4	5	$\cdots$
$k \leq k_0$ 时 $4k + 1$ 型质数个数	1	1	2	3	3	3	$\cdots$

你耐心算下去一般不会发现意外，但如果你能算到（这显然不可能）k_0 为

$$10^{10^{10^{10^{46}}}} \quad （记 10 \uparrow 10 \uparrow 10 \uparrow 10 \uparrow 46）$$

时，情况则会发生逆转（请注意上述这个数是一个大得让人无法想象的天文数字，若将它写成 $100 \cdots 00$ 形式，把宇宙中所有物质都变成纸，且在其每个电子上记上一个 0，仍然无法写完上述数中 0 的极小一部分）.

克服问题的缺陷或解释数学中的"奇异性"以寻求"和谐"，常使数学概念得以拓展，从而数学本身也得以发展. 这方面例子很多，我们后文还将再行讨论，这里先来看两个例子.

数学家希尔伯特说："数学的本质是什么？ 就是提出问题和解决问题."

那,凡是提出的数学问题都可以解决吗? 希尔伯特又说:"在数学中没有不可知!"

但正如前面我们说过的那样,从 20 世纪 30 年代以来,人们陆续在数学中发现了一些"不可知"的问题,引起了极大震动. 著名的"希尔伯特第十问题",正是一个"不可知"的问题.

这个问题是针对丢番图方程提出来的. 如前所述,所谓丢番图方程,是指具有整系数的不定方程(变元个数多于方程个数),且仅研究它的整数(或有理)解.

俗说"差之毫厘,谬之千里",对于丢番图方程来说更是如此. 例如,方程 $2x^2 - 4y = 3$,它没有整数解;而方程 $4x^2 - y = 3$ 却有许多个整数解(注意两方程小小的差别).

那么,对于许许多多的丢番图方程,究竟哪个有解,哪个无解呢? 希尔伯特在第十问题中认为,可以建立一种方法(像一元二次方程的判别方式那样)来判定它们.

为了得到这个方法,数学家们整整奋斗了半个多世纪,仍然莫衷一是. 直至 1970 年,一位 22 岁的苏联学者马蒂雅塞维奇(J. V. Matijasevic)证明了:希尔伯特所期望的"判定方法"不存在,即"希尔伯特第十问题"是不可解的.

说到"不可解",人们也许会以为是问题本身太难,解不出来;或者是因为条件限制太紧才不可解. 例如我们说过,仅用圆规和直尺(无刻度)三等分任意角就是不可解的(图 21).

其实解不出与不可解是截然不同的两个概念."问题难"显然不影响它的可解性;而对于"三等分任意角"不可解,是因为按问题要求或使用规定的工具无法找到解(尽管解存在). 当然倘若放松尺规的限制或借助其他手段或改换命题的

图 21　我国汉代砖刻中手举矩和规的伏羲和女娲

条件,或从别的论域上考虑,等它有时就可解了. 图 22 是一种三等分角仪,用它可三等分任意角,但它不是尺规作图要求的那种三等分.

当然,对于尺规作图人们也研究一些其他问题,比如"锈规作图"问题(限制更紧). 现在已有结论:

(1)凡从两点出发,用普通圆规和直尺能作出的一切点,仅用一把固定半径的圆规也可完成;

(2)任给两点 A, B,仅用能画出单位圆的固定半径的圆规,可作 AB 的任意

$k(k \in \mathbf{N})$ 等分点,且可作以 AB 为一边的正 $2^k \cdot F_p (k \in \mathbf{N}, F_p$ 为费马质数)边形.

但是,像"希尔伯特第十问题"那样的命题,是不可解的. 对此,1936 年英国 20 岁的青年图灵(A. M. Turing)曾作出了开创性的研究. 他从理论上证明了"不可解问题"的存在性,并且建立了判定方法.

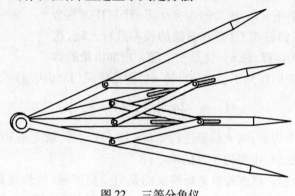

图 22　　三等分角仪

此后人们陆续地发现了一些不可解问题,例如,不可解的字问题(前文我们已做阐述)、停止问题,以及上述希尔伯特第十问题等. 这样,数学问题就被划分为"可知"与"不可知"的两大类了.

不可解问题的出现表面上看似乎降低了数学计算的威力,其实不然. 事实上是人们计算了成千上万年之后,刚刚明确地认识到"计算"的真实涵义. 另外,通过对上述问题的研究,图灵早在电子计算机出现之前,就在理论上证明了它的可能性和适用范围. 即凡是可计算的问题,在理论上都可以通过计算机解决;而不可解的问题,就是计算机也无能为力.

"货郎担问题"本是一则数学游戏的引申与延拓,当人们在实际问题中发现了它的价值后,其面貌便焕然一新了.

1979 年 11 月,美国《纽约时报》刊载一篇标题为"苏联的一项发明震惊了数学界"的报道,内容大意是:一位名叫哈奇扬的苏联青年数学家,1979 年 1 月发表一篇论文,提出一种可以用来解决一类很困难问题的方法. 这类问题与著名的"货郎担问题"有关.

稍后,人们查阅了有关文献后才发现这是一篇失实的报道.

什么是货郎担问题呢?"货郎担问题",又称为"推销员问题". 问题是这样的:

假设有一个货郎,要到若干个村庄去售货(村与村之间往往有多条路可选择,但它们长短不一),最后仍回到出发点. 问他应如何走才能使他的总行程最短?

对于三五个村庄来说(图 23),问题并不难解决,只要先列出全部可能的路线后,再逐个加以比较便不难找出这条路线来,但当村庄数目很多时,运算次数增长得很快,以至连计算机也无能为力.

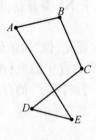

图 23

利用数学归纳法不难推算得:当村庄数是 n 时,且两两村庄间的路各有 n 条,则货郎走完全部 n 个村庄时将会有 $(n-1)!$ 条路好走,计算每条路的长再进行比较,这样须进行 $n!$ 次运算. 而 $n!$ 这是一个随 n 增加极快的数字. 说到这儿,我们当然不会忘记计算 $n!$ 的斯特灵(J. Stirling)公式

$$n! \approx \sqrt{2n\pi}\left(\frac{n}{e}\right)^n\left(1+\frac{1}{12n}\right)$$

仅以 $n=30$ 为例,这大约要进行 2.6×10^{32} 次运算,就是用 10^3 亿次／秒的电子计算机来处理,也需约 8 万亿年才行.

而《纽约时报》报道的哈奇扬解决的是另一类问题(线性规划问题的多项式算法问题,这一点我们前文已经介绍过),即线性规划"好的"算法存在与否问题,它虽与货郎担问题提法相似,但它也许远不如货郎担问题那么复杂(从具体计算意义上讲).

货郎担问题的具体解法(提供一个好的算法),仍然是运筹学中令人生畏的难题,也是一个世界级的待解之谜.

虽然数学的实(手)算将会被计算机取代,但数学家们仍然是希望寻找一个更简短的证明或使用最小计算量的更容易的方法,纵然这个问题本身很奇异,很艰难,人们也坚信这种方法的存在,坚信它迟早会被发现(稍后我们介绍"四色问题"时你将能再度体会到这一点).

这也正是数学的奇异性使然.

2. 数学中的有限

十进计数的发明恐怕是科学史上最重要的成就.

—— 勒贝格

科学需要一种能够简练地、合乎逻辑地表达的语言,这种语言便是数学……

—— 哈尔芬(E. Halhen)

自然的终极秘密是用一种我们还不能阅读的语言书写的,数学为这种原文提供了注释.

—— 萨顿(O. G. Sutton)

纷繁的大千世界,均可以用数学去描述.从某种意义上讲,也体现了数学的语汇丰富与简洁.

世界是无限的,宇宙是无限的,数学也是无限的.

无限的世界、无限的数学中的有限蕴含着神奇和不可思议——也许正因为"有限"才显得它"与众不同"(俗称物以稀为贵).

数,整数、分数、正数、负数……无穷无尽,然而只需 10 个数码便可将它们全部表示出.

平面上有无数个点,而确定一个圆或一张平面仅需要三个点(当然它们须不共线).

无论多么复杂的地图(平面或球面上的)只用 4 种颜色可使全部相邻区域彼此区分开. 1976 年由伊利诺伊州大学的阿贝尔、哈肯在计算机上花 1 200 个(机上)小时证得结论.

1996 年,罗伯逊(N. Robertson)等给出一个新的证明,将所需检验的图的数目由 1 936 个减至 633 个.

一副扑克牌洗多少次才算最匀净?答案是 7 次(并非越多越好,要知道一副扑克可能的排列方式有 50! 种,它大约为 10^{68}).

美国哈佛大学数学家戴柯尼斯(Deknis)和哥伦比亚大学的数学家贝尔发现这一奥秘. 他们把 52 张牌编上号,先按 1 ~ 52 递增顺序排列. 洗牌时分成两叠,一叠是 1 ~ 26,另一叠是 27 ~ 52. 洗一次后会出现这样的数列:1,27,2,28,3,29,…,它是两组递增数列 1,2,3,… 和 27,28,29,… 的混合. 此后再继续洗牌,若递增数列的组数多于 26 时,这副牌已完全看不出原来的样子(顺序). 计算表明,当洗牌次数为 7 时,可实现上述效果(多于此数,过犹不及).

日本数学家小平邦彦撰文道:围棋游戏中连五子,为何是五子?

他指出实际上连 n 子游戏中,$n \leqslant 4$ 时,先手必胜(当然他要会布子),游戏索然无味,而 $n \geqslant 6$ 时,只要对手双方懂得布局,永远难分胜负,而只有五子时,才能靠技巧(判断)决出输赢.

再如广告,商家也许以为所做次数越多效果越好,其实不然.

广告费用的投入与效果(产生),首先它遵循经济活动中著名的 S 曲线①(图 1)所描述的规律,从曲线图上可以看出:投入费用在某一段区间 $[a,b]$ 时

---

① 这种曲线是由美国人口统计学家瑞德(P. Reed)给出,也有文献说是荷兰生物学家弗尔胡斯特(Verhulst)给出,它又称为生长曲线或逻辑斯蒂(Logistic)曲线,这是一种意义极为重要、数学背景极为深刻、应用极为广泛的曲线.

稍稍留心你会发现:逻辑斯蒂曲线与正态分布(概率论中一种最重要的、几乎普适的分布)的分布函数曲线非常相近,这也从某个方面帮助我们了解逻辑斯蒂曲线为何这等普适和重要.

广告最为有效,之前、之后效果皆不明显:

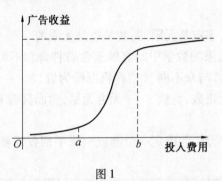

图 1

另外有人做过统计,广告刊播次数以 6 次左右为最佳. 美国著名广告学家克鲁曼(H. Kluman) 解释说:"消费者是在漫不经心地接触广告. 第一次只了解信息的大概,第二次开始关心广告内容与自己有否关系,第三次便会对产品加深印象与了解". 广告以 6 ~ 8 次为最佳,过多则会无效或使受众产生厌倦情绪和逆反心理,这与上面的分析一致.

1967 年一位英国社会学家研究"地球上任意两个人之间要经过多少中间人才能扯上关系?" 他在美国西部随机挑选 300 人做了一次试验,其中 60 人每人写一封信函给一陌生人(姓名、职业知晓),但不准直接寄给他,而是从自己熟悉的但又认为最可能与收信人扯上关系的人,将信先寄给他,收信人照此模式将信再寄给他的下一位,最后当 60 封信都到达收信人手中时,每封信大约平均经过 6 个人之手(世界真的如此之小).

新近,美国哥伦比亚大学的科学家又重复了这种试验,不过他们采用在 Internet 上用电子邮件的办法,试验结果显示:当电子邮件平均辗转 6 个人之后均到达陌生收件人手里(此被称为"6 阶现象").

前面我们讲过三角形数 $T_n = \frac{1}{2}n(n+1)$,即 $1,3,6,10,15,\cdots$,虽然它的个数无限,但其中具有某些特性的数却并不多,甚至只有有限个(图 2).

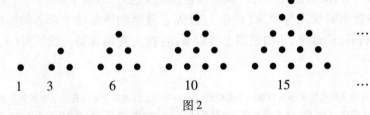

1   3   6   10   15   …

图 2

三角形数仅有 6 个是由同一数字组成的

$$1, \quad 3, \quad 6, \quad 55, \quad 66, \quad 666$$

又如棱锥数(又称金字塔数)$T_n = \frac{1}{6}n(n+1)(2n+1)$ 中,仅有 1 和 4 900 是完全平方数,这是 1875 年卢卡斯猜测的,直至 1918 年才由沃森给出证明.

而著名的斐波那契数列 $\{f_n\}$

$$1,1,2,3,5,8,13,21,34,55,\cdots$$

中的完全平方数仅有 1,1 和 144 这三项即两个数(它于 1964 年由我国四川大学柯召等人解决),且仅有 1,3,21 和 55 这四个三角形数.

威尔逊曾给出定理:

若 p 为素数,则 $(p-1)! \equiv -1(\bmod p)$.

这样 $w(p) = \frac{1}{p}[(p-1)! + 1]$ 是整数.

若 $w(p) \equiv 0(\bmod p)$ 或 $(p-1)! \equiv -1(\bmod p^2)$ 称为威尔逊素数. 至今人们只发现 5,13,563 这三个.

1988 年,康妥等人计算发现:10^7 以下这类素数仅此三个. 至 1997 年他们已经把寻找范围扩大到 5×10^8,亦未有新的发现.

再由前文我们知道,方程

$$1^2 + 2^2 + 3^2 + \cdots + x^2 = y^2$$

仅有一组整数解 $x = 24, y = 70$.

而方程

$$[1 + 2 + 3 + \cdots + (x-1)]^2 = 1 + 2 + 3 + \cdots + (y-1)$$

即

$$\left[\frac{x(x-1)}{2}\right]^2 = \frac{y(y-1)}{2}$$

有且仅有 $(x,y) = (1,1),(2,2)$ 和 $(4,9)$ 三组解.

1842 年,卡塔兰曾猜想:

数 $8(=2^3)$ 和 $9(=3^2)$ 是唯一一对都是正整数幂的相继自然数.

对于这个问题中两个相继正整数中有一个为平方数(另一个为正整数幂)的情形,被柯召于 1962 年解决.

1976 年蒂德曼(Tijdeman)证明:若两相继自然数均为正整数幂,则每个正整数的幂均应小于常数 c,已证得 $c < 10^{10^{500}}$.

2002 年,猜想由 1955 年出生于罗马尼亚,现在德国 Paderborn 大学做研究工作的米哈勒斯库(Preda Mihailesku)引用分圆域理论将猜想彻底解决.

数 26 是唯一一个夹在一个三次方幂和一个二次方幂(5^2 和 3^3)之间的整数,即椭圆方程 $x^3 - y^2 = 2$(它不是描述椭圆图像的方程)仅有 1 组整数解 $(3,5)$. 而方程 $x^3 - y^2 = 4$ 有 2 组整数解 $(2,2)$ 和 $(5,11)$;$x^3 - y^2 = 8$ 仅有 $(2,0)1$ 组解.

欧拉早就指出:方程 $y^2 - x^3 = 1$ 仅有 $(x,y) = (2,3)1$ 组整数解(此即卡塔兰猜想);方程 $y^2 - x^3 = 8$ 有 3 组整数解 $(-2,0)$,$(2,4)$ 和 $(2,-4)$;但方程

$y^2 - x^3 = 7$ 竟无整数解.

（形如 $y^2 - x^3 = k$ 的方程称为莫德尔（Modell）方程；而 $x^2 - dy^2 = 1$ 称为佩尔方程）

封闭性其实也是一种有限. 这类例子在数学中并不鲜见, 但对于某些特殊数或数列来讲, 就与众不同了. 加拿大数学家琼斯（Jones）1988 年给出, 函数

$$Q(x, y) = 7y^4 x^2 - 7y^2 x^4 - 5yx^5 + y^3 x^3 + y^5 x - 2y^6 +$$
$$3yx + 2y^2 + 2y - x^6 + x^2 + x$$

当 x, y 均为斐波那契数时, $Q(x, y)$ 亦给出斐波那契数.

此前, 1987 年胡久稔教授曾给出, 函数

$$R(x, y) = -x^5 + 2x^4 y + x^3 y^2 - 2x^2 y^3 - xy^4 + 2x$$

满足

$$R(f_{2k}, f_{2k-1}) = f_{2k}, \quad R(f_{2k+1}, f_{2k}) = f_{2k+1}$$

这里 f_n 表示第 n 个斐波那契数.

几何中的多面体千姿百态、种类繁多, 欧拉却从中找出了它们的共性, 对于（单连通面组成的）简单多面体（表面连续变形, 可变为球面的多面体）的顶点数 V、棱数 E 和面数 F, 建立了一个等式

$$V - E + F = 2 \quad （欧拉公式, 式左称欧拉示性数）$$

在众多的场合下, 它是普适的（上面括号内的文字已对公式普适性给出界定）. 人们正是依据这一点证明了:

正多面体（各个面都是全等的正多边形的几何体）仅有 5 种: 正四面体、正六面体、正八面体、正十二面体和正二十面体（图 3）.

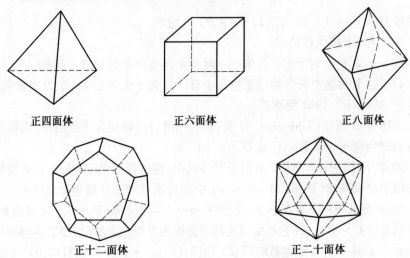

正四面体　　　　　正六面体　　　　　正八面体

正十二面体　　　　　正二十面体

图 3

2 000 多年前希腊学者柏拉图已发现它们的存在,且认为:正四面体代表火、正八面体代表空气、正六面体代表土、正十二面体代表以太(宇宙)、正二十面代表水. 故此 5 种正多面体又称柏拉图体.

17 世纪初,曾经描述行星围绕太阳公转规律的数学公式发明者开普勒(J. Kepler),以正多面体与球的嵌套解释为何有六大行星(当时人们仅发现的行星,如今是八大行星(冥王星已被国际天文学联合大会编入矮行星之外)):

球面代表土星,其内接正方体代表木星(绕其内切球运行);正方体内切球内接一个正四面体,它代表火星(在其内切球面运行),接下来是正十二面体代表地球;再下来是正二十面体代表金星,最后正八面体代表火星.

此外,与它们共轭的多面体(若两多面体的棱数相同,且其中一个的顶点数和面数,恰好分别是另一多面体的面数和顶点数,则两多面互称共轭(图4))也只有 5 种,它们每面的边数 n 和交于一点的棱数 m,以及 V, E, F 间的关系如表1.

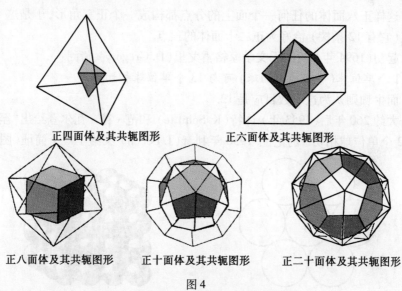

正四面体及其共轭图形　　　　　正六面体及其共轭图形

正八面体及其共轭图形　　正十面体及其共轭图形　　正二十面体及其共轭图形

图 4

表 1　　正多面体与其共轭多面体中数据

正 多 面 体	n	m	V	F	E
正 四 面 体	3 ↔	3	4 ↔	4	6
正 六 面 体	4	3	8	6	12
正 八 面 体	3	4	6	8	12
正十二面体	5	3	20	12	30
正二十面体	3	5	12	20	30

我们也知道:平面上与单位圆(半径为 1 的圆)相切的单位圆最多只能有 6 个(它的证明不难).有人将问题推广到空间情形.

更为有趣的是正八面体、正二十面体可通过黄金数 $\tau = 0.618\cdots$ 来联系,如果将一个正八面体的每条棱都作黄金分割(图 5).

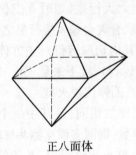

正八面体   正八面体与正二十面体

图 5

这样正八面体的任何一个面上的分点都构成一个正三角形,于是这 12 个分点(它有 12 条棱)恰好为正二十面体的顶点.

起初(1694 年)英国天文学家格雷戈里(D. Gregory)猜测:

1 个单位球(半径为 1 的球)可与 13 个单位球相切.

而牛顿则认为这个数目应是 12.

大约 260 年后(1953 年)许特(K. Schütte)和范·德·瓦尔登给出"至多可与 12 个单位球相切"的论证.1956 年利奇(J. Leech)又给了一个简证(图 6).

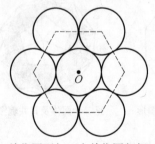
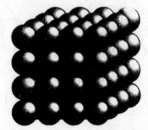

单位圆可与 6 个单位圆相切   单位球可与 12 个单位球相切

图 6

顺便讲一句:上述结论与自然界的某些现象比如晶体构造相协调.19 世纪法国结晶学家布拉维(A. Bravais)利用"群论"研究成果,确定了晶体仅有 32 种可能的结构(这一点已被现代科学所证),这种从数学研究中发现的有限种类的结构已被无限的自然界所认可.

我们前面提到过的完美矩形(用规格完全不同的正方块拼成的矩形),它有无穷多种.但是阶数(即组成它的小正方形个数)最小的完美矩形(它为 9 阶)仅有两个(图 7,图中的数字表示相应正方形的边长).

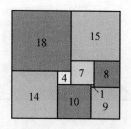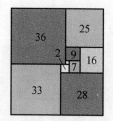

图 7

又如周长一定的毕达哥拉斯三角形个数的问题,当个数为 3 时,有周长是 120 的情形存在,3 个三角形三边分别为 $(20,48,52)$, $(45,24,51)$ 和 $(40,30,50)$;当个数为 4 时,在周长小于 10^6 中仅有 7 例. 其中最小者周长为 31 740,这 4 个三角形三边 (a,b,c) 分别为表 2 所示.

表 2

a	153 868	99 660	43 660	13 260
b	9 435	86 099	133 419	151 811
c	154 157	131 701	140 381	152 389

周长和面积相等的海伦三角形(边长与面积皆为整数的三角形)仅有 5 个,它的三边分别为表 3 所示.

表 3

a	9	7	6	16	5
b	10	15	25	8	12
c	10	20	29	10	13

周长等于面积 2 倍的海伦三角形仅有一个,它的三边为 $(3,4,5)$.

以上这类问题首先是人们试图追求数、式、图形上的珍稀美感(因而限制增加了),想不到它们的解竟是如此稀少或有限.

数学美中的有限美的另一层意思是:"项"与"个数"最少问题.

比如我们前面提到的"完美矩形"最小阶数是 9,"完全正方形"最小阶数是 21 等. 此外还有许多诸类问题,比如:

正方形被剖分成锐角三角形,其个数不少于 8(图 8(a));

钝角三角形被剖分成锐角三角形,其个数不少于 7(图 8(b)).

再如:4×4 的国际象棋棋盘上的"王后问题",即棋盘上最多能置多少王后,使其彼此不能吃掉? 答案是 4 后,且解(答案)仅有 2 种(它们关于图 9(a)中虚线对称):

241

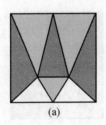
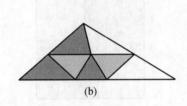

(a)   (b)

图 8

当然,此问题始于高斯,他曾研究过 8×8 国际象棋棋盘上的最多能放多少王后,使其彼此不被吃掉?

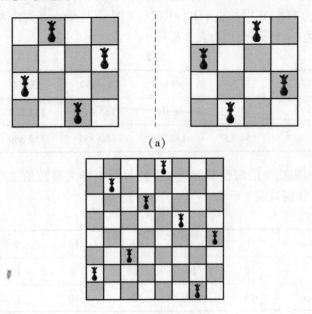

(a)

(b) 八后问题的一种解

图 9

答案是:最多放 8 个,且解仅有 92 种(高斯起初误以为有 76 种解,后经人用电子计算机核验,发现它有 92 种解),图 9(b) 是其中一种解.

1850 年,诺克(F. Nauck)曾提出"n 后问题":

$n \times n$ 的棋盘(国际象棋)上能否放置 n 个王后使其彼此不吃掉?

1969 年,霍夫曼(E. J. Hoffman)对于 n 后问题解的个数证明了下面的结论:

$n > 3$ 时,n 后问题均有解,且解的个数如表 4 所示.

表 4

n	4	5	6	7	8	9	10	11	12	13	…
解的个数	2	10	4	40	92	352	724	2 680	14 200	73 712	…

前文我们曾说过:1918 年波利亚认为:"n 后问题"与费马"双平方和定理"(即任何 $4k+1$ 型质数均可表示为两个整数的平方和)有联系.

1977 年拉森(L. C. Larson)利用证明"n 后问题"的方法,证得"双平方和定理"(详见后文).

数学中所谓"唯一性"问题,也可认为是特殊的有限. 比如:不重合的两相交直线有唯一一个交点;线性方程组系数矩阵与其增广矩阵同秩,则方程组有唯一一组解等.

再如幻方中螺旋式 3 阶反幻方(各行、各列、各对角线上诸数和皆不相等)是否存在? 不计其平移、旋转、反射等变换,其解是唯一的(图 10,11).

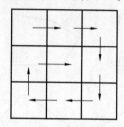

图 10　螺旋式 3 阶反幻方　　　　图 11　填法路线

用同一种数字构造数,用同一种图构造图形,其中也含有单一问题. 这类问题数学中很多很多,比如平面的镶嵌问题,即问用什么样的单一图形可以铺满(无缝隙、无重叠)平面(完全正方块也是一种镶嵌)?

圆显然不行,因为圆与圆之间会有空隙. 最简单的图形恐怕要数直线形的正多边形了.

可是你想过没有,是否所有的正多边形都可以? 回答是否定的. 其实只有 3 种正多边形:正三角形、正四边形、正六边形能够铺满平面.

通过简单的计算不难证实这一点. 设正 n 边形内角为 α_n;若它能铺满平面(图 12)必有 k,使得

$$k \cdot \alpha_n = 360°$$

又由正多边形内角公式

$$\alpha_n = (n-2)180°/n$$

代入上式便有

$$k(n-2) = 2n$$

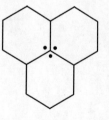

图 12

即 $n = 2 + 4/(k-2)$,而 n 只能是整数,这仅当 $k = 3,4,6$,即 n 为 6,4,3 时才可以(据说这个问题早在毕达哥拉斯时代已有研究).

对于一般图形我们知道:平行四边形可以铺满平面;梯形也可以(4 个梯形可拼成一个平行四边形);……其实任何(同样规格的)四边形也都可以铺满平面(图 13).

243

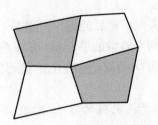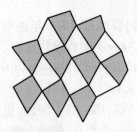

图 13   任意四边形的无缝隙铺砌

并非所有五边形皆可铺满平面. 对五边形而言,能用它们铺满平面的有 13 种(图 14,1978 年由沙特斯奈德(D. Schattschneider) 发现):

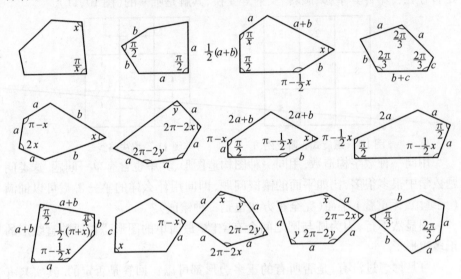

图 14   能铺满平面的五边形(13 种)

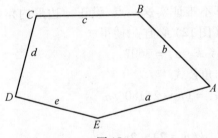

图 15

1995 年,有人又给出一种可铺满平面的五边形. 至此,这类五边形个数增至 14(图 15).

2015 年,美国华盛顿大学的卡西曼(Kaciman) 等人又找到一种可铺满平面的五边形(至此这类五边形个数增至 15,图 16).

$\angle A = 60°$, $\angle B = 135°$, $\angle C = 105°$, $\angle D = 90°$, $\angle E = 150°$

$$a = 1, \quad b = \frac{1}{2}, \quad c = \frac{1}{4}\sqrt{2}\,(\sqrt{3} + 1)$$

$$d = \frac{1}{\sqrt{2}\,(\sqrt{3} - 1)}, \quad d = \frac{1}{2}, \quad e = \frac{1}{2}$$

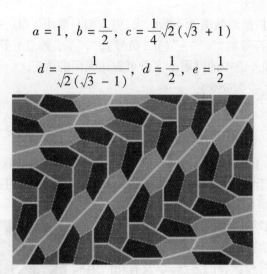

图 16

让人大跌眼镜的是,第 16 种这类五边形居然如此简单:它是正六边形(它可铺满平面)的一分为二的产物:

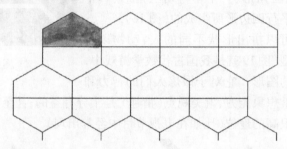

能铺满平面的普通六边形已发现 3 种(1918 年由莱因哈托(K. Reinhardt)发现,这也是至今为止人们仅仅找到的 3 种,图 17).

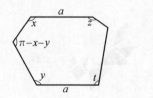 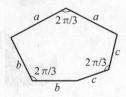

图 17　能铺满平面的六边形(3 种)

铺地问题实际上也是用"有限"去表示"无限"问题的变形或另一种提法,它显然是从无限的空间或领域去探索用有限的单元和个体来填充的一类问题.

说到这里,我们又想到了用"有限"表达"无限"的哲学及美学问题. 无限中的有限是数学中的美现象,而有限中的无限,同样是数学特有的美. 就拿数来

245

讲，前文我们讲过：虽然数概念不断扩大，但人们只需用0和1~9这10个数码，至多加上某些数符号如"+""-"（正、负号），"."（小数点）等，就可以将全部数表达出来，正如外语中的有限个字母可表达无限的语汇.

$$自然数 \rightarrow \left.\begin{matrix} 分数 \\ 小数 \end{matrix}\right] \rightarrow \left.\begin{matrix} 负分数 \\ 负小数 \\ 整\quad数 \end{matrix}\right] \rightarrow \left.\begin{matrix} 有理数 \\ 无理数 \end{matrix}\right] \rightarrow 实数 \rightarrow \cdots$$

有限和无限，有穷和无穷是对立统一的. 用"有限"去表现"无限"，我们还不能不提及流传于我国的一种数学游戏 —— 七巧板，它是用极其简练的数学形式描述自然界事物形象的一种工具.

早在1 000多年以前，我国就出现了一种广泛流传于民间的数学游戏 —— 七巧板. 它是我们的祖先运用面积的分割和拼补的方法，以及有相同组成成分的平面图形等积的原理研究并创造出来的.

七巧板是由尺寸互相关联的一对大直角三角形、一对小直角三角形、一个中直角三角形、一个正方形和一个平行四边形所组成的（图18）.

用七巧板可以拼出形状不同的人、动物以及其他物体的造型（图19就是我国古代数学游戏中，用七巧板拼成的图形）. 它对于锻炼人们的智力和

图18

培养人们的思维想象能力、审美观点（情趣）是十分有益的；甚至在今天这种数学游戏仍具有很高的地位（比如在电视节目中经常出现）.

图19

　　我国清代的王其源在他编撰的《七巧八分图》中对七巧板的制法做了叙述,他写道:"考七叶之制,其法出于勾股,分寸以大者为定,而中者合大者之勾股为弦,小者合中者之勾股而成弦,方者合小者之勾股而成径,斜者合中者之勾股而成歆,又合小者之勾股而成圭." 这里"歆"指组成七巧板的那个平行四边形的长边,"圭"指它的短边.

　　从上面这段话,我们可以得到"七巧板"的制作步骤,现说明如下:

　　(1) 在所选材料(如薄纸板)上画出一个正方形 $ABCD$,并作出它的对角线 AC(如图 20(a)).

　　(2) 分别找出 AB 和 BC 的中点 E,F,联结 EF(如图 20(b)).

　　(3) 过 D 作 EF 的垂线使之与 AC 相交于 H,与 EF 相交于 G(如图 20(c)).

　　(4) 过 G 作 GL ∥ FC,过 E 作 EK ∥ GH(如图 20(d)).

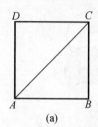 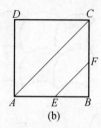 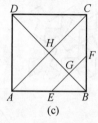 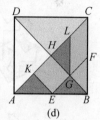

(a)　　　　(b)　　　　(c)　　　　(d)

图 20

　　最后,沿图中所作的线段依次进行分割,即得七巧板.

　　七巧板传到西方后,国外称之为"唐图".

　　近年来,有人还将"七巧板"的拼接问题设计成电子计算机游戏软件,以展现其变化无穷的魅力. 游戏的(也是数学的)奇妙与趣味,吸引了大批爱好者.

　　20 世纪 80 年代有人还对它的数学原理、性质进行探讨,得出许多结论. 例如此前(1942 年)浙江大学的王福春和熊全治在《美国数学月刊》上撰文称"一副七巧板只能拼在 13 种不同的凸多边形(称之为凸形七巧图)"等(图 21).

　　此外,七巧板还可衍生出更为复杂的拼图和计数问题(它属于组合数学或组合几何学),如格点七巧图和凸性数等.

　　再回到铺地问题,其实有些不规则的图形也能铺满平面.

　　有意思的是:图 22 的图案也可以镶嵌(铺满)平面(包括前面对称美一节中给出的"骑士"图案也可以铺满平面,它是荷兰画家埃舍尔的作品). 如前所述,这些图形从拓扑变换观点看都是等价的.

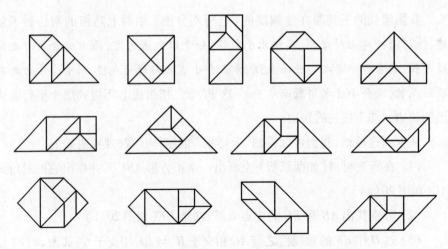

图 21 一副七巧板拼成的 13 种凸多边形（凸形七巧图）

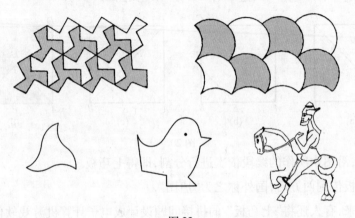

图 22

关于有限转化为无限,有穷去表现无穷,在数学中是屡见不鲜的(图 23).其实数学游戏中的"走迷宫"实际上是一种用有限(道路有限)表达无穷(走法很多,可视为无穷)的变换手法.

再回到图形镶嵌问题.用两种图案(或图形)去表现无穷多种构图时,所谓彭罗斯(R. Penrose)飞镖图形最耐人寻味.

20 世纪 70 年代,英国物理学家(也是有时把数学作为娱乐消遣的数学家)彭罗斯开始有兴趣去尝试在同一张平面上用不同的瓷砖铺设的问题.

1974 年当彭罗斯发表他的结果的时候,据说让人们(特别是这方面的专家)大吃一惊.文中他确定了 3 类这种瓷砖(下称彭罗斯瓷砖),第一类两种分别为风筝形和镖形(图 24),它们是由同一个菱形剪出的(详见后文):

刻有迷宫的古希腊克里特钱币

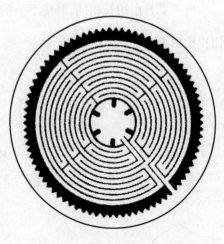

印在法国萨特大教堂地板上的迷宫

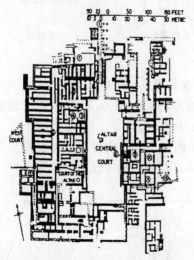

希腊米诺斯(Minos)王宫遗址平面图
(1900 年挖掘),这是一个真正的迷宫

英国威廉(William)三世修建的
汉普顿(Hampton)迷宫平面图

图 23

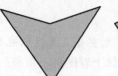

风筝形

镖形

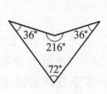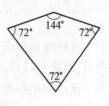

图形角度的具体数据

图 24

另一类是由边长相同、胖瘦不一的两种菱形组成的(图25,有趣的是它们面积比恰为 $\dfrac{\sqrt{5}-1}{2} = 0.618\cdots$):

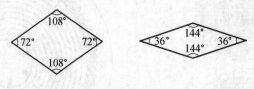

图 25

第三类则由 4 种图形组成(图 26),它们分别是:

正五边形　　　　菱形　　　　五角星形　　　　皇冠形

图 26

有趣的是这 3 类瓷砖皆与正五边形(或五角星)有关:

这些图形中的角要么是 108°(正五边形内角),要么是 72°(正五边形外角),要么是它们的一半或倍数:36°,144°,216°,…

又如第一类的风筝形与镖形是由一个内角为 72° 的菱形依照五角星对角线长来分割而成的,即图 27(a),(b) 中 AE,DE 对应相等或比值相等:

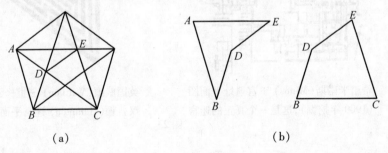

(a)　　　　　　　　　　(b)

图 27

这种瓷砖的奇妙之处在于:用它们中的每一类皆可无重叠又无缝隙地铺满平面;同时铺设结构不具"平移对称性",也就是说从整体上看图形不重复.

比如用第一类彭罗斯瓷砖的铺砌图形可如(图 28).

用第二、三类彭罗斯瓷砖铺砌可有下面诸图形(图 29).

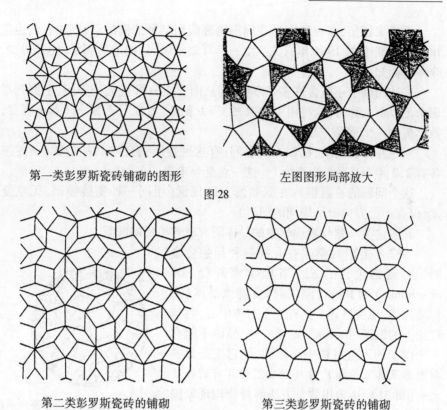

第一类彭罗斯瓷砖铺砌的图形　　　　　左图图形局部放大

图 28

第二类彭罗斯瓷砖的铺砌　　　　　第三类彭罗斯瓷砖的铺砌

图 29

从图中你不难看出我们前文所说的性质：用它们所做的铺砌无重叠、无缝隙，且图形不重复（不具"平移对称性"）.

更为奇妙的是，利用彭罗斯瓷砖进行铺砌时，还可从铺砌的图形中，找出上述瓷砖自身的"克隆"，比如用第三类瓷砖的铺砌中（图 30（a））总可找到它们（第三类瓷砖）的放大图形（图 30（b）中粗线所示）.

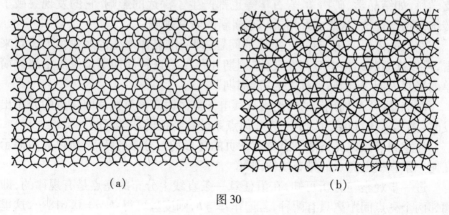

（a）　　　　　　　　　　　　　　（b）

图 30

251

数学家相信,若一种图形非周期镶嵌能用某种铺镶的话,则用它们也能给出一种周期镶嵌.1964 年有人给出一套有 2×10^4 种图形的例子.能否再少,至今不得而知.

上述铺砌中还蕴含许多许多奥妙(从图形上分析),无论如何,上面列举的现象足以令人称奇,这种用"有穷(限)"去表现"无穷",无穷中又蕴含有穷,是数学美的一个重要方面.

问题并没有完结,比如人们会问:有这种性质的瓷砖品种类数(前述三类各有 2,2,4 个品种)能否为 1?这一点至今未果.

这个问题的答案据称在双曲面上已找到(用同一种瓷砖铺砌,无重复图案,仅在一个方向上呈周期的图形).

其实这类问题与物理学中的晶体研究有着缜密的联系.

1982 年美国科学家在寻找一种超强合金时,用锰铝进行合成.当化学家舒曼(D. Shechtman)对其进行测试时,发现该晶体(人称准晶体,前文已述)具有五重对称中心,它与理论上的巴罗(Barlow)定律 —— 晶体不能有一个以上的五重对称中心相悖.但它正是彭罗斯图形及其三维推广后可铺砌图形具有的性质之一(图 31).这为用数学方法解释物理现象提供了佐证(这一点可见后文).

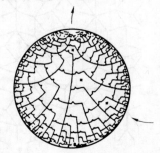

图 31　双曲平面上的彭罗斯铺砌

在数学与物理发展的竞赛中,数学往往是超前的,这件事再一次证实了人们的断言.我们知道:按照彭罗斯图形构图方式形成的三维结构,具有长程定向有序,但没有平移有序,即结构中配位多面体的定向一致,但没有空间格子.科学家称这种结构为 20 面体的准晶体,它是介于晶体与玻璃体之间的中间形式.

准晶体的首次发展,不仅震动了化学界、物理学界,而且对地球科学的各分支学科,如结晶学、矿物学、岩石学等也都产生了深远的影响.它的发现突破了传统的物态理论,从此也开拓了一个崭新的研究领域.

在准晶体研究中,有一个重要的问题,即从准晶体产生的明锐衍射斑点来看,可以推断其结构中应存在某种"周期性",尽管这种周期不是像晶格那样简单的平移周期,我们姑且称之为"准周期".

对准晶体"准周期"的讨论当从其电子显微镜高分辨照片中亮点的分布出发时(图 32),便归结为讨论一族几何点系分布特征的数学问题.

注意到准晶体晶格中亮点具有下页的环形均匀分布的特点,所以只需揭示任何一条直线上亮点的排布规律即可.

进一步观察与分析可知,在沿任意一条直线上分布的亮点是有规律的,即相邻两个亮点间距离只有两种,若记作 a 与 b,则度量可得:$b/a = 0.618\cdots$,这里

竟然出现了黄金比. 此外,按 a,b 间距排列的亮点位序如下

$ABAABABAABAAB\cdots\cdots$

这种位序不仅可由准晶体电镜图观察到,而且也可根据 $a/b = 0.618\cdots$ 及五次对称进行证明.

为了得出准晶体的准周期,我们记

$\mathscr{F}_0 = B,\quad \mathscr{F}_1 = A,\quad \mathscr{F}_{n-1}\mathscr{F}_{n-2} = \mathscr{F}_n, n \geqslant 2$

这里 $\mathscr{F}_{n-1}\mathscr{F}_{n-2}$ 是指 $\mathscr{F}_{n-1}$ 在前,$\mathscr{F}_{n-2}$ 在后,尾首衔接而成的排列(仅仅只是排列),$\{\mathscr{F}_n\}$ 称为斐波那契排列. 例如

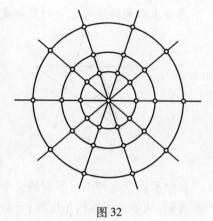

图 32

$$\mathscr{F}_0 = B,$$
$$\mathscr{F}_1 = A,$$
$$\mathscr{F}_2 = \mathscr{F}_1\mathscr{F}_0 = \underline{A}\ \underline{\underline{B}},$$
$$\mathscr{F}_3 = \mathscr{F}_2\mathscr{F}_1 = \underline{AB}\ \underline{\underline{A}},$$
$$\mathscr{F}_4 = \mathscr{F}_3\mathscr{F}_2 = \underline{ABA}\ \underline{\underline{AB}},$$
$$\mathscr{F}_5 = \mathscr{F}_4\mathscr{F}_3 = \underline{ABAAB}\ \underline{\underline{ABA}},$$
$$\mathscr{F}_6 = \mathscr{F}_5\mathscr{F}_4 = \underline{ABAABABA}\ \underline{\underline{ABAAB}},$$
$$\cdots$$

通过观察发现并可严格证明,在 AI-Mn 准晶体电镜高分辨照片上,沿一维方向上亮点的排布是一个斐波那契排列. 在斐波那契排列中,A 与 B 的个数均为斐波那契数列中的某项. 具体讲就是:

$\mathscr{F}_n$ 中 A 的个数为 f_{n-1},B 的个数为 f_{n-2},且 A,B 个数之和为 $f_n(n \geqslant 2)$.

新近中国科学院物理所的曹则贤发现:准晶体是高维晶体的投影. 他认为:晶体中原子的排列具有平移对称性,这也限制了晶体只有 $n = 1,2,3,4,6$ 次转动对称. 但人们发现了 $8,10,12$ 次转动对称的准晶体,它是高维晶体结构的投影. 这样晶体与准晶体定义统一于点状衍射花样中.

当然,数学中的"有限多"的例子还有不少. 在图论这门数学分支中,有一个所谓不可平面问题(即图形不能在同一平面上). 问题是这样的:是否所有的图都可以画在一个平面内而且彼此不相交? 答案是否定的. 我们来看两个例子:

(1)平面上有五个点,若每两点间都联线段,则它们中间必有线段会相交(图 33).

(2)若三点 A,B,C 分别与另外三点 a,b,c 各联线段,无论怎样设计连线,总会出现连线交叉.

20 世纪 30 年代初,波兰数学家库拉托夫斯基(K. Kuratowski,波兰国立数学研究所所长,从事拓扑与集合研究)证明了下面关于图论的著名定理:

包含上面两种情况之一的图都是不可平面图.

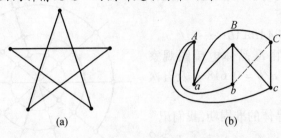

(a)   (b)

图 33

数学家们把这种不可平面的极小图称为库拉托夫斯基图. 尽管图论中的图千差万别,从等价或同构角度看:平面上的库拉托夫斯基图仅有上面两种.

20 世纪 30 年代中期,匈牙利数学家爱尔特希提出:在其他曲面上,类似的(不可在同一曲面上)极小图有多少(有限还是无限)? 这种想法是自然的,因为早在平面或球面上的地图"四色问题(定理)"解决之前,人们已将环面上的地图"七色问题(定理)"彻底解决(图 34).

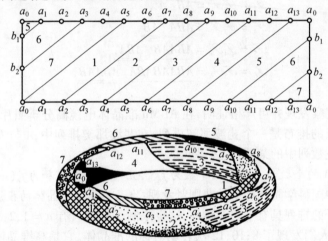

图 34   环面上需七种颜色区分的图(希伍德(P. J. Heawood)给出)

1980 年人们证明:麦比乌斯带上的极小图有 103 个,圆环面上的极小图至少有 800 个,带柄球面上的极小图至少有 80 000 个. 但到底有多少? 当然仍不为人们所知.

1984 年,美国俄亥俄州立大学的罗伯逊(R. M. Robison)提出了下面结论:在所有的曲面上,极小图的个数总是有限的.

(这个结论的证明是由沃利斯(I. Wallis)给出的.)

平面上的二次曲线有多少种? 我们知道,平面上的二次曲线方程

$$Ax^2 + Bxy + Cy^2 + Dx + Fy + F = 0$$

由于系数 $A, B, \cdots, F$ 不同,其代表的曲线形态各异,但是欧拉通过坐标变换,将

它们化为下面 9 种标准形状：

(1) $\dfrac{x^2}{a^2} + \dfrac{y^2}{b^2} - 1 = 0$（椭圆）　　(2) $\dfrac{x^2}{a^2} + \dfrac{y^2}{b^2} + 1 = 0$（虚椭圆）

(3) $\dfrac{x^2}{a^2} + \dfrac{y^2}{b^2} = 0$（两虚直线交点）　(4) $\dfrac{x^2}{a^2} - \dfrac{y^2}{b^2} - 1 = 0$（双曲线）

(5) $\dfrac{x^2}{a^2} - \dfrac{y^2}{b^2} = 0$（两相交直线）　　(6) $y^2 - 2px = 0$（抛物线）

(7) $x^2 - a^2 = 0$（两平行直线）　　(8) $x^2 + a^2 = 0$（两平行虚直线）

(9) $x^2 = 0$（两重合直线）

（当然与之有联系的问题是二次型化为标准型问题，而这个问题又可转化为矩阵在不同变换下可化成的最简单形状的问题，这里面有合同变换、等价变换、相似变换、正交变换等.）

说穿了：一般的二元二次方程（或函数）所代表的曲线，只有上面 9 种形式，不同的是这些曲线所在坐标平面上的位置及方向罢了.

依据同样的道理，空间二次曲面（三元二次方程或函数）可分为 17 种不同类型.

我们想再强调一点，这里的有限美是指那些"貌似无限而实则有限"或"形态无限但可划归为有限种类"的数学现象的美.

20 世纪中期，数学游戏玩家赫柴德（H. Hazard）征求字谜算式

$$
\begin{array}{r}
\text{LYNDON} \\
\times \qquad \text{B} \\
\hline
\text{JOHNSON}
\end{array}
$$

的解（你也许以为答案很多），想不到它仅有一组

$$
\begin{array}{r}
570\ 140 \\
\times \qquad\quad 6 \\
\hline
3\ 420\ 840
\end{array}
$$

看上去不繁，但求解验证工作（只靠手算进行求解或证明其唯一）并不轻松，最后才由罗素等人借助于电子计算机完成（在几分钟内）.

这里我们还想讲一件有趣的事. 公元 3 世纪，古希腊数学家丢番图在其所著《算术》中指出：

分数 $\dfrac{1}{16}, \dfrac{33}{16}, \dfrac{68}{16}, \dfrac{105}{16}$ 中任何两数之积再加 1，必是某个分数的平方.

大约 1 400 年后法国业余数学家费马发现：

整数 1, 3, 8, 120 中任意两数之积再加 1 都是完全平方数.

大约 500 多年以后，有人又旧话重提. 1969 年英国数学家大卫鲍特（A. Dovenport）和巴凯尔（J. Baker）证明：

1,3,8,x 中任两数之积再加 1 后是完全平方数的 x 仅有 120 一个.

（稍后人们研究发现：若 f_n 是斐波那契数列的第 n 项，则 $f_{2n}, f_{2n+2}, f_{2n+4}$ 和 $4f_{2n+1}f_{2n+2}f_{2n+3}$ 中任两数之积再加 1 均为完全平方数.）

我们多次讲过：对于以古希腊数学家丢番图命名的方程（不定方程），要研究的是其整数（或有理数）解问题 —— 这样的一个方程尽管有时有许多解，但只有在某些特殊情况下的解才是整数，这个问题我们前文曾有述及.

1942 年，挪威数学家利翁格伦（W. Ljunggren）证明：

方程 $x^2 = 2y^4 - 1$ 仅有两组整数解 $x = 1, y = 1$ 和 $x = 239, y = 13$.

这个结论是令人奇怪和吃惊的. 因为早在 1657 年费马曾指出另外一类不定方程解的个数问题：

佩尔方程 $x^2 - Ay^2 = 1$ 在 A 是正的非完全平方数时有无穷多个解.

我们又一次体会到"差之毫厘，谬之千里"之深刻（差别在 y 的指数上）. 再如前面我们曾提到过卡塔兰猜想，它的另一种表达方式是

$$x^m - y^n = 1, \ m, n > 1$$

仅有 $m = 2, n = 3, x = 3, y = 2$ 一组解（即 $3^2 - 2^3 = 1$）.

1967 年霍尔（P. Hall）提出另一猜想：方程

$$p^m - q^n = 2, \ m, n > 1, p, q \ 为质数$$

仅有 $p = 3, q = 5, m = 3, n = 2$ 一组解（即 $3^3 - 5^2 = 2$）.

但是霍尔猜想至今未获证（尽管该方程与佩尔方程等"模样"相似）.

再如，方程 $x^3 + y^3 + z^3 = 3$ 的整数解仅有（找到）

$$(1,1,1), (4,4,-5), (4,-5,4), (-5,4,4)$$

四组解.

米勒尔（C. P. Miller）和伍莱特（M. F. C. Woolett）对于 $|x|, |y|, |z|$ 小于 3 164，即 $\max\{|x|, |y|, |z|\} \leqslant 3 \ 164$ 时的情况进行了验证.

再如，方程 $n! + 1 = x^2$ 是否仅有 $(n, x) = (4, 5), (5, 11), (7, 71)$ 三组解的问题，至今亦未获证.

丢番图方程中是否有有限个解的问题还有许多.

如前所述，数学中图形是一种语言，数字也是，类于图形剖分的有限问题，不定方程有限个解的问题是不难理解的，只是数似乎更抽象，因而也更具魅力（其实，数似乎比图更易"演算"或论证，这一点我们不难从图论中许多结论的艰涩中有所领悟），且同样蕴含美感. 来看几个例子.

考察下面的等式（我们已说过，它们的形式是自然、顺序、流畅、优美的）

$$1 + 2 = 3$$
$$3^2 + 4^2 = 5^2$$
$$3^3 + 4^3 + 5^3 = 6^3$$

它们左边分别是二或三项连续自然数的方幂和,右边为左边后继连续数的方幂. 具有这种性质的等式还有吗?

目前的回答却是否定的,尽管这个问题尚未完全解决.

我们再来看一个与上面等式相关的问题. 20 世纪 40 年代末,鲍文(R. Bowen) 提出猜测:

对于自然数 m 和 n 来讲,等式

$$1^n + 2^n + 3^n + \cdots + (m-1)^n = m^n$$

仅有解 $n = 1, m = 3$,即 $1 + 2 = 3$.

1953 年莫塞尔(L. Moser) 证明当 $m < 10^{106}$ 时猜想成立.

1975 年范·德·隆(J. Van de Lune) 证明了下面的不等式:

当 $(m-1)^n < \dfrac{1}{2}m^n$ 时,有 $1^n + 2^n + \cdots + (m-1)^n < m^n$.

1976 年贝斯特(M. R. Best) 证明了不等式:

当 $(m-2)^n > \dfrac{1}{2}(m-1)^n$ 时,有 $1^n + 2^n + \cdots + (m-1)^n > m^n$.

这样 m, n 应满足下面不等式猜想才有解

$$\left(1 - \frac{1}{m}\right)^n > \frac{1}{2} \geqslant \left(1 - \frac{1}{m-1}\right)^n$$

1990 年艾苏特(Escoott) 提出下面猜想:方程

$$x^n + (x+1)^n + \cdots + (x+k)^n = (x+k+1)^n$$

仅有 $n = 2, x = 3, k = 1(3^2 + 4^2 = 5^2)$ 和 $n = 3, x = 3, k = 2(3^3 + 4^3 + 5^3 = 6^3)$ 两组解(该问题实际上是上面方程放宽了条件).

1968 年,我国四川大学的柯召等人证明当 $6 \leqslant n \leqslant 33$ 时猜想为真.

1978 年,柯召等人又证明对于大于 1 的奇数 n,猜想成立,且对部分偶数 n 的情形给出了证明.

以数学家舒采尔(A. Schinzel) 命名的数的有限性问题,同样令人感到新奇. 我们知道等式

$$2 + 2 = 2 \times 2$$
$$1 + 2 + 3 = 1 \times 2 \times 3$$
$$1 + 1 + 2 + 4 = 1 \times 1 \times 2 \times 4$$
$$\cdots$$
$$\underbrace{1 + 1 + \cdots + 1}_{k-2} + 2 + k = \underbrace{1 \times 1 \times \cdots \times 1}_{k-1} \times 2 \times k$$

换句话说:对于丢番图方程(不定方程)

$$\sum_{i=1}^{k} x_i = \prod_{i=1}^{k} x_i \qquad\qquad (*)$$

有解 $x_1 = 2, x_2 = k, x_j = 1(3 \leqslant j \leqslant k)$,它称为平凡解.

舒采尔曾证明:当 $k = 6, 24$ 时,方程 $(*)$ 仅有平凡解.

人们把方程(*)仅有平凡解的 k 称为舒采尔数.

米斯利维奇(Misiurewicz)指出:$k < 1\,000$ 时,除 2,3,6,4,24,144,174,444 外,无其他舒采尔数.

尔后,布朗指出:上面结论中 144 应改为 114,且他证得:$k < 50\,000$ 时,舒采尔数数仅有 2,3,6,4,24,114,174,444 这 8 个.

我国四川大学的张明志新近又证明:$k < 500\,000$ 时,仅有以上 8 个舒采尔数数.

这里顺便讲一句,1975 年塞尔弗里奇(J. E. Selfridge) 证明:

对任何正整数 r,s 而言,$\prod\limits_{k=r}^{r+s} k$ 都不是整数的 $n(n \geqslant 2)$ 次方幂.

唯一性在数学上有时是很重要的,比如整数的质因数分解,为了保证分解式的唯一性,人们不得不牺牲 1 这个按照定义原本属于质数的数,而规定:

1 既不是质数,也不是合数.

这样一来,便保证了整数的质因数分解或表示成质因数乘积时的唯一性.

复数的分解当然也会遇到唯一性问题,但它要比整数的质因数分解问题复杂得多,困难得多.

1983 年,当时的联邦德国数学家采格尔(D. Zagier) 和美国数学家格罗斯(A. Gross) 经过艰苦努力,彻底解决了代数数论中的虚二次域类数问题,这个消息在数学界引起极大轰动.

该问题是 1797 年高斯提出来的. 当时,他试图把整数的某些性质推广到复数中去,结果发现了许多重要的结论,其中之一就是"唯一分解定理"的拓展.

早在公元前 300 多年,欧几里得曾证得:每一个整数可唯一地分解为若干质数的乘积.

高斯把这个定理推广到复整数 $a + bi(a,b$ 为整数,$i = \sqrt{-1}$)上,他发现,复整数也可以唯一地分解为"(复)质数"的乘积. 当然,这个"质数"已与一般的质数不同了.

例如,5 在整数中是质数,但在复整数的意义上就不是质数了,因为 $5 = (1 + 2i)(1 - 2i)$.

接着,高斯又考察了整数分解为形如 $a + b\sqrt{-D}(D$ 为正整数) 的复数问题,后人称之为复二次域问题,常记 $Q(\sqrt{D})'$,高斯发现在那里唯一分解定理不一定成立了.

例如,$D = 5$ 时,取 $a = 21,b = 0$,则有

$$a + b\sqrt{-D} = 21 = (4 + \sqrt{-5})(4 - \sqrt{-5}) = (1 + 2\sqrt{-5})(1 - 2\sqrt{-5})$$

这样它就有两种分解式. 请注意,这时的"质数"是指不能表示成 $c + d\sqrt{-5}$ 和 $e + t\sqrt{-5}(c,d,e,t$ 为整数) 等乘积的数或这些数的本身(即不可再分解). 而整数 21 的上述四个因子在该意义上讲都是"质数"!

于是,高斯推想:当 D 取什么值时, $a + b\sqrt{-D}$ 只有一种分解呢?进而当 D 取什么值时,只有两种、三种 …… 分解呢?(这个分解方式数 $1,2,\cdots$ 称为虚二次域的类数.)高斯经计算研究推测:

仅当 $D = 1,2,3,7,11,19,43,67$ 和 163 时, $a + b\sqrt{-D}$ 有唯一的质因子分解(在复数意义下).

当时高斯无法给出证明,仅把这个猜测记入《算术探讨》书稿中,并于当年寄给巴黎科学院.也许此书过于深奥或作者当时过于年轻(23 岁),巴黎科学院拒绝接受这部论著,但高斯自己还是将它自费发表了.

后来的事实表明:由于这个问题直接涉及代数数论领域的许多重要概念的定义,所以一直受到人们关注.

1934 年,加拿大数学家海尔布伦(H. A. Heilbronn)和林富特(Linfurt)意外地证得结论:

除高斯给出的 9 个数外,最多还有一个数使 $a + b\sqrt{-D}$ 满足唯一分解定理.

大约 30 年后的 1966 ~ 1967 年间,美国数学家斯塔克和英国数学家贝克(H. Beke)几乎同时证得(前者利用椭圆函数,后者利用四次域理论):

使 $a + b\sqrt{-D}$ 满足唯一分解的 D 值,只有高斯提出的 9 个!

(其实,高斯后来还证明了:在上述意义下不可分解为积 $(a + bi)(c + di)$ 的质数皆为 $4k + 3$ 型质数;又除 2 之外所有 $4k + 1$ 型质数皆可分解成高斯复整数的乘积)

这样,虚二次域类数为 1 的问题完整地解决了.接着他们又在 1975 年,先后解决了类数为 2 的虚二次域问题.

1976 年,虚二次域类数的研究出现新方法,美国数学家哥特弗德(Gotford)把它转化成寻找椭圆曲线的问题.

1983 年采格尔和格罗斯花费了很大气力研究,终于找到了这种特殊曲线,使高斯猜测彻底获解! 但是,他们的手稿多达 300 页,核对工作极为艰难,但一些专家们却肯定了它的正确性.

他们的结论是:满足 $h(d) = k$ 即虚二次域类数为 k 时的 d 值分别是

$h(d) = 1$ 时, $d = 1,2,3,7,\cdots,163$;其中 $d_{\max}^{(1)} = 163$.

$h(d) = 2$ 时, $d = 5,6,10,13,\cdots,427$;其中 $d_{\max}^{(2)} = 427$.

$h(d) = 3$ 时, $d = 23,31,31,59,\cdots,907$;其中 $d_{\max}^{(3)} = 907$.

……

他们还解决了 $d_{\max}^{(k)}$ 的存在问题.其实,二次域的算术性质大都可用二元二次型的理论来复述.

我们一再强调:在数学中"数"与"形"之间也有着许多妙不可言的联系.

因而数与形的奇异性也是互见的,这也是数学特有的个性.

数论中人们熟知"费马数"(前面我们曾介绍过),即形如

$$F_n = 2^{2^n} + 1, \quad n \text{ 是自然数}$$

的数称为. 当 $n = 0,1,2,3,4$ 时,F_n 分别为

$$3, \quad 5, \quad 17, \quad 257, \quad 65\ 537$$

它们均为质(素)数(称费马质数),费马曾猜想:

对所有的自然数 n,数 F_n 均为质(素)数.

1732 年,欧拉指出:$F_5 = 2^{25} + 1 = 641 \times 6\ 700\ 417$
已不再是质数,从而推翻了费马猜测.

图35　费马

1880 年兰德利(Landry)发现 F_6 是合数

$$F_6 = 274\ 177 \times 67\ 280\ 421\ 310\ 721$$

且

$$274\ 177 = 1\ 071 \times 2^8 + 1$$

及

$$67\ 280\ 421\ 310\ 721 = 262\ 814\ 145\ 745 \times 2^8 + 1$$

至于有些费马数,人们仅证明了它们是合数,或只找到其部分因子,比如:

1787 年俄国一位数学家证明:F_{12} 有因子 114 689(即 $7 \times 2^{14} + 1$),F_{23} 有因子 167 772 161(即 $5 \times 2^{25} + 1$).

1886 年泽尔霍夫(Seelhoff)发现:F_{36} 有因子 2 748 779 069 441(即 $10 \times 2^{38} + 1$).

又如莫尔罕德(J. C. Morehead)和威斯顿(A. E. Western)早在 1905 年和 1909 年便证得 F_7 和 F_8 为合数,但它们的因子直到 1971 年和 1975 年才找到.

1971 年布端汉特(J. Brillhart)和莫瑞森(Morrison)在 IBM360 – 91 大型计算机上用 1.5 h 找到 39 位的 F_7 的两个因子:一个 17 位,一个 22 位.

1981 年布伦特(R. P. Brent)和波拉德(Pollard)在 IBM1100/42 计算机上用 2 h 找到 F_8 的一个 16 位的因子,尔后威廉斯又找到其另一个 62 位的因子.

1987 年汉堡大学的凯勒(W. Keller)运用筛法在电子计算机帮助下找到了 $F_{23\ 471}$(它有 $10^{7\ 000}$ 位)的一个因子.

尔后,罗伯逊(Robinson)找到了 $F_{1\ 945}$ 的一个素因子.

1990 年美国数学家 A·伦斯特拉(A. Lenstra)和 H·W·伦斯特拉(H. W. Lenstra)分解了 F_9.

同年,澳洲大学的布伦特分解了 F_{10}.

1992 年,里德学院的克兰达尔(R. E. Crandall)和杜尼亚斯(Doenias)证明 F_{22} 是合数.

令人觉得好奇的是:迄今为止人们仅知道上面五个费马质数.

关于费马数的研究现状见表 5.

表 5　费马数研究进展情况表

n 的 值	F_n 研究的进展
5,6,7,8,9,10,11	找到标准分解式
12,13,15,16,17,18,19,21,23,25 ~ 27,30,32,38,39, 42,52,55,58,63,73,77,81,117,125,144,150,207,226, 228,250,267,268,284,316,329,334,398,416,452,544, 556,637,692,744,931,1551,1 945,2 023,2 089,2 456, 3 310,4 724,6 537,6 835,9 428,9 448,23 471	知道 F_n 的部分因子(但不知其全部因子)
14,20,22	只知是合数,尚不知其任何因子
24,…	不知其是质数,还是合数?

但是费马数中是否有无穷多个质数？或无穷多个合数？这一点至今仍未获解决(至今为止,人们找到并证明的最大费马合数为 $2^{2^{23\,471}} + 1$,它有大约 $3 \times 10^{7\,067}$ 位). 费马数的分解情况见表 6.

表 6　前 20 个费马数的分解情况

n	$F_n = 2^{2^n} + 1$ 的分解
0 ~ 4	3,5,17,357,65537(质数)
5	641 × 6700417
6	274177 × p_{14}(p_k 代表 k 位的质数,下同)
7	59649589127497217 × p_{22}
8	1238926361552897 × p_{62}
9	2424833 × 7455602825647884208337395736200454918783366342657 × p_{99}
10	45592577 × 6487031809 × 4659775785220018543264560743076778192897 × p_{252}
11	319489 × 974849 × 167988556341760475137 × 3560841906445833920513 × p_{564}
12	114689 × 26017793 × 63766529 × 190274191361 × 1256132134125569 × c_{1187} (c_k 代表 k 位合数,下同)
13	2710954639361 × 2663848877152141313 × 3603109844542291969 × 3195460208205516432206 72513 × c_{2391}
14	c_{4933}
15	1214251009 × 2327042503868417 × c_{9840}
16	825753601 × c_{19720}
17	31065037602817 × c_{39444}
18	13631489 × c_{78906}
19	70525124609 × 646730219521 × c_{157804}

261

不过人们发现,费马数间的关系式

$$F_0 F_1 F_2 \cdots F_{n-1} = F_n - 2$$

令人意想不到的是,19 岁的高斯证明(前文我们已经多次谈到)了:

如果 F_n 是质数,则正 F_n(包括它们和 2 的方幂乘积)边形可用"尺规作图"完成.

同时,他给出了正 17 边形的尺规作法. 尔后,路利完成了正 257 边形的尺规作图,海默斯花了 10 年完成了正 65 537 边形的作图.

数依照某种预定的程序反复运算的结果似乎是无限多种 —— 但有时却是例外,任给一个数,按照某个预定的模式计算,结果往往是有限种(这一点可用计算器去核验,比如敲 sin 键,无论从哪个数开始,反复数次后结果必定为 0).

令人觉得遗憾和不解的是:对于这些结论中的某些至今未能找到它们的证明(尽管它们也许看上去很不起眼),同时也未能给出推翻它们的反例(无穷运算中的有限的例子).

第二次世界大战前后,美国的一个叫叙古拉的地方流传一种数学游戏,该游戏源于德国汉堡大学的卡拉兹(Callatz),他是从函数置换角度提出的,且在 1950 年美国坎布里奇召开的世界数学家大会上得以传播. 后来它被传到欧洲,曾在那里风靡一时;尔后又被日本数学家角谷带回日本. 游戏(它被称为 $3x + 1$ 问题)是这样的:

任给一个自然数,若它是偶数则将它除以 2;若它是奇数,则将它乘以 3 后再加 1,…… 如此下去,经过有限步骤后,它的结果必为 1(图 36).

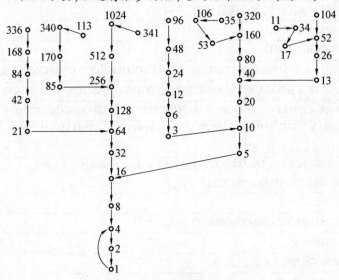

图 36 $3x + 1$ 问题的部分运算结果

有人用电子计算机对小于 2×10^{12} 的自然数进行验算,结果无一例外. 但这个貌似简单的结论至今未能为人们证明.

将上面游戏稍稍修改如:

任给一个自然数,若它是偶数则将它除以 2;若它是奇数,则将它乘以 3 后再减 1,…… 如此下去,经有限次步骤后它的结果必然是 1 或者落入图 37 两个循环圈之一内:

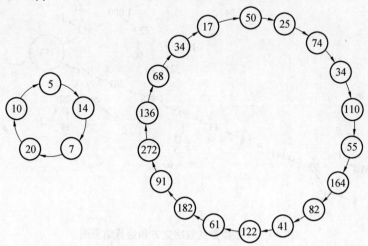

图 37

这一点至今也未获证,尽管有人对小于 10^8 的自然数——作了验算.

简单的数字运算导致的有趣现象(掉进"旋涡"或落入"黑洞",这的确是一种奇妙的美)还有许多,这里不妨再举几例:

求一个自然数的各位数字平方和可以得到一个新数;再求这个新数的各位数字平方和,…… 如此下去,经有限步骤后,结果必为 1 或进入图 38 的循环圈.

对于求数字的立方和运算也会出现类似的现象.

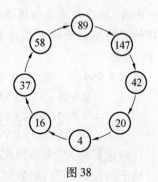

图 38

即数字立方和运算经有限步后结果为 1 或 153,370,371,407,或进入图 39 的 4 个循环圈中:

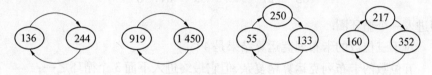

图 39

263

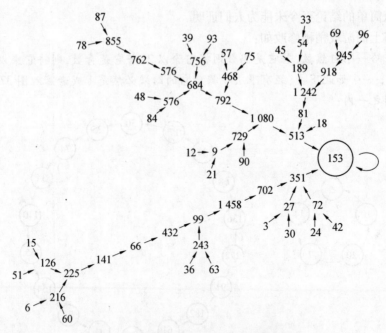

图 40　$3k$ 型整数的数字立方和运算结果图

整数排序后的简单减法运算同样会出现数字黑洞.

任给一个四位数(它们各位数字不全一样),先将它的数字按从大到小排成一个数,然后再减去由这些数字从小到大排成的四位数(前面数的逆序数),所得的差仍按上面的方式运算,经有限次(不超过 10 次)运算后,结果必为 6 174.

比如 4 959 这个数,按上面规则运算结果为

$$
\begin{array}{ccccc}
9\,954 & 5\,553 & 9\,981 & 8\,820 & 8\,532 \\
-\,4\,599 & -\,3\,555 & -\,1\,899 & -\,0\,288 & -\,2\,358 \\
\hline
5\,355 & 1\,998 & 8\,082 & 8\,532 & 6\,173
\end{array}
$$

(用 ⇒ 连接各组)

这种运算称为"卡布列克(D. L. Kapreker)运算".

对于两位数(它们的数字不全相同,下面诸情况类同)的卡布列克运算结果为

$$03 \to 27 \to 45 \to 09 \to 81 \to 63$$

即进入一个循环圈.

对于三位数的卡布列克运算结果是 495.

五位数的卡布列克运算稍复杂,但它最终进入下面 3 个循环之一:

(1) 95 553→99 954;

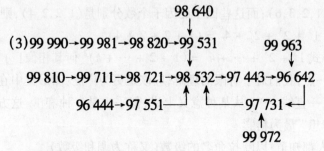

(2) 95 544→98 550→99 62→98 622→97 533→96 543→97 641

96 552→98 730→99 441→98 442→97 632

98 640

(3) 99 990→99 981→98 820→99 531   99 963

99 810→99 711→98 721→98 532→97 443→96 642

96 444→97 551   97 731

99 972

对六位数的卡布列克运算结果是:

(1) 549 945

(2) 631 764

(3) 840 852→860 832→862 632→642 654

750 843←851 742←420 876

1930 年意大利的数学家杜西(E. Ducci)发现:

在一个圆的四周任写 4 个整数(如图 41 中,17,25,47,55),再将它们两两之差(用大数减小数)写到与之同心的圆外面,…… 如此下去,最后总可得到 4 个一样的数.

这里顺便指出:这里必须强调圆四周数字个数是 4 个,否则会有意外. 比如对于 6 个数的结论有时不真,请看例子,图 42 中运算两步后便回到初始状态 (即产生循环).

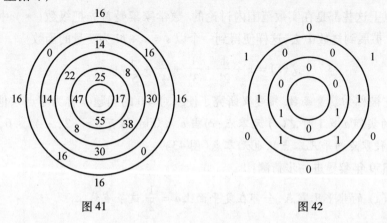

图 41   图 42

法国数学家刘维尔发现下面事实：

选定自然数 N，再确定 N 的约数，比如它们是 $N_1, N_2, \cdots, N_k$，然后求这些约数的因子（包括 1 和它本身）个数，比如 N_1 有 n_1 个因子，N_2 有 n_2 个因子，……，N_k 有 n_k 个因子，则

$$n_1^3 + n_2^3 + \cdots + n_k^3 = (n_1 + n_2 + \cdots + n_k)^2$$

比如 6 有约数 $(1,2,3,6)$；而这些因子的因子个数分别是 $(1,2,2,4)$，则

$$1^3 + 2^3 + 2^3 + 4^3 = (1 + 2 + 2 + 4)^2$$

（它与立方和公式 $1^3 + 2^3 + \cdots + k^3 = (1 + 2 + \cdots + k)^2$ 何其相像！）

这里还想指出一点，我们对于有限的理解，应该是更为广泛：图形集中在某一象限、点集中在某一直线 …… 从某种意义上讲，似乎也是一种有限. 这方面的例子要数"黎曼猜想"最为精彩.

学过微积分的人都知道：以欧拉命名的级数（又称为调和级数）

$$\sum_{k=1}^{\infty} \frac{1}{k} = 1 + \frac{1}{2} + \frac{1}{3} + \cdots + \frac{1}{n} + \cdots \text{ 发散（其和趋于无穷大）}$$

人们还知道：级数

$$\sum_{k=1}^{\infty} \frac{1}{k^s} = 1 + \frac{1}{2^s} + \frac{1}{3^s} + \frac{1}{4^s} + \frac{1}{5^s} + \cdots \qquad (*)$$

当 $s > 1$ 时，收敛；当 $s \leqslant 1$ 时，发散.

欧拉曾给出过 $2 \leqslant s \leqslant 26$ 的全部偶数 s 的和式值，其中

$$\sum_{k=1}^{\infty} \frac{1}{k^{26}} = \frac{2^{14} \cdot 76\,977\,927 \cdot \pi^{26}}{27!!}$$

但 s 是奇数时，除 $s = 1$ 时级数发散，即便 $s = 3$ 时其和亦不得知（法国人阿佩里（Appeli）曾于 1978 年证明 $\sum_{k=1}^{\infty} \frac{1}{k^3} \approx 1.202$）.

以上这些都是在实数范围内讨论的. 数学家黎曼首先把级数 $(*)$ 中分母指数 s 扩展到复数中去，这样便得到一个以 $s = a + bi$ 为变量的函数

$$\zeta(s) = 1 + \frac{1}{2^s} + \frac{1}{3^s} + \frac{1}{4^s} + \frac{1}{5^s} + \cdots$$

它被称为黎曼函数. 黎曼又研究了使 $\zeta(s) = 0$ 的问题（s 称为零点），他证明了：s 的实部 $a > 1$ 时，$\zeta(s)$ 无零点；而当 $a < 0$ 时，除了 $s = -2, -4, -6, \cdots$ 以外（这种零点叫平凡零点），也无零点（图 43）.

1859 年黎曼进一步猜测：

$\zeta(s)$ 的非平凡零点，全部在复平面上 $a = \dfrac{1}{2}$ 这条直线上.

这便是著名的黎曼猜想①,它至今仍是人们关注的命题,但仍未为人们所证得.

黎曼猜想在数学上是非常有用的(这一点我们前文已叙述过),比如数论中的不少结果,可以在黎曼猜想成立的前提下加以改进.

前文曾述,1927 年,数学家兰道的名著《数论讲义》中就有"在黎曼假设下"专门一章讨论这个问题.

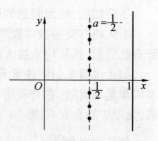

图 43 ($\zeta(s)$ 的零点(· 表示)

到目前为止,人们对于猜想的证明做了一些工作.

1914 年哈代证明:直线 $\mathrm{Re}(s) = \dfrac{1}{2}$ 上 $\zeta(s)$ 有无穷多个零点.

1955 年,有人借助于电子计算机验证:$\zeta(s)$ 的前 25 000 个零点,均符合黎曼猜想.

尔后,美国威斯康星大学三位数学家用电子计算机验证了 $\zeta(s) = 0$ 的前 30 万个解都是如此,然而这对于超出计算范围的无穷多个解来说,是永远不能算作证明了任何确定的东西的(如今,人们已对前 15 亿个零点做了验证).

有人从另一方面考虑,得到了一些较弱的结果:$\zeta(s) = 0$ 的一部分解(零点) 位于 $a = \dfrac{1}{2}$ 的直线上;

1924 年塞尔伯格(A. Selberg) 证明至少有 1% 的解(零点) 位于该直线上;

1972 年,麻省理工学院的莱文森(Levinsen) 成功地证明了至少有 1/3 的解(零点) 位于该直线上.

---

① 黎曼猜想有许多等价叙述,比如:(I) 若记 $Li(x) = \int_2^x \dfrac{\mathrm{d}t}{\ln t}$,又 $\pi(x)$ 表示不超过 x 的质数个数,则对任给定的 $\varepsilon > 0$,总有 C_ε 存在使当 $x \geqslant 2$ 时

$\mid \pi(x) - Li(x) \mid \leqslant C_\varepsilon x^{\frac{1}{2}+\varepsilon}$(或对充分大的 x 有 C 使$\mid \pi(x) - Li(x) \mid \leqslant C x^{\frac{1}{2}} \ln x$)

又如:(II) 定义矩阵 $A = (a_{ij})$,其中 $a_{ij} = 0$ 或 $1(1 \leqslant i, j \leqslant n)$,且

$$a_{ij} = \begin{cases} 1, & \text{若 } j = 1 \text{ 或 } i \mid j \\ 0, & \text{其他} \end{cases}$$

则对任意给定的 $\varepsilon > 0$ 有 $\det A = \mid A \mid = 0(n^{\frac{1}{2}+\varepsilon})$.

此外,黎曼猜想也有其等价的对称形式:

令 $\xi(s) = \dfrac{1}{2}s(s-1)\pi^{-\frac{s}{2}}\Gamma\left(\dfrac{s}{2}\right)\zeta(s)$,则有 $\xi(s) = \xi(1-s)$,这里 $\Gamma(s)$ 称为 Gamma 函数.

又由 $\zeta(s) = \displaystyle\prod_{p\text{遍历质数}} \left(1 - \dfrac{1}{p^s}\right)^{-1}$,显示质数分布的规律. 由此人们认为猜想应该成立,否则将与自然规律不协调.

尽管如此,然而问题的证明远没有结束.

不久前有英国数学家阿蒂亚(M. Atiyah)和我国北京大学的教授李忠均称证得此猜想,然其均未被人们认可.

如果说数学归纳法是利用有限的论证步骤去处理无限的情况,那么上面的事实却是相反的,它是利用无限的形式表达有限的概念. 这正是有限孕育着无限,无限中隐含着有限.

如调和级数 $\sum_{k=1}^{\infty} \dfrac{1}{k}$ 发散,但 $\sum_{k=1}^{\infty} \dfrac{1}{k^2}$ 收敛,它的几何解释却让人不解:边长分别为 $1, \dfrac{1}{2}, \dfrac{1}{3}, \cdots$ 的正方形面积之和有限,但这些正方形边长之和却是一个无穷大(图44,类似的例子我们前文也曾介绍过,它的解释详见后文).

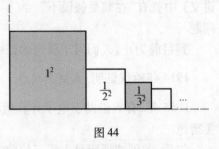

图44

我们还想指出:有限与无限也许仅仅是一步之遥,有时有限个也许就会派生衍变出无限个.

马尔科夫给出丢番图方程

$$x^2 + y^2 + z^2 = 3xyz$$

的两组特解或奇异解 $(1,1,1)$ 和 $(2,1,1)$,有趣的是方程(马尔科夫方程)的其他解皆可由它们产生(用该两数组每组中的任两个代入原方程可得新解,即由代入 x, y 可解得 z)(图45).

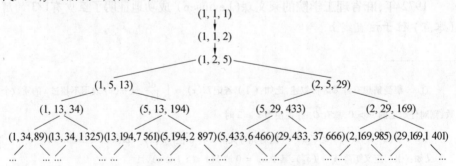

图45 马尔科夫方程解的枝形链

其中每个解均与某三个另外解有关(有两个变元值相同). 人们称

$$1, 2, 5, 13, 29, 34, 89, 169, 194, 233, 433, 610, 985, \cdots$$

为马尔科夫数.

关于该方程解的研究,约翰(K. H. John)还给出了表示 $x^2 + y^2 + z^2 = 3xyz$ 的解的三叉戟(Trident)图(图46),图中任何相邻的共同顶点的三区域中的三个数均为方程的解. 图中数字间还有许多耐人寻味的奇妙现象.

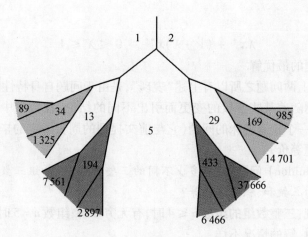

图 46

此外,在任一线段上两端点处标号和等于夹此线段两侧区域标号乘积的 3 倍 $13 + 89 = 3 \times 1 \times 34, 5 + 7\,561 = 3 \times 13 \times 194, 29 + 6\,466 = 3 \times 5 \times 433, \cdots$

与区域 1 邻接的区域标号有 $1, 2, 5, 13, 34, 89, \cdots$,它们是斐波那契数列

$$1, 1, 2, 3, 5, 8, 13, 21, 34, 55, 89, \cdots$$

中相间的项.

与区域 2 邻接的区域标号有 $1, 5, 29, 169, 985, \cdots$ 称为佩尔数,它们可由佩尔方程: $x^2 - 2y^2 = -1$ 的解表出(表 7).

表 7　佩尔方程 $x^2 - 2y^2 = -1$ 的解

x	y	$x^2 - 1 = 2y^2 - 2$
1	1	0
7	5	48
41	29	1 680
239	169	57 120
1 393	985	1 940 448
…	…	…

类似的更典型的例子出现在运筹学中的线性规划问题的解中. 我们知道线性规划问题(V 表示目标,s. t. 表示约束)

$$V : \max(\text{或 min})z = cx$$

$$\text{s. t.} \begin{cases} Ax \ \vee \ b \\ x \ \vee \ 0 \end{cases}$$

若它有两个最优解,则它必有无穷多个最优解(当然这些解均可用这两解以凸组合形式线性表出).

换言之,若 x^* 与 x^{**} 皆为上面线性规划问题的最优解,则(至少)它们的

269

凸组合

$$\lambda \boldsymbol{x}^* + (1 - \lambda)\boldsymbol{x}^{**}, \quad 0 \leq \lambda \leq 1$$

亦为上述问题的最优解.

当然,以上两问题之所以有上述"表现",是由于问题自身特性而引发的.

同一问题随着某些参数的变更而引出不同的结论,在数学中是屡见不鲜的. 我们来看一个稍有趣味的问题(它与前文提到的周长一定的毕达哥拉斯三角形个数问题等价):

莫顿(Mauldon)问题 有多少不同的三整数组,使每组三数和及三数积与其他各组的三数和、积分别相等?

人们发现:三整数组的组数 $n \leq 4$ 时,有无穷多解;组数 $n = 5$ 时,仅一组解;组数 $n \geq 6$ 时,解的情况不详.

请见表 8(表中 Σ 表示诸数和,Π 表示诸数积):

表 8　莫顿问题解的情况表

组数 n		其和最小者($\Sigma = 118$)	其积最小者($\Pi = 25\,200$)
	≤ 4 (无穷多组)	$(14,50,54), (15,40,63),$ $(18,30,70), (21,25,72)$ $\Pi = 37\,800$	$(6,56,75), (7,40,90),$ $(9,28,100), (12,20,105)$ $\Sigma = 137$
	5 (唯一)	$(6,480,495), (11,160,810), (12,144,825), (20,81,880),$ $(33,48,900)$ 一组解,　其中 $\Sigma = 981, \Pi = 1\,425\,600$	
	大于 6	尚未找到解	

说到"有限"与"无限",我们来看另一个例子,即所谓"语言数列".

比如某个数从左到右是"1 个 1,1 个 2,1 个 3",我们可记为

11　12　13

再描述上面的数即"4 个 1,1 个 2,1 个 3",则可记为

41　12　13

接下来再描述它则是 31 12 13 14,$\cdots$14 311 213,再往下依次为

41 142 312,24 312 213,32 142 321,23 322 114,32 232 114,23 322 114,$\cdots$

显然接下来此时会有(已出现循环)

23 322 114 $\longrightarrow$ 32 232 114

由于初始数不同,人们会得到不同的"语言数列"(至今已发现十几种). 比如康威给出下面数列

1,11,21,1 211,111 221,312 211,13 112 221,
1 113 213 211,31 131 211 131 221,$\cdots$

此时该数列不再会进入循环,有趣的是数列中第 n 项所含数码个数与下面一个无理数的 n 次方大致成正比

$\alpha = 1.303\ 577\ 269\ 034\ 296\ 391\ 257\ 099\ 112\ 152\ 551\ 890\ 730\ 7\cdots$

其中 α 是下面 71 次方程(一元) 的一个根:

$x^{71} - x^{69} - 2x^{68} - x^{67} + 2(x^{66} + x^{65}) + x^{64} - (x^{63} + x^{62} + x^{61} + x^{60} + x^{59}) + 2x^{58} + 5x^{57} + 3x^{56} - 2x^{55} - 10x^{54} - 3x^{53} - 2x^{52} + 6x^{51} + 6x^{50} + x^{49} + 9x^{48} - 3x^{47} - 7x^{46} - 8x^{45} - 8x^{44} + 10x^{43} + 6x^{42} + 8x^{41} - 5x^{40} - 12x^{39} + 7(x^{38} - x^{37} + x^{36}) - x^{35} - x^{34} + 10x^{33} + x^{32} - 6x^{31} - 2x^{30} - 10x^{29} - 3x^{28} + 2x^{27} + 9x^{26} - 3x^{25} + 14x^{24} - 8x^{23} - 7x^{21} + 9x^{20} - 4x^{18} - 10x^{17} - 7x^{16} + 12x^{15} + 7x^{14} + 2x^{13} - 12x^{12} - 4x^{11} - 2x^{10} + 5x^9 + x^7 - 7x^6 + 7x^5 - 4x^4 + 12x^3 - 6x^2 + 3x - 6 = 0$

至于其中的奥秘尚待人们揭晓.

这种"无穷""有限""不存在"即"没有"间的彼此转换,也是数学奇异性的一种表现. 数学中这类例子还有许多,比如:

在斐波那契数列中,有无能构成海伦三角形的三项存在?

人们证明了下面的结论:若记 f_n 为斐波那契数列中的项,则能构成海伦三角形者仅有两种形式:

(Ⅰ) 三边长为 (f_{n-1}, f_{n-1}, f_n),其中 $n \geq 4$;

(Ⅱ) 三边长为 (f_{n-k}, f_n, f_n),其中 $1 \leq k < n$.

对于第(Ⅰ) 种形式,人们仅找到解 $(5, 5, 8)$;

对于第(Ⅱ) 种形式,人们认为无解,但至今尚未获证(仅得到局部结论,哈尔伯特(H. Harborth) 和凯姆尼茨(A. Kemnitz) 验证了 $k = 1, n \leq 25$ 时的情形;曹珍富证明了 $k = 2, 3, 4$ 时解不存在的结论).

早年间著名数学家爱尔特希曾猜测:方程

$$x^x y^y = z^z, \quad x > 1, \quad y > 1, \quad z > 1 \qquad\qquad (*)$$

没有整数解.

1940 年柯召找到了它的无穷多个解

$$(x, y, z) = (12^6, 6^8, 2^{11} \cdot 3^7), \quad (224^{14}, 112^{16}, 2^{68} \cdot 7^{15}),$$
$$(61\ 440^{30}, 30\ 720^{32}, 2^{357} \cdot 15^{31}), \cdots$$

他同时还证明了:当 x, y 互素时,方程 $(*)$ 无(整数) 解.

(当然,上述形式的解是否为方程的全部解,至今仍不得知.)

我们再回顾一下这里有限与无穷的转换,正与我国古代哲学家老子用:"道生一,一生二,二生三,三生万物"所表达的哲学思想相合.

函数的幂级数、泰勒级数、(傅里叶) 三角级数的展开等是由无限形式去表达有限,反过来的问题则是用有限表示无限,比如求数列极限、求无穷级数和等. 在计算上如此,在论证方法上也是如此. 应该看到数学归纳法也正是利用有限步骤去论证无限形式的结论的一种有效方法.

我们在"数学的形式美"一节已经谈及自然数的堆叠问题,比如:哥德巴赫猜想、自然数表示为 k 角数和问题、费马关于 $4k + 1$ 型质数可示表示为两个整

271

数平方和问题等,它们除了具有形式上的美感外,也具有神奇的有限美.注意下面的命题:

不小于 6 的偶数都是 2 个奇质(素)数之和(哥德巴赫猜想);

每个自然数都可表示为 k 个 k 角数之和;

每个 $4k+1$ 型质(素)数都是两个完全平方数之和(费马定理).

(后者是 1640 年 12 月 25 日,在费马给法国神父、数学家梅森的信中提出的,1754 年数学大师欧拉严格地证明了它.)

请注意这里的个数 $2,k,2,\cdots$ 都是有限的.对于这里的费马定理(注意它不是指费马大、小定理)我们想再多说几句.

"每个 $4k+1$ 型质数可表示为两个完全平方数之和"(双平方和定理),然而是否是所有自然数均可表示为两个完全平方数之和? 回答是否定的.

我们知道:偶数的平方是 4 的倍数(被 4 除余 0),奇数的平方被 4 除余 1.

这样任何两个完全平方数和被 4 除后的余数只可能是

$$0+0=0, \quad 0+1=1, \quad 1+1=2$$

换句话说:$4k+3$ 型的自然数(包括质数,注意质数只有 $4k+1$ 或 $4k+3$ 型)是不能表示为两个完全平方数之和的.可若用完全平方数之和表示一切自然数,几个才行? 答案是 4 个(有限).

(如果要求自然数 n 表示为两两互素的整数的平方和,则 4 个仍不够.布赫曼(Jan Bohman)等人证明了:当 $n>188$ 时,只要 5 个彼此互素的整数即可表示.在 $n\leqslant 188$ 中,仅有 31 个整数不能表示为 4 个不同的整数平方和,且 124 和 188 需用 6 个彼此互素的整数的平方和表示.)

这一发现是 1621 年由巴契特(Bachet)给出的(我们又一次提及这个令人振奋、令人感兴趣的话题).

1730 年数学大师欧拉经 13 年研究给出公式

$$(a^2+b^2+c^2+d^2)(r^2+s^2+t^2+u^2)=$$
$$(ar+bs+ct+du)^2+(as-br+cu-dt)^2+$$
$$(at-bu-cr+ds)^2+(au+bt-cs-dr)^2$$

它即说:能表示成四个完全平方数和的两自然数之积仍能表示成四个完全平方数之和.

1770 年,数学家拉格朗日依据欧拉的工作给出"自然数可由四个完全平方数之和表示"的第一个证明.

1773 年,66 岁的欧拉(此时他已失明)又给出上面结论的又一(更简单的)证明.

我们说过:费马的"双平方和定理"是费马在 1640 年 12 月 25 日给梅森的信

中提出的,直至 1754 年才由数学大师欧拉给出严格证明.

尔后,德国数学家闵可夫斯基(H. Minkowski)又给出一个更加巧妙的证明,他证明的方法是借助平面格点完成的. 大致步骤如下:

设 p 为 $4k + 1$ 型质数.

在平面坐标系中找出 $x^2 + y^2$ 为 p 的整数倍的所有格点 (x, y). 这些格点恰好组成两张以平行四边形为网眼的大网的顶点(图 47),每个网眼(即其中每张网中相邻四顶点组成的平行四边形)的面积可以证明为 p.

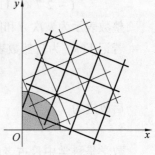

图 47

选其中一张网,再以原点为中心,$r > \sqrt{p}$ 为半径画圆(如取 $r = 1.2\sqrt{p}$),这时圆面积

$$S_{\odot} = 1.44\pi p \approx 4.52p > 4p$$

此圆内定有一非零格点 (x, y) 满足 $x^2 + y^2 \leqslant 1.44p$.

p 为质数,在不大于 $1.44p$ 且为 p 的非 0 倍数中只有 p 本身,故 $x^2 + y^2 = p$. 这就完成了证明.

证明是何等的漂亮(因其巧妙),何等令人赞叹(因其简洁)!

20 世纪初波利亚曾猜想:双平方和问题与高斯的 n 后问题($n \times n$ 棋盘放 n 个后而使彼此不被吃掉)有关. 1977 年拉尔松(L. C. Larson)用解 n 后问题的方法给出双平方和定理一个新颖、别致的证明.

本质上讲,前述闵可夫斯基的证明其实与 n 后证法如出一辙.

由自然数表示为四平方问题,我们还会想到四元数(1843 年由哈密尔顿发现)的产生,这不仅是对复数 $a + bi$ 概念的推广,从某种意义上讲也是与"自然数表示为四平方和"结论相互辉映(从数学大框架上看并不牵强),这一点可见文献[30].

尽管后来人们又将多元数概念推广,但弗罗比尼乌斯(F. G. Frobenius)和皮尔斯(C. S. Peirce)证明了:

除了实数集这个代数本身以及复数和四元数代数外,再无别的实系数可除代数.

另外,自然数表示为立方和问题,早在 1936 年 Mordell 已证得:

除 $9n \pm 4$ 形的数外,自然数可表示为 4 个整数(不一定是正整数)的立方和.

因 $k^3 \equiv -1, 0, 1 \pmod 9$,故 $x^3 + y^3 + z^3 \equiv 0, \pm 1, \pm 2, \pm 3 \pmod 9 \Rightarrow$ 形如 $9n \pm 4$ 的整数不能表示为 3 个整数立方和.

至 2016 年 S. G. Huisman 指出:

小于 10^3 的整数未找到能表示为 3 立方数和的数仅有

$$33,42,114,165,390,579,627,633,732,795,906,921,975$$

但不久前 T. Browning 发现了算式

$$33 = 8\ 866\ 128\ 975\ 287\ 528^3 + (-\ 8\ 778\ 405\ 442\ 862\ 239)^3 +$$
$$(-\ 2\ 736\ 111\ 468\ 807\ 040)^3$$

整数表示为 k 次方和问题,人们早有研究.

若记 $V(k)$ 为自然数表示为 k 次方的个数,1934 年,E. M. Wright 证得

$$V(k) \leqslant 2^{k+1} + \frac{k!}{2}$$

后改进为

$$V(k) \leqslant 2^{k+1} + 4k$$

数学是科学中最古老的分支,它同时又是最活跃的学科,其动力来自它能永葆青春的活力. 数学并不构造它的对象,而是仅仅在一个事先存在的概念宇宙中发现它们,从有限走向无限,又从无限返回到有限. 这一点数学能够做到且只有数学能够做到.

3. 数字的文化

数学和诗歌都具有永恒的性质.

—— 卡尔米采尔(R. D. Carmichael)

哪里有数,哪里就有美.

—— 普洛克鲁斯(Proclus)

数学关注抽象,却闭口不谈时空宇宙.

—— 萨顿(O. G. Sutton)

数学中有许多新奇、巧妙而又神秘的东西吸引着人们,这是数学的趣味、魅力所在,它们"像甜蜜的笛声诱惑了如此众多的'老鼠',跳进了数学的深河"(韦尔语).

数学的诸类问题中,最显见、最简单、最令人感到神秘的莫过于数的性质问题了.

人类社会中,数是一种最独特,但又最富有神秘性的语言. 生产的计量、进步的评估、历史的编年、科学的构建、自然界的分类、人类的繁衍、生活的规划、学校的教育 …… 无不与数有关.

远在古代人们就已对"数"产生了某种神秘感,在古希腊毕达哥拉斯学派眼中,"数"包含着异常神奇的内容. 有些民族根据数的算术属性,对自然界和人类社会的现象给出神秘的解释,尽管其中不无荒诞、牵强 …… 这些事实反过来告诉我们:自古以来人们对"数"就有着特殊的感情. 人们除了把它用于计

量,还附加给它许多文化内涵.

数字与人们的生活有着密切的联系.然而你或许不曾注意到,有些数字似乎与人们的"交往"更为密切,其意义似乎更加深邃……,以至生活处处不可思议地显示着与它们的神秘巧合.在古希腊,毕达哥拉斯认为:

1 代表理性,是万数之源,而不仅是一个数;**2** 代表见解;**3** 代表力量;**4** 代表正义或公平;**5** 代表婚姻,因为 5 是由第一个阳性数 3 和第一个阴性数 2 结合而成的,此外,数 5 的特性蕴含了颜色的秘密;**6** 中存在着冷热的原因;**7** 包含了健康的奥秘;**8** 隐藏了爱的真谛,因为 8 是 3(力量)和 5(婚姻)而成.

我国古代人们对于数的认识中也带有某些神秘的色彩,老子的"一阴一阳之谓道.道生一,一生二,二生三,三生万物"中,既蕴含着对八卦、易图(见前文)等的诠释,又是对数乃至整个世界(宇宙)生成的看法.

又如《说文解字》中对数的解释如:

一,惟初太始,道立于一,造分天地,化成万物;

二,地之数也;

三,天、地、人之道也;

四,阴数也;

五,五行也;

六,《易》之数也;

……

我国民间流传的吉祥歌词:一品当朝,二元及弟,三阳开泰,四事如意,五子登科,六六大顺,七子团圆,八仙过海,九天仙女,十实在在(十全十美),把数字 1 ~ 10 与美好事物联系起来,成为人们的心愿.

看来无论中外古今,无论你是哪个民族,无论你有何种信仰,无论你生活在世界的哪个角落,在世界许多地方人们对于数都赋予了许多相同的除计量外的内涵.请看数字中的文化.

诗,无疑要有味儿,有味儿才有嚼头儿.如果再有趣儿,那么就更耐人咀嚼了.

比如这首《半点缘》,就是一首纯纯粹粹的半字诗:"半边山月半山松,半点清风半点浓.半世沧桑芳草地,半生守候待相逢.半世风云半世愁,半江渔火半边流.半山红叶如枫地,半点灯花照影差."诗中 12 个"半"字,将情景非常形象、非常自然地融合在一起.落霞孤鹜、天地苍凉、人世沧桑、呼之欲出.

1:被看作万物的开端,世界的本原,由它派生了整个世界.

1 也是一个最普通的数字,但在诗文中运用得当,却能显出丰富的情趣.

据《清稗类抄》载,乾隆皇帝下江南,纪昀随行.过江时适值仲秋,乾隆眼见秋江万里,耳闻渔歌悠扬,不禁心旷神怡,对纪昀说:"卿看那碧波之上,一渔舟荡桨而来,此情此景,不可无诗.卿能以十个'一'字入诗,口占一绝吗?"纪昀远眺大江,吟出一首《七绝》:"一篙一橹一渔舟,一个艄头一钓钩,一拍一呼还一笑,一人独占一江秋."乾隆听了赞不绝口:"好诗!卿果然才思敏捷!"

这首诗,在短短二十八个字中,连用十个"一"字,写人状物,绘声绘色,把众多景物和人物动作构思而成诗句,的确独具匠心,也颇见情趣.

清代女诗人何佩玉也写过一首"一"字诗:"一花一柳一鱼矶,一抹斜阳一鸟飞;一山一水中一寺,一林黄叶一僧归."诗人连续运用十个"一"字,将夕阳西下、黄叶满地,飞鸟回林、僧人归寺的山林晚景画生动地展现在人们面前,给人一种恬静之美.

还有"一"字文.清康熙年间,有"天下第一清官"(康熙皇帝语)之称的张伯行为官清廉,政绩斐然,在福建和江苏巡抚任内,总揽两省军事、吏治、刑狱、经济,可谓位高权重.其间僚属门生、官民人等,多有携礼拜谒者,为了杜绝送礼者,张伯行写了言简意赅的《禁止馈送檄》一文,张贴在居所院门上及巡抚衙门外.文曰:"一丝一粒,我之名节;一厘一毫,民之脂膏.宽一分,民受赐不止一分;取一文,我为人不值一文."这篇文章连用八个"一"字.文虽短,却字字句句掷地有声,被广为传诵,人们誉为清廉的"金绳铁矩".

2:是宇宙界分的标志(天地、日月、阴阳、男女……),又意味着爱情(中国人常把数字人性化,如婚期总择双日等).

而其他数字中的文化寓意则有如下叙述:

3:物有"三态"(气、液、固),天有"三光"(日、月、星),人有"三宝"(精、气、神),现实空间有"三维".我国传统宗教有"三教"(儒、道、佛),军队有"三军"(海、陆、空).三个月为一季.成语中有"三朝"元老、"三皇(伏羲、女娲、神农)"五帝、"三坟"五典、"三令"五申、"三番"五次、"三心"二意、"三思"而"后行""朝三"暮四……

在数学中,等半径、等高的圆锥、半球、圆柱体积之比为 $1:2:3$(图1).

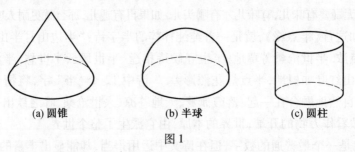

| (a) 圆锥 | (b) 半球 | (c) 圆柱 |

图1

4:天有四季(春、夏、秋、冬).面有"四方"(东、南、西、北).经书上称地、火、水、风为"四大",周易中有四象.人的双手双脚叫"四体".地球上有四大洋(太平洋、大西洋、印度洋、北冰洋). 口语中有五湖"四海(渤海、黄海、东海、南海)""四平"八稳、"四通"八达.

此外还有四书(论语、中庸、大学、孟子),四大发明(东汉蔡伦造纸,唐代炼丹家发明火药,北宋毕昇发明活字印刷术,北宋时期发明的指南针),古典文学的四大名著(《三国演义》《水浒传》《西游记》《红楼梦》).

5:为约数之首(四舍五入),学说中有五行(金、木、水、火、土),粮食统称五谷,名山有"五岳(中岳嵩山,东岳泰山,西岳华山,南岳衡山,北岳恒山)",一夜分"五更",人体称为"五体",中国古代音律分宫、商、角、徵、羽五音.

民间称蝎子、蜈蚣、蛇、蜂、蛾(或蜈蚣、蟾蜍)等为"五毒". 中医药中石胆、丹砂、矾石、雄黄、慈石五种石类药为"五毒".

此外还有五常(仁、义、礼、智、信),五彩(青、黄、赤、白、黑),五谷(稻、黍、稷、麦、菽),五脏(心、肝、脾、肺、肾),历史上五帝(太皋、炎帝、黄帝、少皋、瑞顼),文学上五经(诗经、尚书、礼记、易经、春秋),地理上五湖(鄱阳、洞庭、太湖、洪泽、巢湖)等.

6:是第一个(最小的)完全数. 人有六腑(胃、胆、三焦、膀胱、大肠、小肠),牲有六畜(猪、牛、羊、马、鸡、狗),文言中有六合(上、下、东、南、西、北,泛指天下或宇宙),历史上有六朝(先后建都于建康的吴、东晋、宋、齐、梁、陈,有时也指南北朝),干支中有六甲(有时妇女怀孕亦称身怀六甲),人亲戚中有六亲(父、母、兄、弟、妻、子),道教中有六神(心、肺、肝、肾、脾、胆),汉字分析条例中指事、象形、形声、会意、转注、假借等称六书,此外还有六艺(礼、乐、射、御、书、数). 六也是《圣经》中上帝创世的日期.

7:在数学中,它是个质数. 一周有"七天"的计日制称为"七曜历",始于古代巴比伦(一说始于古代埃及),公元 1 世纪时,罗马人用之,后通行世界(我国用日、月、金、木、水、火、土表示). 日光可分解成"七色"(红、橙、黄、绿、青、蓝、紫). 音乐中有"七个音符". 人脸有"七窍"(耳、鼻、口、眼). 人身也有"七窍". 人的情感有"七情"(喜、怒、哀、乐、爱、恶、欲)六欲. 地球的陆地分为七个洲(也有五大洲之说). 牛郎织女相会在"七夕(农历七月初七夜)"……

有趣的是:七在伊朗是一个重要的数字,伊朗人过年要摆上"七种"物品的拼盘以迎新春,女儿出嫁要穿"七色"染成的新装以贺新喜.

古希腊的医学之父希波克拉底(Hippocrates)认为:7 通过它内涵的美使世间的一切保持完美. 它支配着生命和运动.

我国医学也认为:7 与女人的发育年龄阶段也有关系:婴幼儿期到 $7 \times 1 = 7$ 岁止;儿童期到 $7 \times 2 = 14$ 岁止;少年期到 $7 \times 3 = 21$ 岁止;青年期到 $7 \times 4 = 28$ 岁止;中年期到 $7 \times 7 = 49$ 岁止;更年期至 $7 \times 9 = 63$ 岁止. 男人则以 8 为基数.

8:谐音"发",颇为南方人垂青.易经中有"八卦",地分"八方",结拜兄弟要"八拜",空间分为八个卦限;扬州书画家有"八怪".传说中的八仙(铁拐李、汉钟离、张果老、吕洞宾、何仙姑、蓝采和、韩湘子、曹国舅),古代文学家中有唐宋八大家(韩愈、柳宗元、欧阳修、苏洵、苏轼、苏辙、王安石、曾巩),应试(封建社会赶考)作文中的八股(破题、录题、起讲、入手、起股、中股、后股、束股),佛教中八戒(戒杀生、戒偷盗、戒淫邪、戒忘语、戒饮酒、戒看香华、戒坐卧高广大床、戒非时食),易经中有八卦(易有太极,是生两仪,两仪生四象,四象生八卦:乾(天)、坤(地)、震(雷)、巽(风)、坎(水)、离(火)、艮(山)、兑(沼)).

太阳系有八大行星(图2,原九大行星,但2006年8月24日在匈牙利首都布拉格举行的国际天文学联合大会上决定,将冥王星划入矮行星,行星须满足:①绕恒星(太阳)旋(运)转;②质量足够大,其自身引力足以克服其刚体力,而使其呈圆球状;③它能清除其轨道附近的其他物体.冥王星不满足条件③,至此仅剩下水星、金星、地球、火星、木星、土星、天王星、海王星).

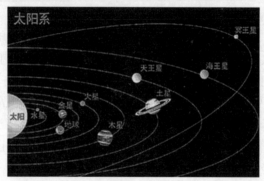

图2 太阳系的八大行星

周代礼仪中有八佾(一佾8人)之舞.

涉及数字8的数学问题颇多,比如数列

$$\frac{9}{1},\ \frac{98}{12},\ \frac{987}{123},\ \frac{9\,876}{1\,234},\ \frac{98\,765}{12\,345},\ \cdots$$

的极限收敛到8.

这里大于10和小于0的数一般不允许作为数字出现,如此一来,在适当安置小数点后,分子、分母分别为

$$\sum_{k=0}^{\infty}\left[10-(k-1)\right]\left(\frac{1}{10}\right)^{k},\ \sum_{k=0}^{\infty}(k+1)\left(\frac{1}{10}\right)^{k}$$

它们的和分别为 $\dfrac{800}{81}$ 和 $\dfrac{100}{81}$,这样其商恰为8.

9:谐音为"久",是数字0,1~9的终端,是一切事物的顶点,《黄帝内经》中

"素问·三部九侯论"说:"天地之至数,始于一,终于九."9 是极阳数,含有"至高无上,吉祥如意"的意思. 如天有"九重"(天之巅为九霄),地分"九层"(地之冥曰九地),水有"九渊",江河统称九派,万国四方称"九州"(神州),人分"九等"(三、六、九等),又称九流(儒、道、阴阳、法、名、墨、纵横、杂、农),官设九品①,棋手高下分"九段",萦绕迂回称"九曲",百炼丹砂称"九转",龙有"九龙",寒、暑有伏(三伏)"九"(三九).

9 实为中华民族祖先宠爱的数字. 皇家建筑更是与 9 结下不解之缘,其建筑物数及台阶数,甚至石块数、殿堂立柱数皆为 9 或 9 的倍数.

9 月 9 日视为重阳节,九九称为艳阳天.

圆周角为 360°,平角为 180°,直角为 90°,半直角 45°,四分之一直角为 22.5°;八分之一直角为 11.25°. 请注意表 1.

表 1

角度	角度诸数字和
360°	$3 + 6 + 0 = 9$
180°	$1 + 8 + 0 = 9$
45°	$4 + 5 = 9$
22.5°	$2 + 2 + 5 = 9$
11.25°	$1 + 1 + 2 + 5 = 9$

又如圆内接正 n(多)边形内角和为

$$n \cdot \frac{1}{2}\left[360° \div n \times (n-2)\right]$$

这样圆内接正 3 ~ 12 边形内角和如表 2.

表 2

圆内接正 n 边形	内角和	内角和的诸数字和
圆内接正三角形	180°	$1 + 8 + 0 = 9$
圆内接正方形	360°	$3 + 6 + 0 = 9$
圆内接正五边形	540°	$5 + 4 + 0 = 9$
⋮	⋮	⋮
圆内接正十二边形	3 600°	$3 + 6 + 0 + 0 = 9$

10:完满、永久. 人一双手有十个指头,这就构成了十进制的基础. 生活中有

---

① 我国古代官本位制中,官分九品,这常在官员服饰上有别. 明代官服,文官绣禽鸟,武官绣兽类:

文一品绣仙鹤,二品绣绵鸡,三品绣孔雀,四品绣云雁,五品绣白鹇,六品绣鹭鸶,七品绣溪鸡,八品绣黄鹂,九品绣鹌鹑.

武一品、二品绣狮子,三品绣老虎,四品绣豹,五品绣熊,六品、七品绣彪,八品绣犀牛,九品绣海马. 这其实正是成语中"衣冠禽兽"的来历.

"十全十美""十万"火急、"十恶"不赦等口语.

中国道教也有十大名山,四川的青城山,湖北的武当山,江西的龙虎山,安徽的齐云山,四川的鹤鸣山,陕西的终南山,江西的三清山,甘肃的崆峒山,河南的老君山,广东的罗浮山,其中前四座山最有名,称为道教四大名山.

12:一年有十二个月.一日有十二个时辰(子、丑、寅、卯、辰、巳、午、未、申、酉、戌、亥).人有十二属相(生肖,图3,4).古代城有"十二座城门",古代音律为十二律(六律六吕)……

图3 12铜兽首像

祖国医学认为:人体有十二经脉(它们与十二脏器相对应),以沟通人体脏腑、表里、上下的联系.

十二件物品为一打,英钞中十二先令为一磅……

基督教《新约全书》中有描述耶稣与十二信徒的故事.

图4 鼠牛年交际(2009年)日本媒体刊登的创意照片

12 × 3 = 36,兵法中有"三十六计",《水浒传》里有"三十六天罡",秦代天下分三十六郡,汉朝皇帝后宫分"36宫",避暑山庄有36景,做买卖行当有"36行".

36 × 2 = 72,《西游记》中孙悟空有72变.《水浒传》里有"七十二地煞".道家认为名山胜地分72福地,36小洞天,10大洞天.

36 × 3 = 108,《水浒传》中有一百零八将.泰山有108磴,沈阳福陵有108阶,宁夏有108座塔群……

寺庙(如苏州古刹寒山寺、北京大钟寺、天津鼓楼)岁尾敲钟(闻钟声,烦恼清,智慧长,菩提生)108 下(司鼓者竟然还有口诀:在河南少林寺是"前发36,后发36,中发36,三发通共108";在绍兴是"紧18,慢18,六遍凑成108",北京永乐大钟敲法口诀亦然;杭州灵隐寺、台州是"前击7,后击8,中间18徐徐发,更兼临后击3声,三通共成108").

在《素问·六节藏象论》中有"五日谓之候,三候谓之气,六气谓之时,四时谓之岁"之说,这样一年中有72候,24气,加上12个月,三者之和恰为108. 明代郎瑛在《七修类稿》中说"扣一百零八者,一岁之意也. 年盖有十二月,二十四节气,七十二候,正得此数. "

关于108的来历也有下说:一年分春夏秋冬四季,每季分孟、仲、季三月,共十二个月;十二个月又分成二十四节气. 十二个月、二十四个节气,相加就是三十六. 古人又把每五天算作一候,一年又有七十二候. 36气与72候相加即为108.

道教说:108是36个天罡星与72个地煞星的数目之和.

13:古希腊数学家认为13是不完整的数字. 在西方一些国家13也是不吉利数字,据说耶稣因被叛徒犹大出卖,在他和他的12个门徒共进晚餐后即被捕,从此13便成了不吉祥的数. 西方一些国家门牌没有13号,旅馆无13号房间(据说我国一些高级宾馆也如此),上海人也把他们认为愚蠢或不地道的人叫作"13点".

在我国对13不存偏见,反而时见宠幸,如佛塔必为13层,帝王养子常凑成"十三太保",武林中有"十三妹".

17:少于17个连续自然数中,至少有一对无公约数(不一定互素);

平面上16个点两两连线得120条线段,用三种颜色涂色,可有一种涂法使得任何三角形三边涂不同颜色(不同色),而17个点办不到;

立方体表面展开,至少要剪开7条棱,对于四维超立方体须剪17个二维平面才能使其展开成三维表面;

周长为16和18的矩形可与其面积相等(边长为4的正方形和边长为3和6的矩形),而周长为17的这类矩形不存在;

"数独"游戏中最少提示数的个数是17;

有17种方式可将17写成素数和(这里1为素数);

数学上有17种不同的墙纸模式(无论是埃舍尔镶嵌,还是西班牙摩尔人城堡的瓷砖),其余者皆为这17种模式的变形;

希腊帕提侬神庙有17根立根;

蝗灾周期为17年,金鱼寿命平均为17年;莫里斯猫也是,马可以识别17种人类面部表情.

18:9的倍数(翻番). 宗教中有18位罗汉,18层地狱,生活中有18般武艺,18道盘山路(弯),18里相送等.

27:唐代的后宫建制. 唐朝照搬了隋朝的规矩,后宫的编制为一后、四妃、九嫔,此为高等级,婕妤、美人、才人算中级,宝林、御女、采女算低级. 皇后和皇帝一样是不讲品级的,而其他后宫佳丽都和前朝的大臣一样有严格的品级,四妃为正一品,而且有排名,即贵妃、淑妃、德妃、贤妃;九嫔为正二品,也有排名,依次为昭仪、昭容、昭媛、修仪、修容、修媛、充容、充媛. 婕妤为正三品,美人正四品,才人正五品,每级都是 9 人. 宝林、御女、采女分别为六、七、八品,每级均为 27 人.

60:古代巴比伦人使用的是 60 进制. 时间上 1 小时为 60 分钟,1 分钟为 60 秒;角的度量中,$1° = 60'$,且 $1' = 60''$.

我国古代计年利用天干(甲、乙、丙、丁、戊、己、庚、辛、壬、癸)、地支(子、丑、寅、卯、辰、巳、午、未、申、酉、戌、亥)交错配对(共组合成 60 对),俗有"60 花甲"之说.

应该说明一点:一切科学的起源都可以追溯于人们对神秘不解现象的思索:星相学先于天文学,化学产生于炼丹术,数论的前身是一种神数术(古人借数理机制推断人事吉凶、解说自然等,至今人们或许还可发现它在某些事情中的影响).

6,7,40 是希伯来人的预兆数字,基督教的神学把 7 继承下来,巴比伦人偏爱 60(60 有 2,3,4,5,6,10,12,15,20,30,60 等诸多约数而便于除法运算) 和它的倍数.

古希腊毕达哥拉斯学派认为:

偶数是可分解的,从而是容易消失的、属于地上的、阴性的(在我们古代也称之为"阴数",比如在"河图""洛书"中均如此);

奇数是不可分解的(当然不是指因数分解),从而是属于天上的、阳性的(在我国古代称之为"阳数").

(在我国也常以奇数象征白、昼、热、日、火,偶数象征黑、夜、冷、地、水.)

此外,如前所讲,他们还认为:每一个数都与人的某种性质相合(数字人性化,这在中国古代有"天人合一"之说,他们则将"数"与"人"对应).

当然,毕达哥拉斯学派对于数字的崇拜已达到"神话"的程度,他们崇拜"4",因为它代表四种元素:火、水、气、土;他们把"10"看成"圣数",因为 10 是由前四个自然数 1,2,3,4 相加而成.

此外,他们还崇拜某些有着奇妙特性的数,如完全数、亲和(相亲)数 ……因为他们认为这些数中蕴含着"神奇、奥妙",这些也正是人们研究它们、探索它们的动力之一.

中国古诗中关于数字的妙句也不少,比如宋代邵雍的五言绝句:"一去二三里,烟村四五家,亭台七八座,八九十枝花."

清代郑板桥"咏雪"诗中写道:"一片两片三四片,五六七八九十片. 千片万片无数片,飞入梅花总不见."

明代方孝孺写有一首《闻鹃》的诗,抒发他对自己身世、境遇、人生独特内心感受,此诗是用数字这种别致的形式表达的,诗的苍凉和深沉也得到了特别的渲染与强化."不如归去,不如归去.一声动我愁,二声动我虑,三声思逐白云飞,四声梦绕荆花树,五声落月照疏棂,想见当年弄机杼,六声泣血溅花枝,恐污阶前兰苗紫,七八九声不忍闻,起坐不言泪如雨.忆昔在家未远游,每听鹃声无点愁.今日身在金陵上,始信鹃声能白头."

明代大戏剧家汤显祖在《牡丹亭》中也有这么精彩的一笔,只是他是反其道而行之,不只数字由高到低,且格调也是春兰秋菊夏花冬雪,却别有一番风味:"十年窗下,遇梅花冻九才开.夫贵妻荣,八字安排.敢你七香车稳情载,六宫宣你有朝拜,五花诰封你非分处.论四德,似你那三从结愿谐.二指大泥金报喜,打一轮皂盖飞来."

多么轻松,多么诙谐,多么俏皮,多么精警,于自然之中表现出驾驭语言的高超艺术.

在人们的传说中,与数有关的故事层出不穷,下面一则"数字情书"的典故可谓其中的代表,一直被世人传为佳话.

汉代蜀中司马相如,赴考长安,官拜中郎将,暗萌休妻之念,负约五年不寄书信回家,而多情的妻子卓文君则朝盼夜思,恋情戚戚.一日她正思念垂泪,忽京官送来一信,并说:"大人立等回书."文君惊喜万分,展信一观,只见信上写着"一二三四五六七八九十百千万"十三个数字.文君暗想:句中无"亿",即"无意"于我了.顿时悲愤交加,悟知丈夫变了心,特意变着法子刁难她,文君立即用上述数字写了一封句句嵌上数字的情书(且按一、二、三……顺序与倒序两种方式):

一别之后,二地思念,只说是三四月,又谁知五六年.七弦琴无心弹,八行书不可传,九连环从中折断,十里长亭望眼欲穿,百思想,千系念,万般无奈把郎怨.万语千言说不完,百无聊赖十倚栏,重九登高望孤雁,八月中秋月圆人不圆,七月半烧香秉烛问苍天,六伏天人人摇扇我心寒,五月石榴如火,偏遇阵阵冷雨浇花端,四月枇杷未黄我欲对镜心意乱,忽匆匆,三月桃花随水转,飘零零,二月风筝线儿断.噫!郎呀郎,巴不得下一世你为女来我为男![①]

司马相如接到书信,感妻情真意切,为之九曲回肠所动,自觉十分羞赧,遂回心转意,亲自返乡,将卓文君高车驷马接到任所,夫妇互敬互爱,百年偕老.

---

① 据传卓文君回信还有另一版本,亦无比绝妙:

一别之后,两地相思,只说是三四月,又谁知五六年.七弦琴无心抚弹,八行书无信可传,九连环从中折断,十里长亭我望眼穿,百思念,千思念,万般无奈叫苍天.

万言千语把君怨,百无聊赖,十倚栏杆,九月重阳看孤雁,八月中秋,月圆人未圆.七夕银河桥断,六月炎天,人人摇扇我心寒.五月端阳,怕把龙舟看.四月霜芽懒养蚕,三月风打桃花散,两地相思,一片痴心,梦里到关山.

这封绝妙的情书,不仅使丈夫看到了妻子纯贞的爱情,也更惊叹夫人出众的才华. 因为书信巧妙地正序和逆缀用一至万和万至一的数字,给人以生动、新颖、独特的美的感受.

对联堪称国粹,对联中的数字并不鲜见,妙用者也有不少,如"水凉酒,一点两点三点;丁香花,百头千头万(万字繁体)头"(物体开头,数量词随后,对仗工程,语义双关,既讲字的构成,又讲物品数量). 又如当代有人给出称赞教师的一副对联:

一支粉笔两袖清风,三尺讲台四季晴雨,加上五脏六腑七嘴八舌九思十想,教必有方,滴滴汗水诚滋桃李满天下;

十卷诗赋九章勾股,八索文思七纬地理,连同六艺五经四书三字两雅一心,诲人不倦,点点心血勤育英才泽神州.

此对联不仅对仗工整,语句自然流畅,联中数一、二、三、…、十的巧妙引用(一正序一倒序),再一次展现数字的魅力.

再来看几个与数字及其运算有关的对联故事.

1957 年华罗庚与钱三强、赵九章奉派出国考察,飞机上,才思捷敏的华老面对钱、赵二老脱口:"三强韩赵魏",旋即又给出下联"九章勾股弦". 这里韩赵魏系战国时期黄河流域三强,三国时期长江流域三强魏蜀吴. 当然换上"三强魏蜀吴"仍不失为一副佳联.

再如,苏东坡当年被贬黄州做团练副使,他常借助讲学排遣心中郁闷. 慕名者众,因而惊动上朝. 便要派人巡视及考查学生. 一考官给出一幅上联:"宝塔尖尖,七层四面八方",众考生皆伸出双手摇动,考官见状幸灾乐祸,其中苏东坡却吟道:"玉手摇摇,五指三长两短." 考官窘惑.

乾隆六十年(1795),85 岁的乾隆帝决定在次年正月将大位传给第十五子颙琰,并借归政大典之机,再次邀集各方老人来京共享"千叟宴".

"千叟宴"要求外地来参加者应在 70 岁以上. 嘉庆元年(1796)正月初四日,在宁寿宫的皇极殿开宴,列名参席者 3 056 人,列名邀赏者 5 000 人,"其仪率多由旧,而盛事实视前有加". 据《大清高宗纯皇帝实录》记载:"皇帝奉太上皇帝御宁寿宫皇极殿,举行千叟宴. 赐亲王、贝子、蒙古贝勒、贝子、公额附、台吉、大臣官员年六十以上,兵民年七十以上者三千人,及回部、朝鲜、安南、暹罗、廓尔喀贡使等宴. 其一品大臣以及年届九十以上者,太上皇帝召至御座前. 亲赐卮酒. 并未入座五千人,各赏诗章、如意、寿杖、文绮、银牌等物有差.""太上皇帝同皇帝御重华宫,召大学士及内廷翰林等茶宴,以举千叟宴于皇极殿礼成,用柏梁体联句." 于是,有了《举千叟宴于皇极殿礼成联句用柏梁体》.

相传乾隆 85 岁生日那天,邀天下七旬以上老人同庆. 据称来者有三千之众,故曰:"千叟宴". 其间一位老者寿 141 岁,乾隆闻知为此出一上联"花甲重逢又增三七岁月",纪晓岚马上给出下联"古稀双庆更多一度春秋".

对联中都蕴含 141 岁,花甲隐 60 岁,重逢即为 120,加上三七岁月($3 \times 7 = 21$)计 141 岁. 古稀代表 70 岁(杜甫有诗句"人生七十古来稀"),双庆后多一春秋,亦为 141 岁.

此对联借用数字及运算,妙趣横生,读来回味绵长.

其实我国古代对于年龄称谓十分文雅,比如(表3):

表3

年龄(岁)	10	20	30	40	50	60	70	80 ~ 90	100
称谓	幼学	弱冠	壮室	壮仕	艾	耆	老	耄耋	期颐

对于老人有拄手杖的惯例,则有表 4 中的称谓:

表4

年龄(岁)	50	60	70	80
称谓	拄家	拄乡(行于乡里)	拄国(行于国都)	拄朝(可出入朝廷)

女孩子 15 岁(成年可出嫁)称为"及笄"(笄即束发的簪子).

数字中许多颇具魅力、令人叹赏的性质,也使许多大科学家、文学家、艺术家大为感慨(图 5). 伽利略曾说:"数学是上帝用来书写宇宙的文字."

图5　唐代画圣吴道子《八十七神仙卷》局部. 画中描绘道教两帝君(东华、南极)带领真人、仙官、玉女、神将等 80 余人和仪仗去朝谒元始天尊的宏大场面. 为何是八十七神仙呢?(因 87 是一个素数呢? 还是另有他说)

公元前三百多年,古希腊数学家欧几里得在《几何原本》(图 6)第九章中,有这样一段奇妙的记载:

在自然数中,我们把恰好等于自身的全部真因子之和的数,叫作"完全数". 像 6,28,496 和 8 128 这四个数就是完全数(我们前文曾介绍过).

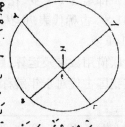

公元 888 年《几何原本》希腊文手抄本的一页片断

《几何原本》比林斯利(Billingsley)
的英译本(1570 年版)封面

《几何原本》克拉维乌斯(Clavius)
的拉丁文本(1574 年版)封面

图 6

请看:6 的全部真因子之和 $1 + 2 + 3$ 恰好等于 6(6 也是丢番图方程 $x + y + z = xyz$ 的唯一解);而 28 的全部真因子之和 $1 + 2 + 4 + 7 + 14$ 恰好等于 28.

同样,496 和 8 128 也有相同的性质.

多么美妙!难怪有人把它们称为自然数中的"瑰宝".宗教学者将它们视为宇宙经纬的一部分:上帝创造世界用了 6 天,月亮绕地一周需 28 天.但是,完全数的神奇之处并不仅限于此,数学家们还在这些个数稀少的数中发现了更令人惊叹的特性.请看:

(1)可表示为 2 的连续方幂和

$$6 = 2^1 + 2^2, \quad 28 = 2^2 + 2^3 + 2^4, \quad 496 = 2^4 + 2^5 + 2^6 + 2^7 + 2^8, \cdots$$

（2）可表示为连续自然数和

$$6 = 1 + 2 + 3, \quad 28 = 1 + 2 + 3 + 4 + 5 + 6 + 7,$$
$$496 = 1 + 2 + 3 + \cdots + 31, \cdots$$

（3）除 6 外，可表示为相继奇数立方和

$$28 = 1^3 + 3^3, \quad 496 = 1^3 + 3^3 + 5^3 + 7^3, \quad \cdots$$

（4）完全数的全部因子的倒数和都等于 2（其实与上面性质（2）无异，只是另一种表述而已）

$$6: \quad \frac{1}{1} + \frac{1}{2} + \frac{1}{3} + \frac{1}{6} = 2$$

$$28: \quad \frac{1}{1} + \frac{1}{2} + \frac{1}{4} + \frac{1}{14} + \frac{1}{7} + \frac{1}{28} = 2, \quad \cdots$$

许许多多奇妙的特性，这些数真无愧于"完全"数的美称！

然而，惊叹之余，数学家们还有更高的"奢望"，那就是如何寻找出新的（甚至全部）完全数．这方面的"先师"仍要首推欧几里得．他在《几何原本》的第九章中，给出一个命题：

若 $2^p - 1$ 为质数，则 $(2^p - 1)2^{p-1}$ 是一个完全数．

该命题为后人寻找新的完全数提供了信息．但是，自然数浩如烟海，完全数仅如沧海一粟，在这渺渺茫茫的数海中，寻求它们（纵然是找 $2^p - 1$ 型的质数）谈何容易！人们经过了千余年的探索，结果仍是"上穷碧落下黄泉，两处茫茫皆不见"．

直至 1460 年，人们偶然发现一位无名氏的手稿中竟神秘地给出第五个完全数：33 550 336．

继而，法国数学家梅森在寻找 $2^p - 1$ 形式的质数上有了突破（后文我们将细说此事），几个新的完全数陆续被发现．

1730 年欧拉又给出一个令人振奋的结论，即

若 n 是一个偶完全数，则必有 $2^{p-1}(2^p - 1)$ 形式．

这一成就使得梅森质数与偶完全数建立起一一对应关系，也使欧拉与欧几里得在完全数的研究领域中平分秋色．

令人遗憾的是，到 2019 年为止，人们仅找到 51 个完全数（它们恰好与梅森质数对应），并且它们都是偶数．是否存在奇完全数？完全数是否有无穷多个？这仍是待揭之谜．

1953 年，人们发现奇完全数若存在，它必为 $12k + 1$ 或 $36k + 9$ 型．

1972 年有人证明：奇完全数只能在大于 10^{50} 的数中找，且它必须为 $p^{4a+1}q^2$ 形式，其中 p 为奇质数，a 和 q 为整数（但你仍不敢贸然说它不存在）．

1990 年这个下限已增至 10^{300}（具体情况见表 5）．

287

表5　若奇完全数 N 存在它的下界值

年　份	1957	1972	1982	1988	1989	1990
N 值不小于	10^{20}	10^{50}	10^{120}	10^{160}	10^{200}	10^{300}

1975 年有人从另一角度研究奇完全数且指出：奇完全数的质因子个数不少于 8 个，且最大质因数不小于 10^6．至 1983 年质因子个数下界提高 11 个（若它不是 3 个的话）．

1994 年英国人布朗(S. Bulang)还证得：若奇完全数存在且有 k 个因子，则它小于 4^{4^k}．

我们再来看看"亲和数"或"亲和数对"的奇妙性质．

纪元前的一些人类部落把 220 和 284 这两个数字奉若神明．男女青年择偶时，往往先把这两个数分别写在不同的木签上，他们若分别抽到了 220 和 284，便被确定结为终身伴侣；否则，他们则天生无缘，只有分道扬镳了．

这种结婚方式固然是这些部落的陋俗，但在某种迷信色彩的背后，却隐匿着人们对于这两个数字的敬畏．表面上，这两个数字似乎没有什么神秘之处，其实不然：

220 的全部正整数因子（包括 1 但不包括 220）之和恰好等于 284，记为 $\sigma(220)=284$；而 284 的全部正整数因子（包括 1 但不包括 284）之和又恰好等于 220，记为 $\sigma(284)=220$．

$\sigma(220)=284$，$\sigma(284)=220$．这真是绝妙的吻合！

也许有人认为，这种"吻合"极其偶然，抹去神秘的面纱，很难有什么规律蕴含于其中．恰恰相反，这偶然的"吻合"引起了数学家们极大的关注，他们花费了大量的精力进行研究、探索，终于发现，"亲和数对"不唯一，它们在自然数中构成了一个独特的数系．

第一对亲和数(220,284) 也是最小的一对，是毕达哥拉斯于 2 000 多年前发现的．

第二对亲和数(17 296,18 416) 是 1636 年由法国业余数学家费马找到的．

第三对亲和数(9 363 584,9 437 056) 于 1 638 年被法国数学家笛卡儿发现．

（其实，真正意义上的第二对亲和数(1 184,1 210) 的发现者为意大利人帕格尼尼(N. Paganini) ，时间为 1866 年．）

1750 年，数学大师欧拉独自给出了 59 对亲和数．

迄今为止，人们已经找出了如 1 184 和 1 210,2 620 和 2 924,5 050 和 5 564 等大约 1 200 对亲和数．

到 1974 年为止，人们所知的一对最大的亲和数(152 倍)是

$$3^4 \cdot 5 \cdot 11 \cdot 5\,281^{19} \cdot 29 \cdot 89 \cdot (2 \cdot 1\,291 \cdot 5\,281^{19} - 1)$$

$$3^4 \cdot 5 \cdot 11 \cdot 5\,281^{19} \cdot (2^3 \cdot 3^3 \cdot 5^2 \cdot 1\,291 \cdot 5\,281^{19} - 1)$$

1987 年,黎利(H. J. J. te Riele) 找到了 33 位的一对亲和数

$$5 \cdot 7^2 \cdot 11^2 \cdot 13 \cdot 17 \cdot 19^2 \cdot 23 \cdot 37 \cdot 181 \cdot \begin{cases} 101 \cdot 8\,643 \cdot 1\,947\,938\,229 \\ 365\,147 \cdot 47\,303\,071\,129 \end{cases}$$

黎利还给出了小于 10^{10} 的所有 1 427 对亲和数,后经巴蒂亚多(S. Battiato) 等人努力,精心搜索了小于 $2 \cdot 10^{11}$ 以及更大范围内的整数后,找到约 40 万对亲和数.

怀斯(H. Wiethars) 于 1993 年找到有 1 041 位数字的亲和数对,它们形状如 $2^9 p^{20} q_1 rstu$ 和 $2^9 p^{20} q_2 v$.

从两个数字的相关性竟引出了数论中的一个丰富的数系,这确实令人惊叹不已,这也是这些数字自身的神秘之美的吸引、诱惑使然. 其实,在数学史上,类似亲和数对这样的趣谈不胜枚举.

寻求亲和数有许多办法,阿拉伯数学家克拉赫(T. ben. Korrah) 叙述了这样一个办法:

对于 $n > 1$,若 $a = 3 \cdot 2^n - 1, b = 3 \cdot 2^{n-1} - 1, c = 9 \cdot 2^{2n-2} - 1$,只要 a, b, c 全为质数,则数偶 $(2^n ab, 2^n c)$ 即为亲和数对.

比如 $n = 2$ 时产生亲和数对 $(220, 284)$. 此公式仅给出两个数皆为偶数的亲和数对,对于是否存在一个数为奇数、一个数为偶数的亲和数对,至今未能有定论(至少在小于 3×10^9 范围内未曾发现).

1968 年,布拉利(Bratley) 等人猜测:若 m, n 是一对奇亲和数,则 $3 \mid m$,且 $3 \mid n$. 但猜想至今未获证.

数学史上,不少数学家如费马、笛沙格、欧拉等人也都研究过亲和数的构造问题.

至于亲和数对的个数爱尔特希猜测:小于 x 的亲和数对个数 $A(x)$ 至少有 $x^{1-\varepsilon}$ 个(其中 $0 < \varepsilon < 1$ 为待定参数).

正像人们对美的追求从不间断、从不停歇一样,人们对数学中许多美妙的概念不断地翻新,人们已把亲和数对推广成亲和数链,链中每一个数的因子之和等于下一个数,而最后一个数的因子之和等于第一个数(因而是封闭的链).

比如 1 945 330 728 960,2 324 196 648 720 和 2 615 631 953 920 是三环链的亲和数链. 又如 12 496,14 288,15 472,14 536,14 264 便是一个亲和数连(五环链),再如:

① 2 115 324, 3 317 740, 3 649 556, 2 797 612

② 1 264 460, 1 547 860, 1 727 636, 1 305 184

便是两条四环亲和数链(图 7).

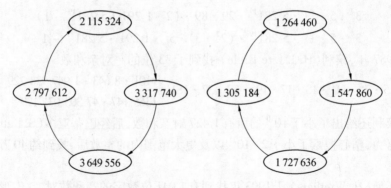

图 7

1965 年滑铁卢大学的福赖尔（K. D. Fryer）发现一个以 14 316 打头的有 28 环的亲和数链.

此外人们还研究了所谓"半亲和数"等问题.

还有所谓"三元轮换立方数"也令人感到几分惊奇：考察 168,681,818（它们是 1,6,8 三数字轮回组成的，图 8）的立方

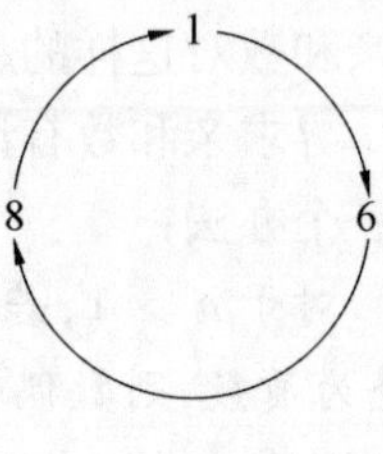

图 8

$$168^3 = 4\ 741\ 632$$

将右边的数自后向前每三位组成一个 3 位数（不足者剩下，即成一位或两位数），再将它们求和

$$4 + 741 + 632 = 1\ 377$$

注意到 $681^3 = 315\ 821\ 241$，而 $315 + 821 + 241 = 1\ 377$，再考虑 $816^3 = 543\ 338\ 496$，又 $543 + 338 + 496 = 1\ 377$.

换言之这些数和居然皆为 1 377. 有此种性质的数，不知还有否？

说来道去，数论中最古老，而又最年青（有活力）的话题便是质（素）数了.

质数、合数的研究自古以来就为人们所偏爱，这也正是数论这门学科至今不衰的缘由.

质（素）数有无穷多，这一点早为古希腊学者欧几里得发现并证得. 然而人们一直试图努力的是找到表示质数的解析式.

$2^p - 1$，当 p 是合数时它是合数；反过来当 p 是质数时，它却不一定是质数.

为了寻找完全数，有人将目光移到 $2^p - 1$ 型质数的寻找上. 1644 年法国一个名叫梅森的人宣称（刊于 1644 年出版的《物理学与数学的深思》（*Cogitata Physico-Mathematica*）一书）：

图 9　梅森

$2^p - 1$ 当 $p = 2,3,5,7,13,17,19,31,67,127,257$ 时,都是(给出)质数.

这一发现曾轰动当时的数学界,据说连欧拉对此也极感兴趣.其实梅森本人只验算了前面 7 个,后面 4 个虽未经验算(它的计算量很大),但人们似乎对之笃信不疑.

1903 年在纽约的一次科学报告会上,哥伦比亚大学的数学家科尔(F. N. Cole)做了一次无声的报告,他在黑板上先算出 $2^{67} - 1$,接着又算出 193 707 721 ×761 838 257 287,两个结果相同.他一声不响地回到了座位上,会场上却立刻响起了热烈的掌声(据说这是该会场第一次).他否定了 $2^{67} - 1$ 是质数这个两百年来为人们所坚信的结论.

$$2^{67} - 1 = 193\ 707\ 721 \times 761\ 838\ 257\ 287 =$$
$$147\ 573\ 952\ 589\ 676\ 412\ 927$$

短短的几分钟,花去了数学家三年的全部星期天.

无独有偶,波兰数学大师斯坦因豪斯曾在其所著《数学一瞥》书中写道(我们前文曾说过):

78 位的数 $2^{257} - 1$ 是合数,可以证明它有因子,但其因子尚不知道.

这个结论是克拉奇科(M. Kraitchik)在 1922 ~ 1923 年间花了近 700 个小时才证出来的.

(类似的例子还有,如 $2^{101} - 1$ 是个 31 位数,知道它有两个质因子(其中一个至少有 11 位),但人们却不知道它是什么.又如 $F_{1\ 945} = 2^{2^{1\ 945}} + 1$,人们知道了它的一个最小的质因子 $p = 5 \times 2^{1\ 947} + 1$(它有 587 位),但人们仍不知它的其他因子是什么.)

电子计算机问世(1946 年)之后情况有些改变,对于某些单调、重复而烦琐的计算,可让机器去完成. 1952 年,人们在 SWAC 电子计算机上仅花了 48 秒机上时间,便找到 $2^{257} - 1$ 的一个因子.

(这里插一句:1984 年美国数学家在桑迪亚国立实验室的一台克雷计算机上花了 32 个小时解决了一个存在 3 世纪之久的梅森质数表中最后一个梅森合数 $2^{257} - 1$ 的质因数分解问题,它有 67 位,它分解后的三个因子分别是:
178 230 287 214 063 289 511,61 676 882 198 695 257 501 367 和
1 207 039 617 824 989 303 969 681[①])

它的证明应用了我们提到过的抽屉原理.这又一次否定了梅森数表中的另一个质数(其实在小于 257 的质数中,$p = 61,89$ 和 107 时,$2^p - 1$ 也是质数).

电子计算机的出现,给人们验算和寻找梅森型质数带来了方便.

---

① 此系美国报刊报道的数据,疑有误,该数应为 $2^{257} - 1$ 除去质因子 27 271 151 后的余因子.

1914 年到 20 世纪 50 年代的几十年间,人们仅把梅森质数的纪录推到 $p = 127$(它有 39 位),而 20 世纪 50 年代后仅九个月,数字纪录便不断被刷新:$p = 521,607,1\ 279,2\ 203,2\ 281,3\ 217,4\ 253,4\ 423,9\ 689,9\ 941,11\ 213$.

1971 年 3 月 4 日晚上,美国一家电视台居然中断了正常节目播放,而发布托克曼(B. Tokman)用电子计算机找到 $p = 19\ 937$ 时,$2^p - 1$ 是质数的消息.

1979 年,美国一位中学生诺尔(Noll)在计算机上发现 $p = 23\ 209$ 时,$2^p - 1$ 是质数(它有 6 987 位). 同年,美国克雷公司的斯洛温斯基(D. Slowinski)找到更大的梅森型质数 $p = 44\ 497$ 时的 $2^p - 1$(它有 3 395 位).

1983 年 1 月,这位美国人在 CRAY – 1 型计算机上发现 $p = 89\ 243$($2^p - 1$ 有 25 962 位)时的梅森质数.

1983 年岁末,斯洛温斯基又给出一个更大的质数
$$2^{132\ 049} - 1(它有 39\ 751 位)$$

两年之后,即 1985 年末,美国休斯敦的切夫隆地球科学公司的一台 4 亿 / 秒的大型电子计算机 Cray X-MP 试运算时,发现了第 31 个梅森质数
$$2^{216\ 091} - 1(它有 65\ 050 位)$$
发现它共花了 3 小时机上时间,进行了大约 1.5 万亿次运算.

1992 年 3 月 25 日,英国路透社发表消息:英国哈维尔实验所的科学家(斯洛温斯基等)发现了一个 22 万位的梅森质数
$$2^{756\ 839} - 1(它有 227\ 832 位)$$
这成为人们找到的第 32 个梅森质数.

1994 年 1 月,美国威斯康星州的克雷研究所的研究人员又宣布找到了第 33 个梅森质数,即 $p = 859\ 433$ 时的 $2^p - 1$(它有 258 716 位). 它也是当时人们发现的最大质数.

1996 年 9 月 4 日,美国克雷研究所的斯洛温斯基和盖奇(P. Gage)宣布,他们又找到一个新的更大的梅森质数:当 $p = 1\ 257\ 787$ 时,$2^p - 1$ 是质数(它有 378 632 位),这是人们发现的第 34 个梅森质数.

1997 年 ~ 1998 年,当 Internet 在球风靡之际,乔治·沃特曼(J. Woltamn)提议在网上寻找这类质数(即 GIMPS 项目). 两年中由法国人阿芒戈(J. Armengand)和美国人克拉克森(Clarkson)、沃特曼(G. F. Woltman)等人先后找到
$$p = 1\ 398\ 269,\quad 2\ 976\ 221,\quad 3\ 021\ 377$$
时的三个梅森质数.

1999 年哈依拉瓦拉(Hajratwala)等三人给出梅森质数 $2^{6\ 972\ 593} - 1$(它有 2 098 960 位).

2001 年 11 月卡麦伦(M. Cameron)等三人又给出质数 $2^{13\ 466\ 917} - 1$(它有 4 053 946 位),从而使得人们已找到的这类质数的个数增到 39(因而也就找到

了 39 个完全数).其中最后一个也是当时(至 2001 年底)为止,人们发现的(认识的)最大质数.

尔后几年人们又陆续找到 7 个梅森质数,到 2008 年末,最大的梅森质数(第 46 个)是 $2^{43\,112\,609} - 1$(12 978 189 位).它是由美国加州大学的史密斯等人发现的,尔后人们利用 GIMPS(互联网梅森数大搜索)项目又陆续找到第 47 ~ 51 号梅森质数(见表 6).

综上,我们将部分梅森质数发现的年份及发现者(这里给出了部分资料,余可见拙著《数学的创造》[30])列出,见表 6.

表 6

发现年份	梅森质数	位　　数	发　现　者
1722	$2^{31} - 1$	10	欧　拉
1883	$2^{61} - 1$	19	
1911	$2^{89} - 1$	27	鲍威(P. E. Power)
1914	$2^{107} - 1$	33	鲍　威
1917	$2^{127} - 1$	39	梅森、卢卡斯
1952	$2^{2281} - 1$	687	罗宾逊
2008. 8	$2^{43\,112\,609} - 1$	12 978 189	史密斯(E. Smith) 等
2008. 9	$2^{37\,156\,667} - 1$	11 185 272	[德] 埃费尼希(H. M. Elvenich)
2009. 4	$2^{42\,643\,801} - 1$	12 837 064	GIMPS 项目　O. M. Strith
2013. 1	$2^{57\,885\,161} - 1$	17 425 170	GIMPS 项目　库珀
2016. 1	$2^{74\,207\,281} - 1$	22 338 618	GIMPS 项目　库珀
2017. 12	$2^{77\,232\,917} - 1$	23 249 425	GIMPS 项目　J. Pac
2018. 12	$2^{82\,589\,933} - 1$	24 862 048	GIMPS 项目　P. Laroche

关于梅森质数个数问题,1964 年吉利斯(D. B. Gillies)猜测:小于 x 的梅森质数个数约为 $(2\ln\ln x)/\ln 2$ 个.

顺便讲一句:梅森质数及费马质数的尾数,我们是可以算出来的,这只要注意到表 7 所示的 2^n 方幂尾数表:

表 7　方幂 2^n 的尾数表

n	1	2	3	4	5	6	7	8	⋯
2^n 的尾数	2	4	8	6	2	4	8	6	⋯

它们以 4 为周期循环.这样梅森质数的尾数只能是 1,3,7(它不能是 5,以 5 结尾的数为合数,除 5 之外);而费马数 $F_n = 2^{2^n} + 1$ 的尾数是:$F_0 = 3, F_1 = 5$;$n \geq 2$ 时,F_n 的尾数是 7.这只要注意到

$$2^{2^n} = 2^{2^{n-2}} \cdot 2^2 = 2^{4 \cdot 2^{n-2}} = (2^4)^{2^{n-2}} = 16^{2^{n-2}}$$

而以 6 结尾的任何整数的正整数次方幂,仍是以 6 结尾.

如前所述:若 $2^p - 1$ 是梅森质数,则 $2^{p-1}(2^p - 1)$ 是完全数. 该命题在梅森质数与(偶)完全数之间建立了联系.

如前所述:质数虽是一个古老的数学概念,但至今仍有许多有关质数的性质人们还没有认识,比如某些特殊形式的数中的质数问题等就一直吸引着许多研究者.

若用 $I_n (n \geq 2)$ 表示 n 个 1 组成的 n 位数 $111\cdots1$(它称单 1 或全 1 数),请问其中有无质数? 若有,其中最大的是多少?

对前一个问题回答是肯定的,例如 11 就是一个.

后一个问题实际上是说:形如 I_n 的质数是有限个还是无穷个,这是人们正在探索的一个课题.

有人对 $I_1 \sim I_{358}$ 的所有数进行核验发现,除了 $I_2, I_{19}, I_{23}, I_{317}$ 外都是合数. 读者也许注意到:$2, 19, 23, 317$ 都是质数,这里是否是巧合? 不,我们可以证明,只有 n 是质数时,I_n 才有可能是质数,换句话讲,n 是合数时,I_n 一定是合数.

这只要注意到:若 $n = p \cdot q (p \neq 1, q \neq 1)$,$I_n = \underbrace{11\cdots1}_{n个}$,则

$$I_n = (10^n - 1)/9 = (10^{p \cdot q} - 1)/9 = [(10^p)^q - 1]/9 =$$
$$(10^p - 1)[10^{p(q-1)} + \cdots + 1]/9$$

因为 $p \neq 1$,又 $9 \mid (10^p - 1)$,所以 $(10^p - 1)/9 > 1$.

这就是说 I_n 有 $(10^p - 1)/9$ 的因子,即 I_n 是合数. 话又讲回来,即使 n 是质数,I_n 也不一定是质数,找这样的质数是很困难的. 这类质数的研究源于威廉斯(R. F. Williams),故它们又称为威廉斯质数或全 1 质数.

(质数在整数中分布稀少,而特殊形式的质数则更稀少,这也是此类问题更有诱惑力的原因.)

20 世纪 80 年代初,人们已知的形如 I_n 的最大质数是 I_{317},这是美国一所大学的教师威廉斯发现的,它是在质数 I_{23} 发现之后 50 年才找到的,这一发现曾轰动一时.

此后有人曾预测,在 I_1 到 $I_{1\,000}$ 中,除了上述诸质数外,不会有别的了. 下一个可能的质数是 $I_{1\,031}$,以上两点已于 1986 年由杜布纳(Dubner)证得.

寻找形如 I_n 的质数(下一个要在 $I_{10\,000}$ 以上去寻找),在国外已成为检验计算机某些功能的一道算题,它引起不少人的兴趣和研究.

人们对 $n < 6 \times 10^4$ 进行了验算,它由杨(J. Young)和杜布纳等人进行. 杜布纳 1999 年 9 月发现 $I_{49\,081}$ 可能是素数(2002 年发表),而巴赫特(L. Baxter)2000 年 10 月发现 $I_{86\,453}$ 可能是素数. 但这些至今仍未获验证.

顺便一提,威廉斯是通过求 $I_{317} - 1$ 的因子去证明 I_{317} 是质数的,道理是:当 $I_{317} - 1$ 的每个因子的发现均给 I_{317} 的可能的因子以很大约束. 若 I_{317} 是质数,则当 $I_{317} - 1$ 的足够多的因子被求出时,就留不下 I_{317} 的可能因子了.

而伊里诺斯州立大学的瓦格斯塔夫(S. Wagstaff) 发现了 $I_{317} - 1$ 是有合数因子 $10^{79} + 1$ 的,(加州大学的拉赫曼(D. H. Lehmen) 稍后也找到了同样的因子).

1917 ～ 1984 年戴维斯(Davis) 等人完成了 $I_{31}, I_{37}, I_{41}, I_{43}, I_{71}$(它们不是质数) 的分解工作.

质(素) 数是一个一直令人感兴趣,且永远也谈不完的话题.

形如 I_n 的质数实在有一种自身的美(整齐、单一),而下面形状的质数(它由 123456789 形状的数构成) 也同样给人一种整齐、自然美的享受(顺序、规则, 既是形式上的,也是诗一般的):

23456789

1234567891

123456789123456789123456789

$\underbrace{123456789123456789\cdots1234567891234567}_{7重123456789}$

此外,人们还对仅由数码 0,1 组成的素数十分感兴趣,人们已经发现

$$\underbrace{11\cdots1}_{2\,700个1}\underbrace{00\cdots01}_{3\,155个0}(5\,856\text{ 位})$$

是素数.且人们发现了至今 0 的个数最多的素数

$$134088\underbrace{00\cdots01}_{15\,036个0}(15\,043\text{ 位})$$

另外,人们还发现下面两数

$$1\underbrace{444\cdots43}_{19个4}(21\text{ 位}),\quad 7\underbrace{2323\cdots231}_{5个23}(12\text{ 位})$$

也都是素数.

再如素数集合 $\{3,7\}$, $\{7,19,67\}$, $\{5,17,89,1\,277\}$, $\{209\,173,322\,573, 536\,773,1\,217\,893,2\,484\,733\}$ 它们有如下性质:它们的所有子集(即集中部分数) 的平均值,都仍是不同的素数.

接下来谈谈所谓"回文素数". 我们知道诗,以其简练的语言,深邃的意境,给人以无穷的遐想. 人们爱诗是因为它美. 诗的形式多种多样,古诗中有五言、七言,又有律诗、绝句等. 古人还喜欢以文字做游戏,回文诗便是其中一种,这种诗正念反读,均成篇章. 如七绝《晚秋即景》:

正　念	反　读
烟霞映水碧迢迢	萧萧冷树古城边
暮色秋声一雁遥	晚照残辉落岑前
前岑落辉残照晚	遥雁一声秋色暮
边城古树冷萧萧	迢迢碧水映霞烟

有趣的是在数学中也有"回文数"的出现,如果一个数(整数) 与其逆序数完全相同,称之为回文数,如 33,313,4 554 等.

295

回文数相对稀疏,$1 \sim 10^6$ 数中间回文数的个数如表 8.

表 8

位数	1	2	3	4	5	6	⋯
个数	9	9	90	90	900	900	⋯

在 $1 \sim 10^6$ 整数中总计有 $999 \times 2 = 1\,998$ 个回文数.

完全平方数中的回文数如 1,4,9,121,484,676 等,又如 $1,11^2,111^2,\cdots$ 也是回文数. 回文数有许多性质,比如:

4 位、6 位的回文数中不存在质(素)数.

给定一个整数,将其与它的逆序数相加,反复此项操作,一般(不是全部)会得到一个回文数.

比如 371,考虑 $371 + 173 = 544$,而 $544 + 445 = 989$,它是一个回文数.

回文数的和、差(不涉及进、退位的话)还是一个回文数.

人们迄今为止未能找到自然数的五次和五次以上的幂的回文数. 有人猜测:不存在 $n^k (n \geq 2, k \geq 5)$ 形式的回文数.

有意思的整数 196 是个怪数,将它和它的逆序相加,始终得不到回文数.

2006 年,W. V. Landingham 利用电子计算机算到 699 万步(得到一个 2.89 亿位的数),仍未能得到回文数.

19 位的数 1 186 060 307 891 929 990 要经过 261 步上述运算才得到回文数(J. Doucette 于 2005 年 11 月发现). 这也是迄今为止由上述运算得到回文数计算的最多步数.

又如按前述步骤(数与其逆序相加)得到回文数 10 911 需要 55 步,1 005 499 526 需算 109 步,100 120 849 299 260 需要 201 步.

所谓回文质数就是指某数为质数,而该数的各数字倒过来(逆序或反序)组成的数也是质数,例如 13 倒过来写是 31,而 13 和 31 都是质数,这便是一对回文质数. 人们还找到 17 和 71,113 和 311,347 和 743,769 和 967 等回文质数.

究竟有多少个这样的质数? 至今仍是未揭开的谜.

要是连政治人物都对这类数感兴趣,可见其魅力所在. 2001 年 8 月 12 日,江泽民在北戴河写给他的老同学、好友王慧炯的私人信件中,继续了他们关于科学史的讨论,信中谈到了回文勾股数(图 10).

大的回文质(素)数不断被发现,纪录不断刷新,比如:

2001 年,D. Heuer 发现 39 027 位的回文质(素)数

$$10^{39\,026} + 4\,538\,354 \cdot 10^{19\,510} + 1$$

2003 年 1 月,他又找到一个 104 281 位的回文质(素)数

$$10^{104\,281} - 10^{52\,140} - 1$$

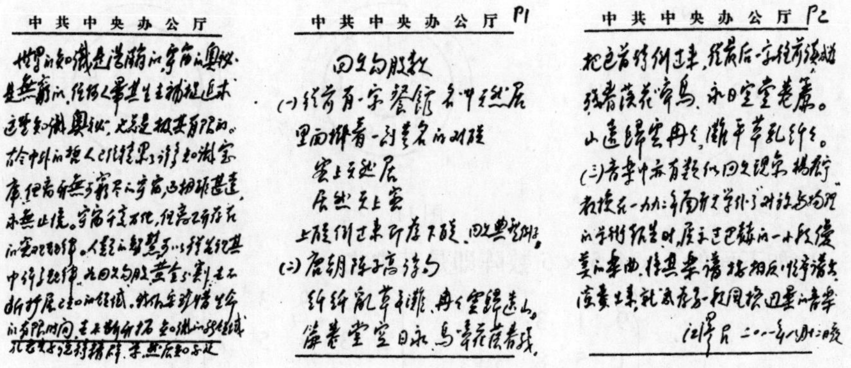

图 10

接着,次年他又给出一个 120 017 位的回文素数

$$10^{120\ 016} + 1\ 726\ 271 \cdot 10^{60\ 005} + 1$$

当然他的工作是在计算机的帮助下实现的.

顺便讲一句,若一个回文素数的位数也是一个回文素数,则称它为二重回文素数,类似地可有三重、四重、…… 回文素数. 比如回文素数

$$10^{35\ 352} + 2\ 049\ 402 \cdot 10^{17\ 673} + 1$$

有 35 353 位,而 35 353 也是一个回文互数,它的位数为 5,5 也是一个回文素数(一位).

目前人们找到的最大的三重回文素数为

$$10^{98\ 689} - 429\ 151\ 926 \cdot 10^{49\ 340} - 1$$

如果回文质数中无相同的数字,则称它为无重回文质数,像 13 和 31,347 和 743 等都是,但 113 和 311 不是无重回文质数.

卡德(Card)经计算发现:回文质数与无重回文质数个数如表 9,10.

表 9　回文质数个数

位　数	两　位	三　位	四　位	五　位	…
"对"数	4	13	102	684	…

表 10　无重回文质数个数

位　数	两　位	三　位	四　位	五　位	六　位	七　位	…
"对"数	4	11	42	193	61	1 790	…

人们还发现了四位、五位、六位"循环回文质数"(顾名思义,见图 11):

且证明不存在 3,4,7 位循环回文质数.

此外人们还构造这样的 $n \times n$ 数阵:其行、列和主对角线上数字组成的数,均为回文质数,总共有 $4(n+1)$ 个.

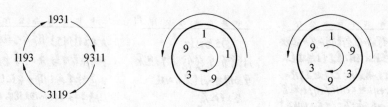

图 11

比如下面的 $4 \times 4, 5 \times 5$ 数阵即是其中之一

$$\begin{pmatrix} 9 & 1 & 3 & 3 \\ 1 & 5 & 8 & 3 \\ 7 & 5 & 2 & 9 \\ 3 & 9 & 1 & 1 \end{pmatrix}, \quad \begin{pmatrix} 1 & 3 & 9 & 3 & 3 \\ 1 & 3 & 4 & 5 & 7 \\ 7 & 6 & 4 & 0 & 3 \\ 7 & 4 & 8 & 9 & 9 \\ 7 & 1 & 3 & 9 & 9 \end{pmatrix}$$

用无重回文质数不能构造这种数阵,因为质数仅以 1,3,7 或 9 结尾,若数阵阶数超过 4 无疑要发生重复.

有人还研究了所谓"和差平方回文数",即一个数与其逆序数的和差皆为完全平方数,比如

$$65 + 56 = 11^2, \qquad\qquad 65 - 56 = 3^2$$
$$621\ 770 + 77\ 126 = 836^2, \quad 621\ 770 - 77\ 126 = 738^2$$

看上去它们的美学韵味更为浓郁,一般地,形如

$$\frac{1}{2}(2 \cdot 10^n + 2)^2, \quad \frac{1}{2}(2 \cdot 10^{2n} + 2 \cdot 10^n + 2)^2$$

$$\frac{1}{2}(2 \cdot 10^{3n+m} + 2 \cdot 10^{2n+m} + 2 \cdot 10^n + 2)^2$$

的数(当然不止这些)皆有上述性质,这里 m, n 是非负整数. 然而具体计算后人们发现:

在 10^{10} 以内的整数中,仅有 5 个这类数,即除 65 和 621 770 外,另外 3 个数是 281 089 082,2 022 652 202 和 2 042 832 002.

除了上述回文数外,1989 年 1 月号的美国《数学教师》刊登了塔塞尔(L. T. Van Tassel) 的短文,介绍了所谓"勾股回文数",即形如下面等式的数组

$$88\ 209^2 + 90\ 288^2 = 126\ 225^2$$

请注意 88 209 与 90 288 系互为逆序数.

尔后他的学生佩瑞兹(D. Perez) 又找到

$$125\ 928^2 + 829\ 521^2 = 839\ 025^2$$
$$5\ 513\ 508^2 + 8\ 053\ 155^2 = 9\ 759\ 717^2$$

接下来你也许会问道:勾股回文数组是否有无穷多个?

回答是肯定的. 同时他给出了其中一组解

$$(88\ 209 \cdot k, \quad 90\ 288 \cdot k, \quad 126\ 225 \cdot k)$$

这里 $k = 100\ 001$,在此基础上依上面公式可给出下一组.

又 $(1\ 980(10^{n+2} - 1), 209(10^{n+1} - 1), 1\ 991(10^{n+2} - 1))$ 也是回文勾股数组,这里 n 是正整数.

当 $n = 1, 2, 3$ 时分别给出

$$(1\ 978\ 020,\ 208\ 791,\ 1\ 989\ 009)$$
$$(19\ 798\ 020,\ 2\ 089\ 791,\ 19\ 908\ 009)$$
$$(197\ 998\ 020,\ 20\ 899\ 791,\ 199\ 098\ 009)$$

与此同时,他们还发现了两个近似勾股回文数组

$$725\ 068^2 + 860\ 527^2 = 1\ 125\ 268.999\ 996\ 445\cdots^2$$
$$811\ 538^2 + 835\ 118^2 = 1\ 164\ 481.000\ 003\ 005\cdots^2$$

人们不仅喜欢研究质数,同时也对"质数对""质数串"……的性质甚感兴趣. 比如"孪生质数"问题、算术质数列问题等.

我们知道3和5,5和7,11和13,……都是质数,且每对质数彼此相差2,这样的一对质数称为"孪生质数".

1912 年德国数学家兰道(E. G. H. Landau)猜测(但至今仍未获证):

存在无穷多对质数,它们的差为2. (孪生质数对猜想)

1919 年布朗(V. Brun)证明了: $\sum_{p} \dfrac{1}{p}$ (p 为孪生质数)为有限数(收敛),且

$$\left(\frac{1}{3} + \frac{1}{5}\right) + \left(\frac{1}{5} + \frac{1}{7}\right) + \left(\frac{1}{11} + \frac{1}{13}\right) + \cdots = 1.902\ 1\cdots$$

这说明孪生质数十分稀少. 人们发现的孪生质数更是屈指可数,比如除上面三对孪生质数外,还有:

$17, 19$; $29, 31$; $41, 43$; $59, 61$; $71, 73$; $101, 103$; $3\ 389, 3\ 391$; $4\ 967, 4\ 969$;
$10\ 016\ 957, 10\ 016\ 959$; $99\ 999\ 999\ 959,\ 999\ 999\ 999\ 961$;
$1\ 000\ 000\ 009\ 649,\ 1\ 000\ 000\ 009\ 651$

20 世纪70年代初威廉斯(H. C. Williams)和查恩克(C. R. Zarnke)发现了当时最大的孪生质数

$$76 \cdot 3^{169} - 1, \quad 76 \cdot 3^{169} + 1$$

到 1979 年人们又找到更大的一对孪生质数

$$297 \cdot 2^{546} - 1, \quad 297 \cdot 2^{546} + 1$$

1982 年人们又找到孪生质数: $1\ 159\ 142\ 985 \times 2^{2\ 304} \pm 1$.

1989 年布鲁恩等人给出

$$66\ 377 \cdot 2^{7\ 650} \pm 1,\ 571\ 305 \cdot 2^{7\ 701} \pm 1$$

1 990 年人们再次将这一纪录打破,找到孪生质数

$$1\ 706\ 592 \times 2^{11\ 235} \pm 1$$

1993 年杜布内尔又刷新了纪录,他找到一对4 030 位的孪生质数:

$$2^{4\ 025} \cdot 3 \cdot 5^{4\ 020} \cdot 7 \cdot 11 \cdot 13 \cdot 79 \cdot 223 \pm 1$$

从 Internet(因特网) 传来的消息,有人在 1999 年和 2002 年前后又分别找到孪生质数

$$835\ 335 \cdot 2^{39\ 014} \pm 1(11\ 751\ 位)$$
$$361\ 700\ 055 \cdot 2^{39\ 020} \pm 1(11\ 755\ 位)$$
$$4\ 648\ 619\ 711\ 505 \cdot 2^{60\ 000} \pm 1$$

2016 年人们又找到更大的孪生素数:
$$2\ 996\ 863\ 034\ 895 \cdot 2^{129 \times 10^4} \pm 1$$
它有 388 342 位.

这是截至目前人们找到的最大孪生质数.

据资料表明,孪生质数虽然稀疏,但其个数(统计) 不少于表 11 所列数字.

表 11

范　　围	小于 10^5	小于 10^6	小于 3.3×10^7
孪生质数对数	1 224	8 164	152 892

孪生素数研究至 2013 年研究有了突破,旅美学者,任教于新罕布什尔大学的教师张益唐宣称,他证得存在无穷多个其差小于 7 000 万的素数对.

尔后人们把这 7 000 万逐渐缩小,目前已缩至 246,而且纪录仍在改写. 人们期待纪录 2 的到来.

与"孪生质数"问题类同的问题(其实是孪生概念的推广) 是:在等差数列中寻找质数问题.

等差数列又称算术数列,这是一个从第二项起每项和它前面一项的差均为常数(称为公差) 的数列.

算术数列有许多性质,然而其中的所谓算术质数列就鲜为人知了. 所谓算术质数列是指各项均为质数的算术数列.

尽管早在 1837 年迪利克雷就已证明:

首项为 a,公差为 d 的算术数列中,若 $(a,d)=1$ 即 a,d 互质,则这个算术数列中有无穷多个质数.

(注意,这里是说数列中有无穷多个素数,但并非全部)

1944 年,人们又证明了:存在无穷多组由三个质数(不一定相继) 组成的算术质数列.

但是,要寻找全部由质数组成的算术数列,却远非那么容易. 可以证明:由 n 个质数组成的算术数列,其公差必须能被小于 n 或等于 n 的全部质数整除. 这样,数列的首项和公差必须很大.

20 世纪 70 年代,人们找到了项数是 10 的算术质数列,它的首项是 199,公差为 210. 它们是:

199, 409, 619, 829, 1 039, 1 249, 1 459, 1 669, 1 879, 2 089.

1977 年有人找到一个有 17 项的算术质数列.

1978 年美国的普里查德(Pritchard)利用电子计算机花了近一个月的时间(每天工作 10 h)找到一个有 18 项的算术质数列:它的首项是 107 928 278 317,末项是 276 618 587 107,公差是 9 922 782 870. 普里查德希望找到更多的如此长的(指项数)算术质数列.

1984 年,普里查德这位康奈尔大学的教授,真的找到了项数是 19 的算术质数列,它的首项为 8 297 644 387,公差是 4 180 566 390. 尔后又找到项数(长度)是 20 和 21 的这类数列.

近年来,算术素数列研究取得突破.

2005 年,英国剑桥大学的格林和美国哥伦比亚大学的陶哲轩应用崭新的方法和思想,证明了:

对任何自然数 n,存在无穷多个 n 项的算术素数列.

此前算术素数列发现情况见表 12.

表 12

项数 n	算术素数列通项($0 \leqslant k \leqslant n-1$)	最大项
3	$3 + 2k$	7
4	$5 + 6k$	23
5	$5 + 6k$	29
6	$7 + 30k$	157
7	$7 + 150k$	907
8	$199 + 210k$	1 669
9	$199 + 210k$	1 879
10	$199 + 210k$	2 089
11	$110\ 437 + 13\ 860k$	249 037
12	$110\ 437 + 13\ 860k$	262 897
13	$4\ 943 + 60\ 060k$	725 663
14	$31\ 385\ 539 + 420\ 420k$	36 850 999
15	$115\ 453\ 391 + 4\ 144\ 140k$	173 471 351
16	$53\ 297\ 929 + 9\ 699\ 690k$	198 793 279
17	$3\ 430\ 751\ 869 + 87\ 297\ 210k$	4 827 507 229
18	$4\ 808\ 316\ 343 + 717\ 777\ 060k$	17 010 526 363
19	$8\ 297\ 644\ 387 + 4\ 180\ 566\ 390k$	83 547 839 407
20	$214\ 861\ 583\ 621 + 18\ 846\ 497\ 670k$	572 945 039 351
21	$5\ 749\ 146\ 449\ 311 + 26\ 004\ 868\ 890k$	6 269 243 827 111

格林和陶哲轩还证明了:对于任何固定的项数 n,"几乎所有"的素数皆可成为长度为 n 项的算术素数列的首项.

比如以最小素数 2,3,5,7,11,13,17 打头的算术素数列及最大项(长度 n)见表 13.

表 13

首项 p	通项 $(p + kd)$	最大项
2	$2 + k$	3
3	$3 + 2k$	7
5	$5 + (2 \cdot 3)k$	29
7	$7 + 5 \cdot (2 \cdot 3 \cdot 5)k$	907
11	$11 + 7\,315\,048 \cdot (2 \cdot 3 \cdot 5 \cdot 7)k$	15 361 600 811
13	$13 + 4\,293\,861\,989 \cdot (2 \cdot 3 \cdot 5 \cdot 7 \cdot 11)k$	119 025 854 335 093
17	$17 + 11\,387\,819\,007\,325\,752 \cdot (2 \cdot 3 \cdot 5 \cdot 7 \cdot 11 \cdot 13)k$	5 471 619 276 639 877 320 977

又给定长度(项数) n, 有人猜测: 最小的 n 项算术素数列的最大项约为 $\left(\dfrac{e^{1-\gamma}}{2} \right)^{\frac{n}{2}}$, 其中 $\gamma = 0.577\,2\cdots$ 为欧拉常数, 即 $\gamma = \lim\limits_{n \to \infty} \left(\sum\limits_{k=1}^{n} \dfrac{1}{k} - \ln n \right)$.

他们还证明: 由不同素数组成的 n 项的算术素数列中的所有素数皆不大于

$$2^{2^{2^{2^{2^{2^{2^{2^{2^{100n}}}}}}}}}$$

常记为 $2 \uparrow 2 \uparrow 2 \uparrow 2 \uparrow 2 \uparrow 2 \uparrow 2 \uparrow 2 \uparrow 100n.$

质数在分布上有何规律? 数论中已对此问题作过深入的介绍, 人们粗知: 它无限多, 且分布越来越疏. 此外, 是否还有别的分布性质? 当然.

下面我们来看看质数分布的所谓"乌拉姆现象".

美国数学家乌拉姆(S. M. Ulam) 在一次他不感兴趣的科学报告会上, 为了消磨时间便在一张纸上把 $1, 2, 3, \cdots, 99, 100$ 按反时针方向排成螺旋状, 当他把图表上的全部质数都画出来时, 惊奇地发现: 这些质数都排在一条条直线上(图 12).

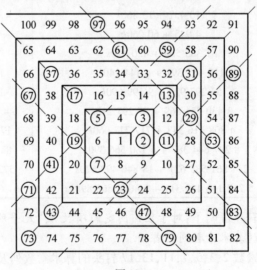

图 12

大于 100 的整数是否也有这种现象？散会之后,他用计算机把 1 ~ 65 000 的全部整数按反时针螺旋式的排布打印在纸上,当他把其中的质数标出的时候,上述现象仍然存在(见前文给出的图).这便是有名的乌拉姆现象.

数学家们还从乌拉姆现象中发现了质数许多有趣的性质.

合数可唯一分解成质因数的乘积,那么合数用质数的和表示,会有什么结论呢？这便是数论中的堆垒质数问题.比如"哥德巴赫猜想"问题.

这类问题貌似简单,因而不少人曾跃跃欲试(当然从这一点本身,也说明问题的奇妙与魅力),当然其涉及的困难似乎远大于人们的想象.

1742 年德国人哥德巴赫写信给住在俄国彼得堡的数学家欧拉,问道:

是否每个不小于 6 的偶数均可表示为两个奇质数之和？任何不小于 9 的奇数均可表示为三个奇质数之和？

尔后,欧拉在复信中写道:

任何大于 6 的偶数都是两个奇质数之和,虽然我不能证明它,但我确信这个结论是完全正确的.

这便是所谓"哥德巴赫猜想".它虽貌似简单,但整个 19 世纪对它的研究没有任何进展,尽管有人做了许多具体验证工作(到目前为止已算到 3.3×10^7 以内的偶数均无例外).

数学的力量是抽象,但是抽象只有覆盖了大量的特例时才是有用的.

1912 年德国数学家兰道在一次国际数学大会报告中说:"即使要证明任何大于 4 的正整数,都能表示成 k 个质数之和,也是现代数学力所不能及的."

不久情况有了突破,1930 年,苏联的施尼尔里曼(Ш. Г. Шнирельман)证明了:

每一个充分大的自然数均可以表示成不超过 k 个质数的和,这里 k 是常数.

后来陆续有人给出个数 k 的估计(表 14).

表 14

年　　代	1930	1935	1936	1950	1956	1976
结果给出者	施尼尔里曼	罗曼诺夫 (Романов)	兰道	夏彼罗 (Shapiro)	尹文霖	旺格罕 (R. C. Vanghan)
k 的个数	8×10^5	2 208	71	20	18	6

对这个猜想还可从另外一个方向进行研究,1920 年挪威数学家布龙(Bruh)证明:

每一个充分大的偶数都可以表示为两个各不超过 9 个质数的乘积和.

这个结果简单记为"9 + 9"(这里 9 表示乘积中质数的个数,9 + 9 即表示两个分别不超过 9 个质数的乘积之和),直到目前最好的成果是我国数学家陈景润于

1966 年得到的(发表于 1973 年,图 13)"1 + 2",这方面研究进展可见表 15.

表 15

年　代	1920	1940	1948	1957	1962	1966
结果获得者	布龙	布赫夕塔布（Бухштаб）	瑞尼（Renyi）	王元	王元潘承洞	陈景润
结　果	9 + 9	4 + 4	1 + c	2 + 3	1 + 4	1 + 2

图 13　1978 年 2 月 16 日《光明日报》刊登作家徐迟的著名报告文学《哥德巴赫猜想》

堆叠数论的另外一些问题,如自然数表示为某些自然数方幂和问题(华林问题) 也是有趣的,这一点前文已有介绍. 其中许多问题是基于数本身的性质的研究.

勾股数组(又称毕达哥拉斯数组) 即满足 $a^2 + b^2 = c^2$ 的整数 a, b, c,它有无穷多组:对于任何整数 m, n,数

$$a = m^2 - n^2, \quad b = 2mn, \quad c = m^2 + n^2$$

均给出勾股数组.

(类似的问题是法国数学家费马的猜测:每个形如 $4k + 1$ 的质数均可唯一地表示为两个自然数的平方和. 这个猜想提出大约一百年后,为欧拉所证明.)

数学中蕴含着神奇而美妙的性质,这一点我们在数学形式美中已有介绍,下面再来罗列一些让人百看不厌,又百思不得其解的奇妙等式(其中有些我们也许并不陌生):

$1 + 2 = 3$　　　　　　（这是自然数中唯一的三个相继数列构成的和式）

$3^2 + 4^2 = 5^2$　　　　　　　　（《周髀算经》中"勾三股四弦五"）

$3^3 + 4^3 + 5^3 = 6^3$　　　　　　　　（两世纪前欧拉的发现）

$30^4 + 120^4 + 272^4 + 315^4 = 353^4$　　（半个世纪前,迪克森(Dickson)给出）

$27^5 + 84^5 + 110^5 + 133^5 = 144^5$　　　　（吴子乾于 1970 年找到）

$76^6 + 234^6 + 402^6 + 474^6 + 702^6 + 894^6 + 1\ 077^6 = 1\ 141^6$

　　　　　　（1966 年塞尔特瑞吉(Seltridge)给出）

$12^7 + 35^7 + 53^7 + 58^7 + 64^7 + 83^7 + 85^7 + 90^7 = 102^7$

　　　　　　（1966 年塞尔特瑞吉给出）

$2^8 + 3^8 + 5^8 + 6^8 + 8^8 + 9^8 + 10^8 + 14^8 + 15^8 + 21^8 + 26^8 + 36^8 + 47^8 +$
$65^8 + 93^8 + 137^8 + 227^8 + 379^8 + 958^8 + 960^8 + 961^8 + \cdots + 1\ 066^8 +$
$1\ 067^8$(自 960 起连续 108 项) $= 1\ 827^8$　　　　（1972 年吴子乾给出）

$6^9 + 9^9 + 15^9 + 33^9 + 36^9 + 42^9 + 54^9 + 63^9 + 72^9 + 108^9 + 135^9 + 174^9 +$
$237^9 + 405^9 + 615^9 + 918^9 + 1\ 599^9 + 3\ 069^9 + 3\ 362^9 + 6\ 336^9 +$
$6\ 339^9 + \cdots + 7\ 086^9 + 7\ 089^9 + 7\ 092^9 + 13\ 448^9 + 20\ 172^9 + 26\ 896^9 +$
$36\ 982^9 + 30\ 258^9 + 40\ 344^9 + 43\ 706^9 + 50\ 430^9 + 168\ 100^9 + 221\ 892^9 +$
$339\ 562^9 + 500\ 938^9 + 759\ 812^9 + 1\ 398\ 592^9 + 2\ 582\ 016^9 + 7\ 779\ 668^9 +$
$8\ 441\ 982^9 + 8\ 435\ 344^9 = 9\ 339\ 639^9$

其中 6 939 至 7 092 为公差是 3 的等差数列中连续 52 项.

　　　　　　（1976 年吴子乾发现）

　　上面列举的仅是一些数字奇妙现象中的某些特例,这只是沧海一粟、冰山一角而已.其一般情形若何? 人们尚不得知.然而仅就这些,就足以令我们感叹,足以说明数本身内含着无穷的奥秘,人们所认识的永远仅仅是奥妙的点滴、魅力的些微.

　　关于这方面的例子还有,我们来看数的"金蝉脱壳"把戏.

　　下面的两组数字及它们变换后的有趣现象,让你看后会为其中的奥妙赞叹不已(宛如魔术般神奇和美妙)!

　　注意以下的两组和相等的六位数

　　　　$123\ 789 + 561\ 945 + 642\ 864 = 242\ 868 + 323\ 787 + 761\ 943$

它们同时又满足

　　　　$123\ 789^2 + 561\ 945^2 + 642\ 864^2 = 242\ 868^2 + 323\ 787^2 + 761\ 943^2$

接下去抹掉两组数中每个数的首位数,结果仍有下面的等式

　　　　$23\ 789 + 61\ 945 + 42\ 864 = 42\ 868 + 23\ 787 + 61\ 943$

　　　　$23\ 789^2 + 61\ 945^2 + 42\ 864^2 = 42\ 868^2 + 23\ 787^2 + 61\ 943^2$

重复上面的做法我们依然会有

$$789 + 945 + 864 = 868 + 787 + 943$$
$$789^2 + 945^2 + 864^2 = 868^2 + 787^2 + 943^2$$

$$89 + 45 + 64 = 68 + 87 + 43$$
$$89^2 + 45^2 + 64^2 = 68^2 + 87^2 + 43^2$$

$$9 + 5 + 4 = 8 + 7 + 3$$
$$9^2 + 5^2 + 4^2 = 8^2 + 7^2 + 3^2$$

更使人惊奇的是:若将上面每次抹去首位数字改为抹去末位数字,这种结论依然成立

$$12\ 378 + 56\ 194 + 69\ 286 = 24\ 286 + 32\ 378 + 76\ 194$$
$$12\ 378^2 + 56\ 194^2 + 64\ 286^2 = 24\ 286^2 + 32\ 378^2 + 76\ 194^2$$

...

$$1 + 5 + 6 = 2 + 3 + 7$$
$$1^2 + 5^2 + 6^2 = 2^2 + 3^2 + 7^2$$

再请看下面两组数

$$\{1,6,7,23,24,30,38,47,54,55\}, \{2,3,10,19,27,33,34,50,51,56\}$$

它们数字的 1 次方,2 次方,……,8 次方幂和都相等:

$$1 + 6 + 7 + \cdots + 54 + 55 = 2 + 3 + 10 + \cdots + 51 + 56 = 285$$
$$1^2 + 6^2 + 7^2 + \cdots + 54^2 + 55^2 = 2^2 + 10^2 + 3^2 + \cdots + 51^2 + 56^2 = 11\ 685$$
$$1^3 + 6^3 + 7^3 + \cdots + 54^3 + 55^3 = 2^3 + 3^3 + 10^3 + \cdots + 51^3 + 56^3 = 536\ 085$$

类似地,它们的 4 ~ 8 次方幂和分别为表 16 所示.

表 16

方 幂 次 数	每 组 数 方 幂 和
4	26 043 813
5	1 309 753 125
6	67 334 006 805
7	3 512 261 547 765
8	185 039 471 773 893

数的奇妙性质一直在为人们所探讨、所发现,这种发现是无尽无休的,因为数字中存在着无穷奥秘等待人们去认识,去挖掘. 那些以发现者冠名的数,更是千奇百怪、五花八门,这也足以说明人们对它们的喜爱以及它们自身的美感.

下面我们再介绍一种新近发现、鲜为人知的数 —— 史密斯数.

说起它的发现,也是一个偶然的机会. 美国数学家威兰斯基(A. Welanski)

在与其姐夫史密斯打电话时,发现他的电话号码 4 937 775 是一个怪数,首先它是一个合数,并且

$$4\ 937\ 775 = 3 \times 5 \times 5 \times 65\ 837$$

更为有趣的是这个数的所有数字之和恰好等于它的全部因子的数字之和

$$4 + 9 + 3 + 7 + 7 + 7 + 5 = 3 + 5 + 5 + 6 + 5 + 8 + 3 + 7$$

数学家潜心于此类数的研究,发现还有不少自然数有此性质,于是便将这类数命名为史密斯数.

最小的史密斯数是 4,接下来的几个史密斯数是 22,27,58,85,94,121.

经计算后人们发现:

$0 \sim 10^4$ 之间共有 376 个史密斯数;

$0 \sim 10^5$ 之间共约有 3 300 个史密斯数.

圣路易斯的密苏里大学的麦克唐纳(W. McDonald) 证明:

史密斯数有无穷多个.

新近有人给出能产生史密斯数的公式(当然它不能产生全部史密斯数).

波多黎各大学的奥尔蒂卡(S. Oltikar) 和韦兰德(K. Wayland) 还利用大质数,给出一个 250 万位以上的史密斯数.此外还发现 $2 \cdot 10^{45} \cdot I_{1\ 031}$ 是史密斯数(其中 I_n 是威廉斯数,即单 1 数).

不久前,亚蒂斯(Yates) 又给出一个 10 694 985 位的史密斯数:$10^{39\ 133\ 210} \cdot I_{1\ 031} \cdot (10^{4\ 594} + 3 \cdot 10^{2\ 297} + 1)^{1\ 476}$.尔后他又给出一个更大的有 13 614 513 位的史密斯数.这种数的研究据悉也与全部由 1 组成的数(单 1 数,见前文)

$$I_n = \underbrace{111 \cdots 1}_{n\uparrow}$$

有关,比如若 $I_n (n > 2)$ 是质数,则 $3\ 304 \cdot I_n$ 是一个史密斯数.人们期望着从中可以获得这类数的更多信息.

史密斯数还有哪些性质? 它又有何用途? 人们正在研究中.

新近,鲁兹(B. Ruth) 和阿伦(H. Aaron) 又将这种数做了推广:对于数对 $(n, n + 1)$ 来讲,若 n 的全部质因子之和与 $n + 1$ 的全部质因子之和相等,则称为鲁兹 – 阿伦(Ruth-Aaron) 数对(它与亲和数对的区别在于这里的数对是相邻整数),比如

$$714 = 2 \times 3 \times 7 \times 17, \quad 715 = 5 \times 11 \times 13$$

由 $2 + 3 + 7 + 17 = 5 + 11 + 13 = 29$,知它们是鲁兹 – 阿伦数对.

博梅拉斯(K. Bomelas) 利用电子计算机对 $n < 2 \cdot 10^4$ 的整数进行搜索,共找到 26 对这样的数(显然它比亲和数对要少得多),其中最大的一对是 $(18\ 490, 18\ 491)$.同时他还猜测:

鲁兹－阿伦数对有无穷多对.

尔后,爱尔特希证明了这个猜想.

上面我们介绍了整数的一些有趣性质及其美学价值,下面来看看分数. 分数与整数一样,其中也存在着许许多多奇妙而有趣的现象,它们当然也为数学之美添上浓重的一笔.

在算术里我们学过循环小数,这种小数也有一些甚为有趣的性质,就拿 7 做分母的小数来说

$$\frac{1}{7} = 0.\dot{1}4285\dot{7}, \quad \frac{2}{7} = 0.\dot{2}8571\dot{4}, \quad \frac{3}{7} = 0.\dot{4}2857\dot{1}$$

$$\frac{4}{7} = 0.\dot{5}7142\dot{8}, \quad \frac{5}{7} = 0.\dot{7}1428\dot{5}, \quad \frac{6}{7} = 0.\dot{8}5714\dot{2}$$

看完这些,细心的读者便会发现:这些小数的循环节都是六位,且都是由 1,4,2,8,5,7 这 6 个数字组成,同时顺序是循环轮换.

我们写下 $\frac{1}{7}$ 的除式,然后把每步余数和商依次沿顺时针方向分别写到圆的里外圈(图 14),这些数字分布很有特点:

(1)里圈同一直径上两数字和为 9;

(2)外圈同一直径上两数字和为 7.

更有意思的是:分数 $\frac{x}{7}$ 的小数式便是以外圈 x 所对里圈的数字打头,以沿顺时针方向环绕一圈的数字为循环节的小数(图 15,它也为我们提供了一种计算 $\frac{x}{7}$ 的方法).

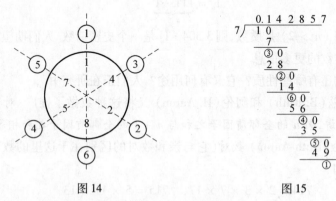

图 14   图 15

其实,这个结论可以拓展. 我们可以证明:

分母是质数 p 的分数化为小数时,若它是循环小数,其循环节的位数必定是 $p-1$ 的约数.

又若循环节是 $p-1$ 位(它定是偶数),把 $\dfrac{1}{p}$ 做除法(展成分数式)时的余数和商分别写到大圆的外、里圈,也有:

(1) 大圆内圈同一直径上两数和为9;

(2) 大圆外圈同一直径上两数和为 p;

(3) 分数 $\dfrac{x}{p}$ 的小数式即为以大圆外圈 x 所对应里圈数字打头、沿顺时针一周全部数字为循环节的小数.

比如把 $\dfrac{1}{17}$ 作除法时的余数和商写上后的情形见图16.

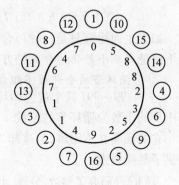

图 16

至于循环节位数不是 $p-1$ 的分数 $\dfrac{1}{p}$,

$\dfrac{2}{p},\dfrac{3}{p},\cdots,\dfrac{p-1}{p}$,则是按组循环,且仍具上述性质. 以 $\dfrac{1}{13}$ 为例,它的循环节是6位即 $0.\dot{0}7692\dot{3}$,可以看到

$$\left\{\frac{1}{13},\ \frac{3}{13},\ \frac{4}{13},\ \frac{9}{13},\ \frac{10}{13},\ \frac{12}{13}\right\}$$

是以 $0,7,6,9,2,3$ 为序循环轮换

$$\left\{\frac{2}{13},\ \frac{5}{13},\ \frac{6}{13},\ \frac{7}{13},\ \frac{8}{13},\ \frac{11}{13}\right\}$$

是以 $1,5,3,8,4,6(76\ 923 \times 2 = 153\ 846)$ 为序循环轮换.

具体循环排列情况可见图17.

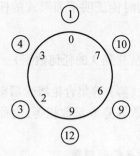 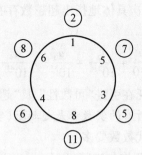

图 17

这里顺便讲一句,希尔伯特的学生冯·诺伊曼(Von Neumann)对除法 $1 \div 19$ 曾使用"异想天开的除法",先化为 $0.1 \div 2$,在其商每产生一个数后向右移一"时间延迟",且转移到被除数上,再用2除,再转移 …… 这个过程可简单地可

309

记为(具体算式见图18)

$$0.05263157894 7\cdots$$

$$| \ | \ | \ | \ | \ | \ | \ | \ | \ | \ |$$

$$0.10526315789 4\cdots$$

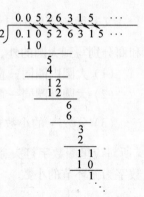

图18

如果上面运算只是一种巧合或个别现象的话,那么下面把循环小数化为分数的方法是普适和方便的

$$\frac{循环节的全部数字组成的多位数}{99\cdots99(其个数为循环节位数)}$$

其中9的个数为循环节的位数.

它的证明并不困难,但这却为我们证明上述结论提供了某些线索.

人们已经研究了整数、分数、小数、有理数、无理数 …… 这些数是这样划分的:

$$复数 \begin{cases} 实数 \begin{cases} 有理数 \begin{cases} 整数(正整数、零、负整数) \\ 分数(正分数、负分数) \end{cases} \\ 无理数(正无理数、负无理数) \end{cases} \\ 虚数 \end{cases}$$

按照上面的划分,圆周率 π 是无理数,但它又与 $\sqrt{2}$,$\sqrt[3]{3}$ 等无理数不同(虽然它们都是无限不循环小数,但它们产生的背景各异),本质的不同在哪里? 人们在研究中又以代数数和超越数去刻画与区分.

我们知道:若 α 是有理系数多项式

$$f(x) = a_0 x^n + a_1 x^{n-1} + \cdots + a_{n-1}x + a_n$$

的根,则称 α 是代数数,否则 α 称为超越数.

关于超越数问题,1844 年刘维尔首先指出:代数数不能用有理数很好地逼近. 这是首次具体地指出超越数存在的结论,同时他证明下面形式的任一数均为超越数

$$\frac{a_1}{10} + \frac{a_2}{10^{2!}} + \frac{a_3}{10^{3!}} + \frac{a_4}{10^{4!}} + \cdots (a_i \text{ 是从 0 到 9 的任何数字})$$

而康托在引进"可数性"及"超限数"、基数(势)等集合论概念后得出:

几乎所有的实数都是超越数(实数与超越数等势或基数相等,由此可知超越数远比代数数要多).

1873 年埃尔米特(C. Hermite)首先证明了 e 是超越数.

1882 年林德曼(F. Lindemann)证明了 π 是超越数.

(此前,1761 年兰伯特(J. H. Lambert)证明了 π 的无理性,稍后勒让德猜测 π 可能不是有理系数方程的根).

这一结论的证明,也使得尺规作图三大难题之一"化圆为方"问题得以否

定地解决.

1900 年希尔伯特提出的"23 个数学问题"中的第七问题便是：

若 $\alpha \neq 0,1$，且为代数数，β 是无理数，试问 α^β 是否为超越数？

1929 年，苏联学者盖尔方德(A. O. Гельфонд)证明：

代数数 $\alpha \neq 0,1$，且 β 是虚二次无理数时，α^β 是超越数.

1930 年库兹明(P. O. Кузьмин)证明 $2^{\sqrt{2}}$ 是超越数.

1934 年格尔丰德和施耐德(T. Schneider)各自独立地证明了希尔伯特第七问题(格尔丰德 – 施耐德定理). 1966 年结论又被迈克尔(A. Baker)推广.

由盖尔方德的定理可证得 e^π 是超越数(见后文)，然而 $e^e, \pi^e, \cdots$ 是否是超越数？这一点至今仍未能定夺(我们前文曾指出，即便判断 $e + \pi, e\pi$ 是有理数还是无理数的工作，至今毫无进展).

数学越是进入抽象思想更加极端的区域，它就越在分析具体事实方面相应地获得脚踏实地的重要成长. 正因为此，数学还是一门正在成长的学科，当许多未知问题被逐个解决，蒙在它们身上的神秘外衣被剥开时，数学便迎来新的光明、新的生命、新的希望.

数学像诗、像画、像音乐，美妙，朦胧，永恒.

4. 数学中的重要常数

大哉言数.

—— 姬昌(周公)

整数的简单构成，若干世纪以来一直是使数学获得新生的源泉.

—— 伯克霍夫(G. D. Birkhoff)

上帝创造了整数，其他一切都是人造的.

—— 克罗内克尔

爱因斯坦发现质量与能量之间的联系，下面的公式

$$E = mc^2$$

几乎成了爱因斯坦相对论的标志性公式，其中 $c = 3 \times 10^8$ m/s 为光的速度，它是个常数.

数学中的某些重要常数有着特殊魅力(因而也蕴含着美)，比如黄金数 $0.618\cdots$、圆周率 π、自然对数的底 e、欧拉常数 γ、菲根鲍姆(M. Feigenbaum)数 $4.669\,201\,609\cdots$、物理中的大数等，它们不仅自身有着奇妙的背景，和令人称道的性质，它们还常常出现在某些自然现象中.

此外，化学、物理、生物、天文等许多学科中，也有某些重要常数. 如化学中的何伏伽德罗(A. Avogadro)常数

$$6.02 \times 10^{23}$$

(12 g 碳中的原子个数)，它对某些化学计算来讲是重要的.

311

又如物理中的"大数"(诺贝尔奖得主、相对论量子力学创立者、英国大物理学家狄拉克(P. A. M. Dirac) 如此称)10^{39}:

万有引力耦合常数 $G_m^2/hc \sim 5 \times 10^{-39}$;

原子中质子与电子间静电力和万有引力之比为(记为 C_1)

$$ke^2/Gm_p m_e \sim 2.3 \times 10^{39}$$

宇宙中的质子数,即宇宙可见部分质量与质子质量之比为(记为 C_2)

$$M/m_p \sim 1.38 \times 10^{78}$$

以原子为单位变量,宇宙年龄(即光穿过一个经典电子所需时间为单位)的线性表示(记为 C_3)

$$m_e c^2 T/h \sim 6.7 \times 10^{39}$$

在这些数中皆有大数 10^{39}(关系为 $C_1 \approx C_3 \approx C_2^{\frac{1}{2}} \approx 10^{39}$) 的身影,$10^{39}$ 这个数有什么意义呢?

按宇宙爆炸说,宇宙起源于 150 亿年前的大爆炸,爆炸后的宇宙不断膨胀和冷却,10^{-5} s 后温度降到 10^5 度,开始出现称为"夸克"的基本粒子,它们在一个能量的海洋中自由地漫游. 当宇宙再膨胀 10^3 倍时,形成了中子、质子、介子和中微子等基本粒子,自由夸克开始被约束在中子和质子内. 尔后才依次形成原子、气体云、恒星、星系和总星系,以及生命.

而物质世界按照尺度大小可分为 5 个层次. 最大的层次叫胀观,研究对象是无限的宇宙. 其次是宇观,研究对象是"我们的宇宙",包括星系、恒星、行星等,无限的宇宙是由无数个有限的宇宙所组成的. "我们的宇宙"则是其中之一. 然后依次为宏观、微观和渺观,研究对象分别是山海物体、基本粒子和希格斯(P. Higgs) 场(以爱丁堡大学物理学家希格斯命名的场),其中希格斯场的大小只有 10^{-34} cm.

有理由认为,在"我们的宇宙"爆炸后,自由夸克形成之前的 $0 \sim 10^{-5}$ s,希格斯粒子以及其他比夸克更渺小的粒子也是在能量之海中自由地漫游着. 它们在大爆炸之前,或许在另一个世界中早已存在,只不过从白洞中涌现出来而已. 尔后,由它们经过多少个尺度层次组成自由夸克.

这样,通过对宇宙演化过程的描述,我们把最大尺度和最小尺度两个层次在大爆炸瞬间这个分叉点附近联系起来了,而说明这种内在联系的还有我们前述的自然界中的几个神秘的大数问题.

经典物理学认为,C_1 是个常数,而 C_2,C_3 显然是随时间而改变,因此

$$C_1 \approx C_3 \approx C_2^{\frac{1}{2}}$$

只是一个暂时的现象,我们恰好生活在这个等式成立的时间段.

如果 $C_3 \ll C_1$,宇宙还未演化到形成星系、恒星、行星和生命的状态;反之,若 $C_3 \gg C_1$,宇宙将演化到不再存在向生命提供能量的恒星(例如太阳等),只有在 $C_3 \doteq C_1$ 的情况下,才可能期望生命的存在.

问题在于,为什么在描述现在的物质世界时,会存在 10^{39} 这个大数,而不是其他的数呢? 如果由于对这些大数的不同选择而导致该宇宙及生命的存在条件有所不同,那么,为什么现实的宇宙具有引起生命的那些神秘的大数呢? 是一种偶然的巧合,还是科学家们玩弄的数字游戏,或者是宇宙中的一种必然的因果律?

狄拉克认为这绝非偶然的巧合,它在一定程度上揭示了宇(宏)观世界和微观世界的联系,且提出"大数猜想":

引力常数与宇宙年龄成反比.

这种自然界告知我们的美妙信息(以数的形式告知),也许是宇宙永恒美的特征,它也奠定了粒子物理中大统一的理论基础.

化学、物理、生物、天文 …… 世界中的常数,有着催人遐想、令人捉摸不透、又耐人寻味的奇妙,但说来道去它们毕竟又都是数.

数学中的常数,同样有着深邃的内涵、无穷的魅力. 比如黄金数 0.618… 我们在前面已经阐述(除了它自身的有趣性质外,它在艺术美学中还有着特殊地位,在生物结构上有着奇妙的体现,后文还将看到它与其他一些著名常数的联系),下面我们看看其他常数.

圆周率(圆的周长与直径的比值)是一个重要数值,但它是一个无限不循环小数(无理数或超越数),因而只能求它的近似值. 计算它是十分麻烦的,特别是在电子计算机问世之前.

阿基米德是看出其计算困难在于它的定义的第一个人,且他利用割圆术证明它的值界于 $\frac{22}{7}$ 和 $\frac{223}{71}$ 之间.

我国古代数学家在计算圆周率方面曾做出过领先于世界的贡献. 东汉初年的数学书《周髀算经》中(图 1),已有"周三径一"的记载,这是最早的圆周率,叫"古率". 尔后南北朝的祖冲之在《缀术》一书中,用刘徽创造的割圆法给出 $\frac{22}{7}$ 和 $\frac{355}{71}$ 两个用分数表示的

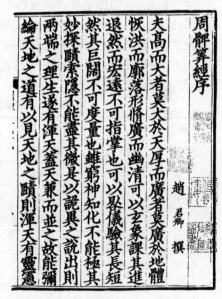

图 1

圆周率,它们分别被称为"约率"和"密率"(又称"祖率",它们分别精确到小数点后第三和第六位),这比国外同类结果要早 1 000 年.

欧拉是首先倡导用希腊字母 π 表示圆周率的.

1761 年兰伯特证明"π 不是有理数",他是将 π 展成一个不循环连分数而证

明这个结论的.

勒让德也证明了"π不是有理系数二次方程的根".

1882 年德国数学家林德曼证明:π 是超越数(也因而证明了尺规作图中的化圆为方问题不可能作出).

关于 π 的计算,叶维塔(Yeavita)用割圆法算至圆内接(外切)393 216 边形,得到 π 的 10 位小数.

荷兰数学家鲁道夫(C. Rudolff)花了毕生精力算得 π 的第35位小数(16 世纪,此数称为鲁道夫数).

当然,π 的值也可用某些简单根式去近似:

$$\sqrt{2} + \sqrt{3} = 3.14626 \quad (\text{精确到小数点后2位})$$

$$\sqrt[3]{31} = 3.14138\cdots \quad (\text{精确到小数点后3位})$$

π 的数值计算,也许并不需要那么多位,美国天文学家纽科布(S. Newcomb)说:π 的十位小数就足以使计算地球周界(如果把地球想象为绝对的球)精确到一英寸之内;用 π 的 30 位小数,能使可见宇宙的四周计算精确到连最强大的显微镜也不可能分辨的一个数量级.

尽管如此,人们还是在计算 π 的小数位上进行角逐(这不仅是计算方法、计算技术的角逐,也是 π 自身的神奇美感而使得人们对它偏爱,表面看这种计算似无意义,实际则不然)—— 特别是电子计算机出现之后.

表 1 中的数据恰好说明这一点(表中仅列举一部分资料,欲知详情可见拙著《数学的创造》[30]).

表 1　圆周率计算进展情况表

国别	年　代	计算机型号	计算位数	机　　时
美	1949	ENIAC	2 037	70 h
美	1951	NORC	3 089	13 h
英	1957	Pegasus	10 021	33 h
日	2002.12	HVITACHI SR8000	12 411 亿	601 h56 min
日	2009.8	筑波大学	25 779 亿	73 h36 min
法	2009.12	Belled	27 000 亿	131 天
日	2010.8	Kondo & Yee	5 万亿	——
日	2011.10	Kondo	10 万亿	一年
瑞士	2016	云计算	22.4 万亿	105 天
美	2019	云计算	31.4 万亿	121 天

如今计算 π(图2)的位数,已成为检验计算机性能包括它的软件(即计算方法)的一种手段.

图2　π 的部分展式数字

计算 π 的这么多数位,一方面说明科学可帮助人们在计算乃至思维上突破极限、改写进程,另一方面的意义是,人们期待从这些数字中寻觅某些奥秘,比如我们后面提到的它与数 e 的表达式中出现相同数字的规律,再如人们希望弄清在 π 的展开式中,数字 $0,1,2,\cdots,8,9$ 出现的几(概)率是否相同等.

新近这个问题找到了答案,人们研究发现:π 是正规数,即它的每个数字都可能且随机出现.

人们在研究后还发现了一些使人感到奇妙的数字现象(π 是超越数,也是无理数即无限不循环小数),比如,π 的展开值中第 60 ～ 69 位的数字是 4 592 307 816,它恰好是 0,1 ～ 9 这 10 个数字(未按顺序).

计算机程序专家克努特(D. E. Kunth)认为:

π 展开式中连续出现这十个数字的概率只有 $\dfrac{10!}{10^{10}} = 0.000\ 362\ 88\cdots$.

又如,π 计算到小数点后第 710 100 位时,连续地出现 7 个 3

3. 141…353733333338638…
第710 100位

再如 π 的前两位数字 31、前六位数字 314 159 组成的数是两个回文质数(即它们的逆序数 13,951 413 仍为质数,关于回文数见前文).

还如 π 的小数点后前几位数字和恰好是完全数(见表2).

表2

π ≐ 3. 141 592 6	小数点后3位数	小数点后7位数
	141	1 415 926
数　字　和	6	28

315

此外请再注意 $6 = 1 + 2 + 3, 28 = 1 + 2 + 3 + 4 + 5 + 6 + 7$,即 π 的小数点后的 1 位、3 位、7 位数字和也恰好分别是前 1 个、3 个、7 个自然数之和(亦即三角形数).

哈肯(W. Haken)猜想:π 的前 n 位数字组成的数不是完全平方数(他估计这个猜测成立的可能性 0.999 999 999).

其实 20 世纪末普劳夫(Plouffe)等人曾给出一个直接算出 π 的第 n 位数的公式(BBP 公式)

$$\pi = \sum_{k=0}^{\infty} \left[\frac{1}{16^k} \left(\frac{4}{8k+1} - \frac{2}{8k+4} - \frac{1}{8k+5} - \frac{1}{8k+6} \right) \right]$$

这对于研究 π 中的数字分布带来方便,不过这公式是 16 进制的.

我们还知道:自然对数的底 e 定义为

$$\lim_{n \to \infty} \left(1 + \frac{1}{n} \right)^n = 2.718\cdots$$

它也是一个十分重要的常数,特别是在高等数学中. 此外,与 e 有关的数学公式或结论更是不胜枚举,比如在著名的欧拉关于装错信封问题(n 封信随意装入 n 个信封)中,信封全部装错的概率为 $\frac{1}{e}$. 此外,人们还研究了 e 的数字特征,比如有人发现 e 和 π 第 13,17,18,21,34 上数字相同(见表 3).

表 3

位　　数	1	2	3	4	5	…	13	…	17	18	…	21	…	34	…
π	3	1	4	1	5	…	9	…	2	3	…	6	…	2	…
e	2	7	1	8	2	…	9	…	2	3	…	6	…	2	…

还有人猜测:π 和 e 的数字每隔十位数将有一次重合(这一点尚未被严格证明).

有人在探索,且发现"密率"$\frac{355}{113}$(它给出 π 的小数点后六位精度)是前 3 个奇数 1,3,5 双写后,从中间断开分别作为分母、分子的,有趣的是把上面数字顺序倒过来组成的六位数再加 1,即 553 311 + 1 = 553 312,再从中间断开组成分数 553/312,它恰好是 $\sqrt{\pi}$ 的近似值(精确到小数点后四位)

$$553/312 = 1.772\ 435\ 897\cdots$$

$$\sqrt{\pi} = 1.772\ 453\ 851\cdots$$

霍夫斯塔蒂(D. R. Hofstadter)发现:调和级数前八项和的值是 e 的近似值(每项小数保留三位小数)

$$1 + \frac{1}{2} + \frac{1}{3} + \frac{1}{4} + \frac{1}{5} + \frac{1}{6} + \frac{1}{7} + \frac{1}{8} \approx 2.718$$

此外,加拿大渥太华大学的生物化学家杜格勒贝(R. G. Duggleby)发现 π

与 e 的另一奇妙关系

$$\pi^4 + \pi^5 \approx e^6$$

你只要计算一下便可知

$$\pi^4 + \pi^5 \approx 97.409\ 09\cdots + 306.019\ 68\cdots = 403.428\ 77\cdots$$

而

$$e^6 = 403.428\ 79\cdots$$

e 也是一个超越数,同时人们已经证明 e^π 是超越数(这一点可由 $e^\pi = (-1)^i$ 或 $i^{-i} = \sqrt{e^\pi}$,再由前面介绍过的格尔丰德 – 施耐德定理即可得,e^π 被称为格尔丰德数),但有趣的是

$$\pi^e, \pi e, \pi + e \text{ 是否是超越数?}$$

这一点人们至今也不清楚.

舒姆伯特猜想(他依据 π 和 e 的展开式数字,从和谐和美的角度似乎应该有):

π 的数字中必有 e 的前 n 位数字;同时 e 的数字中必有 π 的前 n 位数字.

e 与 π 的奇妙联系让我们悟到,以上事实可否从

$$\boxed{e^{-i\pi} + 1 = 0}$$

中得到解释? 尽管人们目前尚无力解读它.

π 还有许多有趣的性质,这其中有不少是人为的刻痕或作秀,比如:用数字 $0,1,2,\cdots,8,9$(每个数字都用且仅用一次) 组成的分式中,有不少可作为 π 的近似值,比如

$$\frac{37\ 869}{12\ 054}, \quad \frac{39\ 480}{12\ 567}, \quad \frac{49\ 270}{15\ 683}, \quad \frac{67\ 389}{21\ 450}, \quad \frac{76\ 591}{24\ 380},$$

$$\frac{83\ 159}{26\ 470}, \quad \frac{95\ 147}{30\ 286}, \quad \frac{95\ 761}{30\ 482}, \quad \frac{97\ 468}{31\ 025}, \quad \cdots$$

当然,其中 $97\ 468/31\ 025 = 3.141\ 595\ 487\ 5\cdots$ 已精确到小数点后第五位. 我们也许无法理解直觉的本质,但现象背后必定隐蔽着某种奥秘.

鲁贝克(T. E. Lobeck) 发现:用 π 的第 n 位数字去代替下面幻方(图3(a)) 中的 n,会得到一张有趣的数表(图3(b)):

17	24	1	8	15
23	5	7	14	16
4	6	13	20	22
10	12	19	21	3
11	18	25	2	9

(a)

17	**29**	**25**	**24**	**23**	
2	4	3	6	9	**24**
6	5	2	7	3	**23**
1	9	9	4	2	**25**
3	8	8	6	4	**29**
5	3	3	1	5	**17**

(b)

图3

我们把数表各行、各列数字之和分别记在表的上面和右面,你会发现:表中的数字行和与列和分别是五个同样的数.

我们已经看到了 π 中的诸多奥妙,但这远不能满足人们的好奇与探索,除此之外,π 还有许多令人难以理解的(仅凭直觉与想象)特性,大自然与 π 还有着让人惊叹的联络.

地球上自然形成的河流曲线长与其直线距离之比(值)约为 π.

在一个定圆内随机、均匀、独立地取 4 个点,它们能构成凸四边形的概率为

$$1 - \frac{35}{12} \cdot \frac{1}{\pi^2}$$

1800 年高斯发现:从平均意义上讲,一个非负整数表示成两个整数平方和的方法数期望值为 π,即

$$\lim_{z \to \infty} \frac{\kappa(z)}{z} = \pi$$

这里 $\kappa(z)$ 为 z 表示成两整数平方和的方法数.

此外,查瑞(R. Chartrea)在研究整数互质问题时给出下面的结论:

任取两自然数 m, n,它们互质的概率为 $\frac{6}{\pi^2}$,即

$$P\{(m, n) = 1 \mid m, n \in \mathbf{Z}_+\} = \frac{6}{\pi^2}$$

此外,利用级数计算 π 值有许多公式和方法,比如

$$\frac{\pi}{4} = \sum_{k=1}^{\infty} \frac{(-1)^k}{2k-1} \qquad \text{(格雷戈里(Gregory) 公式)}$$

$$\pi^2 = 6 \sum_{k=1}^{\infty} \frac{1}{k^2} \qquad \text{(查尼斯(R. Charnes) 公式)}$$

$$\pi^4 = 90 \sum_{k=1}^{\infty} \frac{1}{k^2} \qquad \text{(欧拉公式)}$$

$$\frac{1}{\pi} = \frac{\sqrt{8}}{9\,801} \sum_{k=0}^{\infty} \frac{(4k!)}{(k!)^4} \cdot \frac{1\,103 + 26\,390k}{396^{4k}} \qquad \text{(拉马努金公式)}$$

最让人更是捉摸不透的是拉马努金公式(在电子计算机计算 π 值中是速度最快的公式)中的诸常数如何而来? 至今这仍是一个谜,因为对于该公式他本人未做任何直接解释或说明(人们是在他记着许多数学式子的笔记本上发现的,其中绝大多数式子均正确).

用 π, e 等数表示的数学公式就更多了,比如:前文曾提到的计算阶乘的斯特林(J. Strling) 公式

$$n! \approx \sqrt{2n\pi} \left(\frac{n}{e}\right) \left(1 + \frac{1}{12n}\right)$$

整数分拆(把整数不计顺序、允许重复地拆成正整数之和的形式)个数公

式(哈代和拉马努金给出)

$$\varphi(n) \approx \frac{e^{\pi\sqrt{\frac{2n}{3}}}}{4\sqrt{3}\,n}$$

n 阶法莱(Farey)分数个数(按大小排列的形如 $\frac{a}{b}$ 的诸分数,这里 $0 \leqslant a \leqslant b \leqslant n$,且 a, b 互质)

$$\Phi(n) \approx \frac{3n^2}{\pi^2} - 1$$

欧拉常数 $0.577\ 216\cdots$(见后文)也是数学中的一个重要常数,它同样蕴含着神奇、奥妙与美.

我们前文已经介绍过:无穷级数 $\sum\limits_{k=1}^{\infty} \frac{1}{k}$ 是一个发散级数(它通常称为调和级数). 此外我们还谈到:

比这个级数更疏(因为小于 x 的质数的个数 $\pi(x)$ 满足 $\lim\limits_{x\to\infty} \frac{\pi(x)}{x} = 0$)的级数 $\sum \frac{1}{p}$(p 遍历所有质数)也发散,一个更精细的估计是

$$\sum_{p\leqslant x} \frac{1}{p} \sim \ln\,(\ln x)$$

或　　　　$\sum\limits_{p\leqslant x} \frac{1}{p} = \ln\,(\ln x) + c + o\left[\frac{1}{\ln x}\right]$,其中 $c = 0.261\ 497\cdots$

同样令人不解的(表面上)是:从调和级数中剔除含某个数字(比如1)的项后,所得级数却是收敛的(剔除含10个数字中的任一个数字的项后所得的级数均收敛).

我们注意到 $\lim\limits_{x\to\infty}(\ln n) = \infty$(发散),可出人意料的结论是极限

$$\lim_{x\to\infty}\left(\sum_{k=1}^{n} \frac{1}{k} - \ln n\right)$$

却存在,且是一个常数 $0.577\ 216\cdots$,它被称为欧拉常数,通常用 γ 表示.

直到目前为止,人们仍不知道 γ 是有理数还是无理数.

与 π 一样,欧拉常数 γ 也有许多诱人的性质和奇妙的应用,比如:

记 $\pi(x, 2^n - 1)$ 为不大于 x 的数中,形如 $2^n - 1$ 的质数即梅森质数的个数,则有

$$\pi(x, 2^n - 1) \sim (2.569\ 5\cdots)\ln\,(\ln x),\ x \to \infty$$

这里 $2.569\ 5\cdots = \frac{e^{\gamma}}{\ln 2}$,而 γ 即欧拉常数 $0.577\cdots$.

1849 年,迪利克雷曾发现:若 $\tau(n)$ 表示自然数 n 的约数个数,则

$$\sum_{n\leqslant N} \tau(n) = \ln N^N + (2\gamma - 1)N + o(\sqrt{N})$$

它也是双曲线 $y = \dfrac{N}{x}$ 与坐标轴所界的区域的整点数目

$$\left[\sqrt{N}\right]^2 + 2\sum_{n \leqslant \sqrt{N}}\left[\frac{N}{x}\right]$$

这里 $[\alpha]$ 表示 α 取整(不超过 α 的最大整数).

1993 年,海格瓦利(N. Hegyvári) 曾利用 $\sum \dfrac{1}{k}$ 及 $\sum \dfrac{1}{p}$ (p 遍历全部质数)

发散的事实(及欧拉常数 γ) 证明了:十进小数

$$\alpha = 0.235\ 711\ 131\ 719\ 23\cdots$$

是无理数,其中 α 小数点后的数字系由全部质数按顺序排列而成[64].

除了上面介绍的一些常数外,数学中(不仅数学,在物理、化学 …… 中也有所谓万有引力常数、何伏伽德罗常数等) 还有许多常数,比如可用来计算自然数 k 次方幂和的伯努利数,我们知道

$$\sum_{m=1}^{n} m^k = \frac{1}{k+1}\sum_{i=1}^{k+1} C_{k+1}^i B_{k+1-i} n^i + n^k$$

其中 B_k 满足 $B_0 = 1$,且 $\sum_{i=1}^{k} C_{k+1}^i B_i = 0$ ($k \geqslant 1$),称其为伯努利数.

再如贝尔数(已介绍)、斯特林数等皆有重要应用.

菲根鲍姆常数是新近发现的,且在学术界认为是一个普适常数,这个常数与所谓"混沌现象"有关(这一点我们后文还将详述).

若区间到区间上的迭代 $x_{n+1} = f(x_n)$,如果从 $x = x_0$ 开始迭代 n 次后,又回到原来的地方,且迭代次数小于 n 时,不回到原来的地方,则 x_0 称作 $f(x)$ 的一个 n - 周期点.

1973 年美国马里兰大学的李天岩等发现这种迭代的一个奇怪现象:

若区间到区间自身的函数 $f(x)$ 连续,且它有一个 3 - 周期点,则对任何自然数 n,该函数 $f(x)$ 有 n - 周期点.

人们把类似的这种现象叫作"混沌现象"(它有许多不同的定义). 上述事实的数学含义是:

设 $f(x)$ 是 $[0,1]$ 区间到 $[0,1]$ 区间的一个连续函数,且有一个 3 - 周期点,则在 $[0,1]$ 区间里存在一个不可数集 S,对 S 中任意两点 x_0, y_0 考虑迭代序列

$$x_n = f(x_{n-1}), \quad y_n = f(y_{n-1}), \quad n = 1,2,3,\cdots$$

则

$$\overline{\lim_{x \to \infty}} \mid x_n - y_n \mid > 0, \quad \underline{\lim_{x \to \infty}} \mid x_n - y_n \mid = 0$$

这就是说:两个迭代序列既不趋向远离,也不趋向接近,而是远离和接近交替出现.

混沌现象有无规律? —— 当然. 比如美国康奈尔大学的物理学家菲根鲍姆发现:

　　对截然不同的函数进行迭代,当迭代过程转向混沌时,它们竟遵循同样的规律,受同一数字支配(这一点我们后文还将详述),这个数是4.669 201 609….

　　设 $x_n = f(x_{n-1})$ 是一个区间到自身的迭代,若乘上一个常数 $\lambda > 0$,迭代变为 $x_n = \lambda f(x_{n-1})$.

　　随 λ 增大,先是只有周期为 1 的定常解;

　　当 λ 增大到 λ_1,周期 1 的定常解分蘖为两个周期 2 的定常解;

　　当 λ 增大到 λ_2 时,周期 2 的定常解又分蘖为四个周期 4 的定常解;

　　……

　　当 λ 增大到 λ_m 时,周期 2^{m-1} 的定常解可分蘖为 2^m 个周期 2^m 的定常解;

　　……

　　如此下去,最终出现混沌现象.这就是周期倍化分叉现象(见图4).

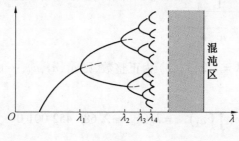

图 4

　　菲根鲍姆一次次地迭代计算,希望从中找出规律的东西(如果它存在的话).他一方面冷静地思考,一方面将有关数据不断地拼凑组合.在浩如烟海的数字世界里,他终于发现:不管 $f(x)$ 是怎样的迭代函数,总有

$$\lim_{x \to \infty} \frac{\lambda_m - \lambda_{m-1}}{\lambda_{m+1} - \lambda_m} = 4.669\ 201\ 609\cdots$$

称为菲根鲍姆常数.这里 $(\lambda_m - \lambda_{m-1})/(\lambda_{m+1} - \lambda_m)$ 称为周期倍化分叉中的间距比值.

　　菲根鲍姆常数人们多用 δ 记之. δ 像 $\pi, e, \gamma, \cdots$ 那样是重要的普适常数,它的特性乃至本身的数字特征,有待人们进一步发掘.

　　常数是不同背景下产生的奇妙数字,一方面它与大自然有着神奇的联系,另一方面它会在诸多领域有着广泛应用,这也正是常数美之所在.

　　π 是与圆有关的任何事物的定量特征;e 是像复利计算那样的极限过程的写实(当然也作为对数的底而被称为自然对数);γ 则涉及无穷级数与自然对数的关系及计算;δ 则是混沌现象中周期倍化级之间的定量特性 …….

　　这些事实告诉人们:当自然定律的结果看上去并无某种模式时,定律依然存在,模式依然固有.混沌不是无规,它是由确切规律产生的貌似无规的行为,它是隐秘形式的秩序.

这种规律中有混沌、混沌中含规律的数学现象,也许能有助于揭示诸如神经细胞的简单反应和令人捉摸不透的大脑行为等让生物学家束手无策的问题中的奥秘,甚至人们期待着用它去揭示宇宙的奥秘.除了数学,其谁与归(又谁能为之)?

和谐与不和谐构成音乐美;而秩序与混沌构成数学美,其中常数成为构成数学交响曲的重要音符或音节.

其实数学中还有一些常数,它们存在但似乎很难求得真值,有的甚至无从计算.这就更增添了其神秘色彩.比如辛钦数即为其中一例.

1964 年辛钦(A. Я. Хинчин)证明:几乎所有实数 α 皆可表示为连分数

$$\alpha = a_0 + \cfrac{1}{a_1 + \cfrac{1}{a_2 + \cfrac{1}{a_3 + \cdots}}} \quad \text{记 } a_0 + a_1 + a_2 + a_3 + \cdots \text{ 或}[a_0; a_1, a_2, a_3, \cdots]$$

其中 a_0 为整数,$a_k(k = 1, 2, 3, \cdots)$ 为正整数,则 $a_1, a_2, a_3, \cdots$ 的几何平均值的极限存在,即

$$\lim_{n \to \infty} \left(\prod_{k=1}^{n} a_k \right)^{\frac{1}{n}} = k_0 (k_0 \approx 2.685\ 452\ 001\ 0 \cdots)$$

它被称为辛钦数.

它的精确表达式为[65]

$$\left(\prod_{k=1}^{n} a_k \right)^{\frac{1}{n}} \to \prod_{r=1}^{\infty} \left(1 + \frac{1}{r(r+2)} \right)^{\frac{\ln r}{\ln 2}}$$

1990 年,人们用计算机进行 2.5 h 的运算得到 k_0 的前 7 350 位.

但 k_0 是无理数还是有理数人们尚不得知.

顺便讲一句,若 α 为有理数则连分数有限,若 α 为无理数则连分数无限.

又如蔡廷数.1975 年计算机科学家蔡廷提出,任意指定一种编程语言中,随机输入一段代码,该代码能成功运行且会在有限时间内终止的概率为一个确定常数,人称蔡廷数,该数与计算方法无关,理论上永远无法求出(它在 0 ~ 1 之间).

数是一种工具,一种语言,一种文字(书写宇宙的);常数则是一首诗,一幅画,一首曲,甚至一部乐章.

数学美的扭曲

第 四 章

数学并不应当纯粹建立在无矛盾性这一点上.
—— 布尔巴基
不美的数学是不允许继续存在的.
—— 柯尔松(C. A. Coulso)

美与丑是相对的. 比如园林山石的审美形态,往往是多样的,除了优美还有丑. 大山之美以气魄胜人,而小山(石)则讲"透、漏、瘦、邹、秀、奇",也就是山石越丑越美、越怪越美、越奇越美. 怪极则美极,奇极则美极.

雕塑、绘画是创造具体的或现实的艺术形象以反映现实事物的艺术,而雕塑的对象是真正占有(三维)空间位置的实体,这是任何别的艺术所不能及的.

"断臂女神"维纳斯的雕像,是古希腊艺术家的杰作,1820 年从希腊弥罗岛一座倒塌的神庙里发掘出来时,已经残缺,而且任何将雕像复原的方案(皆凭想象与推测),都未能被人们所接受(图 1). 而这残缺的艺术佳作、稀世珍品,不仅以其优雅造型显示女性的丰腴典雅、专注宁静的美,同时也因其残缺而给人留下另一种美感 —— 缺憾的美,这其实是美的一种扭曲. 试想:当年出土的是一尊完好无缺维纳斯雕像,它也许不会像今天那样引人注目. 正因为它残缺,就留给人惋惜,留给人遗憾,但也同时留给人想象.

图 1

康德关于美的命题是:美并不等于完善!

323

比如绝对的对称,有时在艺术中会显得呆板而无生气,其中若有一些不对称,往往会给人另一种变化的美感(图2).

雅典卫城 —— 对称中的不对称　　　　12世纪修建的查尔特教堂侧面图案不对称

图2

杨振宇教授在《对称与不对称》一书中列举日本画家弘仁的一幅山水画与画的一半的完全对称图形的比较,让人们可以清楚地看到这一点(图3).

弘仁的一幅山水画　　　　　　　　　　山水画的对称化

图3　弘仁的一幅山水画与其对称化结果的比较后者较呆滞

正因为此,人们常产生某些错觉,以至于某些错误或缺陷常被掩盖了起来,并且很难被人识破.

不仅不对称、倾斜有时也会带来美感,如意大利的比萨斜塔,平心而论人们只是追求好奇而已.

早年的形为二十面体的美国数学协会的标志(图4),看上去很美,但从数学上严格分析它竟然是错的.

其中的错误直到20世纪末才被人们发现,并改正了过来(见图4,绘制立体图形在平面上的投影图时,平行的棱应该始终保持平行或交于单一一点).

原美国数学协会会徽　　　　　　现美国数学协会会徽

图 4

3 种(欧几里得几何,罗巴切夫斯基几何,黎曼几何.严格地讲是9种)几何的建立,也正是人们追求数学完美(或修补数学缺憾)的产物,这也是人们对数学美的另一种扭曲与偏离.

1739 年哈姆(D. Harm)在其所著《人性论》中,曾怀疑过欧几里得几何定理的真实性(当然他不仅仅是从数学角度考虑),但影响甚微,因为当时的人们所感知的世界是欧几里得式的,且欧几里得几何也是人们唯一接受的几何学.

由第五公设的争议而引发出罗巴切夫斯基几何、黎曼几何等的创立,也为哈姆的观点提供了佐证. 这显然也是对表象上无懈可击(从逻辑推理上看)的欧几里得几何学的一种修正或批判!

其实,3 种几何都只具有相对的真理性(即在某些范围内可描述现实的物质空间).

正因为如此,也改变了人们认为欧几里得几何是现实物质空间标准描述的观点. 同时,人们对时空概念也产生了新的看法,这在某种程度上促进或影响了爱因斯坦相对论的诞生(据相对论观点,宇宙结构的几何,恰恰近于非欧几何,而不是欧几里得几何).

类似地,对于集合论来讲,科恩曾证明:无论"连续统假设"真与伪,都不会导致与有关无穷集合的其他结论相矛盾,这也似乎有点"荒唐".

数字中的"9"—— 达到一位整数的最后一个层次;音符中大音阶中的"7"音 —— 进入终止前的导音;标点中"……"—— 既无惊叹号那般憾人,也无句号那么庄严,不言中还带有一点惆怅;天上的月有阴晴圆缺;地上的花草有春荣秋谢;…… 缺憾然而又带来希望,有希望才有追求,有追求才有创生.

在数学中,布尔巴基学派的学者早就断言:数学并不应当纯粹建立在无矛盾性这一点上.

数学的美自然也不会完善,除了缺憾之外,还有一种扭曲的美或称丑(其

325

实美是丑生,丑是美本.世之美皆丑中生、丑中育.美中有丑,丑中有美.美与丑宛如长与短,大与小,阴和阳,它们相映相随相伴)—— 这往往是有悖于通常审美观点的反态,比如在数学中规则、秩序的并不一定是最好的(当然这仅仅是从某个意义上讲,比如从节省、最优等意义上考虑).

半径不一的大小 5 个球放在桌面上,然而从某种角度(比如节省)看规则地摆放不一定最好(纵然从审美角度看有时亦然).图 5(b) 中不规则的摆放(似乎不规则)所占据的桌面的长度却是最小(通常人们会认为规则的摆放,更合乎人们的审美情结)!

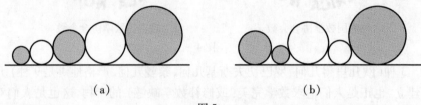

(a)   (b)

图 5

这类问题在某些生产规划中常常遇到(比如铁板下料问题,图 6).

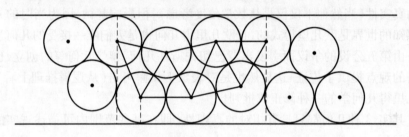

图 6

再如下面的用尽量多的小方格去填满图形的问题也是如此 —— 方方正正、整整齐齐地摆放并不一定是最优方案(图 7).

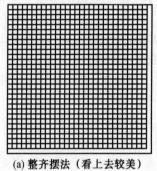

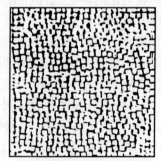

(a) 整齐摆法(看上去较美)   (b) 较优摆法(看上去不美)

图 7

一张大的铁板,要用冲床冲出许多小的啤酒瓶盖,这里面当然有个合理下料问题.

如果铁板的尺寸与瓶盖的尺寸有某种倍数关系,这时下料是最理想的. 可实际情况往往不是如此简单,这就需要人们去认真研究.

我们把问题简化一下,今考虑在一个边长为 a 的正方形铁板上,摆满一些小的 1×1 的小方块,如果不允许重叠,最多能摆多少个? 若 a 是整数,问题好解决,可是当 a 不是整数时,情况又将如何?

比如 $a = 100\ 000.1$ 时,按习惯或传统方法,把每个小方块都方方正正地摆好,这种只能摆 $100\ 000^2$ 个 —— 你也许不曾留心,这时的浪费是惊人的,因为剩下未被盖住的铁板面积却大于 $20\ 000$.

可是如果换一种摆法,也就是稍稍错动各个小方块的位置(不是方方正正地摆上),可以找到多摆 $6\ 000$ 个小方块的方法(图 7(b)).

美国人格雷汉姆(R. L. Graham)用下面办法,可多裁出 $1\ 899$ 个单位小正方形(显然它不规则).

首先他先将 $100\ 000.1 \times 100\ 000.1$ 的正方形按图 8(a)中所示尺寸裁成 A,B,C 三块(A 为 $99\ 950 \times 99\ 950$ 的正方形,B 为 $100\ 000.1 \times 50.1$ 的矩形,C 为 $99\ 950 \times 50.1$ 的矩形):

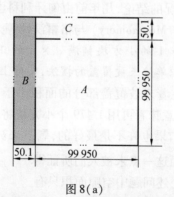

图 8(a)

再将 B 按下面尺寸分成两个直角三角形和一个平行四边形,其中平行四边形划分成带宽(即小长条的高)为 1 的 $98\ 049$ 个小长条,每个长条可裁出 51 个 1×1 的小方块,见图 8(b).

而每个直角三角形再按下面办法剖分,见图 8(c):

类似地 C 块也可仿 B 块办法处理. 这时共可裁出小方块的个数为

$99\ 950^2 + [98\ 049 \times 51 + 2 \times (5 + 10 + 15 + \cdots + 45)] +$
$[98\ 000 \times 51 + 2 \times (5 + 10 + 15 + \cdots + 45)] =$
$9\ 990\ 002\ 500 + 5\ 000\ 949 + 4\ 998\ 450 = 10^{10} + 1\ 899$

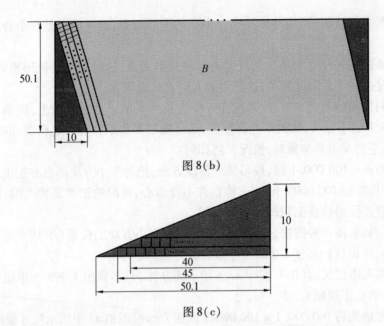

图 8(b)

图 8(c)

它显然又比整齐排列的裁法多裁 1 899 个小正方形. 试问从美学上看孰美?

这个问题的一般情况的结论,几年前由匈牙利科学院的爱尔特希和美国密执安大学的蒙哥马利(D. Montgomery)与格雷汉姆等人同时解决,他们证明:

当 a 较大时,用 1×1 的小方块铺满 $a \times a$ 的正方形,而使其至多剩下 $a^{(3-\sqrt{3})/2} \approx a^{0.634\cdots}$ 个面积单位未被覆盖的摆法,实际上是存在的.

比如上例中,就存在着未被覆盖部分的面积小于 $100\ 000.1^{0.634} = 1\ 479.1$ 的方法(请注意,这并不意味着再用 1 479 个小方块将图形填满).

有人还猜测:这个结果也许不是最好的,剩下来被覆盖面积的最佳估计或许是小于 $a^{0.5} = \sqrt{a}$,然而这一点未被人们所证得.

若该猜想被证实,上述问题中空隙面积只有

$$(10^5 + 0.1)^{0.5} \approx 316 \cdot 227\ 9$$

换言之,理论上应比整齐的裁法多裁出 19 683 个小正方形,然而这种裁法尚未为人们找到.

顺便讲一句:正是对这种扭曲的数学美的追寻,也使得许多人去探索与之相仿或相近的问题,比如:

将 11 个单位正方形(无重叠地)放在一个大正方形(设它的边长为 x)中(图9),求大正方形边长的最小值. 人们求得它的最小值是

$$x_{\min} = 3.\ 877\ 083\ 590\ 0\cdots$$

令人不可思议的是该边长竟可由方程

$$x^8 - 20x^7 + 178x^6 - 842x^5 + 1\,923x^4 -$$
$$496x^3 - 6\,754x^2 + 12\,420x - 6\,865 = 0$$

解得(它是一个一元八次方程).

与半径各异的圆在平面摆放问题不同,同样半径的圆在平面上密度最大(用去面积最小)的放法如图10(显然它是规则的).

 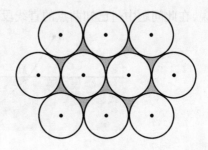

图9   图10

但它显然也不是当尺寸并不恰好是矩形边长与半径成倍数关系时裁圆问题的最优解.

顺便讲一句,这类问题的三维情形,在装箱问题上是会遇到的 —— 特别是在集装箱装货问题中.

给定圆的内接四边形中,以内接正方形面积最大(图11),但是问题若加推广,结论便不成立了 —— 内接于球的六面体中,体积最大的不是正六面体(立方体).1963 年有人借助于电子计算机找到一种内接于球的六面体,它的同一顶点的三条棱不等长(显然形式上不美或不规则),但它的体积却比内接于该球的正六面体(正方体)体积大 12% 左右(图12).

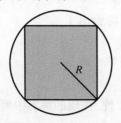 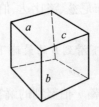

图11   圆内接正方形面积最大   图12   形式上不美(不规则)但体积最大

令人不解的是:对于正多面体来讲(它仅有 5 种),除正六面体外,其他 4 种:正四面体、正八面体、正十二面体、正二十面体分别是球内接最大体积的四面体、八面体、十二面体和二十面体.

关于路径问题也是如此.

几何上我们学过:空间中两点距离以联结它们的直线段最短,但这是有条件的.我们先来看一个例子:

一辆两栖汽车从陆岸上 A 去追击海上目标 B，已知汽车在陆地上速度为 v_1，在水里速度为 v_2. 试问汽车在何处下水，才能最快地到达目标？

显然答案不一定是直线段 AB. 将它类比地视为光线在不同的介质中的行进，由"光行最速原理"，点 M（入海处）的选取应满足（图 13）：

$$\frac{\sin \alpha}{\sin \beta} = \frac{v_1}{v_2}, \quad \alpha \text{ 为入射角,} \beta \text{ 为折射角}$$

这就是说，在此问题中过已知两点的直线段不一定是捷径.

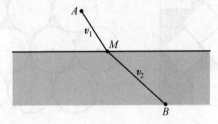

图 13

这类问题你也许会觉得并不起眼，可你大概不会想到：正是这类问题的研究，导致了一门数学分支的诞生.

早在 17 世纪，牛顿就最先研究了在水中运动所受阻力最小的物体的形状（研究结论无疑在今天的船舶、潜艇以及飞机外形的研究、设计制造上大有用处），同样也涉及了这一类极值问题.

1696 年，约翰·伯努利（Johann Bernoull）在《数学教师》杂志上提出著名的最速降线问题：

物体从定点 A 到 B（B 不在 A 的正下方）（图 14），当它沿何种形状曲线下滑运动时，所需时间最少？

牛顿、莱布尼兹、洛比达、伯努利兄弟等均给出了解答：

物体从 A 下滑到 B 的最速下降线是一条下凹的旋轮线.

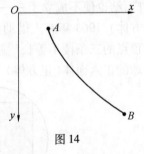

图 14

这其中约翰·伯努利的解答最富于启发性. 在他的解答中展示了这条最速降线和光线在具有（适当选择的）变折射率 $\lambda(x,y) = c/\sqrt{y-x}$ 的介质中行进的路径相同.

伯努利把介质分成若干层，先分层讨论光在这些介质中的运动，然后让层数趋于无穷而研究运动的极限情形（这种方法也是微积分常用的），便得到了解答.

这之后，约翰的哥哥雅谷·伯努利又提出：

从定点 A 以初速度 v_0 滑向给定直线 l 上任一点，如何运动所花时间最少？

答案也是一条与 l 正交的旋轮线.

这之后,数学家们又潜心于"等周问题"的研究:

长度给定的封闭曲线成何形状时,其所围面积最大?

答案是圆(稍后我们将介绍它在 n 维空间的推广).

由于解答这些问题所用方法是相近的,所以经过欧拉等人的工作后,将它们写入了《寻求具有某种极大或极小性质的曲线的技巧》一书中,这标志着一门新的数学分支 ——"变分法"诞生了.

当然,下面简单的几何的例子看上去也许会令人迷惑和不解.

连接正方形四个顶点的线段中,何种的连接可使所连线段的总和(长)最小?

三条边显然不对.两对角线?也不对!使总和最短的连线见图 15(b),你稍加计算便可得知结论的正确.

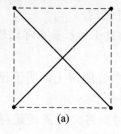
(a)

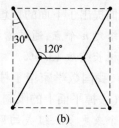
(b)

图 15

若正方形边长为 1,则其两条对角线之和为 $2\sqrt{2} \approx 2.828\,43$,而图 15(b) 连线(注意图中增加了两个点,可视为虚点)之和为 $1 + \sqrt{3} \approx 2.732\,05$.

顺便讲一句:这类最短路线问题《图论》上称之为网络最小树问题(所谓树是指无圈的连通图).

关于它早在 1640 年法国数学家费马就已经开始研究且发现:三角形内一点到三顶点距离和最短的点即图 16(b) 中的点 P,它称为费马点.换言之在一个三角形中,要想得到一条连接其三个顶点的最小树,须在其中添一个点(这里称斯坦纳点,注意它是指添加的点),使它满足如图 16(b) 所示的条件时,这种连线长度之和或树长最短.

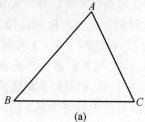
(a)

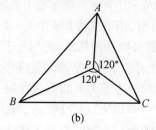
(b)

图 16

后来数学家们又发现:通过增加斯坦纳点,可得到连通网络中点的一组边(图论中称为支撑树)中最短的 1 条(最小树).但其具体情况,人们仍不详.

美国贝尔实验室的布莱克和吉尔伯特(E. Gilbord)发现:

在等边三角形(3 个点)的情形,增加点后所得的最小树长最多比原来缩短 13.4%(图 17).

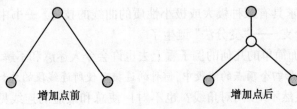

增加点前   增加点后

图 17   三个点的情形

接着他们提出了下面的猜想(斯坦纳比猜想):

平面上给定 n 个点,通过增加斯坦纳点的最小树长最多可比原来不增加新点时的最小树长缩短 13.4%.

1990 年,我国数学家堵丁柱和旅美学者黄光明博士证明了比上面猜想更一般的情形(去掉平面上的限制):

在有 3 个或更多点组成的网络中,通过增加另外的点所能得到的最小树长,最多能比原来缩短 13.4%.

这一成果被美国离散数学界列为 1989 ～ 1990 年度两项重大成果之一.它对电话线路设计、城市交通设计、计算机集成电路设计等都有十分重要的意义.

在最优化方法中,对于求极(最)大问题来讲,每次计算皆使目标最大的算法即"贪心算法"被使用,但也有例外.

我们知道:局部的最优(哪怕每步皆如此)不一定使总体最优的事实,数学已经给出例证,即贪小(局部)有时会失大(整体).

我们知道从长方形中切除不重叠的正方形,在要求所切正方形个数一定的前提下,使得切下的正方形面积总和最大,如果一上来就尽可能切出一个最大的正方形(贪心切法,以后每步亦如此),这样的切法未见得最佳.

比如从一个 6×7 长方形中要求切出 5 个正方形(图 18).如果先切下一个 6×6 正方形,接下来再切 4 个 1×1 正方形,此时切下正方形面积总和为 40(图 18(a)).如果换一种切法,先切一个 4×4 正方形,再切两个 3×3 和两个 2×2 正方形,此时切下正方形面积总和为 42(图 18(b)),显然后者优于前者.

又如对于边长为 1 的等腰直角三角形切取正方形,如果要求切取的个数为 12,按照"贪心切法"(图 19(a),每次从中切取尽可能大的正方形)切出的正方形面积总和为 117/256,它并不优于图 19(b)所示的切法,这时切出正方形面积总和为 11/24(注意到 11/24 > 117/256).

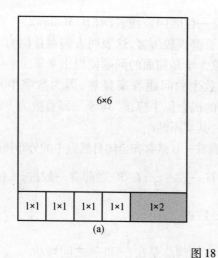

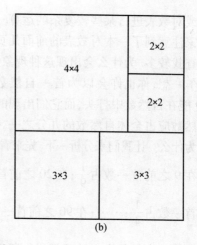

图 18

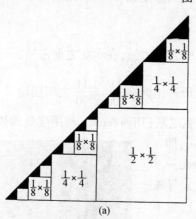

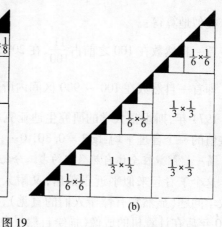

图 19

话再讲回来:贪心切法,有时不见得很坏,从正方形中尽量多的切割不重叠的圆,每次切出尽可能大的圆(贪心切法)所切无穷多个圆面积之和等于正方形面积(图 20,图中显示已切去 3 个大圆后剩下中间部分).

其实,最能描述、解释现实与想象间差距的当属数学了. 请看另一个同样让人费解的所谓"首位数问题".

首位数为 1 的自然数叫首一自然数. 这种数在全体自然数中占有多大比例? 这便是所谓的"首位数问题".

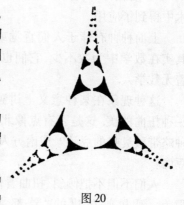

图 20

问题提出并非偶然. 20 世纪初,(电子)计算器没有发明之前,人们须用计算尺或对数表进行某些较复杂的运算. 一位名叫蒙纽科斯(H. Monewkos) 的天文学家注意到了一本对数表的前面几页磨损较厉害,这表明人们对首位为 1 的对数查找较多. 为什么会出现这种现象? 于是前面的问题便提出来了.

乍一想,你也许会以为首一自然数个数问题答案显然,因为数字中只有 1 ~ 9 能在自然数中打头,而它们出现的机会似乎应该"均等",即首数为 1 即首一自然数应占全体自然数的九分之一,其实不然.

为什么? 让我们来分析一下. 先来看首一自然数在全体自然数中的分布概况:

在 9 之前首一数占 $\frac{1}{9}$;在 20 之前首一数占 $\frac{1}{2}$;在 30 之前首一数占 $\frac{1}{3}$;在 40 之前首一数占 $\frac{1}{4}$;……;在 90 之前首一数占 $\frac{1}{9}$;……

即首一自然数在上述区间段内所占比例总是在 $\frac{1}{9}$ 和 $\frac{1}{2}$ 之间摆动.

类似地算得:

首一自然数在 100 之前占 $\frac{11}{100}$,在 200 之前占 $\frac{11}{20}$,在 300 之前占 $\frac{11}{30}$,……

即首一自然数在 100 ~ 900 区间内所占比例在 $\frac{11}{100}$ 与 $\frac{11}{90}$ 之间摆动.

1974 年,斯坦福大学的研究生迪亚克尼斯(Diyakenic) 利用黎曼函数给出这些值的一个合理平均:lg 2 = 0.301 0…,即

首一自然数在全体自然数中约占三分之一.

这个乍看起来似乎近于荒唐,又耐人寻味的数学问题(显然它有悖于人们的直觉),想不到 10 年后在计算机的成像(描绘自然景象) 技术中得到了应用.

上面种种有悖于人们直觉或经验的例子,其实在数学中为数不少,它们也像谜一样吸引着无数学人.

这种现象在某种意义上讲独具一种美感,一种扭曲的美. 这是否有点像北京人爱喝的那种略带酸臭味的豆汁? 或南方人爱吃的油炸臭豆腐?

人们不但不把倾斜、扭曲看作丑,反而觉得很美,阿联酋在建的"首都之门"的建筑(图 21),正是属于此类.

下面我们再来看一个著名的麦比乌斯带的例子.

高度 160 m,倾斜 18°(约为比萨斜塔的 5 倍) 是阿联酋所建全球第一斜塔 —— 首都之门. 无论是建筑美学还是建筑工程学史上都堪称无与伦比的杰作

图 21

一张纸,一块布……你可根据它们的形状区分它的正面和反面,可生活中也存在着没有正反面的曲面.

把一条长的矩形纸带扭转180°后,再把两端粘起来,这就成了一个仅有一个侧面的曲面,它通常叫作麦比乌斯带(图22,它是德国数学、天文学家麦比乌斯1858年发现的).

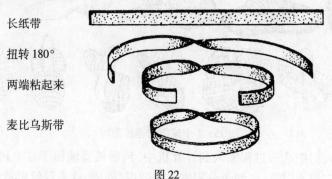

长纸带

扭转180°

两端粘起来

麦比乌斯带

图22

一只蚂蚁可以爬过麦比乌斯带的整个曲面而不必跨越它的边缘(图23,想想无穷 ∞ 符号,不正是源于此,无论从寓意上,还是从形象上皆如此).这类曲面是拓扑学中的研究对象.

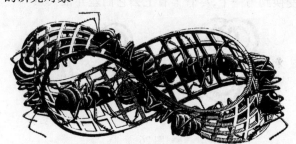

图23　埃舍尔的画作《麦比乌斯带》

与麦比乌斯带相似的或是其推广的三维封闭图形叫克莱因瓶(图24,它是德国数学家克莱因1882年发现的).

这种瓶也只有一个侧面.从拓扑学观点看,它实际上是两条麦比乌斯带沿边缘黏合而成,当然它可以想象为某种环面(比如自行车内胎)翻转而成.

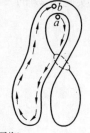

图24　克莱因瓶

我们知道:一件衣服、一个信封,……你可以容易地把它翻过来,然而有的物体把里面翻出来却不那么简单.

数学家斯梅尔(S. Smale)在1959年给出:人们如何可将1个球的内壁,在没有褶皱和撕破的条件下向外翻转(图25).它的详细过程(数学上称为正则同伦)是由法国失明的数学家莫兰(Mollen)阐述的,然而却无人给予形象的描绘.

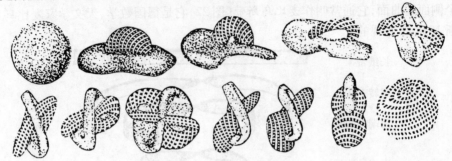

图25 1个球面的逐步翻转

后来,人们把这一过程输入到计算机中,最后机器输出了这个过程的直观显示图形(它原本以蓝、红两色分别表示球的内、外壁,这里仅给出示意).

图形在不被割裂而实施任意伸缩、扭曲变形时不改变的性质被称为"拓扑性质".比如图26中的A,B两个几何体从拓扑观点看是相同(等价)的(即从其中一个可拓扑变换到另一个,尽管乍看上去它们差异很大):

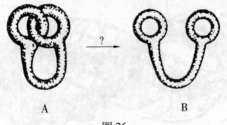

A   B

图26

我们可以把上面几何体想象成用橡皮泥做的,那么在不割裂它们的前提下实施图27的一系列变换便可将A变成B:

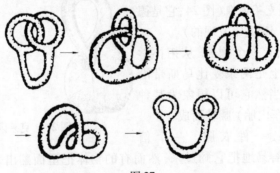

图27

　　一条有三个纽结的车内胎扎了一个小洞,能否以洞为突破口而把它的"里面"翻到外面来?

　　假设车内胎弹性极好,那么我们只要依照图28的模式一步步操作,这一愿望便可实现.

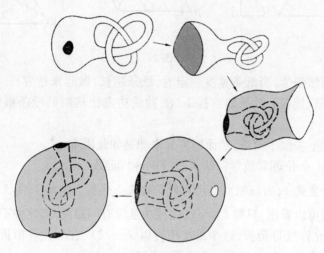

图28　打结的有洞车内胎的翻转

　　这其实与前面球的翻转多少有点类似,只是这里出现了有三个纽结的新花样.计算机描绘有洞球的翻转图形的成就,一方面显示了计算机进入数学后的强大活力,另一方面也标志着拓扑这门学科已由抽象转向具体问题的研究(当然它是由研究具体问题开始的).

　　这个结果(或操作程序)看上去也许并不起眼,但它却是近几十年来著名的数学成就之一.

　　数学有着无比的功力,但有时又是软弱的. 比如,人们想要用数学描述某些貌似简单的问题,往往反而非常困难. 一些看来或许并不难解决的问题,往往会使人索求几个,甚至十几个世纪,比如费马定理、几何作图三大难题就是如此.

　　我们在前面提到过的麦比乌斯带,有许多有趣的性质,比如用不同方式去剪开它,可有不同的结果:如果沿着纸带中线剪开(图中虚线),它仍是一条麦比乌斯带,只是长度增加了2倍;然而若沿纸带宽1/3处剪开,它却成了一个扭了两圈的长麦比乌斯带套上一个小(窄)麦比乌斯带.

　　20世纪60年代,两位美国人哈尔本(Harben)和威弗尔(Wefll)在研究麦比乌斯带的制作时提出过下面的问题:

　　用怎样规格(长宽之比为多少)的纸条才能做成麦比乌斯带?

　　动手做一下,你会发现,对于正方形的纸条来说,若不许摺破或拉伸,你是

337

无论如何也做不成功的(图29).

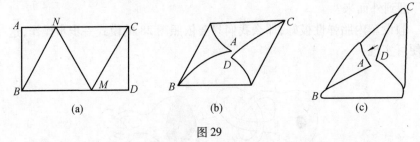

图 29

人们当然清楚,当纸条宽度一定时,纸条越长,做起来越容易. 试问在保证不弄坏(打褶、撕破)纸条的前提下,能做成功麦比乌斯的纸条最短长度是多少?

问题看上去似乎简单,然而回答起来却是如此困难.

1979 年,一位苏联数学家伏契斯(Fuchs) 证明:

若纸条宽是 1,则能做成麦比乌斯带的最小长度 l 在 $\pi/2$ 到 $\sqrt{3}$ 之间.

从上图可以看出,只要 $l \geqslant \sqrt{3}$,做成功是没有问题的. 但它并不是 l 的最小估计(如果允许纸带褶折,这个最小值可以是 $\pi/2$). 在不允许褶折的情况下,l 最小值应是多少? 这仍然是一个未解之"谜".

人们也许不曾料到,这个在数学史上完全由数学家构想出来的"怪物",竟在许多应用科学领域中找到用途(从这一点也说明整个世界是和谐的).

美国科罗拉多大学化学系的沃尔巴(Wolba)、理查兹(Zarez) 和霍尔提万格(Hordiwang),在实验室第一次合成了形状和麦比乌斯带一样的麦比乌斯分子. 他们制造麦比乌斯分子的方法,同制作麦比乌斯带的方法极其相似:

先制造出四羟基甲撑二醇 P 磺酸联甲苯三元化合物(简称迪米二醇联甲苯合物),然后将该化合物分子两端按麦比乌斯带的方式"连接"起来,就形成了具有拓扑结构的迪米 – 麦比乌斯分子. 若将这种分子的双键剖开,可得到环径增加一倍而相对分子质量不变的大环(图30).

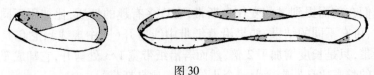

图 30

三位科学家还打算在此基础上合成拓扑结构更为惊人的一些有机分子,以便摸索出一套研究有机化学的新方法.

最后我们再来谈谈数学中另一种美的扭曲问题 —— 悖论,这是一个人们已经研究了两千年的论题.

正如数学家戴维斯说的那样:数学的无穷无尽的诱人之处在于,它能将最棘手的悖论培养成盛开美丽花朵的理论之花.

而柯尔森(C. A. Coulson)则认为:世界上没有丑陋数学的容身之地,换言之,不美的数学是不允许继续存在的.

悖论是否应划归到"不美"之中?

这个问题其实我们前文已经谈过. 所谓悖论是指:一个能够推出与一般判断(或经验)相反结果的论证,而要推翻它又较难找出正当依据(由推理或计算错误而产生的悖论除外).

关于基础数学"集合论"中的悖论(见前文),新近有人已将它们抽象、概括成为一个统一模式,即所有悖论都是下面抽象悖论的不同解释:

令 f 是从集合 A 到集合 B 的双射,其中 $B \subseteq \mathscr{P}(A)$($A$ 的幂集),又令 $M = \{a \in A \mid a \notin f(a)\}$,若把双射 f 下的反对角线集合 M 错误地认为属于 B(即 $M \in B$),则产生悖论.

我们这里不多谈了,下面我们来看几个其他方面的悖论例子,比如画作(图 31).

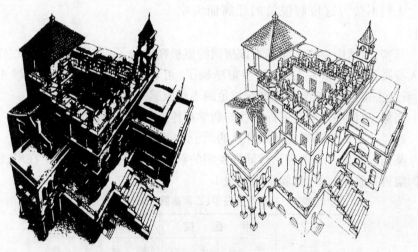

图 31　埃舍尔的画作《升与降》及其素扫图
运用从二维投影解释三维形体的技巧而得到的实际上不可能的图形

数学本身是严谨的. 但在某些场合,严谨的数学也会给其实不甚严谨的生活带来"苦涩",特别是当它发生在人们熟知的事实中时,似乎愈发显得"不协调"(或许带着几分无奈). 其实,这并非数学本身有何过错,恰恰因为数学太抽象、太严谨所致(此说并无一丝恶意).

人们设法避免由此而产生的尴尬,这有时能做到,有时难以奏效,有时干脆无能为力.

当年负数出现之际,法国著名物理学家帕斯卡却拒绝负数,他认为"0减去4是胡说八道". 他的密友阿尔诺德(A. Arnauld)帮腔道:"(−1)∶1 = 1∶(−1),即较小数∶较大数 = 较大数∶较小数,荒唐!"乍听上去,你并不觉得他们在无理取闹.

当德国数学家、"集合论"创立者康托认为较短线段与较长线段上的点数"一样多"时(图32),人们都骂他疯了.

数学是精确的,然而现实有时却不完全那样.

你也许听说过这样一个笑话:一位博物馆的讲解员向参观者介绍一块动物化石,他这样说道:"这块化石距今已有一百万零三年八个月了⋯⋯"正当观众们对化石年龄确定得如此精确而惊讶、困惑之际,那位解说员解释道:"我刚来博物馆工作时,馆长告诉我这块化石距今已一百万年了,到今天为止我来这里恰好三年八个月,这样⋯⋯"

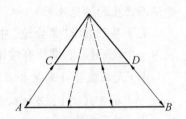

从——对应观点看线段 AB, CD 上的点一样多

图32

人们不禁为这位解说员的迂腐而大吃一惊!

其实,生活中有许多原本不该精确的事被精确化了,反而"失真". 比如说,某人身高为 1.75 m 左右,这已经很精确了. 可若说某人身高为 175.429 4 cm 时,看上去很精确,却给人以画蛇添足的不舒服感.

当然,生活中还会有另外一些与数学相悖的故事或事情发生⋯⋯

这是一个关于药效统计或计算的例子.

某药厂开发 A, B 两种治疗同样疾病的新药,为检验其疗效,决定在甲、乙两家医院进行临床试验,试验结果如表1.

表1 A, B 两药在甲、乙两医院疗效统计表

		甲 医 院		乙 医 院	
		有 效	无 效	有 效	无 效
药 品	A	6	14	40	40
	B	2	8	478	512

据上资料,试问 A, B 两药疗效孰好?

对甲医院来讲:

A 药有效率为 $\alpha_A = \dfrac{6}{6+14} = \dfrac{6}{20}$,$B$ 药有效率为 $\alpha_B = \dfrac{2}{2+8} = \dfrac{2}{10}$,显然 $\alpha_A > \alpha_B$.

对乙医院来讲:

A 药有效率为 $\beta_A = \dfrac{40}{40+40} = \dfrac{40}{80}$，$B$ 药有效率为 $\beta_B = \dfrac{478}{478+512} = \dfrac{478}{990}$，显然

$\beta_A > \beta_B$.

这就是说：对甲、乙两医院来讲，均是 A 药有效率高.

但综合两医院数据后，人们却发现了怪异：

A 药有效率：$\eta_A = \dfrac{6+40}{6+14+40+40} = \dfrac{46}{100}$；

B 药有效率：$\eta_B = \dfrac{2+478}{2+8+478+512} = \dfrac{480}{1\,000}$.

显然此时 $\eta_B > \eta_A$，即 B 药反而较有效，岂非咄咄怪事！

由此可见，面对上述数据，笼统地问哪种药物更有效是较难回答的，因为这其中包含了三个问题：（1）两药在甲医院的疗效；（2）两药在乙医院的疗效；（3）两药在两医院的疗效.当两种药物在疗效上接近（或相差无几）时，提问、回答更应"有的放矢"才妥.数学没有错，只是统计或计算方法有别而已.

再来看一个关于分剧票的故事，它同样给人带来困惑.

某厂工会搞来 20 张剧票，该厂有三个车间（甲、乙、丙），各有人数 103,63 和 34. 工会依人数比例欲将票发至各车间，计算结果如表 2.

表 2　三车间剧票（20 张）分配表

车间	人数	车间人数占全厂人数比例	剧票分配比例
甲	103	51.5%	10.3
乙	63	31.5%	6.3
丙	34	17.0%	3.4

按常规，甲、乙、丙三车间各分得剧票 10,6 和 4 张（分配比例中丙车间的尾数最大，按整数分配的要求，剩余一张理当给该车间）.

当听说工会又搞来一张剧票时，人们只好重新计算一番，如表 3.

表 3　三车间剧票（21 张）分配表

车间	人数	车间人数占全厂人数比例	剧票分配比例
甲	103	51.5%	10.815
乙	63	31.5%	6.615
丙	34	17.0%	3.570

仍按常规分法，这时三车间各得剧票 11,7 和 3 张.这一下问题来了：20 张剧票时，丙车间可分得剧票 4 张；而 21 张剧票时，丙车间反而只得到剧票 3 张.如此分法岂有合理可言？

为此，数学家们不得不重新审视传统的分配办法，比如有人提出：合理的分

配应使分配方案中票数与人数比例差额之和尽量小者为佳.

比如按 11,7,3 分配剧票,上述"差和"为

$$\left|\frac{11}{103}-\frac{7}{63}\right|+\left|\frac{7}{63}-\frac{3}{34}\right|+\left|\frac{11}{103}-\frac{3}{34}\right|\approx 0.045\,8$$

而若按 11,6,4 分配剧票,上述"差和"为

$$\left|\frac{11}{103}-\frac{6}{63}\right|+\left|\frac{6}{63}-\frac{4}{34}\right|+\left|\frac{11}{103}-\frac{4}{34}\right|\approx 0.044\,8$$

后者小于前者,相较而言后者分配方案似更合理些. 这时当然不会再有前述"怪异"现象产生.

当然,此例有其深刻的历史背景 —— 它源于 1790 年美国财政部长哈密尔顿给出的美国国会议员席位分配方法,对于这类问题,数学家们已有更深入的讨论与对策.

1974 年,巴林斯基(L. Balinsky)和杨格(H. P. Yaung)对于"席位分配"问题建立以五条公理为基础的公理体系,且于 1984 年证明了:

"绝对公平"(符合公理体系)的分配方法根本不存在.

这也许出乎人们的预料且多少也会令人感到失望.

下面是一个调查统计普通人每天饮水量的案例,说明数学与生活还是有些距离,不同的人,不同的方法,会产生不同的认识,这也让人对数学产生敬畏.

有人做了调查,在 100 人中每天饮水杯数与人数见表 4.

表 4　100 人中每天饮水杯数与人数

每天饮水杯数	0	1	2	3	4	5	6	7	大于 7
人　数	20	10	15	16	12	8	5	9	5

从统计可以看出,人数最多的饮用情况(数学上称之为"众数")是 20 人,此即说:每天中一杯水也不喝的人居众.

仍用上表数据但换一种统计方法,如表 5.

表 5　饮水情况及相关人数的另一种统计

类　型	不饮	少　饮	适　中	大　量　饮　用
饮用情况	0	1 ~ 3 杯/天	4 ~ 6 杯/天	大于 6 杯/天
人　数	20	41	25	14

此时"众数"为 41,这告诉我们此组人中少饮水者居多.

同样一组数据,用不同的统计方式所得结论不一,孰对? 你很难说得清楚.

其实,两种结论似乎都不错,导致结论不一的症结在于统计者所制定的统计标准不一:前者过于细腻,后者较为粗犷. 这样若想回答该问题,只有首先搞清楚统计标准,否则将无所适从.

最后来看一个由"运筹学"中物资调运问题引出的麻烦,即"多反而少"问题.

物资调运是国民经济生活中的一件大事.在数学规划中,以满足客户要求为前提而使运输成本最小的方案是人们期待和探求的.

然而在处理这种问题时人们同样遇到了尴尬.

有 A_1, A_2 两产地生产同一产品欲销往 B_1, B_2 两地,供(产)求(销)数量及任两地间单位运价(方格中左上角小框内数字)见表6.

表 6 产销量及单位运价表

	B_1	B_2	产　　量
A_1	1	3	1
A_2	4	1	1
销　　量	0	2	

依数学理论可以证明,在满足供需要求前提下,表7中所给的调运方案(方格中数字表示调运量)最优(总运价最小).

表 7 最优调运方案

	B_1	B_2	产　　量
A_1	1	3　　1	1
A_2	4	1　　1	1
销　　量	0	2	

此时总运费为 $3 \times 1 + 1 \times 1 = 4$(调运总量为2).

但是,在任两地单位运价均不变的情况下,增加产销量(调运量),有时总运费不仅不增,反而减少,请看表8(已给出最优调运方案).

表 8 增加产销量后的最优调运方案

	B_1	B_2	产　　量
A_1	1　　1	3	1
A_2	4	1　　2	2
销　　量	1	2	

这里调运总量增至3,但总运价为 $1 \times 1 + 1 \times 2 = 3$,不增反减.

这并非例子有毛病,也不是解法中有错误,人们只是适当调整了各产销地的产销量,就近调往所致.

人们总习惯(经验也告诉人们)于调运量增运费也增(单位运费不变),因而对于"多反而少"现象必然产生迷茫与困惑.

顺便提一下：人们利用"多反而少"现象，适当增加调运量以期降低运价的方法，已为运筹学者们找到.

顺便讲一句，这个问题是与零售、批发的价格差异产生的，东西买多了反而少付款的例子（很容易造出来），有着本质的差异. 因为运输问题是单位运价不变为前提.

一位物理学家说过："浅显的真理其反面不真，而深刻的真理反过来也成立." 数学正是这种深邃真理的典范.

真是"成也萧何，败也萧何"！除了数学，舍我其谁？

数学美学研究的意义

第

五

章

任何科学领域都有美存在,只要你能用心挖掘到
它的美,你就有可能攀登科学顶峰.

—— 杨振宁

数学的无穷无尽的诱人之处在于,它里面最棘手
的悖论也能盛开出美丽的理论之花.

—— 戴维

数学是创造性的艺术,因为数学创造了美好的新
概念,数学家们像艺术家们一样地生活,一样地工作,
一样地思索.

—— 哈尔莫斯(P. R. Halmos)

数学家克莱(L. T. Clay)认为:数学具体体现了人类知识的
精华,它影响着人类活动的每一个领域,它的进展与所有科学领
域的发现都紧密相关.它的研究、应用、传播与交流,关系到世界
的发展与繁荣,关系到人类的生存与进步.

法国数学家傅里叶说:"数学的目的是帮助人们去解释自
然."而雅可比说:"数学的目的是为人类的理性增光."无论如
何,数学中的内在蕴涵恰如诗歌、艺术那样难以深切的解释,但
它同时却是从哲学角度认识世界的助手.

对数学的研究,人们自觉不自觉地都在使用美学规律,可以
这样说:数学的发展是人们对于数学美追求的结晶.纵观数学发
展史,这个结论是不难获得的.

对于数学美的探讨,可启迪人们的思维,开阔人们的视野,
激发人们的热情,同时又可喻示数学发展前景,指明人们的研究
方向与方法 ……

英国著名物理学家狄拉克认为他的许多发现都得益于对于数学美的追求.

1927 年狄拉克研究电子波动方程始初,完全是出于数学形式美的动机. 他曾回忆说:"…… 由此得到的电子的波动方程被证明是非常成功的:它导出了自旋和磁矩的正确性,这完美是出乎预料的. 这项工作完全得益于对美妙数学的探索."

1931 年狄拉克从数学对称美考虑,大胆地提出反物质的假说:认为真空中的反物质就是正电子.

1932 年美国物理学家安德逊(C. D. Anderson)终于在宇宙射线中发现了正电子,从而使狄拉克的假说从数学形式的美终于变成了物理世界的真.

狄拉克还曾对麦克斯韦(J. C. Maxwell)方程组提出质疑,他曾经说:"如果一个物理方程在数学上看上去不美,那么这个方程的正确性是可疑的."据此观点他首先从方程组的数学美的形式出发,然后准确地估量它的缺点,指出其数学形式不够完美的地方,再从数学上修正它,最后再次改进方程使之能够解释其物理含义,以适合现实客观世界.

物理巨匠爱因斯坦的科学研究,也从数学美中受益匪浅,他的"广义相对论"的发现,正是受益于数学发明,具体地讲是基于现代几何学. 他认为:"理论科学家在探索理论时,就不得不愈来愈从纯粹数学的形式考虑 —— 因为实验家的物理经验不能把它提高到最抽象的领域中去."

相对而言,某些自然科学中对真伪(美、丑)的辨别不如对数学美的判断那样容易,因而有时数学美成为衡量、评价某些科学理论真伪的一个尺度(请注意,这里仅是对某些科学而言). 数学与物理密不可分,因而数学美有时就成为衡量物理理论美学价值大小的一个重要标志.

爱因斯坦从牛顿动力学中动能公式

$$E = \frac{1}{2}mv^2, \quad m \text{ 为物体质量}, v \text{ 为速度}$$

出发,又结合数学美中的和谐、统一及数学方法中的类比,再凭借数学理论推演,得到著名的质能公式

$$E = mc^2, \quad c \text{ 为光速}$$

为人类寻找新能源指出方向,且预示了原子核裂变所能产生的能量的巨大.

上述两个公式从数学角度看上去是何等"相似"(从中可见爱因斯坦了解科学美,更谙知物理与数学美)!

著名物理学家、诺贝尔奖获得者杨振宁说:自然现象的结构是非常之美、非常之妙的,而物理学这些年的研究使我们对这种美有了认识. 物理的美是由表层到深层的灵魂美、宗教美直至达到最终极的美(杨振宁教授在南开大学的《美与物理学》的演讲).

他还说:任何科学领域都有美存在,只要你能用心挖掘到它的美,你就有可能攀登科学顶峰.

数学当然也不例外. 我们知道:整个自然界是有规律的,这些规律用数学去刻画时,应该是匀称与和谐的,倘若其中产生了"奇异",这要么是数学工具有误,要么是规律中还蕴含未知的东西.

数学家纽曼说:"冯·诺伊曼判断数学是否成功的准则'几乎完全是美学的'. 其实,其他数学家往往也是如此."

1772 年,柏林天文台台长、德国天文学家波德(J. E. Bode) 总结前人经验,整理发表了一个"波德定律",为人们提供了计算太阳与诸行星之间的距离的经验法则.

假设地球与太阳间距离是 10(天文单位),则太阳到各行星间的距离分别是(级数规律是 1766 年德国教师提丢斯(J. D. Titius) 发现的) 列于表 1:

表 1

星　　名	水星	金星	地球	火星	木星	土星
与太阳距离	4	7	10	16	52	100
距离减 4 后	0	3	6	12	48	96

上面表格最下一列数,若在 12 与 18 之间添上 24,不计首项,便是一个公比为 2 的等比数列(提丢斯 - 波德定律).

1781 年,天王星被发现,它与太阳距离为 192(按上面规律应为 $96 \times 2 + 4 = 196$,它与 192 甚为接近),从数列的和谐性上看,人们便怀疑在距离为 28 的位置上还应该有一颗小行星.

天文学家忙碌了 20 年,1801 年 1 月 1 日,意大利天文学家皮亚齐(G. Piazzi) 偶然在那个距离位置发现了一颗行星. 当数学家高斯给出了确定行星的轨道方法后,同年 12 月 7 日,人们终于找到了这颗小行星,且被命名为"谷神星"(距日为 26.67 天文单位).

高斯也因此总结了自己的成果,出版了经典名著《天体沿圆锥曲线绕日运行理论》,书中给出了由观测值得出最佳拟合曲线的"最小二乘法".

你也许想象不到:月地间的关系与协调可由图 1 的几何图形中展现.

在两个等圆中,分别画一个正八角星和一个正五角星,正八角星生成一个正八边形,正五角星生成一个正五边形. 正八边形内切圆与正五边形外接圆大小恰好相等.

更为奇妙的是:两图中若大圆代表地球的大小或轨道,则其内部的小圆正好代表水星的大小或轨道. 此外关于地、月半径间关系(它们的比为 11∶3) 前文也已给出(它们围于一个正方形).

347

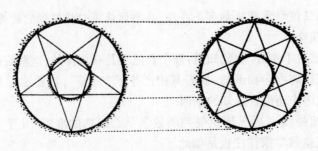

图1

对于数学乃至其他学科里与数学有关的表达(或结论)中奇异现象的探讨,当奇异现象产生的原因搞清之后,不仅解开了现象背后的谜团,而且促进了数学本身的发展.

利用宇宙的和谐,从数学反映的不和谐去发现数学中的新学说,新理论体现了数学美的价值.利用数学中的不协调(美),还可帮助人们去寻求导致不协调的根由,从而改进或完善该学说.

判断一个数是否是质数并不是一件容易的事.当然对于比较小的数我们可以查查质数表,但对一些较大的数检验它是否是质数,将是十分困难的,即使借助于高速电子计算机也是如此.

人们两千多年前就会使用埃拉托塞尼(Eratosthenes)筛法去寻找质数;另外人们也只要在 $2 \sim \sqrt{n}$ 的整数中去找 n 的可能因子来判断 n 是否是质数.但这些仅仅是理论上的方法,而实算时却并非那么轻松.

1980 年末,两位欧洲数学家创造了一种检验质数的方法,使得过去需要比宇宙年龄还长的运算时间缩短到一个小时就可以完成,这便是所谓"质数快速检验法".说到这里,还要从下面的事实谈起(我们前文也曾介绍过).

1640 年,法国数学家费马不加证明地(或许证明工作早已完成)提出了下面的定理:

若 p 是质数,又 $1 < a < p-1$,则 $p \mid (a^p - a)$,这里"$\mid$"表示整除.

问题反过来又如何?据说早在 2 500 多年以前(孔子时代),国人对此就有研究,当时对于 $p \mid (2^p - 2)$ 的情形进行讨论,在验证了某些 p 能整除 $2^p - 2$,并得到 p 是质数后,人们定义:

若 $p \mid (2^p - 2)$,则 p 是质数.

(这一说法后来被人否定,毕竟现存文献不支持是国人给出的结论看法.)

然而这个结论并不成立.比如 $341 = 11 \times 31$(即它是合数),但

$$2^{341} - 2 = 2(2^{340} - 1) = 2[(2^{20} - 1)(2^{34} + 2^{33} + \cdots + 1)]$$

注意到 $2^{10} - 1 = 1\,033$,而 $341 \mid 1\,023$,从而 $341 \mid (2^{341} - 2)$,而 341 不是质数.

可后来人们发现:这种现象并不很多,即若 $p \mid (a^p - a)$,则 p 多为质数,只有极少数情形 p 不是质数,这样的 p 称为假质数(伪质数).

可以证明:假质数有无穷多个. 因为人们已证得:

若 n 是奇假质数,则 $2^n - 1$ 是一个更大的奇假质数.

第一个发现偶假质数的人是莱赫麦尔(D. H. Lachmayer),他在 1950 年发现 161 038 是偶假质数.

1951 年贝格(Beger) 证明有无穷多个偶假质数.

但是,假质数比起真质数来少得可怜,在 10^{10} 以内的数中,假质数只有 14 884 个, 而真质数却有 455 052 512 个.

顺便讲一句,1910 年美国人卡迈克尔(R. Carmickael) 发现第一个所谓"绝对假质数" $n = 561$,即它能同时整除 $2^n - 2, 3^n - 3, 4^n - 4, \cdots$,这类数又称卡迈克尔数(1 105, 1 729, 2 465, 2 821, 10 585, 15 841 等皆是).

1956 年爱尔特希给出一个构造绝对假质数的方法,严格证明于 1992 年由佐治亚大学的波梅兰斯(Carl. Pomerance) 等人给出.

这样人们可以从 n 能否整除 $2^n - 2$ 去检验一个数是否质数. 虽然求 2 的高次幂运算也不简单,但由于人们只关心 n 去除 $2^n - 2$ 所得的余数,因而存在着数学方面的捷径,所需要的只是剔除为数极少的假质数的办法,这一方法有人已给出.

总之,若 $n \mid (2^n - 2)$,则 n 有 99. 996 7% 的可能是质数,这正是"质数快速检验法" 的依据.

顺便提一下,由于"质数快速检验法" 的出现,1982 年,梅森数 $2^{257} - 1$ 的因数分解完成的消息,曾使得利用质数性质制造的"公开密码"(它是使用一种简洁的数学技巧,使得加密程序和解密程序各不相干,故甲方考虑给乙方送出的信息要加密时,甲方甚至可以公开其加密方法,也不会危及密码的保密性) 产生了危机. 因为这种密码之一利用了下面的一个简单的数学事实:

当两个较大的质数 p, q 给定时,我们容易算出它们的乘积 n,反之只知道 n,要把它分解成两个质数即使使用计算机也非一朝一夕可以算得出. 这一易一难就被用来构成密码.

加密时,只要选一个质数 r,使 $r \nmid (p - 1)$ 且 $r \nmid (q - 1)$,这时可将明码 a 乘 r 次方再除以 n,所得余数 a' 就构成了密码;而解密时,则要求一个数 s,使

$$sr \equiv 1 \quad (\mathrm{mod}\ (p - 1)(q - 1))$$

这时将密码 a' 乘 s 次方,再以 n 除之所得余数必定是原来明码 a.

因为质数快速检验法的出现,使得这种"公开密码" 当 p, q(密钥) 取 50 位时,已有不安全感了. 图 2 是一个 128 位的这种密码的密文,设计者起初以为即便使用大型高速电子计算机,也要 4×10^{16} 年才能破译,可是经 60 位志愿者在 Internet 上共同工作了 8 个月,完成 10^{14} 次运算,而于 1994 年 4 月将它成功破译.

2002 年 9 月中旬,全球 30 余万电脑高手在 Internet 上联手,历时 4 年破译了用美国 RSA 数据安全实验室开发的 64 位密钥制作的密文(译文是:有些事情还是不知道为妙).

1994年4月,由一些破译密码志愿者组成的一个松散的国际小组解决了一个17年悬而未决的挑战问题.他们破译了一个128位数字的密码,得到如下谜一般的讯息:"The magic words are squeamish ossifrage"(中文意为:不可思议的语言是神经质的秃鹰)

图2

由于数学自身的不和谐现象而导致数学概念的拓展及数学自身发现的事例,在数学史上也是屡见不鲜的.

函数的连续性与可微性的关系是古典分析中的重要课题.早在牛顿、莱布尼兹时代,人们就已经知道了连续性是可微性的必要条件,然而它是否充分这一问题的讨论却经历了一个漫长过程.

19世纪中叶,人们仍认为"连续性是可微性的充分条件".

1834年波尔察诺(B. Bolzano)给出一个函数,它处处连续但无处可微(当时他仅给出了该函数的曲线形式,其严格证明由后人完成).

1861年黎曼在演讲中给出一个用无穷级数表示的函数

$$f(x) = \sum_{n=1}^{\infty} \frac{\sin(n^2 \pi x)}{n^2}$$

它处处连续,但无处可微(后者于1916年被哈代证明).

第一个公开发表的关于无处可微连续函数的例子是1860年由维尔斯特拉斯给出的,函数

$$f(x) = \sum_{n=0}^{\infty} a^n \cos(b^n \pi x)$$

处处连续,但无处可微,其中 b 是奇数,且 $0 < a < 1$,及 $1 + 3\pi/2 < ab$.

尔后关于这方面的例子迭出,尽管它们也曾遭来数学界的一些大人物的指责(真的破坏了数学美的和谐?).

数学家庞加莱说:"半个世纪以来我们已经看到了一大堆离奇古怪的函数,它们被弄得愈来愈不像那些能解决问题的真正函数."

数学家厄尔米特说:"我怀着惊恐的心情对不可导函数的令人痛惜的祸害感到厌恶."

然而这一切未能阻止数学中新事物的成长,这种追求(或许仅仅是追求)奥妙、新奇的美感的研究,竟导致新的数学分支 ——"实变函数论"的诞生. 此外这类问题的研究还和"随机过程"分支以及新近产生的数学分支"分形"理论有着重要的联系,就前者而言,人们发现:

布朗运动过程几乎所有的样本轨道都是无处可微的连续函数.

对于后者(分形理论)我们将在后文中阐述.

(看来所谓的奇异现象并非空穴来风,它们原本也有归属,有些只是人们尚未认识清楚而无法划拨而已.)

与函数连续不可微相类似的问题(也属于分析范畴)是函数可积性的讨论,正是由于出现一些另类或奇异的例外,人们不得不修改原来的概念、结论或方法,使得积分概念不断地被拓展,因而整个微积分乃至数学分析更加和谐了.

考虑下面的迪利克雷函数

$$D(x) = \begin{cases} 1, & x \text{ 为有理数} \\ 0, & x \text{ 为无理数} \end{cases}$$

这个函数在实数轴上处处不连续,从而不是黎曼意义上的可积函数. 再如无界函数也不是黎曼可积的. 此外还有一些其他黎曼积分意义上的不可积函数.

为了克服上面积分的局限性,勒贝格积分产生了.

勒贝格积分建立在点集测度概念基础上,这样在勒贝格积分意义下,前面所说的迪利克雷函数可积且

$$\int_a^b D(x)\,\mathrm{d}x = 0$$

同时勒贝格证明:一个有界函数黎曼可积 $\Longleftrightarrow$ 这个函数的不连续点集是一个零测度集.

黎曼积分另一种推广是斯蒂尔吉斯(Stieltjes)积分(它是为了表示一个解析函数序列的极限而建立的).

上述两种积分的进一步推广,便是勒贝格 - 斯蒂尔吉斯积分,它统一了 n 维欧氏空间点集上不同积分的概念,而且还扩展到了像函数空间那样更普遍的空间. 这种积分在概率论、调和分析等许多领域中均有应用.

以上积分间的关系可见:

$$\text{黎曼积分} \xrightarrow{\text{拓展}} \begin{bmatrix} \text{斯蒂尔吉斯积分} \\ \text{勒贝格积分} \end{bmatrix} \xrightarrow{\text{拓展}} \text{勒贝格 - 斯蒂尔吉斯积分}$$

如上所言,由于分析中出现许多怪现象:连续而处处不可微函数、连续函数的级数和不连续、黎曼不可积函数 …… 这与人们对函数、导数和积分所期待的性态相矛盾,有人试图弄清这些现象,追根溯源,于是新的数学方法出现了,新的分支产生了,因而数学本身也得到了发展.

　　又如前文我们介绍过悖论等许多数学中的不和谐与现实(存在)相悖,由于自然界是和谐的,因而数学中的这些不和谐必有其原因.

　　机警的数学家们善于捕捉这些"怪物"且将它们加以训化,从而创造新的理论去解释它."分形"理论的创立就是这样.

　　自然界的万物可谓五花八门、千姿百态,但像传统几何所描绘的平直、光滑的曲线堪称少之又少. 无论是起伏跌宕的地貌、弯曲迂回的河流,还是参差不齐的海岸、光怪陆离的山川;无论是袅袅升腾的炊烟、悠悠漂泊的白云,还是杂乱无章的粉尘,无规则运动的分子、原子轨迹 …… 所有这一切,传统几何已无能力描绘,人们需要新的数学工具.

　　微积分发明之后,数学家们为了某种目的(如构造连续但不可微函数、周长无穷所围面积有限的曲线等)而臆造的曲线,长期以来一直视为数字中的"怪胎"(从和谐与否角度定论),然而这一切却被慧眼识金的数学家看作珍奇(因而从某些角度考虑它们又真的被看成数学中的"美"),别有心计者将它们经过加工、提炼、抽象、概括而创立了一门新的数学分支 —— 分形.

　　20 世纪 60 年代英国《科学》杂志刊载曼德布鲁特的文章《英国海岸线有多长》.这个不是问题的问题,却让人仔细回味后大吃一惊:试想,你除了能给出如何估算的方法性描述外,并无确定的答案 —— 海岸线长会随着度量标度(或步长)的变化而变化.具体地讲:

　　因为人们在测量海岸线(它不平直且极为曲折)长时,总是先假定一个标度,然后用它沿海岸线步测一周得到一个多边形,其周长可视为海岸线的近似值:显然由于标度选取的不同,海岸线长数值不一,且标度越细密,海岸线数值越大(图3).确切地讲,当标度趋向于 0 时,海岸线长并不趋向于某个确定的值.

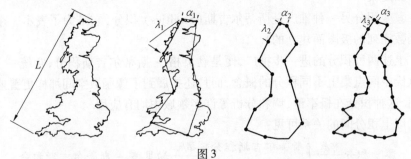

图 3

其实,在数学中这类问题许多年前已为人们所研究过.

人们常用"雪飞六出"来描述雪花的形状,其实雪花并不只是呈六角星形,这是由于它们在结晶过程中所处环境不同而致. 仔细观察六角雪花会发现,它并非呈一个简单的六角星形,用放大镜去看它会有如图 4 所示的图形(这一点我们前文曾有述).

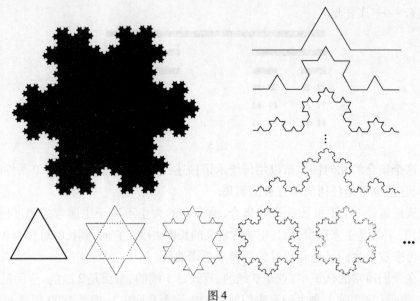

图 4

1906 年,数学家科赫在研究构造连续而不可微函数时,提出了如何构造能够描述雪花的曲线 —— 科赫曲线.

将一条线段去掉其中间的 1/3,然后用以此为长的等边三角形的两条边(它的长为所给线段长的 1/3)去代替,不断重复上述步骤,便可得所谓的科赫曲线.

如果将所给线段换成一个等边三角形,然后在等边三角形每条边上实施上述变换,且不断重复便可得到科赫雪花图案:

这是一个极有特色的图形,如果假定原正三角形边长为 a,则可算出上面每步变换后的科赫(曲线)雪花的周长和它所围面积分别是:

周长:$C = 3a, \quad \dfrac{4}{3} \cdot 3a, \quad \left(\dfrac{4}{3}\right)^2 \cdot 3a, \quad \cdots \to \infty$

面积:$S = \dfrac{\sqrt{3}}{4}a^2, \ S + \dfrac{4}{9}S, \ S + \dfrac{4}{9}S + \left(\dfrac{4}{9}\right)^2 S, \ \cdots \to \dfrac{\sqrt{3}}{5}a^2$

这就是说:在图形不断实施变换从而形成科赫曲线的过程中,它的周长趋于无穷大,而其面积却趋于定值(有限值).

数学中可以产生上述怪异现象的例子由来已久,集合论的创始人康托为了讨论三角级数的唯一性问题,于 1872 年曾构造一个奇异的集合 —— 康托(粉尘)集.

将一个长度为 1 的线段三等分,然后去掉其中间的一段(图 5);再将剩下的两段分别三等分后,各去掉中间一段,如此下去,将得到一些离散的细微线段的集合 —— 康托集.

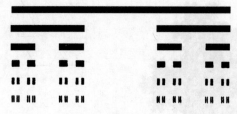

图 5

这个集合的几何性质难以用传统术语描述:它既不是满足某些简单条件的点和轨迹,也不是任何简单方程的解集.

康托集是一个不可数的无穷集合,然而它的大小不适于用通常的测度(长度、面积、体积等)来度量,而且用通常定义的长度去度量它时,其长度总和为 0.

再来看看我们已经介绍过的所谓皮亚诺曲线.

在我们通常的认识中,点是 0 维的、直线是 1 维的、平面是 2 维的、空间是 3 维的,等等(这实际上是由确定它们的最少坐标个数而定). 但是 1890 年意大利数学家兼逻辑学家皮亚诺却构造了能够填满整个平面的曲线 —— 皮亚诺曲线,具体的构造不难从图 6 中看出.

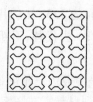 ···

图 6

这显然也是一条"怪异"曲线:首先它是一条曲线(故面积为 0),但却可以填满一个正方形(它的面积显然不为 0).

再来看,1915 年,波兰数学家希尔宾斯基制造出两件绝妙的"艺术品"—— 衬垫和地毯.

把一个正三角形均分成四个小正三角形,挖去其中间一个,然后在剩下的三个小正三角形中分别再挖去各自四等分后的中间一个小正三角形,如此下去可得到希尔宾斯基衬垫(图 7).

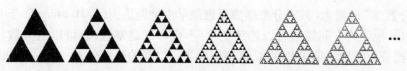

图 7

容易看到:无论重复多少步总剩下一些小的正三角形,而这些小正三角形的周长之和越来越大而趋于无穷,它们的面积和却趋于 0.

从某种意义上讲,上述衬垫实际上是康托粉尘集在二维空间的拓展.

此外,希尔宾斯基还用类似的方法构造了希尔宾斯基地毯:将一个正方形九等分,然后挖去其中间的一个;再将剩下的八个小正方形各自九等分后分别挖去其中间的一个小正方形;重复上面的步骤,…… 人们称由此得到的图形(集合)为希尔宾斯基地毯(图 8).

图 8

同样它的面积趋于 0,而各正方形周长之和趋于无穷大.

接着,希尔宾斯基又将它的杰作推向了 3 维空间:

将一个正方体每个面 9 等分,这样整个正方体被等分成 27 个小正方体,挖去体心与面心处的七个小正方体;然后对剩下的 20 个小正方体中的每一个实施上述操作,如此下去(图 9)……

图 9

人们把这个千疮百孔的正方体(它正像常见的海绵)称为希尔宾斯基海绵,它的表面积为无穷大,而它的体积趋于 0.

以上我们已经罗列了数学中种种"病态怪物",你也许除了惊异外不会想到它们的另一面,共性的一面,认识它、把握它便孕育着数学新概念的产生.

这里提醒一句:以上的度量都是在传统的 1,2,3 维(欧氏)空间讨论的.

20 世纪 70 年代中期,曾讨论英国海岸线长的那位数学家曼德布鲁特在《自然界的分形几何》一书中率先向传统提出挑战. 是他第一次完整地给出"分形"

及"分数维"的概念(其实分数维数思想最早由豪斯道夫(F. Hausdorff)于1919年提出,他认为空间维数可以连续变化,不仅可以是整数,也可以是分数),同时提出分数维数的定义和算法,这便诞生了一门新的数学分支——分形几何.

如前所述,我们通常把能够确切描述物体的坐标个数称为维数,如点是0维的、直线是1维的、平面是2维的…….

分数维数如何定义呢?这里以科赫曲线为例说明一下.

比如讨论相似维数(当然还有其他维数,比如豪斯道夫维数、容量维数、量规维数等),若某图形是由 a^D 个全部缩小至 $1/a$ 的相似图形组成的,则 D 被称为相似维数.

比如单位线段扩大一倍后(图10(a)),单位正方形面积扩大到 2^2 倍(图10(b)),单位立方体体积扩大到 2^3 倍(图10(c)),则图形单位线段、单位正方形、单位立方体分别称为1,2,3维的.

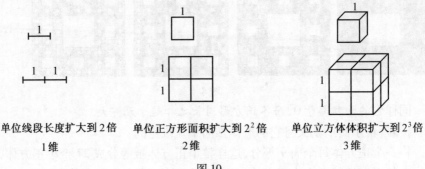

单位线段长度扩大到2倍　单位正方形面积扩大到 2^2 倍　单位立方体体积扩大到 2^3 倍
　　　1维　　　　　　　　　　　　2维　　　　　　　　　　　　3维

图 10

对于科赫曲线,经过计算可得 $D = \dfrac{\ln 4}{\ln 3} \approx 1.261\ 9$,就是说科赫曲线的(相似)维数是 $1.261\ 9\cdots$.

人们熟知:对于任何一个有确定维数的几何体,若用与之相同维数的"尺子"去度量可得一个确定的数值;但是,若用低于它维数的"尺子"去度量,结果为 ∞;而用高于它维数的"尺子"去度量,结果为0.

如此一来,像这样用传统标尺、认为海岸曲线是一维的观点去度量海岸线显然是不妥的(海岸线的维数大于1而小于2).其他的例子情况类似.

那么这些曲线、衬垫、地毯、……到底是多少维的呢?据上定义我们可计算出前述诸图形(集合)的相似维数(表2):

表 2

曲　线	康托粉尘集	科　赫曲　线	皮亚诺曲　线	希尔宾斯基衬　垫	希尔宾斯基地　毯	希尔宾斯基海　绵
维数(D)	0.630 9	1.261 9	2	1.585 0	1.892 8	2.725 8

分形理论可以正确解释前述诸曲线、衬垫、海绵……,之所以产生怪异的因由,换言之,这是因为它们的维数不是整数.

从前面的叙述结合表中数据我们容易想象出:

维数为 1~2 的曲线维数表示它们弯曲程度和能填满平面的能力;而 2~3 维的曲面维数表示它们复杂程度和能够填满空间的能力.

分形几何从创立到现在不长的时间里已展现出其美妙、广阔的前景,它已在数学、物理、天文、生化、地理、医学、气象、材料乃至经济学等诸多领域得到广泛应用,且取得异乎寻常的成就,它的诞生使人们能以全新的视角去了解自然和社会,从而使它成为当今最有吸引力的科学研究领域之一(图 11).

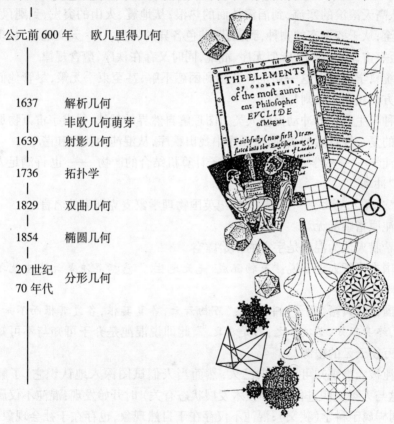

公元前 600 年	欧几里得几何
1637	解析几何
	非欧几何萌芽
1639	射影几何
1736	拓扑学
1829	双曲几何
1854	椭圆几何
20 世纪 70 年代	分形几何

图 11 各种几何创生的历程

1993 年以曼德布鲁特为名誉主编的杂志《分形》创刊,这无疑会对该学科的发展起到推波助澜的积极作用.

宇宙是和谐的,分形可以帮助我们去认识它;大自然是和谐的,分形可以帮助我们去刻画它;现实世界是和谐的,分形可以帮助我们去描绘它.

数学中出现有些看上去不和谐的事例,数学家们总能找到解释它们的理由,甚至创造出新的理论和学说,这一点只有数学能够做到.

接下来我们谈谈 20 世纪末诞生的另一个新的数学分支 —— 混沌学.

混沌似乎是对和谐的一种"反动",然而这只是表象,其实混沌中孕育着有序,混沌中蕴含着和谐.

探寻这种和谐正是数学家们创造混沌学的旨意,这也是人们对数学美追求的又一个必然.

秩序与无序、和谐与混乱、规律与混沌间的矛盾与共存,是宇宙万物间永恒的主题.

从广漠浩瀚的星空,到神奇莫测的海底;从复杂难卜的气象,到倏忽万变的浮云;从高天滚滚的寒流,到滔滔扑面的热浪;从地震、火山的突发,到飓风、海啸的驰至;从千姿百态的物种,到面孔、肤色各异的人类 …… 天文地理、数理生化,大至宇宙,小至粒子,皆似无序、混乱,同时又存在秩序,蕴含规律.

传统科学家面对这一切也许会感到困惑不解,甚至束手无策,尽管他们已在诸多方面获知了法则与规律.

某种与生俱来的冲动促使人类力图理解自然界的规律,寻求宇宙万物那难以捉摸的复杂性背后的法则,从无序中找出秩序,从混沌中找出和谐.

混沌学 —— 数学、现代科学与电子计算机结合的产物 —— 也许满足人类的这种"冲动".

"混沌是人生之钥",这是 19 世纪英国物理学家麦克斯韦的名言.

混沌原指杂乱无章.

古希腊人认为混沌是宇宙的原始虚空.

中国古代哲人老子说:"有物混成,先天地生."意指混沌是天地生就之前的状态.

我国古代典籍《庄子》中写道:"万物云云,各复其根,各复其根而不知,混混沌沌,终身不知,若彼知之,乃是离之."此即说混沌是介于可知与不可知之间潜在万物云云的根源.

混沌被人类感知可谓由来已久,然而当人们试图深入地认识它、了解它(当然这与人类文明进程、科学技术发展状态有关)时开始发现:混沌不仅属于哲学,同样属于科学(狭义);混沌不仅存在于自然现象,也存在于社会现象、历史现象.

混沌在字典中定义为"完全的无序,彻底的混乱".在科学中则定义为:由确定规则生成的、对初始条件具有敏感依赖性的回复性非周期运动.

作为"仆人"和工具的数学从独到的蹊径(从本质去抽象)去探索这个问题时,将显得更自然、更贴切、更深邃、更有生气,这其中的结果既是显见而确定的,又是本质和普适的.正如美国数学史家贝尔在评价数学在混沌研究中的作用时说的那样:"数学的伟大使命在于从混沌中发现秩序."正因为数学的加盟,"混沌学"才得以长足发展.

数学上如何定义混沌?

1986 年伦敦一次国际混沌学会议上,与会者提出:数学上的混沌系指确定性系统中出现的随机状态.

这个定义显得有些笼统,迪万依(R. L. Devaney)于 1989 年给出一个较严格的定义:度量空间 X 上的自映射 $f: x \to x$ 满足:(1)该映射的周期点构成 X 的一个稠密集,(2)映射对初始条件有敏感的依赖性,(3)映射是拓扑遗传的,则映射称在 X 上是混沌的.

(尔后人们又从数学角度陆续给出其他一些定义,比如图贝(Pat Toubey)定义:映射 $f: x \to x$ 在 X 上是混沌的,若 X 的每一对非空子集均可用一个周期轨道将它们串起来.)

这个定义看上去也许过于专业,不过稍后我们会略加解释.当人们仔细审视这一定义时又发现:在近代,对混沌的理解和研究最早始于前面我们曾提到过的英国物理学家麦克斯韦.

为电磁学发展做出过杰出贡献的麦克斯韦是第一个从科学角度去理解混沌的人,他在研究电磁学理论时已发现了"对初始值敏感依赖性"的系统的存在,且指出了它的重要性.

法国数学家庞加莱(图 12)对于混沌的理解更为深入,他在研究动力学系统时引入一个特殊的"三体问题":

两个质点沿同一圆周运动,第三个质点质量为零,当映射的一个不动点(见前文)的稳定流形和不稳定流形非平凡相交时,复杂行为即对初始敏感和周期轨道无限便出现了.

这显然是出现了混沌现象.

然而,混沌真正作为一门科学来研究只是 1960 年前后的事.

图 12　庞加莱

20 世纪 60 年代初,科学家们尝试对天气进行计算机模拟(图 13,这种思想源于 1922 年英国物理学家理查森(L. F. Richardson)首先提出用数值方法来预报天气).

天气是一个庞大而复杂的系统,即使你能理解它,但你很难准确预测它.

传统物理学家认为:给定一个系统的初始条件的近似值,且掌握其自身规律,你就可以计算出该系统的近似行为.

然而对天气系统来讲,上述观念却大失水准:该系统对初始条件变化十分敏感(这样初始值的近似显得尤为重要,然而它的较精确获得极为困难),小小的差异可能导致不同的后果. 这样一来,天气预报(即天气趋势报告)尽管是人们在大型高速电子计算机上完成的,但迄今为止,两天之间的预报较为可信,第3天的预报可信度至多为70%,3天以上的预报可信度就更低,至于中长期天气预报将很难逼真.

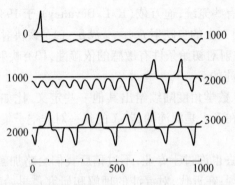

图13　天气预报中对流方程进行 3 000 次迭代后,振荡渐大,变为混沌

　　然而我们必须强调一点,天气的不可预测不等于天气变化的无规律,只不过这其中的奥秘尚未为人们认识或完全认识而已.

　　1963 年美国麻省理工学院的洛伦兹在《大气科学杂志》上发表一篇题为"确定性非周期流"的论文,文中预示了非线性动力学(混沌学的一部分)的若干重要思想,其中提到:

　　有限的确定性非线性常微分方程系统可被设计成表示受迫耗散流体动力学流. 这些方程的解可以等同于相空间中的轨线. 对于那些有有界解的系统,非周期解对初始值的小修正而言通常是不稳定的,以至略微不同的初始状态会演变为显著不同的状态.

　　这段话他通俗地解释为"蝴蝶效应":某个蝴蝶今天的振翅所导致大气状态的微小变化,经过一段时间,大气的实际状态可能远远偏离了它应该达到的状态 —— 一个月后某地的飓风可能不再发生,而另外某地却可能发生了本不该到来的暴雨.

　　这便是说,小小误差的积累、放大、膨胀可能使系统变得面目全非(不甚严格的比喻正如多米诺骨牌:一张多米诺骨牌能推倒尺寸为其 1.5 倍的下一张骨牌的话,一套 13 张的骨牌,推倒其第一张所耗的能量,同样被逐级放大,当导致第 13 张骨牌倒下时释放的能量已被放大了 20 多亿倍,这一点人们似乎难以想象,然而它又千真万确). 这也正是天气难以准确预报的原因.

　　由常量向变量发展是数学发展史上的重要里程碑. 微积分的发明正是这种发展的标识.

随着变量数学的研究,变换,更广义地称为映射,成了数学的一个重要概念,某种意义上它是"函数"概念的拓展.

早在19世纪庞加莱就曾指出:反复地对一个数学系统施加同样的变换,若该系统变换后不脱离一个有界区域,则它必将无限地回到接近它初始状态的状态(图14).

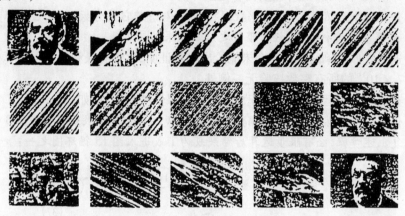

庞加莱肖像,表明他的发现"庞加莱回复". 如果反复地对一个数学系统施加变换而且这种系统不脱离一个有界区域,则它必无限频繁地接近它的初始状态

图 14

这一点看上去也许太抽象,下面我们举几个简单的例子.

用一个计算器从某个数(比如 2)开始,然后反复按一个函数运算键(比如余弦 cos)即反复计算

$$2 \to \cos 2 \to \cos(\cos 2) \to \cos[\cos(\cos 2)] \to \cdots$$

这时计算器上依次显现的结果是

$$2 \to 0.999\ 390\ 827 \to 0.999\ 847\ 88 \to 0.999\ 847\ 741 \to \cdots \to$$
$$0.999\ 847\ 741 \to \cdots$$

我们发现:算至第四步结果将不再变化(可称其不动或自循环),这个过程实际上相当于求得方程 $x = \cos x$ 的一个根(弧度制),从函数映射观点看,0.999 847 741 是映射 $f: x \to \cos x$ 的一个不动点.

其实,某些简单的数字运算有时也会产生类似的有趣现象,重复运算至某一步骤后,数值不再变化,可称其为"数字黑洞".

重复一遍,所谓数字黑洞是指某些整数经过反复的特定运算最终归一或归于某个循环圈的情形. 这个问题我们前文曾介绍过,这里再来重述一下.

(1) 卡布列克运算

任给一个四位数(其各位数字不完全相同),先将它依数字大小顺序排成一个新的四位数,然后减去这个四位数的倒序数(逆序数),如此称为一步卡布

361

列克运算.将每步运算所得的结果再反复重复上述运算,经有限步后结果必为 6 174.

更高位数的卡布列克运算也有规律,这里不多谈了.

（2）角谷游戏

即前文所讲 $3x + 1$ 问题,内容是这样的:

任给一个自然数,若它是偶数则将它除以 2;若它是奇数,则将它乘以 3 再减 1.反复重复这种运算,经有限步之后其结果必为 1.

这个貌似简单的结论至今未能给出严格证明,尽管有人利用电子计算机对 $1 \sim 7 \times 10^{11}$ 的所有整数核验无一例外.

有人甚至将运算方法略加改动,所得结果依然神奇,比如:

任给一个自然数,若它是偶数则将它除以 2,若它是奇数则将它乘以 3 再减 1.重复上述步骤,经有限步运算后结果或为 1 或进入图 15 循环圈之一:

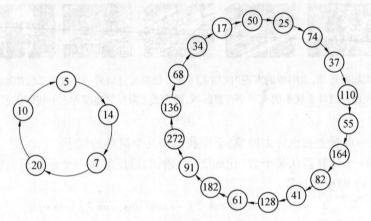

图 15

有人也对 10^8 内的整数进行核验亦未发现例外.

（3）数字串黑洞 **123**

任写一个自然数,比如 1 995 624,将其各位数字中的偶数个数、奇数个数及该数的位数分别记下,即(3,4,7),然后将这三个数按其顺序并列一起组成一个新的数 347(它不一定是 3 位,有可能是 4 位或 4 位以上).

这个新数各位数字中偶数个数、奇数个数及该数位数分别是(1,2,3),再用它们组成新的数 123.

接下去重复上面的运算,组成的新数仍是 123.

换句话说:按照上面的办法运算,经过有限步骤之后,结果必将产生 123.

（4）数字平方、立方和

将任一自然数的各位数字平方求和,再对所得之和重复上述运算,经有限步骤后结果或为 1,或进入图 16 的循环:

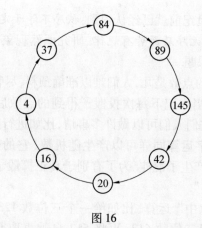

图 16

对于求数字立方和的运算(步骤同上),随着所给自然数 n 的不同,运算结果也不一样(有 9 种),然而其"命运"却是殊途同归:进入"黑洞"(见表 3).

表 3　数字立方和运算结果表

所给自然数 n 的类型	运　算　结　果
$3k$	153
$3k + 1$	1, 370, 136⇆244, 919⇆1 459, 250 → 133 → 55　127 → 352 → 160
$3k + 2$	371, 407

能产生"数字黑洞"的运算还有许多,然而需要指出的是:并非所有的运算都能产生这种奇妙的现象,就绝大多数而言,即便重复同一运算,所产生的结果也往往是乱七八糟、毫无规律的(即混沌的),这有时便给人们带来另一种用途 —— 随机数表的制造.

下面是人们借助电子计算机给出的两位随机数表(严格地讲应称之为伪随机数表(表 4)),在处理一些随机问题时人们常常会使用它.

表 4　两位(伪)随机数表

33	24	52	87	13	31	14	53	65	35	02	76	07	62	93	67	23	93	42	16
50	72	85	56	18	51	49	20	94	53	06	43	09	07	51	70	88	54	35	75
13	19	79	96	61	23	71	91	76	35	17	84	97	48	48	80	77	34	90	29
82	20	86	44	47	63	04	98	43	77	32	33	63	46	79	66	60	33	70	97
59	91	72	29	60	07	04	83	73	28	70	95	41	55	44	20	07	28	93	97
30	88	20	80	29	98	80	68	52	80	55	91	46	92	56	92	57	78	33	63
24	95	12	56	03	08	83	06	15	20	62	57	59	41	90	31	90	56	73	29
02	38	21	96	23	78	87	31	54	77	30	14	18	10	08	79	33	98	35	86

人们似乎在几个世纪前就已经认识到:秩序不等于定(规)律,无序不一定与无规律同义,秩序与无序后面皆有规律.研究偶然现象(无序)中的必然(规律)是概率论讨论的课题.

掷一粒骰子出现的点数是几,人们难以准确预料,尽管人们知道出现 1 ~ 6 点的可能性均为 1/6.当你记下每次投骰子得到的点数后,这些数便是人们常称的"随机数".利用它们人们可以做许多事情,比如进行某些决策等.

其实对于某种数字运算同样可以产生随机数(它的效果如同掷骰子或抓阄),说穿了这实际上产生了混沌.为了有别于真正掷骰子那样产生的随机数,人们称之为"伪随机数".

比如数字"自乘取中"运算,比如给一个三位数 123,先将其自乘 $123^2 =$ 15 129,然后取其中间三位数 512.再将 512 自乘再取其中间三位数:$512^2 =$ 262 144,取 214(这里是中心偏后,也可让中心偏前),……如此下去,所得的一系列数是三位伪随机数(不过请注意:这种伪随机数的随机性将会在某数第二次出现时而终止,因为此后的数字只是前面的重复,我们当然有办法对此情况修正).

此外还有"倍积取中"运算、同余运算等亦可产生伪随机数.又如数 π, e, $\sqrt{2}, \cdots$ 等的展开式中的数字也是随机出现的(如果你记不住这些结果的话,否则可若干位数之后截取),只不过计算它们太困难罢了.

在生物学物种研究中有一个重要的数学模型 —— 逻辑斯蒂模型,它涉及一种方程,从函数观点看应称映射(逻辑斯蒂映射)
$$f: x \to \alpha x - \alpha x^2 \text{ 或 } x \to \alpha x(1 - x)$$
映射过程的反复实际上是方程 $\alpha x^2 - (\alpha - 1)x = 0$ 求根的一种迭代解法.迭代模式为
$$x_{k+1} = \alpha x_k(1 - x_k)$$

我们可任取 x_0 代入上式右端得 x_1,再将 $x_1 = \alpha x_0(1 - x_0)$ 代入右端得 $x_2, \cdots$ 如此下去.若迭代至某步有 $x_{m+1} = x_m$,显然 $x = x_m$ 是上面方程的一个根,亦称映射 $f: x \to \alpha x(1 - x)$ 的一个不动点;若无论迭代多少步也未出现 $x_{m+1} = x_m$ 的情形,则需稍加细致地讨论了:可能出现某种循环,也可能乱七八糟、毫无规律.

迭代的几何意义是:在笛卡儿坐标系中作出 $y = \alpha x(1 - x)$ 或 $y = x$ 的图像,它们分别是一条抛物线和一条直线(图 17).

从 x 轴上 x_0 出发作与纵轴平行的直线交抛物线于 M_1,它的纵坐标值为
$$y_1 = \alpha x_0(1 - x_0)$$

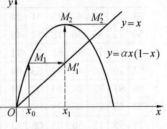

图 17

这相当于第一步迭代.

再自 M_1 作与横轴平行的直线交 $y = x$ 于 M_1',显然 M_1' 的横坐标与 M_1 的横坐标进而与 M_1 的纵坐标值相同,即

$$x_1 = y_1 = \alpha x_0 (1 - x_0)$$

图 18 为不同参数 α 的逻辑斯蒂映射迭代图示(从左至右):定态,周期点,混沌.

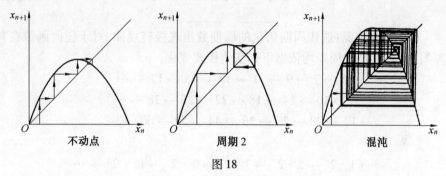

图 18

自 M_1' 作与纵轴平行的直线交抛物线于 M_2,这时 M_2 的纵坐标值为

$$y_2 = \alpha x_1 (1 - x_1)$$

这实际上相当于完成第二步迭代.

反复迭代下去结果将如何?我们可以看到:迭代的后果与参数 α 的取值有极大关系,下图给出三种不同 α 取值的迭代后果:

对于 $\alpha = 2.0$ 的情形,图中仅给出方程的一个根(或映射的一个不动点),其实它还有另一个根 $x = 0$,不过它是"不稳定的"(若该点处斜率绝对值小于 1 为稳定的,其迭代路线是内旋的 ⌐⌐;大于 1 是不稳定的;等于 1 属中性的,其迭代路线是外旋的 ⌐⌐). 对于迭代出现周期的(即图中循环情形)情景,这时相应的(即产生循环的) x 称为定态点(从系统动力学观点称为吸引子). 稍加分析对于周期情况还会有下面(表 5)的结果:

表 5

α 值	$3 \leqslant \alpha < 3.449$	$3.449 \leqslant \alpha < 3.544$	$3.544 \leqslant \alpha < 3.562$	$3.562 \leqslant \alpha < 3.567$
周期数	2	4	8	16

显然,当 $3 \leqslant \alpha < 3.58$ 时,随着 α 的取值增大,周期数出现翻倍现象,此称为"周期倍化".

到了 $\alpha = 3.56$ 之后,周期倍化现象对 α 变化极为敏感;

到了 $\alpha = 3.58$ 时情况却出现了"突变"—— 此时的迭代已乱七八糟,毫无头绪,换言之,它产生了混沌.

随着 α 的再度增大,结果竟又是一番情景:

当 $\alpha = 3.739$ 时出现周期 5,且随 α 增大又一次出现周期倍化现象,周期依次是 $10,20,40,\cdots$.

当 $\alpha = 3.835$ 时出现周期 3,同时随 α 增大周期依次变为 $6,12,24,\cdots$.

这样迭代随 α 变化,将出现下面的往复:

$$定态 \longrightarrow 周期 \longrightarrow 混沌$$

通过计算发现:迭代周期倍化的周期数出现极有规律,对于任何函数在其单峰区间上的迭代周期均依据下列变化模式变化:

$$3 \rightarrow 5 \rightarrow 7 \rightarrow 9 \rightarrow 11 \rightarrow 13 \rightarrow 15 \rightarrow 17 \rightarrow \cdots$$
$$\rightarrow 6 \rightarrow 10 \rightarrow 14 \rightarrow 18 \rightarrow 22 \rightarrow 26 \rightarrow 28 \rightarrow \cdots$$
$$\rightarrow 12 \rightarrow 20 \rightarrow 28 \rightarrow 36 \rightarrow 44 \rightarrow 52 \rightarrow 60 \rightarrow \cdots$$
$$\cdots$$
$$\rightarrow 3 \cdot 2^n \rightarrow 5 \cdot 2^n \rightarrow 7 \cdot 2^n \rightarrow 9 \cdot 2^n \rightarrow 11 \cdot 2^n \rightarrow \cdots$$
$$\cdots$$
$$\rightarrow 2^m \rightarrow 2^{m-1} \rightarrow \cdots \rightarrow 32 \rightarrow 16 \rightarrow 8 \rightarrow 4 \rightarrow 2 \rightarrow 1$$

面对这些数字你也许并不觉得稀奇,可它们所蕴含的东西远比数字本身来得深奥与丰富.

"周期 3 蕴含混沌"这个标题正是美国马里兰大学的约克(J. A. Yorke)和他的学生李天岩发表在《美国数学月刊》1975 年 12 期上一篇文章的题目.看上去也许令人摸不着头脑,其实文中介绍了下面一个事实:

任何一个一维系统里的映射,只要出现周期 3,则该系统的这个映射将还有其他整数周期,甚至也能表现出乱七八糟(即混沌).

这个看上去不很复杂的结论在科学史上的价值远远超过定理的本身,因为它揭示了混沌现象的某些奥秘.

当人们意识到论文的珍贵价值时开始发现:此结论也曾于十几年前(1964 年)已为苏联的沙可夫斯基(A. N. Sharkovski)所发现,他是从不同的角度用不同的方式表达的,他的论文题目是"线段连续自映射的各周期共存"(发表在《乌克兰数学杂志》16 卷).

约克和李天岩的文章的结论明确地向物理学家、化学家、生物学家、经济学家 …… 提供了下面的信息:

混沌无处不在,它是稳定的,且有着自身的结构.

顺便指出:约克、李天岩的文章也是数学上第一个给出混沌定义的,尽管当时它尚不完整.

我们还想讲一句:约克和李天岩的论文虽然仅仅涉及一维映射,但结论对许多模型来讲意义依然. 同时应该注意到: 一维映射是现代科学中的许多理想模型的最为简单的近似. 研究一维映射的混沌表现, 则揭示了复杂系统的混沌范式 —— 确定论与随机论结合的综合范式.

映射中的倍化周期现象还有更让人惊异的奥秘与内涵.

将前述逻辑斯蒂映射中的参数 α 与其映射产生的相应的不动点或定态点(吸引子)值 x 描绘在同一坐标系即 $\{0; \alpha, x\}$ 坐标系时, 将会得出图 19 的图像, 它被称为分岔图.

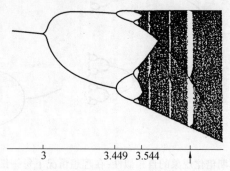

逻辑斯蒂映射的分岔图. 常数 α 从(横坐标)2 增大到 1 纵坐标是状态 x. 注意混沌带的生长紧随着周期倍化现象

图 19

从图 19 中亦可看到, 当 $0 < \alpha < 3$ 时映射有唯一的(稳定的)不动点; 当 $3 \leqslant \alpha < 3.449$ 时, 映射有两个定态(吸引子)点(对应周期 2)等, 接下来的情形越来越复杂(从中也看到混沌现象的出现).

更为奇妙的是图中那些瘦长的白条(其中有少许点存在)即周期窗口处也有奥妙存在; 将任一周期窗口局部放大后将是整个图形的全息再现, 即放大的图像是原来图像的"克隆". 换言之, 图中每个分岔图所包含的细节完完全全是自身的缩影, 即自相似(图 20).

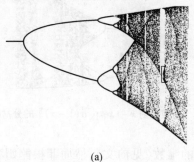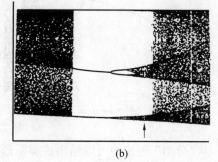

(a)   (b)

将左图中的一周期窗口(图中所框部分)放大: 整个结构以缩小的方式复现, 窗口里还有窗口(用箭头表示)……

图 20

这里顺便指出一点：从前面图中我们还可以发现，周期窗口中最宽的是（基本）周期3处的窗口（图21中箭头指处），这恰恰是前文所提及的李－约发现的最好切入点.

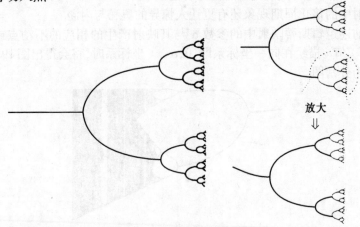

一种（给定 α 的）周期倍化现象的自相似性：在理想情况下每一细节的形状都与原形状相同，但尺寸缩小

图21

倍化周期现象的逻辑斯蒂映射的分岔图，对于其他单峰映射来讲也是相似的（从拓扑意义上应是相同），图22是映射

$$x \to \alpha\sin x \text{ 和 } x \to x\exp[\alpha(1-x)]$$

的分岔图，从图22上可以清楚地看到它们的相似（这是由于映射在某个区间上的单峰性所致）.

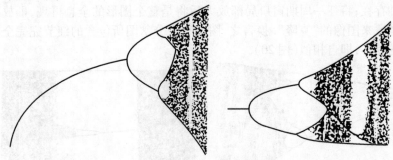

三角映射 $x \to \alpha\sin x$ 的分岔图　　　　指数映射 $x \to x\exp[\alpha(1-x)]$ 的分岔图

图22

从"分形"理论中可以给出这类图形的维数（见前文），然而菲根鲍姆独具慧眼地从另外角度找出了这类分岔图形所共有的与维数相似的奥秘，且为此而得到与 $\pi, e, \cdots$ 一样重要的菲根鲍姆常数（我们前文中已经谈到过）.

菲根鲍姆于20世纪70年代初在美国洛斯阿拉莫斯实验室工作，他对非线性系统极感兴趣.

1975 年,他在一个动力学系统报告会上听到逻辑斯蒂映射及其走向混沌的周期倍化现象,他不仅感到奇妙,同时也为这奇妙(也是数学的美)所深深吸引.当他再次面对数据(见前面的数表)

$$\alpha_1 \in [3,3.449], \qquad T_1 = 2; \qquad \alpha_2 \in [3.449,3.544], \quad T_2 = 4;$$

$$\alpha_3 \in [3.544,3.562], \quad T_3 = 8; \qquad \alpha_5 \in [3.562,3.567], \quad T_4 = 16;$$

…

且当他取定 $\alpha_1 = 3, \alpha_2 = 3.449, \alpha_3 = 3.544, \alpha_4 = 3.562, \cdots$($\alpha_k$ 为新周期变化的开始点即区间左端点值)着手下面计算时,他惊奇地发现

$$\frac{3.449 - 3.00}{3.554 - 3.449} \approx 4.3, \qquad \frac{3.544 - 3.449}{3.562 - 3.544} \approx 4.9$$

它们之比(称之标度比)似乎在趋向于某个常数(这也许是凭直觉),接着算下去他果然发现上述标度比

$$\left| \frac{\alpha_{n-1} - \alpha_n}{\alpha_n - \alpha_{n+1}} \right| \quad \text{或} \quad \frac{\alpha_n - \alpha_{n-1}}{\alpha_{n+1} - \alpha_n}$$

越来越接近于 4.669 201 6…,即

$$\lim_{n \to \infty} \left| \frac{\alpha_{n-1} - \alpha_n}{\alpha_n - \alpha_{n+1}} \right| = 4.669 201 6\cdots$$

上述结论不仅对逻辑斯蒂映射成立,对其他一维单峰映射也同样适用.其中常数 4.669 201 6… 被人们誉称为菲根鲍姆数.

英国著名的科普作家斯特瓦尔特称:菲根鲍姆像一个魔术师,他从混沌大礼帽中抓出了普适性的兔子.

回过头来我们去思忖时会发现:说穿了,菲根鲍姆常数正是一维单峰映射分岔图中相邻两级周期相应的参数 α 宽度(或相邻两级周期图形横向尺寸)之比而已(从"分形"角度去考虑,这正是此类分岔图维数的变化,在那儿涉及图形面积与长度的对数之比).

混沌学是一门对复杂的巨大系统现象进行整体性研究的科学.它是从紊乱中总结出条理,从无序中找到规律,把表现的随机性和系统内在的确定性进行有机结合且展现在人们面前.

混沌学的产生及发展得益于三个相互独立的学科或方向进展的汇合.它们是:① 科学研究从简单模式趋向于复杂系统;② 计算机科学的迅猛发展;③ 系统动力学研究的新观点 —— 几何观.这里①提供了动力,②提供了技术,③提供了认识,当然你更应珍视数学的魅力即它的美,它提供了基础、工具、方法和理论依据.

混沌学在物理上被视为继相对论和量子力学发现后的又一次革命,在数学被视为与分形同等重要的崭新数学分支,它作为一门新兴学科发展如此迅猛,

这首先得益于数学,它的加盟使得人们对整个自然界的认识更加细微、更加深邃,这也使混沌学的研究前景更加广阔.

尽管这门学科刚刚问世不久,人们却已在许多领域找到了它的应用(试想模糊数学的出现及其后的应用与之何其相似).

日本人利用混沌原理发明了用两条混沌旋转的转臂做成的洗碗机,既节水、节能,又洗得干净.

英国人发明了利用混沌原理进行数据分析而改进矿泉水生产(大量消耗自来水的流程)中质量管理的机器.

混沌学还在社会学、经济学、文学、艺术等诸多方面找到应用. 立足于混沌动力学的社会发展科学所勾画的五元环混沌大迭代,将人类社会中生产力与生产关系、上层建筑与经济基础、实践与认识等诸多哲学内涵包笼得一览无余,它揭示了人类的生活方式、意识形态和科学、技术、生产力诸因素的制约、促进、传递等的协调发展模式(图23).

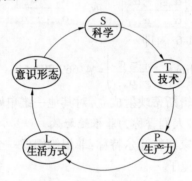

图 23

混沌学的诞生是令人振奋的,因为它开启了复杂系统得以简化的先河;混沌学是迷人的,因为它体现了数学、科学、技术的相互作用和巨大能力;混沌学是美妙的,它除了为人类创造了抽象美之外,也为数学美提供了可见证据;同样,混沌学也为人们带来困惑,因为它导致人们对传统的建模程序的怀疑,使人们不得不重新审视他们的方法和行为.

混沌学在许多国家已作为基础科学的重大项目列入科技发展计(规)划和纲领中.

世界的未来是美好的,混沌学似乎也为我们做出了结论.

分形、混沌理论的创立,是人们寻找数学不谐调的根由,追求数学严谨、完美的产物,而利用数学自身的和谐与统一,人们从同构概念去类比得到某些新方法、新结论的事实,在数学史上也是不乏其例的. 人们从数的运算性质,拓展到代数式;把平面几何的结论拓展到空间几何中去;把二维不等式拓展到 n

维 …… 不少是借助于类比.

在实验设计统计学、信息论中,阿达玛矩阵(其实这类矩阵早在 1867 年已由西尔威斯特(J. J. Sylvester) 开始研究,阿达玛只是重新捡起且做了更深入的探讨) 是一种重要矩阵,它定义如下:

m 阶方阵 H,若其元素全部由 1 或 -1 组成,且 $HH^T = mI$(即任意两行元素互为正交),则称 H 为 m 阶阿达玛矩阵(简称 H 阵).

关于它的阶数有下面结论:

若存在 $m(m > 2)$ 阶阿达玛矩阵,则 $4 \mid m$(这里"|"表示整除之意).

这个命题的逆命题成立与否,至今尚属悬案.

关于阿达玛阵还有下面的极值性质:

元素取值于区间 $[-1,1]$ 的实阵 H,当其行列式的绝对值 $|\det H|$ 达到最大值 $n^{\frac{n}{2}}$ 时,其恰好为阿达玛阵(注意到一般 n 阶复阵 $A = (a_{ij})_{n\times n}$,若 $|a_{ij}| \leq 1$,则 $|\det A| \leq n^{\frac{n}{2}}$,此称为阿达玛不等式).

比如下面三个矩阵分别为一阶、二阶、四阶阿达玛阵(不难验证 $H_1H_1^T = I$,$H_2H_2^T = 2I$,$H_4H_4^T = 4I$)

$$H_1 = (1), \quad H_2 = \begin{pmatrix} 1 & 1 \\ -1 & 1 \end{pmatrix}, \quad H_4 = \begin{pmatrix} 1 & 1 & 1 & 1 \\ -1 & 1 & -1 & 1 \\ -1 & 1 & 1 & -1 \\ -1 & -1 & 1 & 1 \end{pmatrix}$$

我们再回过头来看看猜想(前面定理的逆):

任何 $4n$ 阶的阿达玛阵总是存在.

关于这个问题,1933 年佩利(R. E. A. C. Paley) 对 $4n-1$ 为质数幂和 $2n-1$ 为质数幂的情形,构造了 $4n$ 阶阿达玛阵.

1948 年威廉森利用 n 阶循环阵 A, B, C, D 构造了 $4n$(此时 n 已无上面限制)阶矩阵

$$H = \begin{pmatrix} A & B & C & D \\ -B & A & -D & C \\ -C & D & A & -B \\ -D & -C & B & A \end{pmatrix}$$

若(1) 矩阵 A, B, C, D 为对称循环阵,且其分量(元素)皆为 ± 1;(2)$A^2 + B^2 + C^2 + D^2 = 4nI$ 成立,则 H 是一个 $4n$ 阶阿达玛阵.

这样就弥补了没有包括在佩利方法中的 92,116,156,172,188,236,… 阶的 H 阵.

威廉森本人给出了 172 阶 H 阵.

1961 年人们又构造出 92 阶 H 阵.尔后又给出 116 阶和 156 阶 H 阵.

1973 年图瑞(G. Turry)构造了 188 阶 $\boldsymbol{H}$ 阵,次年他又构造出 236 阶 $\boldsymbol{H}$ 阵.

1985 年萨瓦德(K. Sawade)构造出 268 阶 $\boldsymbol{H}$ 阵,尔后 $n = 103, 127, 151$ 时,$4n$ 阶的 $\boldsymbol{H}$ 阵也被找到,而至今未获解的最小的 $n = 107$.

然而这一切离猜想的解决相距甚远.但当我们回过头来看时,不禁愕然了:这个方法与我们前面讲过的证明"自然数可表示为四个完全平方数和"的方法和公式(欧拉花了 13 年才找到的)何其相似(这也是数学自身和谐性决定的)!

数学家们正是自觉、不自觉地借助于类比手段,把那儿的方法"平移"、延拓到了这里,且取得了令人满意的效果.

在平面情形我们有:周长为 l 的封闭曲线所围面积 S 满足

$$4\pi S \leqslant l^2 \quad (等周不等式)$$

人们通过类比把这一结论平移到了 n 维欧氏空间 $R^n (n \geqslant 2)$ 中,若 R^n 中某一区域的体积 V 与构成该区域边界的 $n-1$ 维超曲面面积 S 之间有关系式

$$n^n v_n V^{n-1} \leqslant S^n$$

这里 v_n 是 n 维单位球体积.

又如人们在研究了某些矩阵(注意:矩阵并不是数,它是一个数表)的运算性质及分解后,回过头来与数的运算性质及分解对照,发现有许多相似的东西:

数 $a \neq 0$,有 a^{-1} 使 $a \cdot a^{-1} = a^{-1} \cdot a = 1$;

n 阶方阵 $\boldsymbol{A}$ 非异,有 $\boldsymbol{A}^{-1}$ 使 $\boldsymbol{A}\boldsymbol{A}^{-1} = \boldsymbol{A}^{-1}\boldsymbol{A} = \boldsymbol{I}$,这里 $\boldsymbol{I}$ 为 n 阵单位阵;

(整)数 a 可以分解,矩阵也可以(按不同方式及要求);

数有正、负、0,矩阵有正定阵、负定阵、零矩阵概念;

……

令人惊奇的还有:矩阵函数与普通函数之间也有许多惊人的类同性质(相似).请看:

我们称 $f(\lambda) = \det(\lambda \boldsymbol{I} - \boldsymbol{A})$ 为 $\boldsymbol{A}$ 的特征多项式,则 $f(\boldsymbol{A}) = \boldsymbol{O}$,即 $\boldsymbol{A}$ 的特征多项式是 $\boldsymbol{A}$ 的一个化零多项式(凯莱 – 哈密尔顿定理).

在函数论中,我们已经知道(z 为复变数)函数

$$e^z = 1 + \frac{z}{1!} + \frac{z^2}{2!} + \frac{z^3}{3!} + \cdots$$

$$\sin z = z - \frac{1}{3!}z^3 + \frac{1}{5!}z^5 - \frac{1}{7!}z^7 + \cdots$$

$$\cos z = 1 - \frac{1}{2!}z^2 + \frac{1}{4!}z^4 - \frac{1}{6!}z^6 + \cdots$$

$$\cdots$$

在整个(复)平面均收敛,将它们中的变量 z 换成矩阵 $\boldsymbol{A}$(即矩阵函数)后上述结论仍成立

$$e^A = I + A + \frac{1}{2!}A^2 + \frac{1}{3!}A^3 + \cdots$$

$$\sin A = A - \frac{1}{3!}A^3 + \frac{1}{5!}A^5 - \frac{1}{7!}A^7 + \cdots$$

$$\cos A = I - \frac{1}{2!}A^2 + \frac{1}{4!}A^4 - \frac{1}{6!}A^6 + \cdots$$

$$\cdots$$

又若矩阵 $A = (a_{ij})_{m \times n}$ 的每个元素均为变量 t 的函数 $a_{ij}(t)$,则 A 称为函数矩阵.

这样可以仿照函数微分、积分概念定义函数矩阵的微分、积分概念

$$\frac{\mathrm{d}A(t)}{\mathrm{d}t} = (a'_{ij}(t))_{m \times n}$$

$$\int_a^b A(t)\,\mathrm{d}t = \left(\int_a^b a_{ij}(t)\,\mathrm{d}t\right)_{m \times n}$$

(我们还是想强调一下:由于数学本身的和谐,人们总是希望把数学中一些旧概念拓展到新概念中去,把要求问题转化到已知问题中,或把老方法设法应用到新领域:解常系数微分方程是利用特征方程化到解代数方程,无理函数积分总是设法化为有理函数的积分 ……)

所有这些启发着人们:把"数"概念中的某些结论类比地推广到"矩阵"概念中(当然有些要做相应的修改,注意矩阵不是数,只是一个数表)将是自然和可行的了(当然并非所有情况下都是如此),这样也就把数的"美"(或美的东西)平移延拓到了矩阵中去.

在实数范围中,人们建立了大量的不等式(它们的用途自不待言),当人们研究矩阵问题时发现:其中不少结论可以通过类比移植到矩阵代数中去,从下面的矩阵不等式你很容易发现它们是从相应的实数不等式中移植过来的:

若 A, B 是正定的埃尔米特阵,记 $\operatorname{tr} A$ 为矩阵 A 的迹(A 的主对角线上元素之和),则成立着与数类似的不等式

$$\operatorname{tr}(A^r B^r)^{\frac{1}{r}} \begin{cases} \leqslant (\operatorname{tr} A^p)^{\frac{1}{p}}(\operatorname{tr} B^q)^{\frac{1}{q}}, \quad p,q \text{ 同号且} \frac{1}{p} + \frac{1}{q} = \frac{1}{r} \\ \geqslant (\operatorname{tr} A^p)^{\frac{1}{p}}(\operatorname{tr} B^q)^{\frac{1}{q}}, \quad p,q \text{ 异号且} \frac{1}{p} + \frac{1}{q} = \frac{1}{r} \end{cases}$$

此外还有若 $A_i(i = 1,2,\cdots,n)$ 均为正定的埃尔米特阵,则

$$\left[\operatorname{tr}\left(\sum_{k=1}^n A_k\right)^p\right]^{\frac{1}{p}} \begin{cases} \leqslant \sum_{k=1}^n (\operatorname{tr} A_k^p)^{\frac{1}{p}}, \quad p > 1 \\ \geqslant \sum_{k=1}^n (\operatorname{tr} A_k^p)^{\frac{1}{p}}, \quad p < 1, p \neq 0 \end{cases}$$

$$\frac{\text{tr}\left(\sum_{k=1}^{n} \boldsymbol{A}_k\right)^p}{\text{tr}\left(\sum_{k=1}^{n} \boldsymbol{A}_k\right)^{p-1}} \begin{cases} \leqslant \sum_{k=1}^{n} \dfrac{\text{tr}\,\boldsymbol{A}_k^p}{\text{tr}\boldsymbol{A}_k^{p-1}}, & 1 < p < 2 \\[4mm] \geqslant \sum_{k=1}^{n} \dfrac{\text{tr}\,\boldsymbol{A}_k^p}{\text{tr}\boldsymbol{A}_k^{p-1}}, & 0 < p < 1 \end{cases}$$

我们还想指出:数学中的这种类比或平移,有时也会来自其他学科或在其他学科中展现.1936 年哥德尔提出了所谓"不可判定性定理":

(1) 如果公理集合是相容的,则存在既不能证明也不能否定的命题;

(2) 不存在能够证明公理系统是相容的构造性过程.

人们当然会联想到在此十年前(1926 年),德国物理学家海森伯(前文说过,他也是一位数学美的崇拜者,他认为数学反映了自然界的"美",且它的美也与自然界的"真"统一了)提出了"不确定性原理"(它陈述了量子力学对某些总是相互影响的成对的量,如位置与速度,能量与时间等的理论上的限制,在用经典概念描述微观粒子时,也必然受到限制),与不可判定性定理何等相似(不确定性原理指出宏观世界与微观世界的区别,以及宏观仪器和经典概念的局限性,而不可判定性定理指明了公理集合相容性的局限).

再比如数的认识与扩充过程是先整数、再分数、…… 这种思想在数学的许多领域均有类比与仿效(下面 → 表示拓展):

数的扩充(从整数 → 分数 → …)

分数阶微积分(从整数阶微分、积分 → 分数阶微分、积分)

模糊数学(从 0 - 1 二值逻辑 → [0,1] 区间取逻辑值)

分形(从 0,1,2,… 整数维 → 分数维即分形几何)

集合超限数($\aleph_0$ 与 $\aleph_1$ 之间有无其他集合势或基数?)

……

从整数向分数形式推广的例子还有很多.

如前所述,求解线性规划问题的单纯形法是 1947 年由丹齐格首创的,它简单、实用,在线性规划理论与应用中占有压倒的地位.

再来说说解线性规划问题的单纯形方法.1972 年,凯利(V. Klee)和明蒂(G. Minty)构造了一个有 n 个变元,$2n$ 个不等式约束的线性规划问题,若用单纯形法求解,选择适当的初始点,须检验约束不等式组所确定的凸多面体的所有顶(极)点,才能获最优解,这就使得计算步数为 $2^n - 1$.因此从算法的计算复杂性来讲,单纯形法不是好算法(尽管在实际上人们遇到的问题全非如此),这导致了线性规划问题是否存在多项式算法的讨论与研究(前文我们曾谈过这个话题).

1979 年,苏联学者哈奇扬(Л. Г. Хачиян)将凸规划中的椭球法用于线性规划,得到了一种多项式算法,计算复杂性为 $O(l^2 n^6)$,其中 n 为变元个数,l 为问题的输入长度.

1980 年他又将此法用于分式线性规划,证明了分式线性规划存在多项式算法,其复杂性也为 $O(l^2 n^6)$.

令人遗憾的是:上面的算法在实际的许多情况下并不优于单纯形法.

1984 年,在美国贝尔试验室工作的印度 28 岁数学家卡尔马卡尔(N. Karmarkar)给出线性规划问题的一个新的多项式算法,其复杂性为 $O(l^2 n^{3.5})$.

1985 年,据报载我国大连理工大学的唐焕文、李国斌又将卡尔马卡尔的算法推广到分式线性规划,得到两种求解分式线性规划的多项式算法,其计算复杂性也为 $O(l^2 n^{3.5})$.

寻找数学的内在联系与统一功效,还在于由类比把已知的结论推广到另一个领域. 这种方法在历史上也是屡见不鲜的,牛顿曾把二项式展开

$$(a + b)^n = C_n^0 a^n + C_n^1 a^{n-1} b + \cdots + C_n^{n-1} ab^{n-1} + C_n^n b^n$$

拓展到有理数指数的情形(1676 年 10 月他在给英国皇家学会的一封信中提出的),展开式

$$(1 + x)^\alpha = 1 + \frac{\alpha}{1!} x + \frac{\alpha(\alpha - 1)}{2!} x^2 + \frac{\alpha(\alpha - 1)(\alpha - 2)}{3!} x^3 + \cdots$$

此展开式不仅对正整数指数成立,而且对分数指数和负指数也成立,且 α 不是非负整数时,展开式不再是有限的.

尔后人们又把它拓展到 α 是实数的情形.

在函数微分中,我们遇到了求两函数乘积的高阶导数的莱布尼兹公式(1695 年发现)

$$(uv)^{(n)} = C_n^0 uv^{(n)} + C_n^1 u^{(1)} v^{(n-1)} + \cdots + C_n^{n-1} u^{(n-1)} v^{(1)} + C_n^n u^{(n)} v$$

相比之后,我们也会发现它们之间在形式上是何等相似!

在多元函数的微分计算中(设 $z = f(x, y)$ 是 x, y 的函数),如果把 $\frac{\partial}{\partial x}, \frac{\partial}{\partial y}$ 视为算子,dx, dy 视为常数,则有

$$d^n z = \left(dx \frac{\partial}{\partial x} + dy \frac{\partial}{\partial y} \right)^n f = \sum_{k=0}^n C_n^k dx^k dy^{n-k} \frac{\partial^n f}{\partial x^k \partial y^k}$$

从某种意义上讲,也可看成将二项式展开的形式平移到了这里所得到的公式.

利用类比、移植,还可以得到许多意想不到的新奇结果.

17 世纪杰出的数学家雅谷·伯努利(古典概率论创始人之一)在研究分母是自然数平方的级数时遇到了麻烦,他没办法计算级数

$$1 + \frac{1}{4} + \frac{1}{9} + \frac{1}{16} + \frac{1}{25} + \frac{1}{36} + \cdots = ?$$

欧拉则利用函数的级数展开,借助于类比方法,依据数学本身的和谐、匀

称、一致性,巧妙地推算出①

$$1 + \frac{1}{4} + \frac{1}{9} + \frac{1}{16} + \frac{1}{25} + \frac{1}{36} + \cdots = \frac{\pi^2}{6}$$

尽管当时没能给出严格的证明,但当他对两边进行数值计算时,发现两边的值均为 1.644 934… 即前 7 位数都一样时,他深信无疑了(这种自信来源于他对数学本身和谐性的了解及对于数学美的笃信).

这个结论后来经人们证明是正确的.

我们还想指出:数学中不少猜想,是依据了数学的内在规律及内在的美的性质,通过演绎、推测以及借助于不完全归纳法而提出的,比如:

哥德巴赫猜想、费马猜想、黎曼猜想、四色定理、自然数可表示为 k 个 k 角数和定理、华林问题、连续统假设……

我们还想指出:数学应该是匀称、和谐的,也是全息的,人们似乎可从某些局部去预见整体,从特殊去展现一般.

数学的同构概念,是数学内涵统一的一种形式,因为凡是具有同构性质的一些结构,在本质上均可视为同一结构,这样只需对其中之一进行分析,便可得到这一类概念的性质.

同构概念是这样定义的:

有集合 M 和 N,其中分别定义运算 $\circ$ 和 $*$,且它们满足同一组公理. 若存在一一对应的法则 φ,使 M,N 中元素及其运算一一对应起来,则称 $\{M;\circ\}$ 和 $\{N;*\}$ 是一对同构系统.

例如复数域中,复数 $z = a + bi$(其中 $i = \sqrt{-1}$)有四种表现(示)形式

$$a + bi \leftrightarrow (a,b) \leftrightarrow \begin{pmatrix} a & b \\ -b & a \end{pmatrix} \leftrightarrow \overrightarrow{OA}$$

对于坐标法而言(图 24):若 $z_1 = a + bi, z_2 = c + di$,用坐标法可将它们表示为 $z_1 \leftrightarrow (a,b), z_2 \leftrightarrow (c,d)$,这时有

$$(a,b) + (c,d) = (a + c, b + d)$$

---

① 欧拉考虑 $\sin x$ 的级数展开式及三角方程

$$\frac{\sin x}{x} = 1 - \frac{x^2}{3!} + \frac{x^4}{5!} + \frac{x^6}{7!} + \cdots = 0$$

将其视为只含偶次幂项的无穷次代数方程,而它有相异的实根 $\pm\pi, \pm 2\pi, \pm 3\pi, \cdots$,这样

$$\frac{\sin x}{x} = \left(1 - \frac{x^2}{\pi^2}\right)\left(1 - \frac{x^2}{4\pi^2}\right)\left(1 - \frac{x^2}{9\pi^2}\right)\cdots.$$

将上式右边相乘式展开,并与前式中 x^2 项的系数比较有

$$\frac{1}{3!} = \frac{1}{\pi^2} + \frac{1}{4\pi^2} + \frac{1}{9\pi^2} + \cdots$$

$$(a,b) \cdot (c,d) = (ac - bd, ad + bc)$$

这与 z_1, z_2 间利用复数运算规则得到的结果完全一致.

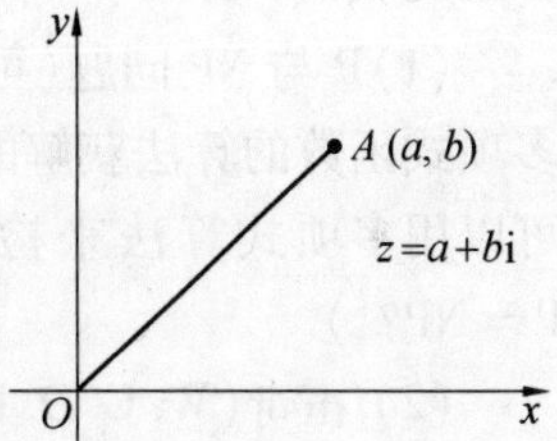

对矩阵表示法而言,若

$$z_1 \leftrightarrow \begin{pmatrix} a & b \\ -b & a \end{pmatrix}, \quad z_2 \leftrightarrow \begin{pmatrix} c & d \\ -d & c \end{pmatrix}$$

图 24

利用矩阵加法、乘法运算规则可有

$$\begin{pmatrix} a & b \\ -b & a \end{pmatrix} + \begin{pmatrix} c & d \\ -d & c \end{pmatrix} = \begin{pmatrix} a+c & b+d \\ -(b+d) & a+c \end{pmatrix}$$

$$\begin{pmatrix} a & b \\ -b & a \end{pmatrix} \cdot \begin{pmatrix} c & d \\ -d & c \end{pmatrix} = \begin{pmatrix} ac-bd & ad+bc \\ -(ad+bc) & ac-bd \end{pmatrix}$$

上式右边的矩阵分别对应复数

$$(a+c) + (b+d)\mathrm{i} \ \text{和} \ (ac-bd) + (ad+bc)\mathrm{i}$$

即分别对应 $z_1 + z_2$ 和 $z_1 z_2$ 的矩阵表示,这与依复数运算规则得到的结果完全一致.

此外,由绝对值或范数概念还有

$$|a + b\mathrm{i}| = |(a,b)| = |\overrightarrow{OA}| = \left| \begin{pmatrix} a & b \\ -b & a \end{pmatrix} \right| = \sqrt{a^2 + b^2}$$

数学中类似的问题还有许多,可以看到:数学中任一知识、任一分支研究的主要目的都是寻找一种观点,且从此出发使得该知识、该分支显得最为简单,同时可以由此及彼、由表及里、举一反三.

前文已述,1900 年,第 2 届国际数学家大会上,希尔伯特发表了重要演说,内容主要是为了"揭开数学隐藏在未来之中的面纱,探索未来世纪数学发展的前景"而提出的著名的 23 个数学问题,从此揭开了 20 世纪数学发展的序幕.

由于这些问题不仅前沿、新潮,而且每个问题中都蕴含着内在的数学美,因此它们一直引起数学家们的浓厚兴趣,无论是谁,只要解决这些问题的一个,就足以在数学界赢得崇高的声誉. 有的数学家甚至用希尔伯特问题解决的情况来衡量 20 世纪以来纯数学的发展水平.

人们发现:希尔伯特的这些问题,一是提得清晰、易懂,二是极为困难的,但却不是不可解决而白费气力的.

迄今为止,已完满解决的希尔伯特问题约占一半;有几个问题比较笼统,难以判断解决与否;大约还有三分之一的问题悬而未决,有的有了进展,有的则毫无眉目.

20 世纪最后一年(2000 年 5 月 24 日),美国克莱(Clay)数学会在巴黎举行会议,会后发布新千年的 7 个数学奖问题(详见 *Notices of the AMS*, Vol. 47, No.

8(2000),877-879):

(1)P 与 NP 问题(可通过运行多项式次,即运行时间至多是输入量大小的多项式函数的算法获解的问题称为 P 类问题;而坏算法称 E 类;而提出的解答可以用多项式算法来检验的问题称为 NP 类,它介于上两类算法之间. 问 P = NP?).

(2)霍奇(W. C. D. Hodge)猜想(任何 Hodge 类关于一个非奇异复射影代数簇都是某些代数链类的有理线性组合).

(3)庞加莱猜想(任何单连通闭 3 维流形同胚于 3 维球. 此问题已解决,详见前文).

(4)黎曼猜想(黎曼 ζ 函数的每个非平凡零点的实部皆为 $\frac{1}{2}$).

(5)量子杨 – 米尔斯(Yang-Mills)理论(证明量子杨 – 米尔斯场存在且存在一个质量缺口).

(6)维纳 – 斯托克斯(Navier-Stokes)方程解的存在性与光滑性(在适当边界及初始条件下,对 3 维纳维 – 斯托克斯方程组证明或反证即推翻其光滑解的存在性).

(7)斯温奈顿 – 迪耶尔(Swinnerton-Dyer)猜想(对于建立在有理数域上每一条椭圆曲线 E,它在 1 处的 $L(E,S)$ 函数变为 0 即 $L(E,1) = 0$ 的阶数,等于该曲线上有理点的阿贝尔群的秩,换句话说即椭圆曲线 E 有无穷多个有理点的重要条件是 $L(E,1) = 0$).

这是一个效仿希尔伯特在 19 世纪最后一年的世界数学家大会上提出 23 个问题的做法,他们的宗旨是:进一步弘扬数学思想的优美、力量的统一性(把数学美提升到如此高度).

数学科学是一个统一的整体,其组织活力来自各分支间的联系. 构成数学进展的内容和标准是:方法的简化,失效旧程序的废止,新理论或分支的诞生,以及以往相异领域的统一. 而希尔伯特问题、克莱问题都为数学在未来各自的新世纪发展提供了纲领和旨要.

数学家韦尔风趣地说:"希尔伯特就像穿杂色衣服的风笛手,他那甜蜜的笛声诱惑了如此众多的'老鼠',跟着他一起跳进数学的深河. "

人们也毫不怀疑:在新的千年,还会有更多的痴迷"老鼠"会随着克莱学会的风笛声,心甘情愿、义无反顾地跳入神秘莫测又充满魅力的数学深河……

正是这条深河中蕴藏无限的希望和美丽、奥妙和神奇,失败和成功,才得以诱使如此众多的志愿者去涉足、去探索、去遨游、去为之献身.

数学,美哉!

参 考 文 献

[1] M. 李普曼. 当代美学[M]. 北京:光明日报出版社,1986.

[2] 克鲍列夫. 美学[M]. 北京:中国文联出版公司,1986.

[3] 罗齐. 美学原理[M]. 北京:外国文学出版社,1983.

[4] 蒋孔阳. 美与审美观[M]. 上海:上海人民出版社,1985.

[5] 徐纪敏. 科学美学思想史[M]. 长沙:湖南人民出版社,1987.

[6] 徐本顺,殷启正. 数学中的美学方法[M]. 南京:江苏教育出版社,1990.

[7] KAPUR J N. 数学家谈数学本质[M]. 北京:北京大学出版社,1989.

[8] 克莱因 M. 古今数学思想(1~4)[M]. 上海:上海科学技术出版社,1979-1981.

[9] 斯蒂恩 L A. 今日数学[M]. 上海:上海科学技术出版社,1982.

[10] 波利亚 G. 数学与猜想(一、二卷)[M]. 北京:科学出版社,1984.

[11] 梁宗巨. 世界数学史简编[M]. 沈阳:辽宁教育出版社,1980.

[12] 李迪. 中国数学史简编[M]. 沈阳:辽宁教育出版社,1984.

[13] 中外数学史编写组. 外国数学简史[M]. 济南:山东教育出版社,1987.

[14] 中外数学史编写组. 中国数学简史[M]. 济南:山东教育出版社,1987.

[15] 张奠宙. 20 世纪数学史话[M]. 北京:知识出版社,1984.

[16] 袁小明,胡炳生,周焕山. 数学思想发展简史[M]. 北京:高等教育出版社,1992.

[17] 张光远. 近现代数学发展概论[M]. 重庆:重庆出版社,1991.

[18] 吴文俊. 现代数学新进展[M]. 合肥:安徽科学技术出版社,1988.

[19] 刘云章. 数学符号概论[M]. 合肥:安徽教育出版社,1993.

[20] 王前. 数学哲学引论[M]. 沈阳:辽宁教育出版社,1991.

[21] 刘德铭. 数学与未来[M]. 长沙:湖南教育出版社,1987.

[22] 徐利治. 数学方法论选讲[M]. 北京:华中工学院出版社,1986.

[23] 戈丁 L. 数学概观[M]. 北京:科学出版社,1984.

[24] 柯朗 R,罗宾斯 H. 数学是什么[M]. 长沙:湖南教育出版社,1985.

[25] 伊夫斯 H. 数学史概论[M]. 太原:山西人民出版社,1986.

[26] 库克 P D. 现代数学史[M]. 呼和浩特:内蒙古人民出版社,1982.

[27] 周述岐. 微积分思想简史[M]. 北京:中国人民大学出版社,1987.

[28] 吴振奎. 数学中的推广、反例及不可能问题[M]. 沈阳:辽宁教育出版社,1993.

[29] 吴振奎,俞晓群. 今日数学中的趣味问题[M]. 天津:天津科学技术出版社,1990.

[30] 吴振奎,吴旻. 数学的创造[M]. 上海:上海教育出版社,2002.

[31] 吴振奎. 完美正方形[J]. 自然杂志,1992(10).

[32] 吴振奎. 一个实用小康型消费公式[J]. 天津商学院学报,1994(4).

[33] 吴振奎. 斐波那契数列[M]. 沈阳:辽宁教育出版社,1987.

[34] 吴振奎. 费尔马猜想获证[J]. 中等数学,1997(4).

[35] 吴振奎. 谈谈素(质)数表达式[J]. 中等数学,1999(2).

[36] 吴振奎. 分形漫话[J]. 科学世界,1999(6).

[37] 吴振奎. 混沌平话[J]. 数学通讯,1999(2).

[38] 吴振奎. 完美正方形补遗[J]. 中等数学,1999(1).

[39] 吴振奎. 数学解题中的物理方法[M]. 郑州:河南科技出版社,1997.

[40] 吴振奎. 三角形、正方形的某些剖分问题[J]. 中等数学,2000(1).

[41] 吴振奎. 数学解题的特殊方法[M]. 沈阳:辽宁教育出版社,1986.

[42] DEVANEY R L. An Introduction to Redwood City[J]. Calif,1989.

[43] BANKS J. 关于混沌的 Devaney 定义[J]. 数学译林,1993(1).

[44] HUNT B R,YORKE J A. Maxwell 的混沌观[J]. 数学译林,1995(3).

[45] CRANNELL A. Devaney 的混沌定义中的传递性的作用[J]. 数学译林,1996(4).

[46] TOUBEY P. 混沌的又一定义[J]. 数学译林,1998(1).

[47] KAYE B H. 分形漫步[M]. 沈阳:东北大学出版社,1995.

[48] 张济忠. 分形[M]. 北京:清华大学出版社,1995.

[49] 张志三. 漫谈分形[M]. 长沙:湖南教育出版社,1996.

[50] 高安秀树. 分数维[M]. 北京:地震出版社,1994.

[51] 汪富泉,李后强. 分形[M]. 济南:山东教育出版社,1997.

[52] В Г. 巴尔佳斯基,В А. 叶弗莱莫维奇. 拓扑学奇趣[M]. 北京:北京大学出版社,1987.

[53] 野口宏. 拓扑学的基础和方法[M]. 北京:科学出版社,1986.

[54] C. Pomerance. 双筛记[J]. 数学译林,1998(2).

[55] 马丁·加德纳. 不可思议的矩阵博士(谈祥柏译,改名"科学算命"之谜)[M]. 上海:上海科学出版社,1990.

[56] 亨斯贝尔格 R. 数学中的智巧[M]. 北京:北京大学出版社,1985.

[57] 阿尔贝特,贝勒 H. 数论妙趣[M]. 上海:上海教育出版社,1998.

[58] 莫尔丁 R D. 数学探索[M]. 成都:四川教育出版社,1987.

[59] BURR S A,GRÁNBAUM B,SLOANE N J A. The Orchard Problem,Geometriae Dedicata,1974(2).

[60] 吴文俊. 世界著名数学家传记[J]. 北京:科学出版社,1995.

[61] KLAMER D A,等. 数学加德纳[M]. 上海:上海教育出版社,1992.

[62] 单墫. 十个有趣的数学问题[M]. 上海:上海教育出版社,1999.

[63] 《数学百科全书》编译委员会. 数学百科全书(1~5卷)[M]. 北京:科学出版社,1994~2000.

[64] N. Hegyvári. 一类无理十进制小数[J]. 数学译林,1994(3).

[65] А. Я. 辛钦. 连分数[M]. 上海:上海科学技术出版社,1965.

刘培杰数学工作室
已出版(即将出版)图书目录——初等数学

书　名	出版时间	定　价	编号
新编中学数学解题方法全书(高中版)上卷(第2版)	2018—08	58.00	951
新编中学数学解题方法全书(高中版)中卷(第2版)	2018—08	68.00	952
新编中学数学解题方法全书(高中版)下卷(一)(第2版)	2018—08	58.00	953
新编中学数学解题方法全书(高中版)下卷(二)(第2版)	2018—08	58.00	954
新编中学数学解题方法全书(高中版)下卷(三)(第2版)	2018—08	68.00	955
新编中学数学解题方法全书(初中版)上卷	2008—01	28.00	29
新编中学数学解题方法全书(初中版)中卷	2010—07	38.00	75
新编中学数学解题方法全书(高考复习卷)	2010—01	48.00	67
新编中学数学解题方法全书(高考真题卷)	2010—01	38.00	62
新编中学数学解题方法全书(高考精华卷)	2011—03	68.00	118
新编平面解析几何解题方法全书(专题讲座卷)	2010—01	18.00	61
新编中学数学解题方法全书(自主招生卷)	2013—08	88.00	261
数学奥林匹克与数学文化(第一辑)	2006—05	48.00	4
数学奥林匹克与数学文化(第二辑)(竞赛卷)	2008—01	48.00	19
数学奥林匹克与数学文化(第二辑)(文化卷)	2008—07	58.00	36'
数学奥林匹克与数学文化(第三辑)(竞赛卷)	2010—01	48.00	59
数学奥林匹克与数学文化(第四辑)(竞赛卷)	2011—08	58.00	87
数学奥林匹克与数学文化(第五辑)	2015—06	98.00	370
世界著名平面几何经典著作钩沉——几何作图专题卷(上)	2009—06	48.00	49
世界著名平面几何经典著作钩沉——几何作图专题卷(下)	2011—01	88.00	80
世界著名平面几何经典著作钩沉(民国平面几何老课本)	2011—03	38.00	113
世界著名平面几何经典著作钩沉(建国初期平面三角老课本)	2015—08	38.00	507
世界著名解析几何经典著作钩沉——平面解析几何卷	2014—01	38.00	264
世界著名数论经典著作钩沉(算术卷)	2012—01	28.00	125
世界著名数学经典著作钩沉——立体几何卷	2011—02	28.00	88
世界著名三角学经典著作钩沉(平面三角卷Ⅰ)	2010—06	28.00	69
世界著名三角学经典著作钩沉(平面三角卷Ⅱ)	2011—01	38.00	78
世界著名初等数论经典著作钩沉(理论和实用算术卷)	2011—07	38.00	126
发展你的空间想象力	2017—06	38.00	785
空间想象力进阶	2019—05	68.00	1062
走向国际数学奥林匹克的平面几何试题诠释. 第1卷	即将出版		1043
走向国际数学奥林匹克的平面几何试题诠释. 第2卷	即将出版		1044
走向国际数学奥林匹克的平面几何试题诠释. 第3卷	2019—03	78.00	1045
走向国际数学奥林匹克的平面几何试题诠释. 第4卷	即将出版		1046
平面几何证明方法全书	2007—08	35.00	1
平面几何证明方法全书习题解答(第2版)	2006—12	18.00	10
平面几何天天练上卷·基础篇(直线型)	2013—01	58.00	208
平面几何天天练中卷·基础篇(涉及圆)	2013—01	28.00	234
平面几何天天练下卷·提高篇	2013—01	58.00	237
平面几何专题研究	2013—07	98.00	258

刘培杰数学工作室
已出版(即将出版)图书目录——初等数学

书　名	出版时间	定　价	编号
最新世界各国数学奥林匹克中的平面几何试题	2007—09	38.00	14
数学竞赛平面几何典型题及新颖解	2010—07	48.00	74
初等数学复习及研究(平面几何)	2008—09	58.00	38
初等数学复习及研究(立体几何)	2010—06	38.00	71
初等数学复习及研究(平面几何)习题解答	2009—01	48.00	42
几何学教程(平面几何卷)	2011—03	68.00	90
几何学教程(立体几何卷)	2011—07	68.00	130
几何变换与几何证题	2010—06	88.00	70
计算方法与几何证题	2011—06	28.00	129
立体几何技巧与方法	2014—04	88.00	293
几何瑰宝——平面几何500名题暨1000条定理(上、下)	2010—07	138.00	76,77
三角形的解法与应用	2012—07	18.00	183
近代的三角形几何学	2012—07	48.00	184
一般折线几何学	2015—08	48.00	503
三角形的五心	2009—06	28.00	51
三角形的六心及其应用	2015—10	68.00	542
三角形趣谈	2012—08	28.00	212
解三角形	2014—01	28.00	265
三角学专门教程	2014—09	28.00	387
图天下几何新题试卷.初中(第2版)	2017—11	58.00	855
圆锥曲线习题集(上册)	2013—06	68.00	255
圆锥曲线习题集(中册)	2015—01	78.00	434
圆锥曲线习题集(下册·第1卷)	2016—10	78.00	683
圆锥曲线习题集(下册·第2卷)	2018—01	98.00	853
论九点圆	2015—05	88.00	645
近代欧氏几何学	2012—03	48.00	162
罗巴切夫斯基几何学及几何基础概要	2012—07	28.00	188
罗巴切夫斯基几何学初步	2015—06	28.00	474
用三角、解析几何、复数、向量计算解数学竞赛几何题	2015—03	48.00	455
美国中学几何教程	2015—04	88.00	458
三线坐标与三角形特征点	2015—04	98.00	460
平面解析几何方法与研究(第1卷)	2015—05	18.00	471
平面解析几何方法与研究(第2卷)	2015—06	18.00	472
平面解析几何方法与研究(第3卷)	2015—07	18.00	473
解析几何研究	2015—01	38.00	425
解析几何学教程.上	2016—01	38.00	574
解析几何学教程.下	2016—01	38.00	575
几何学基础	2016—01	58.00	581
初等几何研究	2015—02	58.00	444
十九和二十世纪欧氏几何学中的片段	2017—01	58.00	696
平面几何中考.高考.奥数一本通	2017—07	28.00	820
几何学简史	2017—08	28.00	833
四面体	2018—01	48.00	880
平面几何证明方法思路	2018—12	68.00	913
平面几何图形特性新析.上篇	2019—01	68.00	911
平面几何图形特性新析.下篇	2018—06	88.00	912
平面几何范例多解探究.上篇	2018—04	48.00	910
平面几何范例多解探究.下篇	2018—12	68.00	914
从分析解题过程学解题:竞赛中的几何问题研究	2018—07	68.00	946
二维、三维欧氏几何的对偶原理	2018—12	38.00	990
星形大观及闭折线论	2019—03	68.00	1020
圆锥曲线之设点与设线	2019—05	60.00	1063

刘培杰数学工作室
已出版(即将出版)图书目录——初等数学

书　名	出版时间	定　价	编号
俄罗斯平面几何问题集	2009—08	88.00	55
俄罗斯立体几何问题集	2014—03	58.00	283
俄罗斯几何大师——沙雷金论数学及其他	2014—01	48.00	271
来自俄罗斯的5000道几何习题及解答	2011—03	58.00	89
俄罗斯初等数学问题集	2012—05	38.00	177
俄罗斯函数问题集	2011—03	38.00	103
俄罗斯组合分析问题集	2011—01	48.00	79
俄罗斯初等数学万题选——三角卷	2012—11	38.00	222
俄罗斯初等数学万题选——代数卷	2013—08	68.00	225
俄罗斯初等数学万题选——几何卷	2014—01	68.00	226
俄罗斯《量子》杂志数学征解问题100题选	2018—08	48.00	969
俄罗斯《量子》杂志数学征解问题又100题选	2018—08	48.00	970
463个俄罗斯几何老问题	2012—01	28.00	152
《量子》数学短文精粹	2018—09	38.00	972
谈谈素数	2011—03	18.00	91
平方和	2011—03	18.00	92
整数论	2011—05	38.00	120
从整数谈起	2015—10	28.00	538
数与多项式	2016—01	38.00	558
谈谈不定方程	2011—05	28.00	119
解析不等式新论	2009—06	68.00	48
建立不等式的方法	2011—03	98.00	104
数学奥林匹克不等式研究	2009—08	68.00	56
不等式研究(第二辑)	2012—02	68.00	153
不等式的秘密(第一卷)	2012—02	28.00	154
不等式的秘密(第一卷)(第2版)	2014—02	38.00	286
不等式的秘密(第二卷)	2014—01	38.00	268
初等不等式的证明方法	2010—06	38.00	123
初等不等式的证明方法(第二版)	2014—11	38.00	407
不等式·理论·方法(基础卷)	2015—07	38.00	496
不等式·理论·方法(经典不等式卷)	2015—07	38.00	497
不等式·理论·方法(特殊类型不等式卷)	2015—07	48.00	498
不等式探究	2016—03	38.00	582
不等式探秘	2017—01	88.00	689
四面体不等式	2017—01	68.00	715
数学奥林匹克中常见重要不等式	2017—09	38.00	845
三正弦不等式	2018—09	98.00	974
函数方程与不等式:解法与稳定性结果	2019—04	68.00	1058
同余理论	2012—05	38.00	163
[x]与{x}	2015—04	48.00	476
极值与最值.上卷	2015—06	28.00	486
极值与最值.中卷	2015—06	38.00	487
极值与最值.下卷	2015—06	28.00	488
整数的性质	2012—11	38.00	192
完全平方数及其应用	2015—08	78.00	506
多项式理论	2015—10	88.00	541
奇数、偶数、奇偶分析法	2018—01	98.00	876
不定方程及其应用.上	2018—12	58.00	992
不定方程及其应用.中	2019—01	78.00	993
不定方程及其应用.下	2019—02	98.00	994

书 名	出版时间	定 价	编号
历届美国中学生数学竞赛试题及解答(第一卷)1950—1954	2014—07	18.00	277
历届美国中学生数学竞赛试题及解答(第二卷)1955—1959	2014—04	18.00	278
历届美国中学生数学竞赛试题及解答(第三卷)1960—1964	2014—06	18.00	279
历届美国中学生数学竞赛试题及解答(第四卷)1965—1969	2014—04	28.00	280
历届美国中学生数学竞赛试题及解答(第五卷)1970—1972	2014—06	18.00	281
历届美国中学生数学竞赛试题及解答(第六卷)1973—1980	2017—07	18.00	768
历届美国中学生数学竞赛试题及解答(第七卷)1981—1986	2015—01	18.00	424
历届美国中学生数学竞赛试题及解答(第八卷)1987—1990	2017—05	18.00	769
历届 IMO 试题集(1959—2005)	2006—05	58.00	5
历届 CMO 试题集	2008—09	28.00	40
历届中国数学奥林匹克试题集(第 2 版)	2017—03	38.00	757
历届加拿大数学奥林匹克试题集	2012—08	38.00	215
历届美国数学奥林匹克试题集:多解推广加强	2012—08	38.00	209
历届美国数学奥林匹克试题集:多解推广加强(第 2 版)	2016—03	48.00	592
历届波兰数学竞赛试题集.第 1 卷,1949～1963	2015—03	18.00	453
历届波兰数学竞赛试题集.第 2 卷,1964～1976	2015—03	18.00	454
历届巴尔干数学奥林匹克试题集	2015—05	38.00	466
保加利亚数学奥林匹克	2014—10	38.00	393
圣彼得堡数学奥林匹克试题集	2015—01	38.00	429
匈牙利奥林匹克数学竞赛题解.第 1 卷	2016—05	28.00	593
匈牙利奥林匹克数学竞赛题解.第 2 卷	2016—05	28.00	594
历届美国数学邀请赛试题集(第 2 版)	2017—10	78.00	851
全国高中数学竞赛试题及解答.第 1 卷	2014—07	38.00	331
普林斯顿大学数学竞赛	2016—06	38.00	669
亚太地区数学奥林匹克竞赛题	2015—07	18.00	492
日本历届(初级)广中杯数学竞赛试题及解答.第 1 卷 (2000～2007)	2016—05	28.00	641
日本历届(初级)广中杯数学竞赛试题及解答.第 2 卷 (2008～2015)	2016—05	38.00	642
360 个数学竞赛问题	2016—08	58.00	677
奥数最佳实战题.上卷	2017—06	38.00	760
奥数最佳实战题.下卷	2017—05	58.00	761
哈尔滨市早期中学数学竞赛试题汇编	2016—07	28.00	672
全国高中数学联赛试题及解答:1981—2017(第 2 版)	2018—05	98.00	920
20 世纪 50 年代全国部分城市数学竞赛试题汇编	2017—07	28.00	797
高中数学竞赛培训教程:平面几何问题的求解方法与策略.上	2018—05	68.00	906
高中数学竞赛培训教程:平面几何问题的求解方法与策略.下	2018—06	78.00	907
高中数学竞赛培训教程:整除与同余以及不定方程	2018—01	88.00	908
高中数学竞赛培训教程:组合计数与组合极值	2018—04	48.00	909
高中数学竞赛培训教程:初等代数	2019—04	78.00	1042
国内外数学竞赛题及精解:2016～2017	2018—07	45.00	922
许康华竞赛优学精选集.第一辑	2018—08	68.00	949
天问叶班数学问题征解 100 题.I,2016—2018	2019—05	88.00	1075
高考数学临门一脚(含密押三套卷)(理科版)	2017—01	45.00	743
高考数学临门一脚(含密押三套卷)(文科版)	2017—01	45.00	744
新课标高考数学题型全归纳(文科版)	2015—05	72.00	467
新课标高考数学题型全归纳(理科版)	2015—05	82.00	468
洞穿高考数学解答题核心考点(理科版)	2015—11	49.80	550
洞穿高考数学解答题核心考点(文科版)	2015—11	46.80	551

刘培杰数学工作室
已出版(即将出版)图书目录——初等数学

书　名	出版时间	定价	编号
高考数学题型全归纳:文科版.上	2016－05	53.00	663
高考数学题型全归纳:文科版.下	2016－05	53.00	664
高考数学题型全归纳:理科版.上	2016－05	58.00	665
高考数学题型全归纳:理科版.下	2016－05	58.00	666
王连笑教你怎样学数学:高考选择题解题策略与客观题实用训练	2014－01	48.00	262
王连笑教你怎样学数学:高考数学高层次讲座	2015－02	48.00	432
高考数学的理论与实践	2009－08	38.00	53
高考数学核心题型解题方法与技巧	2010－01	28.00	86
高考思维新平台	2014－03	38.00	259
30 分钟拿下高考数学选择题、填空题(理科版)	2016－10	39.80	720
30 分钟拿下高考数学选择题、填空题(文科版)	2016－10	39.80	721
高考数学压轴题解题诀窍(上)(第 2 版)	2018－01	58.00	874
高考数学压轴题解题诀窍(下)(第 2 版)	2018－01	48.00	875
北京市五区文科数学三年高考模拟题详解:2013～2015	2015－08	48.00	500
北京市五区理科数学三年高考模拟题详解:2013～2015	2015－09	68.00	505
向量法巧解数学高考题	2009－08	28.00	54
高考数学万能解题法(第 2 版)	即将出版	38.00	691
高考物理万能解题法(第 2 版)	即将出版	38.00	692
高考化学万能解题法(第 2 版)	即将出版	28.00	693
高考生物万能解题法(第 2 版)	即将出版	28.00	694
高考数学解题金典(第 2 版)	2017－01	78.00	716
高考物理解题金典(第 2 版)	2019－05	68.00	717
高考化学解题金典(第 2 版)	2019－05	58.00	718
我一定要赚分:高中物理	2016－01	38.00	580
数学高考参考	2016－01	78.00	589
2011～2015 年全国及各省市高考数学文科精品试题审题要津与解法研究	2015－10	68.00	539
2011～2015 年全国及各省市高考数学理科精品试题审题要津与解法研究	2015－10	88.00	540
最新全国及各省市高考数学试卷解法研究及点拨评析	2009－02	38.00	41
2011 年全国及各省市高考数学试题审题要津与解法研究	2011－10	48.00	139
2013 年全国及各省市高考数学试题解析与点评	2014－01	48.00	282
全国及各省市高考数学试题审题要津与解法研究	2015－02	48.00	450
高中数学章节起始课的教学研究与案例设计	2019－05	28.00	1064
新课标高考数学——五年试题分章详解(2007～2011)(上、下)	2011－10	78.00	140,141
全国中考数学压轴题审题要津与解法研究	2013－04	78.00	248
新编全国及各省市中考数学压轴题审题要津与解法研究	2014－05	58.00	342
全国及各省市 5 年中考数学压轴题审题要津与解法研究(2015 版)	2015－04	58.00	462
中考数学专题总复习	2007－04	28.00	6
中考数学较难题、难题常考题型解题方法与技巧.上	2016－01	48.00	584
中考数学较难题、难题常考题型解题方法与技巧.下	2016－01	58.00	585
中考数学较难题常考题型解题方法与技巧	2016－09	48.00	681
中考数学难题常考题型解题方法与技巧	2016－09	48.00	682
中考数学中档题常考题型解题方法与技巧	2017－08	68.00	835
中考数学选择填空压轴好题妙解 365	2017－05	38.00	759

刘培杰数学工作室
已出版(即将出版)图书目录——初等数学

书　名	出版时间	定　价	编号
中考数学小压轴汇编初讲	2017—07	48.00	788
中考数学大压轴专题微言	2017—09	48.00	846
北京中考数学压轴题解题方法突破(第4版)	2019—01	58.00	1001
助你高考成功的数学解题智慧:知识是智慧的基础	2016—01	58.00	596
助你高考成功的数学解题智慧:错误是智慧的试金石	2016—04	58.00	643
助你高考成功的数学解题智慧:方法是智慧的推手	2016—04	68.00	657
高考数学奇思妙解	2016—04	38.00	610
高考数学解题策略	2016—05	48.00	670
数学解题泄天机(第2版)	2017—10	48.00	850
高考物理压轴题全解	2017—04	48.00	746
高中物理经典问题25讲	2017—05	28.00	764
高中物理教学讲义	2018—01	48.00	871
2016年高考文科数学真题研究	2017—04	58.00	754
2016年高考理科数学真题研究	2017—04	78.00	755
2017年高考理科数学真题研究	2018—01	58.00	867
2017年高考文科数学真题研究	2018—01	48.00	868
初中数学、高中数学脱节知识补缺教材	2017—06	48.00	766
高考数学小题抢分必练	2017—10	48.00	834
高考数学核心素养解读	2017—09	38.00	839
高考数学客观题解题方法和技巧	2017—10	38.00	847
十年高考数学精品试题审题要津与解法研究.上卷	2018—01	68.00	872
十年高考数学精品试题审题要津与解法研究.下卷	2018—01	58.00	873
中国历届高考数学试题及解答.1949—1979	2018—01	38.00	877
历届中国高考数学试题及解答.第二卷,1980—1989	2018—10	28.00	975
历届中国高考数学试题及解答.第三卷,1990—1999	2018—10	48.00	976
数学文化与高考研究	2018—03	48.00	882
跟我学解高中数学题	2018—07	58.00	926
中学数学研究的方法及案例	2018—05	58.00	869
高考数学抢分技能	2018—07	68.00	934
高一新生常用数学方法和重要数学思想提升教材	2018—06	38.00	921
2018年高考数学真题研究	2019—01	68.00	1000
高考数学全国卷16道选择、填空题常考题型解题诀窍:理科	2018—09	88.00	971
新编640个世界著名数学智力趣题	2014—01	88.00	242
500个最新世界著名数学智力趣题	2008—06	48.00	3
400个最新世界著名数学最值问题	2008—09	48.00	36
500个世界著名数学征解问题	2009—06	48.00	52
400个中国最佳初等数学征解老问题	2010—01	48.00	60
500个俄罗斯数学经典老题	2011—01	28.00	81
1000个国外中学物理好题	2012—04	48.00	174
300个日本高考数学题	2012—05	38.00	142
700个早期日本高考数学试题	2017—02	88.00	752
500个前苏联早期高考数学试题及解答	2012—05	28.00	185
546个早期俄罗斯大学生数学竞赛题	2014—03	38.00	285
548个来自美苏的数学好问题	2014—11	28.00	396
20所苏联著名大学早期入学试题	2015—02	18.00	452
161道德国工科大学生必做的微分方程习题	2015—05	28.00	469
500个德国工科大学生必做的高数习题	2015—06	28.00	478
360个数学竞赛问题	2016—08	58.00	677
200个趣味数学故事	2018—02	48.00	857
470个数学奥林匹克中的最值问题	2018—10	88.00	985
德国讲义日本考题.微积分卷	2015—04	48.00	456
德国讲义日本考题.微分方程卷	2015—04	38.00	457
二十世纪中叶中、英、美、日、法、俄高考数学试题精选	2017—06	38.00	783

刘培杰数学工作室
已出版(即将出版)图书目录——初等数学

书　　名	出版时间	定　价	编号
中国初等数学研究　2009 卷(第 1 辑)	2009—05	20.00	45
中国初等数学研究　2010 卷(第 2 辑)	2010—05	30.00	68
中国初等数学研究　2011 卷(第 3 辑)	2011—07	60.00	127
中国初等数学研究　2012 卷(第 4 辑)	2012—07	48.00	190
中国初等数学研究　2014 卷(第 5 辑)	2014—02	48.00	288
中国初等数学研究　2015 卷(第 6 辑)	2015—06	68.00	493
中国初等数学研究　2016 卷(第 7 辑)	2016—04	68.00	609
中国初等数学研究　2017 卷(第 8 辑)	2017—01	98.00	712
几何变换(Ⅰ)	2014—07	28.00	353
几何变换(Ⅱ)	2015—06	28.00	354
几何变换(Ⅲ)	2015—01	38.00	355
几何变换(Ⅳ)	2015—12	38.00	356
初等数论难题集(第一卷)	2009—05	68.00	44
初等数论难题集(第二卷)(上、下)	2011—02	128.00	82,83
数论概貌	2011—03	18.00	93
代数数论(第二版)	2013—08	58.00	94
代数多项式	2014—06	38.00	289
初等数论的知识与问题	2011—02	28.00	95
超越数论基础	2011—03	28.00	96
数论初等教程	2011—03	28.00	97
数论基础	2011—03	18.00	98
数论基础与维诺格拉多夫	2014—03	18.00	292
解析数论基础	2012—08	28.00	216
解析数论基础(第二版)	2014—01	48.00	287
解析数论问题集(第二版)(原版引进)	2014—05	88.00	343
解析数论问题集(第二版)(中译本)	2016—04	88.00	607
解析数论基础(潘承洞,潘承彪著)	2016—07	98.00	673
解析数论导引	2016—07	58.00	674
数论入门	2011—03	38.00	99
代数数论入门	2015—03	38.00	448
数论开篇	2012—07	28.00	194
解析数论引论	2011—03	48.00	100
Barban Davenport Halberstam 均值和	2009—01	40.00	33
基础数论	2011—03	28.00	101
初等数论 100 例	2011—05	18.00	122
初等数论经典例题	2012—07	18.00	204
最新世界各国数学奥林匹克中的初等数论试题(上、下)	2012—01	138.00	144,145
初等数论(Ⅰ)	2012—01	18.00	156
初等数论(Ⅱ)	2012—01	18.00	157
初等数论(Ⅲ)	2012—01	28.00	158

刘培杰数学工作室
已出版(即将出版)图书目录——初等数学

书 名	出版时间	定 价	编号
平面几何与数论中未解决的新老问题	2013—01	68.00	229
代数数论简史	2014—11	28.00	408
代数数论	2015—09	88.00	532
代数、数论及分析习题集	2016—11	98.00	695
数论导引提要及习题解答	2016—01	48.00	559
素数定理的初等证明. 第2版	2016—09	48.00	686
数论中的模函数与狄利克雷级数(第二版)	2017—11	78.00	837
数论:数学导引	2018—01	68.00	849
范式大代数	2019—02	98.00	1016
解析数学讲义. 第一卷,导来式及微分、积分、级数	2019—04	88.00	1021
解析数学讲义. 第二卷,关于几何的应用	2019—04	68.00	1022
解析数学讲义. 第三卷,解析函数论	2019—04	78.00	1023
分析·组合·数论纵横谈	2019—04	58.00	1039
数学精神巡礼	2019—01	58.00	731
数学眼光透视(第2版)	2017—06	78.00	732
数学思想领悟(第2版)	2018—01	68.00	733
数学方法溯源(第2版)	2018—08	68.00	734
数学解题引论	2017—05	58.00	735
数学史话览胜(第2版)	2017—01	48.00	736
数学应用展观(第2版)	2017—08	68.00	737
数学建模尝试	2018—04	48.00	738
数学竞赛采风	2018—01	68.00	739
数学测评探营	2019—05	58.00	740
数学技能操握	2018—03	48.00	741
数学欣赏拾趣	2018—02	48.00	742
从毕达哥拉斯到怀尔斯	2007—10	48.00	9
从迪利克雷到维斯卡尔迪	2008—01	48.00	21
从哥德巴赫到陈景润	2008—05	98.00	35
从庞加莱到佩雷尔曼	2011—08	138.00	136
博弈论精粹	2008—03	58.00	30
博弈论精粹. 第二版(精装)	2015—01	88.00	461
数学 我爱你	2008—01	28.00	20
精神的圣徒 别样的人生——60位中国数学家成长的历程	2008—09	48.00	39
数学史概论	2009—06	78.00	50
数学史概论(精装)	2013—03	158.00	272
数学史选讲	2016—01	48.00	544
斐波那契数列	2010—02	28.00	65
数学拼盘和斐波那契魔方	2010—07	38.00	72
斐波那契数列欣赏(第2版)	2018—08	58.00	948
Fibonacci 数列中的明珠	2018—06	58.00	928
数学的创造	2011—02	48.00	85
数学美与创造力	2016—01	48.00	595
数海拾贝	2016—01	48.00	590
数学中的美(第2版)	2019—04	68.00	1057
数论中的美学	2014—12	38.00	351

刘培杰数学工作室
已出版(即将出版)图书目录——初等数学

书　　名	出 版 时 间	定　价	编号
数学王者　科学巨人——高斯	2015—01	28.00	428
振兴祖国数学的圆梦之旅:中国初等数学研究史话	2015—06	98.00	490
二十世纪中国数学史料研究	2015—10	48.00	536
数字谜、数阵图与棋盘覆盖	2016—01	58.00	298
时间的形状	2016—01	38.00	556
数学发现的艺术:数学探索中的合情推理	2016—07	58.00	671
活跃在数学中的参数	2016—07	48.00	675
数学解题——靠数学思想给力(上)	2011—07	38.00	131
数学解题——靠数学思想给力(中)	2011—07	48.00	132
数学解题——靠数学思想给力(下)	2011—07	38.00	133
我怎样解题	2013—01	48.00	227
数学解题中的物理方法	2011—06	28.00	114
数学解题的特殊方法	2011—06	48.00	115
中学数学计算技巧	2012—01	48.00	116
中学数学证明方法	2012—01	58.00	117
数学趣题巧解	2012—03	28.00	128
高中数学教学通鉴	2015—05	58.00	479
和高中生漫谈:数学与哲学的故事	2014—08	28.00	369
算术问题集	2017—03	38.00	789
张教授讲数学	2018—07	38.00	933
自主招生考试中的参数方程问题	2015—01	28.00	435
自主招生考试中的极坐标问题	2015—04	28.00	463
近年全国重点大学自主招生数学试题全解及研究.华约卷	2015—02	38.00	441
近年全国重点大学自主招生数学试题全解及研究.北约卷	2016—05	38.00	619
自主招生数学解证宝典	2015—09	48.00	535
格点和面积	2012—07	18.00	191
射影几何趣谈	2012—04	28.00	175
斯潘纳尔引理——从一道加拿大数学奥林匹克试题谈起	2014—01	28.00	228
李普希兹条件——从几道近年高考数学试题谈起	2012—10	18.00	221
拉格朗日中值定理——从一道北京高考试题的解法谈起	2015—10	18.00	197
闵科夫斯基定理——从一道清华大学自主招生试题谈起	2014—01	28.00	198
哈尔测度——从一道冬令营试题的背景谈起	2012—08	28.00	202
切比雪夫逼近问题——从一道中国台北数学奥林匹克试题谈起	2013—04	38.00	238
伯恩斯坦多项式与贝齐尔曲面——从一道全国高中数学联赛试题谈起	2013—03	38.00	236
卡塔兰猜想——从一道普特南竞赛试题谈起	2013—06	18.00	256
麦卡锡函数和阿克曼函数——从一道前南斯拉夫数学奥林匹克试题谈起	2012—08	18.00	201
贝蒂定理与拉姆贝克莫斯尔定理——从一个拣石子游戏谈起	2012—08	18.00	217
皮亚诺曲线和豪斯道夫分球定理——从无限集谈起	2012—08	18.00	211
平面凸图形与凸多面体	2012—10	28.00	218
斯坦因豪斯问题——从一道二十五省市自治区中学数学竞赛试题谈起	2012—07	18.00	196

刘培杰数学工作室

 已出版(即将出版)图书目录——初等数学

书　名	出版时间	定价	编号
纽结理论中的亚历山大多项式与琼斯多项式——从一道北京市高一数学竞赛试题谈起	2012—07	28.00	195
原则与策略——从波利亚"解题表"谈起	2013—04	38.00	244
转化与化归——从三大尺规作图不能问题谈起	2012—08	28.00	214
代数几何中的贝祖定理(第一版)——从一道 IMO 试题的解法谈起	2013—08	18.00	193
成功连贯理论与约当块理论——从一道比利时数学竞赛试题谈起	2012—04	18.00	180
素数判定与大数分解	2014—08	18.00	199
置换多项式及其应用	2012—10	18.00	220
椭圆函数与模函数——从一道美国加州大学洛杉矶分校(UCLA)博士资格考题谈起	2012—10	28.00	219
差分方程的拉格朗日方法——从一道 2011 年全国高考理科试题的解法谈起	2012—08	28.00	200
力学在几何中的一些应用	2013—01	38.00	240
高斯散度定理、斯托克斯定理和平面格林定理——从一道国际大学生数学竞赛试题谈起	即将出版		
康托洛维奇不等式——从一道全国高中联赛试题谈起	2013—03	28.00	337
西格尔引理——从一道第 18 届 IMO 试题的解法谈起	即将出版		
罗斯定理——从一道前苏联数学竞赛试题谈起	即将出版		
拉克斯定理和阿廷定理——从一道 IMO 试题的解法谈起	2014—01	58.00	246
毕卡大定理——从一道美国大学数学竞赛试题谈起	2014—07	18.00	350
贝齐尔曲线——从一道全国高中联赛试题谈起	即将出版		
拉格朗日乘子定理——从一道 2005 年全国高中联赛试题的高等数学解法谈起	2015—05	28.00	480
雅可比定理——从一道日本数学奥林匹克试题谈起	2013—04	48.00	249
李天岩—约克定理——从一道波兰数学竞赛试题谈起	2014—06	28.00	349
整系数多项式因式分解的一般方法——从克朗耐克算法谈起	即将出版		
布劳维不动点定理——从一道前苏联数学奥林匹克试题谈起	2014—01	38.00	273
伯恩赛德定理——从一道英国数学奥林匹克试题谈起	即将出版		
布查特—莫斯特定理——从一道上海市初中竞赛试题谈起	即将出版		
数论中的同余数问题——从一道普特南竞赛试题谈起	即将出版		
范·德蒙行列式——从一道美国数学奥林匹克试题谈起	即将出版		
中国剩余定理:总数法构建中国历史年表	2015—01	28.00	430
牛顿程序与方程求根——从一道全国高考试题解法谈起	即将出版		
库默尔定理——从一道 IMO 预选试题谈起	即将出版		
卢丁定理——从一道冬令营试题的解法谈起	即将出版		
沃斯滕霍姆定理——从一道 IMO 预选试题谈起	即将出版		
卡尔松不等式——从一道莫斯科数学奥林匹克试题谈起	即将出版		
信息论中的香农熵——从一道近年高考压轴题谈起	即将出版		
约当不等式——从一道希望杯竞赛试题谈起	即将出版		
拉比诺维奇定理	即将出版		
刘维尔定理——从一道《美国数学月刊》征解问题的解法谈起	即将出版		
卡塔兰恒等式与级数求和——从一道 IMO 试题的解法谈起	即将出版		
勒让德猜想与素数分布——从一道爱尔兰竞赛试题谈起	即将出版		
天平称重与信息论——从一道基辅市数学奥林匹克试题谈起	即将出版		
哈密尔顿—凯莱定理:从一道高中数学联赛试题的解法谈起	2014—09	18.00	376
艾思特曼定理——从一道 CMO 试题的解法谈起	即将出版		

刘培杰数学工作室
已出版(即将出版)图书目录——初等数学

书　　名	出版时间	定　价	编号
阿贝尔恒等式与经典不等式及应用	2018—06	98.00	923
迪利克雷除数问题	2018—07	48.00	930
贝克码与编码理论——从一道全国高中联赛试题谈起	即将出版		
帕斯卡三角形	2014—03	18.00	294
蒲丰投针问题——从2009年清华大学的一道自主招生试题谈起	2014—01	38.00	295
斯图姆定理——从一道"华约"自主招生试题的解法谈起	2014—01	18.00	296
许瓦兹引理——从一道加利福尼亚大学伯克利分校数学系博士生试题谈起	2014—08	18.00	297
拉姆塞定理——从王诗宬院士的一个问题谈起	2016—04	48.00	299
坐标法	2013—12	28.00	332
数论三角形	2014—04	38.00	341
毕克定理	2014—07	18.00	352
数林掠影	2014—09	48.00	389
我们周围的概率	2014—10	38.00	390
凸函数最值定理:从一道华约自主招生题的解法谈起	2014—10	28.00	391
易学与数学奥林匹克	2014—10	38.00	392
生物数学趣谈	2015—01	18.00	409
反演	2015—01	28.00	420
因式分解与圆锥曲线	2015—01	18.00	426
轨迹	2015—01	28.00	427
面积原理:从常庚哲命的一道CMO试题的积分解法谈起	2015—01	48.00	431
形形色色的不动点定理:从一道28届IMO试题谈起	2015—01	38.00	439
柯西函数方程:从一道上海交大自主招生的试题谈起	2015—02	28.00	440
三角恒等式	2015—02	28.00	442
无理性判定:从一道2014年"北约"自主招生试题谈起	2015—01	38.00	443
数学归纳法	2015—03	18.00	451
极端原理与解题	2015—04	28.00	464
法雷级数	2014—08	18.00	367
摆线族	2015—01	38.00	438
函数方程及其解法	2015—05	38.00	470
含参数的方程和不等式	2012—09	28.00	213
希尔伯特第十问题	2016—01	38.00	543
无穷小量的求和	2016—01	28.00	545
切比雪夫多项式:从一道清华大学金秋营试题谈起	2016—01	38.00	583
泽肯多夫定理	2016—03	38.00	599
代数等式证题法	2016—01	28.00	600
三角等式证题法	2016—01	28.00	601
吴大任教授藏书中的一个因式分解公式:从一道美国数学邀请赛试题的解法谈起	2016—06	28.00	656
易卦——类万物的数学模型	2017—08	68.00	838
"不可思议"的数与数系可持续发展	2018—01	38.00	878
最短线	2018—01	38.00	879
幻方和魔方(第一卷)	2012—05	68.00	173
尘封的经典——初等数学经典文献选读(第一卷)	2012—07	48.00	205
尘封的经典——初等数学经典文献选读(第二卷)	2012—07	38.00	206
初级方程式论	2011—03	28.00	106
初等数学研究(Ⅰ)	2008—09	68.00	37
初等数学研究(Ⅱ)(上、下)	2009—05	118.00	46,47

刘培杰数学工作室
已出版(即将出版)图书目录——初等数学

书　　名	出版时间	定　价	编号
趣味初等方程妙题集锦	2014－09	48.00	388
趣味初等数论选美与欣赏	2015－02	48.00	445
耕读笔记(上卷):一位农民数学爱好者的初数探索	2015－04	28.00	459
耕读笔记(中卷):一位农民数学爱好者的初数探索	2015－05	28.00	483
耕读笔记(下卷):一位农民数学爱好者的初数探索	2015－05	28.00	484
几何不等式研究与欣赏.上卷	2016－01	88.00	547
几何不等式研究与欣赏.下卷	2016－01	48.00	552
初等数列研究与欣赏·上	2016－01	48.00	570
初等数列研究与欣赏·下	2016－01	48.00	571
趣味初等函数研究与欣赏.上	2016－09	48.00	684
趣味初等函数研究与欣赏.下	2018－09	48.00	685
火柴游戏	2016－05	38.00	612
智力解谜.第1卷	2017－07	38.00	613
智力解谜.第2卷	2017－07	38.00	614
故事智力	2016－07	48.00	615
名人们喜欢的智力问题	即将出版		616
数学大师的发现、创造与失误	2018－01	48.00	617
异曲同工	2018－09	48.00	618
数学的味道	2018－01	58.00	798
数学千字文	2018－10	68.00	977
数贝偶拾——高考数学题研究	2014－04	28.00	274
数贝偶拾——初等数学研究	2014－04	38.00	275
数贝偶拾——奥数题研究	2014－04	48.00	276
钱昌本教你快乐学数学(上)	2011－12	48.00	155
钱昌本教你快乐学数学(下)	2012－03	58.00	171
集合、函数与方程	2014－01	28.00	300
数列与不等式	2014－01	38.00	301
三角与平面向量	2014－01	28.00	302
平面解析几何	2014－01	38.00	303
立体几何与组合	2014－01	28.00	304
极限与导数、数学归纳法	2014－01	38.00	305
趣味数学	2014－03	28.00	306
教材教法	2014－04	68.00	307
自主招生	2014－05	58.00	308
高考压轴题(上)	2015－01	48.00	309
高考压轴题(下)	2014－10	68.00	310
从费马到怀尔斯——费马大定理的历史	2013－10	198.00	I
从庞加莱到佩雷尔曼——庞加莱猜想的历史	2013－10	298.00	II
从切比雪夫到爱尔特希(上)——素数定理的初等证明	2013－07	48.00	III
从切比雪夫到爱尔特希(下)——素数定理100年	2012－12	98.00	III
从高斯到盖尔方特——二次域的高斯猜想	2013－10	198.00	IV
从库默尔到朗兰兹——朗兰兹猜想的历史	2014－01	98.00	V
从比勃巴赫到德布朗斯——比勃巴赫猜想的历史	2014－02	298.00	VI
从麦比乌斯到陈省身——麦比乌斯变换与麦比乌斯带	2014－02	298.00	VII
从布尔到豪斯道夫——布尔方程与格论漫谈	2013－10	198.00	VIII
从开普勒到阿诺德——三体问题的历史	2014－05	298.00	IX
从华林到华罗庚——华林问题的历史	2013－10	298.00	X

刘培杰数学工作室
已出版(即将出版)图书目录——初等数学

书　名	出版时间	定　价	编号
美国高中数学竞赛五十讲.第1卷(英文)	2014—08	28.00	357
美国高中数学竞赛五十讲.第2卷(英文)	2014—08	28.00	358
美国高中数学竞赛五十讲.第3卷(英文)	2014—09	28.00	359
美国高中数学竞赛五十讲.第4卷(英文)	2014—09	28.00	360
美国高中数学竞赛五十讲.第5卷(英文)	2014—10	28.00	361
美国高中数学竞赛五十讲.第6卷(英文)	2014—11	28.00	362
美国高中数学竞赛五十讲.第7卷(英文)	2014—12	28.00	363
美国高中数学竞赛五十讲.第8卷(英文)	2015—01	28.00	364
美国高中数学竞赛五十讲.第9卷(英文)	2015—01	28.00	365
美国高中数学竞赛五十讲.第10卷(英文)	2015—02	38.00	366
三角函数(第2版)	2017—04	38.00	626
不等式	2014—01	38.00	312
数列	2014—01	38.00	313
方程(第2版)	2017—04	38.00	624
排列和组合	2014—01	28.00	315
极限与导数(第2版)	2016—04	38.00	635
向量(第2版)	2018—08	58.00	627
复数及其应用	2014—08	28.00	318
函数	2014—01	38.00	319
集合	即将出版		320
直线与平面	2014—01	28.00	321
立体几何(第2版)	2016—04	38.00	629
解三角形	即将出版		323
直线与圆(第2版)	2016—11	38.00	631
圆锥曲线(第2版)	2016—09	48.00	632
解题通法(一)	2014—07	38.00	326
解题通法(二)	2014—07	38.00	327
解题通法(三)	2014—05	38.00	328
概率与统计	2014—01	28.00	329
信息迁移与算法	即将出版		330
IMO 50年.第1卷(1959—1963)	2014—11	28.00	377
IMO 50年.第2卷(1964—1968)	2014—11	28.00	378
IMO 50年.第3卷(1969—1973)	2014—09	28.00	379
IMO 50年.第4卷(1974—1978)	2016—04	38.00	380
IMO 50年.第5卷(1979—1984)	2015—04	38.00	381
IMO 50年.第6卷(1985—1989)	2015—04	58.00	382
IMO 50年.第7卷(1990—1994)	2016—01	48.00	383
IMO 50年.第8卷(1995—1999)	2016—06	38.00	384
IMO 50年.第9卷(2000—2004)	2015—04	58.00	385
IMO 50年.第10卷(2005—2009)	2016—01	48.00	386
IMO 50年.第11卷(2010—2015)	2017—03	48.00	646

刘培杰数学工作室
已出版(即将出版)图书目录——初等数学

书　名	出版时间	定　价	编号
数学反思(2006—2007)	即将出版		915
数学反思(2008—2009)	2019—01	68.00	917
数学反思(2010—2011)	2018—05	58.00	916
数学反思(2012—2013)	2019—01	58.00	918
数学反思(2014—2015)	2019—03	78.00	919
历届美国大学生数学竞赛试题集.第一卷(1938—1949)	2015—01	28.00	397
历届美国大学生数学竞赛试题集.第二卷(1950—1959)	2015—01	28.00	398
历届美国大学生数学竞赛试题集.第三卷(1960—1969)	2015—01	28.00	399
历届美国大学生数学竞赛试题集.第四卷(1970—1979)	2015—01	18.00	400
历届美国大学生数学竞赛试题集.第五卷(1980—1989)	2015—01	28.00	401
历届美国大学生数学竞赛试题集.第六卷(1990—1999)	2015—01	28.00	402
历届美国大学生数学竞赛试题集.第七卷(2000—2009)	2015—08	18.00	403
历届美国大学生数学竞赛试题集.第八卷(2010—2012)	2015—01	18.00	404
新课标高考数学创新题解题诀窍:总论	2014—09	28.00	372
新课标高考数学创新题解题诀窍:必修1~5分册	2014—08	38.00	373
新课标高考数学创新题解题诀窍:选修2—1,2—2,1—1, 1—2分册	2014—09	38.00	374
新课标高考数学创新题解题诀窍:选修2—3,4—4,4—5 分册	2014—09	18.00	375
全国重点大学自主招生英文数学试题全攻略:词汇卷	2015—07	48.00	410
全国重点大学自主招生英文数学试题全攻略:概念卷	2015—01	28.00	411
全国重点大学自主招生英文数学试题全攻略:文章选读卷(上)	2016—09	38.00	412
全国重点大学自主招生英文数学试题全攻略:文章选读卷(下)	2017—01	58.00	413
全国重点大学自主招生英文数学试题全攻略:试题卷	2015—07	38.00	414
全国重点大学自主招生英文数学试题全攻略:名著欣赏卷	2017—03	48.00	415
劳埃德数学趣题大全.题目卷.1:英文	2016—01	18.00	516
劳埃德数学趣题大全.题目卷.2:英文	2016—01	18.00	517
劳埃德数学趣题大全.题目卷.3:英文	2016—01	18.00	518
劳埃德数学趣题大全.题目卷.4:英文	2016—01	18.00	519
劳埃德数学趣题大全.题目卷.5:英文	2016—01	18.00	520
劳埃德数学趣题大全.答案卷:英文	2016—01	18.00	521
李成章教练奥数笔记.第1卷	2016—01	48.00	522
李成章教练奥数笔记.第2卷	2016—01	48.00	523
李成章教练奥数笔记.第3卷	2016—01	38.00	524
李成章教练奥数笔记.第4卷	2016—01	38.00	525
李成章教练奥数笔记.第5卷	2016—01	38.00	526
李成章教练奥数笔记.第6卷	2016—01	38.00	527
李成章教练奥数笔记.第7卷	2016—01	38.00	528
李成章教练奥数笔记.第8卷	2016—01	48.00	529
李成章教练奥数笔记.第9卷	2016—01	28.00	530

刘培杰数学工作室
已出版(即将出版)图书目录——初等数学

书　　名	出版时间	定　价	编号
第19~23届"希望杯"全国数学邀请赛试题审题要津详细评注(初一版)	2014—03	28.00	333
第19~23届"希望杯"全国数学邀请赛试题审题要津详细评注(初二、初三版)	2014—03	38.00	334
第19~23届"希望杯"全国数学邀请赛试题审题要津详细评注(高一版)	2014—03	28.00	335
第19~23届"希望杯"全国数学邀请赛试题审题要津详细评注(高二版)	2014—03	38.00	336
第19~25届"希望杯"全国数学邀请赛试题审题要津详细评注(初一版)	2015—01	38.00	416
第19~25届"希望杯"全国数学邀请赛试题审题要津详细评注(初二、初三版)	2015—01	58.00	417
第19~25届"希望杯"全国数学邀请赛试题审题要津详细评注(高一版)	2015—01	48.00	418
第19~25届"希望杯"全国数学邀请赛试题审题要津详细评注(高二版)	2015—01	48.00	419
物理奥林匹克竞赛大题典——力学卷	2014—11	48.00	405
物理奥林匹克竞赛大题典——热学卷	2014—04	28.00	339
物理奥林匹克竞赛大题典——电磁学卷	2015—07	48.00	406
物理奥林匹克竞赛大题典——光学与近代物理卷	2014—06	28.00	345
历届中国东南地区数学奥林匹克试题集(2004~2012)	2014—06	18.00	346
历届中国西部地区数学奥林匹克试题集(2001~2012)	2014—07	18.00	347
历届中国女子数学奥林匹克试题集(2002~2012)	2014—08	18.00	348
数学奥林匹克在中国	2014—06	98.00	344
数学奥林匹克问题集	2014—01	38.00	267
数学奥林匹克不等式散论	2010—06	38.00	124
数学奥林匹克不等式欣赏	2011—09	38.00	138
数学奥林匹克超级题库(初中卷上)	2010—01	58.00	66
数学奥林匹克不等式证明方法和技巧(上、下)	2011—08	158.00	134,135
他们学什么:原民主德国中学数学课本	2016—09	38.00	658
他们学什么:英国中学数学课本	2016—09	38.00	659
他们学什么:法国中学数学课本.1	2016—09	38.00	660
他们学什么:法国中学数学课本.2	2016—09	28.00	661
他们学什么:法国中学数学课本.3	2016—09	38.00	662
他们学什么:苏联中学数学课本	2016—09	28.00	679
高中数学题典——集合与简易逻辑·函数	2016—07	48.00	647
高中数学题典——导数	2016—07	48.00	648
高中数学题典——三角函数·平面向量	2016—07	48.00	649
高中数学题典——数列	2016—07	58.00	650
高中数学题典——不等式·推理与证明	2016—07	38.00	651
高中数学题典——立体几何	2016—07	48.00	652
高中数学题典——平面解析几何	2016—07	78.00	653
高中数学题典——计数原理·统计·概率·复数	2016—07	48.00	654
高中数学题典——算法·平面几何·初等数论·组合数学·其他	2016—07	68.00	655

刘培杰数学工作室
已出版(即将出版)图书目录——初等数学

书　　名	出版时间	定　价	编号
台湾地区奥林匹克数学竞赛试题.小学一年级	2017—03	38.00	722
台湾地区奥林匹克数学竞赛试题.小学二年级	2017—03	38.00	723
台湾地区奥林匹克数学竞赛试题.小学三年级	2017—03	38.00	724
台湾地区奥林匹克数学竞赛试题.小学四年级	2017—03	38.00	725
台湾地区奥林匹克数学竞赛试题.小学五年级	2017—03	38.00	726
台湾地区奥林匹克数学竞赛试题.小学六年级	2017—03	38.00	727
台湾地区奥林匹克数学竞赛试题.初中一年级	2017—03	38.00	728
台湾地区奥林匹克数学竞赛试题.初中二年级	2017—03	38.00	729
台湾地区奥林匹克数学竞赛试题.初中三年级	2017—03	28.00	730
不等式证题法	2017—04	28.00	747
平面几何培优教程	即将出版		748
奥数鼎级培优教程.高一分册	2018—09	88.00	749
奥数鼎级培优教程.高二分册.上	2018—04	68.00	750
奥数鼎级培优教程.高二分册.下	2018—04	68.00	751
高中数学竞赛冲刺宝典	2019—04	68.00	883
初中尖子生数学超级题典.实数	2017—07	58.00	792
初中尖子生数学超级题典.式、方程与不等式	2017—08	58.00	793
初中尖子生数学超级题典.圆、面积	2017—08	38.00	794
初中尖子生数学超级题典.函数、逻辑推理	2017—08	48.00	795
初中尖子生数学超级题典.角、线段、三角形与多边形	2017—07	58.00	796
数学王子——高斯	2018—01	48.00	858
坎坷奇星——阿贝尔	2018—01	48.00	859
闪烁奇星——伽罗瓦	2018—01	58.00	860
无穷统帅——康托尔	2018—01	48.00	861
科学公主——柯瓦列夫斯卡娅	2018—01	48.00	862
抽象代数之母——埃米·诺特	2018—01	48.00	863
电脑先驱——图灵	2018—01	58.00	864
昔日神童——维纳	2018—01	48.00	865
数坛怪侠——爱尔特希	2018—01	68.00	866
当代世界中的数学.数学思想与数学基础	2019—01	38.00	892
当代世界中的数学.数学问题	2019—01	38.00	893
当代世界中的数学.应用数学与数学应用	2019—01	38.00	894
当代世界中的数学.数学王国的新疆域(一)	2019—01	38.00	895
当代世界中的数学.数学王国的新疆域(二)	2019—01	38.00	896
当代世界中的数学.数林撷英(一)	2019—01	38.00	897
当代世界中的数学.数林撷英(二)	2019—01	48.00	898
当代世界中的数学.数学之路	2019—01	38.00	899

书 名	出版时间	定 价	编号
105 个代数问题:来自 AwesomeMath 夏季课程	2019—02	58.00	956
106 个几何问题:来自 AwesomeMath 夏季课程	即将出版		957
107 个几何问题:来自 AwesomeMath 全年课程	即将出版		958
108 个代数问题:来自 AwesomeMath 全年课程	2019—01	68.00	959
109 个不等式:来自 AwesomeMath 夏季课程	2019—04	58.00	960
国际数学奥林匹克中的 110 个几何问题	即将出版		961
111 个代数和数论问题	2019—05	58.00	962
112 个组合问题:来自 AwesomeMath 夏季课程	2019—05	58.00	963
113 个几何不等式:来自 AwesomeMath 夏季课程	即将出版		964
114 个指数和对数问题:来自 AwesomeMath 夏季课程	即将出版		965
115 个三角问题:来自 AwesomeMath 夏季课程	即将出版		966
116 个代数不等式:来自 AwesomeMath 全年课程	2019—04	58.00	967
紫色慧星国际数学竞赛试题	2019—02	58.00	999
澳大利亚中学数学竞赛试题及解答(初级卷)1978~1984	2019—02	28.00	1002
澳大利亚中学数学竞赛试题及解答(初级卷)1985~1991	2019—02	28.00	1003
澳大利亚中学数学竞赛试题及解答(初级卷)1992~1998	2019—02	28.00	1004
澳大利亚中学数学竞赛试题及解答(初级卷)1999~2005	2019—02	28.00	1005
澳大利亚中学数学竞赛试题及解答(中级卷)1978~1984	2019—03	28.00	1006
澳大利亚中学数学竞赛试题及解答(中级卷)1985~1991	2019—03	28.00	1007
澳大利亚中学数学竞赛试题及解答(中级卷)1992~1998	2019—03	28.00	1008
澳大利亚中学数学竞赛试题及解答(中级卷)1999~2005	2019—03	28.00	1009
澳大利亚中学数学竞赛试题及解答(高级卷)1978~1984	2019—05	28.00	1010
澳大利亚中学数学竞赛试题及解答(高级卷)1985~1991	2019—05	28.00	1011
澳大利亚中学数学竞赛试题及解答(高级卷)1992~1998	2019—05	28.00	1012
澳大利亚中学数学竞赛试题及解答(高级卷)1999~2005	2019—05	28.00	1013
天才中小学生智力测验题.第一卷	2019—03	38.00	1026
天才中小学生智力测验题.第二卷	2019—03	38.00	1027
天才中小学生智力测验题.第三卷	2019—03	38.00	1028
天才中小学生智力测验题.第四卷	2019—03	38.00	1029
天才中小学生智力测验题.第五卷	2019—03	38.00	1030
天才中小学生智力测验题.第六卷	2019—03	38.00	1031
天才中小学生智力测验题.第七卷	2019—03	38.00	1032
天才中小学生智力测验题.第八卷	2019—03	38.00	1033
天才中小学生智力测验题.第九卷	2019—03	38.00	1034
天才中小学生智力测验题.第十卷	2019—03	38.00	1035
天才中小学生智力测验题.第十一卷	2019—03	38.00	1036
天才中小学生智力测验题.第十二卷	2019—03	38.00	1037
天才中小学生智力测验题.第十三卷	2019—03	38.00	1038

刘培杰数学工作室
已出版(即将出版)图书目录——初等数学

书　名	出版时间	定　价	编号
重点大学自主招生数学备考全书:函数	即将出版		1047
重点大学自主招生数学备考全书:导数	即将出版		1048
重点大学自主招生数学备考全书:数列与不等式	即将出版		1049
重点大学自主招生数学备考全书:三角函数与平面向量	即将出版		1050
重点大学自主招生数学备考全书:平面解析几何	即将出版		1051
重点大学自主招生数学备考全书:立体几何与平面几何	即将出版		1052
重点大学自主招生数学备考全书:排列组合.概率统计.复数	即将出版		1053
重点大学自主招生数学备考全书:初等数论与组合数学	即将出版		1054
重点大学自主招生数学备考全书:重点大学自主招生真题.上	2019－04	68.00	1055
重点大学自主招生数学备考全书:重点大学自主招生真题.下	2019－04	58.00	1056

联系地址:哈尔滨市南岗区复华四道街 10 号　哈尔滨工业大学出版社刘培杰数学工作室
网　　址:http://lpj.hit.edu.cn/
邮　　编:150006
联系电话:0451－86281378　　13904613167
E-mail:lpj1378@163.com